RECHERCHES

SUR

LES MOUVEMENTS

DE LA PLANÈTE HERSCHEL,

PAR U.-J. LE VERRIER.

PARIS,

BACHELIER, IMPRIMEUR-LIBRAIRE

Du Bureau des Longitudes et de l'École royale Polytechnique,

QUAI DES AUGUSTINS, 55.

1846

RECHERCHES

SUR LES MOUVEMENTS

DE LA PLANÈTE HERSCHEL.

IMPRIMERIE DE BACHELIER,
rue du Jardinet, 12

RECHERCHES

DE LA PLANÈTE HERSCHEL.

IMPRIMERIE DE BACHELIER,
rue du Jardinet, 12.

RECHERCHES

SUR

LES MOUVEMENTS

DE

LA PLANÈTE HERSCHEL,

PAR U.-J. LE VERRIER.

PARIS,

BACHELIER, IMPRIMEUR-LIBRAIRE

Du Bureau des Longitudes et de l'École royale Polytechnique,

QUAI DES AUGUSTINS, 55.

1846

RECHERCHES

SUR LES MOUVEMENTS

DE LA PLANÈTE HERSCHEL,

(DITE URANUS)*

PAR U.-J. LE VERRIER.

1. Je me propose, dans ce Travail, d'étudier la nature des irrégularités du mouvement d'Uranus ; de remonter à leur cause, en cherchant à découvrir, dans la marche qu'elles affectent, la direction et la grandeur de la force qui les produit. La théorie d'Uranus préoccupe aujourd'hui les astronomes. Elle a déjà donné lieu à plusieurs hypothèses, qui étaient sans valeur scientifique ; car elles ne se fondaient sur aucun calcul rigoureux. Quelques détails historiques feront mieux connaître la difficulté que j'avais à résoudre.

On possédait, en 1820, quarante années d'observations méridiennes régulières d'Uranus. La planète avait, en outre, été observée dix-neuf fois, depuis 1690 jusqu'en 1771, par Flamsteed, Bradley, Mayer et Lemonnier. Ces astronomes l'avaient notée comme étoile de sixième grandeur. D'un autre côté, les expressions analytiques des perturbations que Jupiter et Saturne produisent sur Uranus, se trouvaient développées dans le tome III de la *Mécanique céleste*. Il était permis d'espérer qu'en s'aidant de toutes ces données, on parviendrait à construire des Tables exactes du mouvement de la planète ; c'est ce qu'entreprit M. Bouvard, membre de l'Académie des Sciences. Mais il rencontra des difficultés imprévues.

Lorsqu'on base les Tables d'une planète sur un trop petit nombre d'observations, il peut arriver que ces Tables, dans la suite des temps, ne fassent plus connaître avec exactitude les positions de l'astre ; du moins, les observations employées sont représentées avec toute la rigueur qu'elles comportent : on peut même dire qu'il est d'autant plus facile d'y satisfaire, qu'on en emploie un moins grand nombre. Il n'en fut pas ainsi dans la construction

---

* Dans mes publications ultérieures, je considérerai comme un strict devoir de faire disparaître complètement le nom d'Uranus, et de ne plus appeler la planète que du nom de HERSCHEL. Je regrette vivement que l'impression déjà avancée de cet écrit ne m'ait pas permis, dès à présent, de me conformer à une détermination que j'observerai religieusement dans la suite.

des Tables d'Uranus. Il y eut impossibilité de représenter à la fois les dix-neuf observations anciennes et les nombreuses observations modernes. Dans cette situation embarrassante, le savant académicien jeta des doutes sur l'exactitude des observations anciennes ; il les écarta complètement et n'eut égard qu'aux seules observations modernes. Mais on doit dire que si les observations de Flamsteed, Bradley, Mayer et Lemonnier ne sont pas aussi exactes que celles des astronomes de notre époque, on ne saurait, avec vraisemblance, les regarder comme entachées des erreurs énormes dont les accuseraient les Tables actuelles. L'auteur de ces Tables indiquait même que telle était son opinion, puisqu'il ajoutait, en rendant compte des difficultés qu'il avait rencontrées :

« Telle est donc l'alternative que présente la formation des Tables de la
» planète Uranus, que si l'on combine les observations anciennes avec
» les modernes, les premières seront passablement représentées, tandis
» que les secondes ne le seront pas avec la précision qu'elles comportent ; et
» que si l'on rejette les unes pour ne conserver que les autres, il en résul-
» tera des Tables qui auront toute l'exactitude désirable relativement aux
» observations modernes, mais qui ne pourront satisfaire convenablement
» aux observations anciennes. Il fallait se décider entre ces deux partis ; j'ai
» dû m'en tenir au second, comme étant celui qui réunit le plus de pro-
» babilités en faveur de la vérité, et je laisse aux temps à venir le soin de
» faire connaître si la difficulté de concilier les deux systèmes tient réel-
» lement à l'inexactitude des observations anciennes, ou si elle dépend de
» quelque action étrangère et inaperçue, qui aurait agi sur la planète. »

Vingt-cinq années, écoulées depuis cette époque, nous ont appris que les Tables actuelles, qui ne représentent pas les lieux anciens, ne s'accordent pas mieux avec les positions observées en 1845. Doit-on attribuer ce désaccord à ce que la théorie n'est pas suffisamment précise ? Ou bien, cette théorie n'a-t-elle pas été comparée aux observations avec assez d'exactitude, dans le travail qui a servi de base aux Tables actuelles ? Enfin, se pourrait-il qu'Uranus fût soumis à d'autres influences que celles qui résultent des actions du Soleil, de Jupiter et de Saturne ? Et, dans ce cas, parviendrait-on, par une étude attentive du mouvement troublé de la planète, à déterminer la cause de ces inégalités imprévues ? Pourrait-on en venir à fixer le point du ciel où les investigations des astronomes observateurs devraient faire reconnaître le corps étranger, source de tant de difficultés ?

Dans le courant de l'été de l'année 1845, M. Arago voulut bien me représenter que l'importance de cette question imposait à chaque astronome le devoir de concourir, autant qu'il était en lui, à l'éclaircir. J'abandonnai donc momentanément, pour m'occuper d'Uranus, les recherches que j'avais entreprises sur les comètes. Telle est l'origine du travail actuel. Je désire

5

vivement avoir répondu d'une manière satisfaisante à l'appel de l'illustre savant dont l'amitié m'a si puissamment encouragé dans ces longues et pénibles recherches.

Les résultats que je vais exposer avec développement sont déjà connus dans le monde scientifique par la publication qui en a été faite dans les *Comptes rendus des séances de l'Académie royale des Sciences*. Je vais rappeler les titres et les dates de ces publications partielles, qui sont au nombre de quatre, savoir :

Premier Mémoire sur la théorie d'Uranus; présenté à l'Académie des Sciences dans la séance du *dix* novembre 1845 (*). On y trouve la détermination exacte des perturbations produites sur Uranus, par Jupiter et Saturne.

Deuxième Mémoire intitulé : *Recherches sur les mouvements d'Uranus*; lu à l'Académie des Sciences dans la séance du *premier* juin 1846 (**). Je démontre qu'on ne peut rendre compte des mouvements d'Uranus qu'en introduisant l'action perturbatrice d'une nouvelle planète. Je fixe la position de cet astre par 325 degrés de longitude héliocentrique au 1er janvier 1847.

Troisième Mémoire intitulé : *Sur la planète qui produit les anomalies observées dans le mouvement d'Uranus. Détermination de sa masse, de son orbite et de sa position actuelle*; lu à l'Académie des Sciences dans la séance du *trente et un* août 1846 (***). La position de la planète y est fixée avec plus d'exactitude par 326°32' de longitude héliocentrique, au 1er janvier 1847.

Quatrième Mémoire, intitulé : *Sur la planète qui produit les anomalies observées dans le mouvement d'Uranus. Cinquième et dernière partie, relative à la détermination de la position du plan de l'orbite*; lu à l'Académie des Sciences dans la séance du *cinq* octobre 1846 (****).

(*) *Comptes rendus des séances de l'Académie des Sciences*, t. XXI,   p. 1050.
(**)   Id.   t. XXII, p. 907.
(***)   Id.   t. XXIII, p. 428.
(****)   Id.   t. XXIII, p. 657.

PREMIÈRE PARTIE.

PERTURBATIONS DU MOUVEMENT ELLIPTIQUE D'URANUS, DUES AUX ACTIONS DE SATURNE ET DE JUPITER.

----

2. Pour établir avec précision la théorie d'une planète dont le mouvement est déjà approximativement connu, il faut premièrement, en se basant sur les lois de la gravitation universelle, et en tenant compte de l'influence de toutes les masses, rechercher avec soin la forme des expressions analytiques propres à représenter, à une époque quelconque, les coordonnées de l'astre. Il faut, en second lieu, disposer d'une série d'observations exactes et nombreuses, réparties sur un intervalle de temps considérable : ces deux premières parties de la question sont indépendantes l'une de l'autre. Il reste ensuite à les rapprocher, à conclure des observations, les valeurs précises des constantes qui sont restées indéterminées dans les formules, et qu'on a dû réduire au plus petit nombre possible.

Les expressions analytiques des coordonnées d'Uranus renferment des termes dus au mouvement elliptique, et des perturbations provenant de l'action des autres planètes. Il ne s'agit ici que des planètes connues, parmi lesquelles Saturne et Jupiter sont les seules qui aient une influence sensible. Je vais m'occuper de déterminer les perturbations produites par ces deux planètes.

On a généralement, dans la publication des recherches astronomiques, adopté le précieux usage de faire part au lecteur de tous les renseignements qui sont propres à l'éclairer sur l'exactitude du travail qui lui est soumis. Je dois, sans aucun doute, me conformer à cette habitude. L'importance de la question que j'examine, la nature des résultats auxquels je parviendrai, exigent que je n'omette rien de ce qui pourra servir à faire passer dans l'esprit des astronomes la conviction que mes conclusions sont conformes à la vérité. On trouvera donc naturel que j'accumule les vérifications; on me permettra volontiers de m'arrêter souvent à établir le même fait de plusieurs manières différentes.

7

5. Je fixerai l'origine du temps au minuit qui sépare le 31 décembre 1799 du 1ᵉʳ janvier 1800 ; je désignerai par t le temps compté à partir de cette époque, et rapporté à l'année julienne prise pour unité.

Je prendrai pour plan fixe, dans les formules suivantes, le plan de l'écliptique à l'origine du temps, et je rapporterai les longitudes à la position moyenne de la ligne des équinoxes à cette époque.

Désignons, comme il suit, les éléments de l'orbite elliptique d'Uranus. Soient :

a le demi-grand axe de l'orbite ;

n le moyen mouvement sidéral en une année julienne ;

e l'excentricité de l'orbite ;

ϖ la longitude du périhélie ;

φ l'inclinaison du plan de l'orbite sur le plan fixe ;

θ la longitude du nœud ascendant ;

ε la longitude de l'époque.

Appelons encore m et m' les masses d'Uranus et de la planète troublante ; r et r' les rayons vecteurs de ces planètes ; s le cosinus de l'angle compris entre les rayons vecteurs, et posons, pour abréger,

$$\frac{ann m'}{1 + m} = \lambda,$$

$$e = \sin \psi, \qquad \text{d'où} \qquad \frac{e\sqrt{1 - e^2}}{1 + \sqrt{1 - e^2}} = \cos \psi \, \tan\frac{\psi}{2},$$

$$R = \left(r^2 + r'^2 - 2\,r r' s\right)^{-\frac{1}{2}} - \frac{rs}{r'^2}.$$

Les formules, qui donneront les variations différentielles des éléments de l'orbite d'Uranus, pourront s'écrire comme il suit :

$$\frac{da}{dt} = 2\lambda a \frac{dR}{d\varepsilon};$$

$$\frac{de}{dt} = -2\lambda a \left(\frac{dR}{da}\right) + \lambda \cos\psi \, \tan\frac{\psi}{2}\frac{dR}{d\varepsilon} + \frac{\lambda \tan\frac{\psi}{2}}{\cos\psi}\frac{dR}{d\varpi};$$

$$\frac{d\varpi}{dt} = -\frac{\lambda}{\tan\psi}\frac{dR}{d\varpi} - \lambda \cos\psi \, \tan\frac{\psi}{2}\frac{dR}{d\varepsilon};$$

$$e\,\frac{d\varpi}{dt} = k\cos\psi\,\frac{d\mathrm{R}}{de} + k\,\mathrm{tang}\,\psi\,\mathrm{tang}\,\frac{\varphi}{2}\,\frac{d\mathrm{R}}{d\varphi},$$

$$\frac{d\varphi}{dt} = -\frac{k}{\sin\varphi\cos\psi}\,\frac{d\mathrm{R}}{d\theta} - \frac{k\,\mathrm{tang}\,\frac{\varphi}{2}}{\cos\psi}\left(\frac{d\mathrm{R}}{d\varepsilon} + \frac{d\mathrm{R}}{d\varpi}\right),$$

$$\sin\varphi\,\frac{d\theta}{dt} = \frac{k}{\cos\psi}\,\frac{d\mathrm{R}}{d\varphi}.$$

J'ai placé entre parenthèses la dérivée partielle $\frac{d\mathrm{R}}{da}$, afin de rappeler qu'on peut, en la formant, ne pas faire varier a dans l'expression de la longitude moyenne, pourvu que la partie nt de la longitude moyenne, partie que je désignerai par ρ, soit, dans le mouvement troublé, déterminée par la formule

$$\frac{d^2\rho}{dt^2} = -3kn\,\frac{d\mathrm{R}}{d\varepsilon}.$$

4. Les développements des dérivées $\frac{da}{dt}$, $\frac{d\varepsilon}{dt}$,... en fonctions du temps peuvent s'obtenir de plusieurs manières. On peut développer algébriquement chacun des termes de la fonction R suivant les puissances des excentricités et des inclinaisons; cette fonction étant réduite en série, on en conclut immédiatement, par de simples différentiations, les dérivées partielles qui entrent dans les variations différentielles des éléments.

On doit regarder comme très-précieuses les méthodes qui, comme la précédente, conduisent à déterminer isolément l'un de l'autre chacun des nombres d'une théorie. Elles permettent de traiter les différents points d'une question, sans qu'une erreur, commise sur l'un d'eux, influe sur les autres. Il ne me paraît pas, cependant, qu'on puisse, avec une entière sécurité, suivre cette marche pour l'ensemble d'un travail, quand on ne connaît aucune relation à laquelle doivent satisfaire les résultats obtenus, et qui puisse servir à les vérifier. J'ai donc préféré commencer par l'emploi d'une méthode qui fournit simultanément toutes les inégalités. Cette dépendance mutuelle fait que, si le travail n'est pas complétement exact, il est nécessairement faux de tout point. Or on conçoit parfaitement qu'il est plus facile d'échapper à cette seconde alternative qu'aux chances multiples d'une erreur isolée.

Reprenons, en effet, après avoir traité toutes les perturbations simultanément, le calcul d'une seule d'entre elles par une méthode directe : sa vérification entraînera celle du travail entier. Mais si, au lieu de se borner à contrôler ainsi une seule des inégalités, on détermine successivement chacune d'entre elles par un calcul direct, et s'il arrive que les nouveaux résultats coïncident avec les premiers, toute espèce d'erreur deviendra impossible.

C'est ce double travail que j'ai cru devoir faire dans la circonstance actuelle, à cause de l'importance majeure de la question. Pour obtenir simultanement toutes les inégalités, j'ai eu recours aux méthodes qui servent à déduire le développement d'une fonction périodique des valeurs particulières de cette fonction, correspondantes à des valeurs convenablement choisies des variables. Les formules du n° 3, qui seront très-commodes quand nous ferons usage du développement général de la fonction R, réclameront quelques modifications pour être appliquées avec facilité au calcul des valeurs numériques des variations différentielles des éléments.

Détermination simultanée de toutes les inégalités.

5. La fonction R ne renferme les éléments d'Uranus que parce qu'ils sont compris dans r et s. Le cosinus s de l'angle compris entre les deux rayons vecteurs r et r' ne dépend à son tour que des longitudes vraies, v et v', d'Uranus et de la planète troublante, et des constantes qui fixent les positions des plans des orbites des deux planètes. En ayant égard à ces conditions et à une remarque du n° 3, on trouvera :

$$\left(\frac{dR}{da}\right) = \frac{dR}{dr}\left(\frac{dr}{da}\right),$$

$$\frac{dR}{d\varepsilon} = \frac{dR}{dr}\frac{dr}{d\varepsilon} + \frac{dR}{ds}\frac{ds}{dv}\cdot\frac{dv}{d\varepsilon},$$

$$\frac{dR}{de} = \frac{dR}{dr}\frac{dr}{de} + \frac{dR}{ds}\frac{ds}{dv}\cdot\frac{dv}{de},$$

$$\frac{dR}{d\varpi} = \frac{dR}{dr}\frac{dr}{d\varpi} + \frac{dR}{ds}\frac{ds}{dv}\cdot\frac{dv}{d\varpi},$$

$$\frac{dR}{dq} = \frac{dR}{ds}\frac{ds}{dq},$$

$$\frac{dR}{d\theta} = \frac{dR}{ds}\frac{ds}{d\theta}.$$

J'ai placé la dérivée $\left(\dfrac{dr}{da}\right)$ entre parenthèses, pour indiquer qu'elle doit être, dans sa formation, soumise à la même restriction que la dérivée $\left(\dfrac{dR}{da}\right)$.

6. Les formules du mouvement elliptique donnent, par la différentiation :

$$\left(\frac{dr}{da}\right) = \frac{r}{a},$$

$$\frac{dr}{d\varepsilon} = -\frac{dr}{d\varpi} = a \, \text{tang} \, \psi \sin (v - \varpi),$$

$$\frac{dr}{dv} = - a \cos (v - \varpi),$$

$$\frac{dv}{d\varepsilon} = 1 - \frac{dv}{d\varpi} = \frac{a^2}{r^2} \cos \psi,$$

$$\frac{dv}{dc} = \left(\frac{a}{r} + \frac{1}{\cos^2 \psi}\right) \sin (v - \varpi).$$

La seconde et la quatrième de ces formules, multipliées par $\dfrac{d\mathrm{R}}{dv}$, fournissent les identités

$$\frac{dr}{d\varepsilon} \frac{d\mathrm{R}}{dv} + \frac{dr}{d\varpi} \frac{d\mathrm{R}}{dv} = 0,$$

$$\frac{dv}{d\varepsilon} \frac{d\mathrm{R}}{dv} + \frac{dv}{d\varpi} \frac{d\mathrm{R}}{dv} = \frac{d\mathrm{R}}{dv}.$$

Celles-ci, ajoutées membre à membre, conduisent, à cause de la seconde et de la quatrième des formules du n° 5, à la relation

$$\frac{d\mathrm{R}}{d\varepsilon} + \frac{d\mathrm{R}}{d\varpi} = \frac{d\mathrm{R}}{dv}.$$

Cette relation nous sera utile.

7. Afin de simplifier l'expression de s et celle de ses dérivées, je prendrai actuellement, pour plan fixe, le plan de l'orbite de la planète troublante à l'origine du temps, et je compterai les longitudes à partir du nœud ascendant de cette planète sur l'écliptique. Soient, par rapport à ces nouvelles coordonnées :

ϖ, la longitude du périhélie d'Uranus ;

φ, l'inclinaison mutuelle des orbites ;

θ, la longitude du nœud ascendant d'Uranus ;

ε, la longitude de l'époque de cette planète ;

v, et v', les longitudes vraies d'Uranus et de la planète troublante.

ϖ_1, φ_1, θ_1, ε_1 et v_1 devront remplacer ϖ, φ, θ, ε et v dans toutes les formules précédentes.

Cela posé, l'angle trièdre formé par les trois droites menées du Soleil à Uranus, à la planète troublante, et au nœud ascendant d'Uranus sur l'orbite de la seconde planète, donne

$$s = \cos(v'_1 - v_1) - 2\sin^2\frac{\varphi_1}{2}\sin(v'_1 - \theta_1)\sin(v_1 - \theta_1),$$

d'où l'on déduit :

$$\frac{ds}{dv_1} = \sin(v'_1 - v_1) - 2\sin^2\frac{\varphi_1}{2}\sin(v'_1 - \theta_1)\cos(v_1 - \theta_1),$$

$$\frac{ds}{d\varphi_1} = -\sin\varphi_1\sin(v'_1 - \theta_1)\sin(v_1 - \theta_1),$$

$$\frac{ds}{d\theta_1} = 2\sin^2\frac{\varphi_1}{2}\sin(v'_1 + v_1 - 2\theta_1).$$

8. En rapprochant les formules des n^{os} **3**, **5** et **7**, on trouvera immédiatement

$$\text{(I)} \qquad \sin\varphi_1\frac{d\theta_1}{dt} = -\frac{k\sin\varphi_1}{\cos\psi}\cdot\frac{dR}{ds}\cdot\sin(v'_1 - \theta_1).\sin(v_1 - \theta_1).$$

La valeur de $\frac{d\varphi_1}{dt}$ se présente d'abord sous une forme plus compliquée ; elle renferme trois termes. Mais nous pouvons en éliminer $\frac{dR}{d\varepsilon_1} + \frac{dR}{d\varpi_1}$, qui est égal à $\frac{dR}{dv_1}$, par le n^o **6** ; il vient plus simplement

$$\frac{d\varphi_1}{dt} = -\frac{k}{\sin\varphi_1\cos\psi}\cdot\frac{dR}{ds}\frac{ds}{d\theta_1} - \frac{k\tan\frac{\varphi_1}{2}}{\cos\psi}\frac{dR}{ds}\frac{ds}{dv_1};$$

et alors il suffira de mettre à la place de $\frac{ds}{d\theta_1}$ et de $\frac{ds}{dv_1}$ leurs valeurs du n^o **7**, puis d'effectuer quelques réductions, pour arriver à la formule suivante :

$$\text{(II)} \qquad \frac{d\varphi_1}{dt} = -\frac{k\sin\varphi_1}{\cos\psi}\frac{dR}{ds}\cdot\sin(v'_1 - \theta_1).\cos(v_1 - \theta_1).$$

Ces valeurs de $\frac{d\theta_1}{dt}$ et $\frac{d\varphi_1}{dt}$ ne diffèrent l'une de l'autre que par le dernier facteur, ce qui en simplifie le calcul ; car, ayant formé la valeur de $\frac{d\varphi_1}{dt}$, il suffira de la multiplier par tang $(v_1 - \theta_1)$ pour avoir celle de $\frac{d\theta_1}{dt}$.

9. Au moyen des formules des n°s 3, 6 et 7, la valeur de $\frac{da}{dt}$ du n° 5 devient

$$(\text{III}) \qquad \frac{da}{dt} = 2a^3 k \cos\psi \cdot \frac{1}{r^2} \frac{dR}{dv_1} + 2a^2 k \tan\psi \sin(v_1 - \varpi_1) \frac{dR}{dr}.$$

Cette valeur de $\frac{da}{dt}$ serait commode dans le calcul des perturbations par quadratures; mais, dans le cas qui nous occupe, il sera plus simple de commencer par former le développement de la fonction R elle-même, en fonction des anomalies moyennes ζ et ζ' des deux planètes. Comme $\zeta = nt + \varepsilon_1 - \varpi_1$, on aura ensuite, par une simple différentiation,

$$\frac{dR}{d\varepsilon_1} = \frac{dR}{d\zeta},$$

ce qui conduira au développement de $\frac{da}{dt}$, et à celui de $\frac{d^2\rho}{dt^2}$.

L'expression de $\frac{de}{dt}$ du n° 5 renferme $\frac{dR}{d\varpi_1}$. Si nous remplaçons cette dérivée par sa valeur $\frac{dR}{dv_1} - \frac{dR}{d\varepsilon_1}$, il viendra

$$\frac{de}{dt} = -\frac{k}{\tan\psi} \frac{dR}{dv_1} + \frac{k\cos\psi}{\tan\psi} \frac{dR}{d\varepsilon_1},$$

formule qui, en y mettant pour $\frac{dR}{d\varepsilon_1}$ sa valeur en fonction de $\frac{da}{dt}$, se change en cette autre :

$$(\text{IV}) \qquad \frac{de}{dt} = -\frac{k}{\tan\psi} \frac{dR}{dv_1} + \frac{\cos\psi}{2a \tan\psi} \frac{da}{dt}.$$

Le calcul du second membre est très-simple, puisque les variables $\frac{dR}{dv_1}$ et $\frac{da}{dt}$, qui sont déjà formées, sont simplement multipliées par des constantes.

10. Les deux dernières formules qui restent à trouver, demandent qu'on forme d'abord l'auxiliaire

$$\frac{1}{a}\frac{dR}{de} = -\cos(v_1 - \varpi_1)\frac{dR}{dr} + \left(\frac{1}{r} + \frac{1}{a\cos^2\psi}\right)\sin(v_1 - \varpi_1)\frac{dR}{dv_1}.$$

La valeur de $\frac{d\varpi_1}{dt}$, dont on peut éliminer $\frac{dR}{dv_1}$ en fonction de $\frac{d\theta_1}{dt}$, sera

Cela posé, l'angle trièdre formé par les trois droites menées du Soleil à Uranus, à la planète troublante, et au nœud ascendant d'Uranus sur l'orbite de la seconde planète, donne

$$z = \cos(v'_i - v_i) - 2\sin^2\frac{\gamma_i}{2}\sin(v'_i - \theta_i)\sin(v_i - \theta_i),$$

d'où l'on déduit :

$$\frac{dz}{dv_i} = \sin(v'_i - v_i) - 2\sin^2\frac{\gamma_i}{2}\sin(v'_i - \theta_i)\cos(v_i - \theta_i),$$

$$\frac{dz}{d\varphi_i} = -\sin\varphi_i\sin(v'_i - \theta_i)\sin(v_i - \theta_i),$$

$$\frac{dz}{d\theta_i} = 2\sin^2\frac{\gamma_i}{2}\sin(v'_i + v_i - 2\theta_i).$$

8. En rapprochant les formules des nᵒˢ 5, 6 et 7, on trouvera immédiatement

$$(\mathrm{I})\qquad \sin\varphi_i\,\frac{d\theta_i}{dt} = -\frac{k\sin\varphi_i}{\cos\psi}\cdot\frac{dR}{dz}\cdot\sin(v'_i - \theta_i)\cdot\sin(v_i - \theta_i).$$

La valeur de $\dfrac{d\varphi_i}{dt}$ se présente d'abord sous une forme plus compliquée ; elle renferme trois termes. Mais nous pouvons en éliminer $\dfrac{dR}{dv_i} + \dfrac{dR}{d\varphi_i}$, qui est égal à $\dfrac{dR}{dv_i}$, par le nᵒ 6 ; il vient plus simplement

$$\frac{d\varphi_i}{dt} = -\frac{k}{\sin\varphi_i\,\cos\psi}\cdot\frac{dR}{dz}\frac{dz}{d\theta_i} - \frac{k\tan\frac{\gamma_i}{2}}{\cos\psi}\frac{dR}{dz}\frac{dz}{dv_i},$$

et alors il suffira de mettre à la place de $\dfrac{dz}{d\theta_i}$ et de $\dfrac{dz}{dv_i}$ leurs valeurs du nᵒ 7, puis d'effectuer quelques réductions, pour arriver à la formule suivante :

$$(\mathrm{II})\qquad \frac{d\varphi_i}{dt} = -\frac{k\sin\varphi_i}{\cos\psi}\frac{dR}{dz}\cdot\sin(v'_i - \theta_i)\cdot\cos(v_i - \theta_i).$$

Ces valeurs de $\dfrac{d\theta_i}{dt}$ et $\dfrac{d\varphi_i}{dt}$ ne diffèrent l'une de l'autre que par le dernier facteur, ce qui en simplifie le calcul ; car, ayant formé la valeur de $\dfrac{d\varphi_i}{dt}$, il suffira de la multiplier par $\tan(v_i - \theta_i)$ pour avoir celle de $\dfrac{d\theta_i}{dt}$

9. Au moyen des formules des n°s 5, 6 et 7, la valeur de $\frac{da}{dt}$ du n° 5 devient

$$(\text{III}) \qquad \frac{da}{dt} = 2a^2 k \cos\psi \cdot \frac{1}{r^2}\frac{d\text{R}}{dv_1} + 2a^2 k \tan\psi \sin(v_1 - \varpi_1)\frac{d\text{R}}{dr}.$$

Cette valeur de $\frac{da}{dt}$ serait commode dans le calcul des perturbations par quadratures; mais, dans le cas qui nous occupe, il sera plus simple de commencer par former le développement de la fonction R elle-même, en fonction des anomalies moyennes ζ et ζ' des deux planètes. Comme $\zeta = nt + \varepsilon_1 - \varpi_1$, on aura ensuite, par une simple différentiation,

$$\frac{d\text{R}}{dv_1} = \frac{d\text{R}}{d\zeta},$$

ce qui conduira au développement de $\frac{da}{dt}$, et à celui de $\frac{d^2\rho}{dt^2}$.

L'expression de $\frac{da}{dt}$ du n° 5 renferme $\frac{d\text{R}}{d\varpi_1}$. Si nous remplaçons cette dérivée par sa valeur $\frac{d\text{R}}{dv_1} - \frac{d\text{R}}{d\varepsilon_1}$, il viendra

$$\frac{de}{dt} = -\frac{k}{\tan\psi}\frac{d\text{R}}{d\varepsilon_1} + \frac{k\cos\psi}{\tan\psi}\frac{d\text{R}}{d\varepsilon_1},$$

formule qui, en y mettant pour $\frac{d\text{R}}{d\varepsilon_1}$ sa valeur en fonction de $\frac{da}{dt}$, se change en cette autre :

$$(\text{IV}) \qquad \frac{de}{dt} = -\frac{k}{\tan\psi}\cdot\frac{d\text{R}}{dv_1} + \frac{\cos\psi}{2a\tan\psi}\frac{da}{dt}.$$

Le calcul du second membre est très-simple, puisque les variables $\frac{d\text{R}}{dv_1}$ et $\frac{da}{dt}$, qui sont déjà formées, sont simplement multipliées par des constantes.

10. Les deux dernières formules qui restent à trouver, demandent qu'on forme d'abord l'auxiliaire

$$\frac{1}{a}\frac{d\text{R}}{de} = -\cos(v_1 - \varpi_1)\cdot\frac{d\text{R}}{dr} + \left(\frac{1}{r} + \frac{1}{a\cos^2\psi}\right)\sin(v_1 - \varpi_1)\frac{d\text{R}}{dv_1}.$$

La valeur de $\frac{d\varpi_1}{dt}$, dont on peut éliminer $\frac{d\text{R}}{dv_1}$ en fonction de $\frac{d\theta_1}{dt}$, sera donnée par la formule

$$(\mathrm{V}) \qquad \varepsilon\frac{d\varpi_i}{dt} = ak\cos\psi\,\frac{1}{a}\frac{dR}{de} + \sin\psi\,\tan\frac{\psi}{2}\,.\sin\varphi_i\,\frac{d\theta_i}{dt};$$

le second terme sera habituellement insensible; et, d'ailleurs, il se compose d'un facteur constant, multiplié par une variable qui a déjà été calculée.

Enfin, on pourra calculer $\dfrac{d(\varepsilon_i - \varpi_i)}{dt}$ au lieu de $\dfrac{d\varepsilon_i}{dt}$. On aura pour cet objet la formule

$$(\mathrm{VI}) \qquad \frac{d(\varepsilon_i - \varpi_i)}{dt} = -2k\,.r\,\frac{dR}{dr} - \frac{ak\cos\psi}{\tan\psi}\,.\frac{1}{a}\frac{dR}{de}.$$

11. Les formules (IV) et (VI), malgré leur simplicité, perdent de leur avantage quand l'excentricité est très-petite. Il peut alors être préférable de leur substituer les relations suivantes, qu'on retrouvera aisément :

$$\frac{de}{dt} = ak\sin(v_i - \varpi_i)\,.\,\frac{dR}{dr} - \frac{k}{\tan\psi}\left(1 - \frac{a^2}{r^2}\cos\psi\right)\frac{dR}{de_i} - \frac{\cos\psi}{2a}\tan\frac{\psi}{2}\,.\,\frac{da}{dt};$$

$$\frac{d\varepsilon_i}{dt} = -2k\,.r\,\frac{dR}{dr} + \tan\frac{\psi}{2}\,.\,\varepsilon\frac{d\varpi_i}{dt} + \tan\frac{\psi}{2}\cos\psi\,.\sin\varphi_i\frac{d\theta_i}{dt}.$$

12. Les formules qui précèdent ne renferment plus, avec les coordonnées des planètes, que les quantités $\dfrac{dR}{dr}$, $\dfrac{dR}{ds}$ et $\dfrac{dR}{dv_i}$. On calculera les valeurs de ces expressions par les relations suivantes, dans lesquelles z désigne le rapport $\dfrac{r}{r'}$ du rayon vecteur de la planète troublée à celui de la planète troublante :

$$\frac{dR}{dr} = (1 + \alpha^2 - 2\alpha z)^{-\frac{3}{2}}\left(\frac{1-z}{r'^3}\right) - \frac{z}{r'^3};$$

$$\frac{dR}{ds} = (1 + \alpha^2 - 2\alpha z)^{-\frac{3}{2}}\frac{\alpha}{r'^3} - \frac{z}{r'^3};$$

$$\frac{dR}{dv_i} = \frac{dR}{ds}\frac{ds}{dv_i}.$$

13. Nous aurons besoin de passer du premier système des coordonnées, dont nous avons fait usage, au second; et réciproquement, ayant trouvé les perturbations des éléments du second système, il en faudra déduire les perturbations des éléments du premier. On résoudra la première question au moyen des formules suivantes, dans lesquelles χ désigne l'arc de grand cercle compris entre les nœuds ascendants d'Uranus sur l'écliptique et sur le plan de l'orbite de Saturne :

$$\sin\frac{\varphi_1}{2}\cdot\sin\frac{\theta_1+\chi}{2}=\sin\frac{\theta-\theta'}{2}\cdot\sin\frac{\varphi+\varphi'}{2},$$

$$\sin\frac{\varphi_1}{2}\cdot\cos\frac{\theta_1+\chi}{2}=\cos\frac{\theta-\theta'}{2}\cdot\sin\frac{\varphi-\varphi'}{2},$$

$$\cos\frac{\varphi_1}{2}\cdot\sin\frac{\theta_1-\chi}{2}=\sin\frac{\theta-\theta'}{2}\cdot\cos\frac{\varphi+\varphi'}{2},$$

$$\cos\frac{\varphi_1}{2}\cdot\cos\frac{\theta_1-\chi}{2}=\cos\frac{\theta-\theta'}{2}\cdot\cos\frac{\varphi-\varphi'}{2}.$$

Ces relations donneront φ_1, θ_1 et l'auxiliaire χ. On aura ensuite :

$$\varpi_1-\theta_1=\varpi-\theta-\chi,$$

$$\varepsilon_1-\theta_1=\varepsilon-\theta-\chi,$$

$$\varpi'_1-\theta_1=\varpi'-\theta'-\theta_1,$$

$$\varepsilon'_1-\theta_1=\varepsilon'-\theta'-\theta_1.$$

14. Réciproquement, pour déduire les perturbations de φ et θ, ϖ et ε, de celles de φ_1 et θ_1, ϖ_1 et ε_1, considérons d'abord les formules

$$\sin\frac{\varphi}{2}\cdot\sin\frac{\chi-\theta+\theta'}{2}=\sin\frac{\theta_1}{2}\cdot\sin\frac{\varphi'-\varphi_1}{2},$$

$$\sin\frac{\varphi}{2}\cdot\cos\frac{\chi-\theta+\theta'}{2}=\cos\frac{\theta_1}{2}\cdot\sin\frac{\varphi'+\varphi_1}{2},$$

$$\cos\frac{\varphi}{2}\cdot\sin\frac{\chi+\theta-\theta'}{2}=\sin\frac{\theta_1}{2}\cdot\cos\frac{\varphi'-\varphi_1}{2},$$

$$\cos\frac{\varphi}{2}\cdot\cos\frac{\chi+\theta-\theta'}{2}=\cos\frac{\theta_1}{2}\cdot\cos\frac{\varphi'+\varphi_1}{2}.$$

Si nous faisons varier, dans les deux premières, φ_1 et θ_1, φ, χ et θ, et si nous posons, pour simplifier l'écriture,

$$\tfrac{1}{2}(\chi-\theta+\theta')=u,$$

nous trouverons

$$\cos\frac{\varphi}{2}\sin u\,d\varphi+\sin\frac{\varphi}{2}\cos u\,d(\chi-\theta)=\cos\frac{\theta_1}{2}\sin\frac{\varphi'-\varphi_1}{2}d\theta_1-\sin\frac{\theta_1}{2}\cos\frac{\varphi'-\varphi_1}{2}d\varphi_1,$$

$$\cos\frac{\varphi}{2}\cos u\,d\varphi-\sin\frac{\varphi}{2}\sin u\,d(\chi-\theta)=-\sin\frac{\theta_1}{2}\sin\frac{\varphi'+\varphi_1}{2}d\theta_1+\cos\frac{\theta_1}{2}\cos\frac{\varphi'+\varphi_1}{2}d\varphi_1;$$

en éliminant $\delta(\chi - \theta)$ entre ces deux relations, on tombera, après des transformations convenables, sur l'équation

$$\text{(I)} \qquad \delta\varphi = -\sin\chi \sin\varphi . \delta\theta_{,} + \cos\chi\, \delta\varphi_{,},$$

qui fera connaître $\delta\varphi$.

En éliminant au contraire $\delta\varphi_{,}$, on trouvera, après certaines réductions,

$$2\sin^2\frac{\varphi}{2}(\delta\chi - \delta\theta) = 2\sin\frac{\varphi'-\varphi_{,}}{2}\sin\frac{\varphi'+\varphi_{,}}{2}\,\delta\theta_{,} - \sin\theta_{,}\sin\varphi'\,\delta\varphi_{,}.$$

Pour en conclure $\delta\chi$ et $\delta\theta$, il faut traiter la troisième et la quatrième équations de ce numéro comme nous avons traité les deux premières ; mais il n'est pas nécessaire de recommencer le calcul. Il suffit, pour obtenir les résultats qu'il fournirait, de remplacer, dans les deux dernières équations, φ et φ' par leurs suppléments, et de changer les signes de θ, θ' et φ. Or la valeur de $\delta\varphi$ reste la même, malgré ces changements, et la dernière équation devient

$$2\cos^2\frac{\varphi}{2}(\delta\chi + \delta\theta) = 2\cos\frac{\varphi'-\varphi_{,}}{2}\cos\frac{\varphi'+\varphi_{,}}{2}\,\delta\theta_{,} + \sin\theta_{,}\sin\varphi'\,\delta\varphi_{,}.$$

En ajoutant et en retranchant successivement les deux équations précédentes membre à membre, on aura, plus simplement,

$$\delta\chi + \cos\varphi\,\delta\theta = \cos\varphi_{,}\,\delta\theta_{,},$$
$$\cos\varphi\,\delta\chi + \delta\theta = \cos\varphi'\,\delta\theta_{,} + \sin\chi \sin\varphi\,\delta\varphi_{,},$$

et l'on en déduira enfin

$$\text{(II)} \qquad \sin\varphi\,\delta\theta = \cos\chi \sin\varphi\,\delta\theta_{,} + \sin\chi\,\delta\varphi_{,},$$

$$\text{(III)} \qquad \sin\varphi\,\delta\chi = \cos(\theta - \theta')\sin\varphi'\,\delta\theta_{,} - \sin\chi \cos\varphi\,\delta\varphi_{,}.$$

On a, par le n° 13,

$$\alpha = \alpha_{,} - \theta_{,} + \theta + \chi ;$$

on en conclura

$$\text{(IV)} \qquad \delta\alpha = \delta\alpha_{,} + \frac{\sin^2\frac{\varphi}{2} - \sin^2\frac{\theta}{2} - \sin^2\frac{\varphi_{,}}{2}}{\cos^2\frac{\varphi}{2}}\,\delta\theta_{,} + \sin\chi \tan\frac{\varphi}{2}\,\delta\varphi_{,},$$

formule qui servirait également pour passer de $\delta\alpha_{,}$ à $\delta\alpha$. Mais nous trouverons qu'on peut, sans erreur sensible, prendre $\delta\alpha_{,}$ pour $\delta\alpha$, et $\delta\tau_{,}$ pour $\delta\tau$.

Nous exposerons, à mesure que nous en aurons besoin, les autres formules dont nous nous servirons.

Perturbations produites par Saturne, et proportionnelles à la première puissance de sa masse.

15. J'ai emprunté les éléments des orbites d'Uranus et de Saturne, dont j'ai fait usage dans le calcul des perturbations, au préambule des Tables construites par M. Bouvard pour ces planètes. Ces éléments donneront lieu, plus tard, à des remarques qui seraient ici sans importance. L'unité de temps, les origines du temps et des longitudes, ont été fixées dans le n° 5. Les angles seront en mesures sexagésimales, à moins qu'on ne prévienne du contraire.

Éléments de l'orbite d'Uranus.

$$a = 19,182,729,$$
$$n = 15425'',645,$$
$$e = 0,046.610.8,$$
$$\varpi = 167° 30' 24'',$$
$$\varepsilon = 173.30.16,$$
$$\varphi = 0.46.28,4,$$
$$\theta = 72.59.21,$$

Éléments de l'orbite de Saturne.

$$a' = 9,538.852,$$
$$n' = 43996'',127,$$
$$e' = 0,056.150.5,$$
$$\varpi' = 89° 8' 20'',$$
$$\varepsilon' = 123. 5.29,$$
$$\varphi' = 2.29.35,9,$$
$$\theta' = 111.56. 7,$$
$$\text{La masse } m' = \tfrac{1}{3512}.$$

16. Au moyen de ces données, et des formules du n° 15, nous trouvons pour les éléments de l'orbite d'Uranus, rapportés au plan de l'orbite de Saturne, suivant ce qui a été expliqué dans le n° 7 :

$$\varphi_1 = 1°57' 9'',5,$$
$$\theta_1 = 194.26.20,3, \qquad \chi = 233° 22' 28'',1,$$
$$\varpi_1 - \theta_1 = 221. 8.35.$$

Inégalités des éléments, déduites simultanément du même calcul.

Perturbations de la longitude θ_1 du nœud.

17. Au moyen de la formule (I) du n° 8, j'ai calculé les valeurs particulières de la fonction $\sin\varphi_1 \dfrac{d\theta_1}{dt}$, correspondant à des valeurs convenablement choisies des anomalies moyennes ζ et ζ' d'Uranus et de Saturne; et j'en ai déduit le développement trigonométrique de la fonction. Il serait nécessaire d'entrer dans quelques détails sur le calcul numérique des valeurs particulières de la fonction, sur les formules d'interpolation que j'ai employées pour en déduire son développement, si les résultats que je vais présenter ne devaient pas être retrouvés plus tard par une méthode tout à fait différente. La conformité des conclusions auxquelles nous arriverons par les deux moyens, étant la meilleure garantie de leur exactitude, et l'étendue de ce travail nous faisant une loi d'en abréger l'exposition, je vais me contenter ici de rapporter les développements des fonctions tels que je les ai obtenus. J'ai trouvé :

$$
\begin{aligned}
2000 \sin\varphi_1 \frac{d\theta_1}{dt} = -970 \quad
&+ 3958 \sin(\zeta' - \zeta) + 816 \cos(\zeta' - \zeta) \\
&- 494 \sin(2\zeta' - 2\zeta) + 1198 \cos(2\zeta' - 2\zeta) \\
&+ 628 \sin(3\zeta' - 3\zeta) + 438 \cos(3\zeta' - 3\zeta) \\[1em]
- 264 \sin\zeta \quad &- 721 \sin(\zeta') + 487 \cos(\zeta') \\
- 310 \cos\zeta \quad &- 113 \sin(\zeta' - 2\zeta) - 285 \cos(\zeta' - 2\zeta) \\
&+ 732 \sin(2\zeta' - \zeta) + 338 \cos(2\zeta' - \zeta) \\
&- 286 \sin(2\zeta' - 3\zeta) + 152 \cos(2\zeta' - 3\zeta) \\
&+ 129 \sin(3\zeta' - 2\zeta) - 3 \cos(3\zeta' - 2\zeta) \\
&+ 69 \sin(3\zeta' - 4\zeta) + 225 \cos(3\zeta' - 4\zeta) \\[1em]
- 984 \sin 2\zeta \quad &+ 301 \sin(\zeta' + \zeta) - 4612 \cos(\zeta' + \zeta) \\
+ 114 \cos 2\zeta \quad &+ 187 \sin(\zeta' - 3\zeta) - 592 \cos(\zeta' - 3\zeta) \\
&+ 873 \sin(2\zeta') + 304 \cos(2\zeta') \\
&- 331 \sin(2\zeta' - 4\zeta) - 172 \cos(2\zeta' - 4\zeta) \\
&+ 395 \sin(3\zeta' - \zeta) - 490 \cos(3\zeta' - \zeta) \\
&- 133 \sin(3\zeta' - 5\zeta) + 174 \cos(3\zeta' - 5\zeta)
\end{aligned}
$$

$$
\begin{aligned}
&- 152\sin 3\zeta + 84\sin(\zeta'+2\zeta) + 26\cos(\zeta'+2\zeta)\\
&+ 122\cos 3\zeta + 124\sin(\zeta'-4\zeta) - 100\cos(\zeta'-4\zeta)\\
& + 140\sin(2\zeta'+\zeta) - 668\cos(2\zeta'+\zeta)\\
& - 54\sin(2\zeta'-5\zeta) - 106\cos(2\zeta'-5\zeta)\\
& + 34\sin(3\zeta') - 26\cos(3\zeta')\\
& - 80\sin(3\zeta'-6\zeta) + 26\cos(3\zeta'-6\zeta).
\end{aligned}
$$

En divisant par 2000, et en intégrant par rapport au temps, on trouvera :

$$
\begin{aligned}
\sin\varphi.\,\delta\theta, = &- 0'',048.557 + 0'',29\sin(\zeta'-\zeta) - 1'',43\cos(\zeta'-\zeta)\\
&+ 0,22\sin(2\zeta'-2\zeta) + 0,09\cos(2\zeta'-2\zeta)\\
&+ 0,05\sin(3\zeta'-3\zeta) - 0,08\cos(3\zeta'-3\zeta)\\[4pt]
&- 0,21\sin\zeta + 0,11\sin(\zeta') + 0,17\cos(\zeta')\\
&+ 0,18\cos\zeta - 0,22\sin(\zeta'-2\zeta) + 0,09\cos(\zeta'-2\zeta)\\
&+ 0,05\sin(2\zeta'-\zeta) - 0,10\cos(2\zeta'-\zeta)\\
&+ 0,04\sin(2\zeta'-3\zeta) + 0,07\cos(2\zeta'-3\zeta)\\[4pt]
&+ 0,04\sin 2\zeta - 0,80\sin(\zeta'+\zeta) - 0,05\cos(\zeta'+\zeta)\\
&+ 0,33\cos 2\zeta + 2,68\sin(\zeta'-3\zeta) + 0,85\cos(\zeta'-3\zeta)\\
&+ 0,04\sin(2\zeta') - 0,10\cos(2\zeta')\\
&- 0,07\sin(2\zeta'-4\zeta) + 0,13\cos(2\zeta'-4\zeta)\\[4pt]
&+ 0,06\sin(\zeta'-4\zeta) + 0,07\cos(\zeta'-4\zeta)\\
&- 0,07\sin(2\zeta'+\zeta) - 0,01\cos(2\zeta'+\zeta)\\
&- 0,09\sin(2\zeta'-5\zeta) + 0,05\cos(2\zeta'-5\zeta).
\end{aligned}
$$

Perturbations de l'inclinaison relative $\varphi_{,,}$

18. J'ai obtenu successivement :

$$
\begin{aligned}
2000\frac{d\varphi}{dt} = + \ 12 \quad &+ 1076\sin(\zeta'-\zeta) - 5120\cos(\zeta'-\zeta)\\
&+ 558\sin(2\zeta'-2\zeta) + 206\cos(2\zeta'-2\zeta)\\
&+ 200\sin(3\zeta'-3\zeta) - 292\cos(3\zeta'-3\zeta)\\[4pt]
&+ 164\sin\zeta - 505\sin(\zeta') + 198\cos(\zeta')\\
&- 66\cos\zeta - 89\sin(\zeta'-2\zeta) - 10\cos(\zeta'-2\zeta)\\
&- 48\sin(2\zeta'-\zeta) - 636\cos(2\zeta'-\zeta)\\
&+ 80\sin(2\zeta'-3\zeta) + 118\cos(2\zeta'-3\zeta)\\
&+ 30\sin(3\zeta'-2\zeta) + 159\cos(3\zeta'-2\zeta)\\
&+ 98\sin(3\zeta'-4\zeta) - 37\cos(3\zeta'-4\zeta)
\end{aligned}
$$

$$- 110 \sin 2\zeta + 4627 \sin(\zeta' + \zeta) + 294 \cos(\zeta' + \zeta)$$
$$- 958 \cos 2\zeta - 559 \sin(\zeta' - 3\zeta) + 184 \cos(\zeta' - 3\zeta)$$
$$- 329 \sin(2\zeta') + 961 \cos(2\zeta')$$
$$- 166 \sin(2\zeta' - 4\zeta) + 301 \cos(2\zeta' - 4\zeta)$$
$$+ 514 \sin(3\zeta' - \zeta) + 201 \cos(3\zeta' - \zeta)$$
$$+ 152 \sin(3\zeta' - 5\zeta) + 123 \cos(3\zeta' - 5\zeta)$$

$$- 130 \sin 3\zeta - 25 \sin(\zeta' + 2\zeta) + 82 \cos(\zeta' + 2\zeta)$$
$$- 152 \cos 3\zeta - 101 \sin(\zeta' - 4\zeta) - 122 \cos(\zeta' - 4\zeta)$$
$$+ 670 \sin(2\zeta' + \zeta) + 138 \cos(2\zeta' + \zeta)$$
$$- 100 \sin(2\zeta' - 5\zeta) + 54 \cos(2\zeta' - 5\zeta)$$
$$+ 25 \sin(3\zeta') + 44 \cos(3\zeta')$$
$$+ 21 \sin(3\zeta' - 6\zeta) + 76 \cos(3\zeta' - 6\zeta);$$

$$\delta_p = + 0'',000.59\, t - 1,85 \sin(\zeta' - \zeta) - 0,39 \cos(\zeta' - \zeta)$$
$$+ 0,04 \sin(2\zeta' - 2\zeta) - 0,10 \cos(2\zeta' - 2\zeta)$$

$$- 0,04 \sin\zeta + 0,05 \sin(\zeta') + 0,12 \cos(\zeta')$$
$$- 0,11 \cos\zeta - 0,01 \sin(\zeta' - 2\zeta) + 0,07 \cos(\zeta' - 2\zeta)$$
$$- 0,09 \sin(2\zeta' - \zeta) + 0,01 \cos(2\zeta' - \zeta)$$

$$- 0,32 \sin 2\zeta + 0,05 \sin(\zeta' + \zeta) - 0,80 \cos(\zeta' + \zeta)$$
$$+ 0,04 \cos 2\zeta + 0,83 \sin(\zeta' - 3\zeta) - 2,53 \cos(\zeta' - 3\zeta)$$
$$+ 0,11 \sin(2\zeta') + 0,04 \cos(2\zeta')$$
$$+ 0,12 \sin(2\zeta' - 4\zeta) + 0,07 \cos(2\zeta' - 4\zeta)$$

$$+ 0,07 \sin(\zeta' - 4\zeta) - 0,06 \cos(\zeta' - 4\zeta)$$
$$+ 0,01 \sin(2\zeta' + \zeta) - 0,07 \cos(2\zeta' + \zeta)$$
$$+ 0,05 \sin(2\zeta' - 5\zeta) + 0,09 \cos(2\zeta' - 5\zeta).$$

Perturbations du moyen mouvement et du grand axe.

19. Conformément à la remarque du n° 9, nous déduirons ces perturbations du développement de R, ou plutôt de celui de $6knR$. On n'y trouvera aucun terme du cinquième ordre : ces termes ont été calculés et se sont trouvés insensibles. Tous les termes des ordres supérieurs au cinquième sont également négligeables.

$$6knR = 436091,96 - 1385917,90 \sin(\zeta' - \zeta) - 285587,82 \cos(\zeta' - \zeta)$$
$$+ 28930,40 \sin(2\zeta' - 2\zeta) - 77901,42 \cos(2\zeta' - 2\zeta)$$
$$- 28095,50 \sin(3\zeta' - 3\zeta) - 19069,10 \cos(3\zeta' - 3\zeta)$$
$$- 10935,30 \sin(4\zeta' - 4\zeta) + 9865,30 \cos(4\zeta' - 4\zeta)$$
$$+ 3103,34 \sin(5\zeta' - 5\zeta) + 5595,70 \cos(5\zeta' - 5\zeta)$$
$$+ 2654,28 \sin(6\zeta' - 6\zeta) - 707,06 \cos(6\zeta' - 6\zeta)$$

$+ \ 19963,18 \sin\zeta \quad + 113532,32 \sin(\zeta') \qquad\qquad + 19521,53 \cos(\zeta')$
$+ \ 19452,86 \cos\zeta \quad - \ 21546,80 \sin(\zeta'-2\zeta) \quad + 10364,75 \cos(\zeta'-2\zeta)$
$\qquad\qquad\qquad\qquad\ - 176029,17 \sin(2\zeta'-\zeta) \quad - 34753,22 \cos(2\zeta'-\zeta)$
$\qquad\qquad\qquad\qquad\ + \ 12928,13 \sin(2\zeta'-3\zeta) \quad - \ 7920,58 \cos(2\zeta'-3\zeta)$
$\qquad\qquad\qquad\qquad\ + \ \ 2388,12 \sin(3\zeta'-2\zeta) \quad - \ 3036,01 \cos(3\zeta'-2\zeta)$
$\qquad\qquad\qquad\qquad\ - \ \ 3026,54 \sin(3\zeta'-4\zeta) \quad - \ 8359,49 \cos(3\zeta'-4\zeta)$
$\qquad\qquad\qquad\qquad\ - \ \ 1465,67 \sin(4\zeta'-3\zeta) \quad - \ 2213,14 \cos(4\zeta'-3\zeta)$
$\qquad\qquad\qquad\qquad\ - \ \ 4906,57 \sin(4\zeta'-5\zeta) \quad + \ \ 705,74 \cos(4\zeta'-5\zeta)$
$\qquad\qquad\qquad\qquad\ - \ \ 1498,68 \sin(5\zeta'-4\zeta) \quad + \ \ 548,53 \cos(5\zeta'-4\zeta)$
$\qquad\qquad\qquad\qquad\ - \ \ \ 189,66 \sin(5\zeta'-6\zeta) \quad + \ 2697,25 \cos(5\zeta'-6\zeta)$
$\qquad\qquad\qquad\qquad\ + \ \ \ \ \ 87,15 \sin(6\zeta'-5\zeta) \quad + \ \ 953,26 \cos(6\zeta'-5\zeta)$
$\qquad\qquad\qquad\qquad\ + \ \ 1411,45 \sin(6\zeta'-7\zeta) \quad + \ \ 436,82 \cos(6\zeta'-7\zeta)$

$+ \ \ 1679,50 \sin 2\zeta \ + \ \ \ 157,28 \sin(\zeta'+\zeta) \quad - \ \ 848,40 \cos(\zeta'+\zeta)$
$+ \ \ \ 116,86 \cos 2\zeta \ - \ \ 1192,44 \sin(\zeta'-3\zeta) \quad + \ 1911,28 \cos(\zeta'-3\zeta)$
$\qquad\qquad\qquad\qquad\ + \ 12629,33 \sin(2\zeta') \qquad\quad + \ 2571,32 \cos(2\zeta')$
$\qquad\qquad\qquad\qquad\ + \ \ 1918,89 \sin(2\zeta'-4\zeta) \quad + \ \ 191,26 \cos(2\zeta'-4\zeta)$
$\qquad\qquad\qquad\qquad\ - \ 16872,02 \sin(3\zeta'-\zeta) \quad - \ 3418,44 \cos(3\zeta'-\zeta)$
$\qquad\qquad\qquad\qquad\ + \ \ \ 398,80 \sin(3\zeta'-5\zeta) \quad - \ 1395,46 \cos(3\zeta'-5\zeta)$
$\qquad\qquad\qquad\qquad\ + \ \ \ 117,57 \sin(4\zeta'-2\zeta) \quad - \ \ 161,66 \cos(4\zeta'-2\zeta)$
$\qquad\qquad\qquad\qquad\ - \ \ \ 885,05 \sin(4\zeta'-6\zeta) \quad - \ \ 446,22 \cos(4\zeta'-6\zeta)$
$\qquad\qquad\qquad\qquad\ - \ \ \ \ 95,62 \sin(5\zeta'-3\zeta) \quad - \ \ 147,80 \cos(5\zeta'-3\zeta)$
$\qquad\qquad\qquad\qquad\ - \ \ \ 387,96 \sin(5\zeta'-7\zeta) \quad + \ \ 504,90 \cos(5\zeta'-7\zeta)$
$\qquad\qquad\qquad\qquad\ - \ \ \ 114,19 \sin(6\zeta'-4\zeta) \quad + \ \ \ 63,88 \cos(6\zeta'-4\zeta)$
$\qquad\qquad\qquad\qquad\ + \ \ \ 264,53 \sin(6\zeta'-8\zeta) \quad + \ \ 288,78 \cos(6\zeta'-8\zeta)$

$+ \ \ \ \ 85,18 \sin 3\zeta \ - \ \ \ \ \ 0,28 \sin(\zeta'+2\zeta) \quad - \ \ \ 13,57 \cos(\zeta'+2\zeta)$
$- \ \ \ \ 61,50 \cos 3\zeta \ - \ \ \ 161,46 \sin(\zeta'-4\zeta) \quad + \ \ 136,71 \cos(\zeta'-4\zeta)$
$\qquad\qquad\qquad\qquad\ + \ \ \ \ \ \ 6,59 \sin(2\zeta'+\zeta) \quad - \ \ \ 73,50 \cos(2\zeta'+\zeta)$
$\qquad\qquad\qquad\qquad\ + \ \ \ 150,37 \sin(2\zeta'-5\zeta) \quad + \ \ 142,82 \cos(2\zeta'-5\zeta)$
$\qquad\qquad\qquad\qquad\ + \ \ 1195,80 \sin(3\zeta') \qquad\quad + \ \ 240,03 \cos(3\zeta')$
$\qquad\qquad\qquad\qquad\ + \ \ \ 152,42 \sin(3\zeta'-6\zeta) \quad - \ \ 114,57 \cos(3\zeta'-6\zeta)$
$\qquad\qquad\qquad\qquad\ - \ \ 1508,58 \sin(4\zeta'-\zeta) \quad - \ \ 308,48 \cos(4\zeta'-\zeta)$
$\qquad\qquad\qquad\qquad\ - \ \ \ \ 68,60 \sin(4\zeta'-7\zeta) \quad - \ \ 138,16 \cos(4\zeta'-7\zeta)$
$\qquad\qquad\qquad\qquad\ + \ \ \ \ \ \ 1,34 \sin(5\zeta'-2\zeta) \quad - \ \ \ \ \ 1,37 \cos(5\zeta'-2\zeta)$
$\qquad\qquad\qquad\qquad\ - \ \ \ 116,00 \sin(5\zeta'-8\zeta) \quad + \ \ \ \ 29,91 \cos(5\zeta'-8\zeta)$
$\qquad\qquad\qquad\qquad\ + \ \ \ \ \ \ 5,55 \sin(6\zeta'-3\zeta) \quad - \ \ \ \ \ 0,54 \cos(6\zeta'-3\zeta)$
$\qquad\qquad\qquad\qquad\ + \ \ \ \ \ \ 4,45 \sin(6\zeta'-9\zeta) \quad + \ \ \ \ 78,66 \cos(6\zeta'-9\zeta)$

$$+ \ 1,32\sin 4\zeta \quad + \qquad 0,24\sin(\ \zeta'+3\zeta) \quad + \qquad 0,19\cos(\ \zeta'+3\zeta)$$
$$- \ 6,08\cos 4\zeta \quad - \qquad 16,46\sin(\ \zeta'-5\zeta) \quad + \qquad 2,99\cos(\ \zeta'-5\zeta)$$
$$+ \qquad 1,09\sin(2\zeta'+2\zeta) \quad - \qquad 1,91\cos(2\zeta'+2\zeta)$$
$$+ \qquad 2,97\sin(2\zeta'-6\zeta) \quad + \qquad 19,99\cos(2\zeta'-6\zeta)$$
$$- \qquad 1,27\sin(3\zeta'+\ \zeta) \quad - \qquad 7,72\cos(3\zeta'+\ \zeta)$$
$$+ \qquad 22,13\sin(3\zeta'-7\zeta) \quad + \qquad 0,26\cos(3\zeta'-7\zeta)$$
$$+ \qquad 104,50\sin(4\zeta') \quad + \qquad 21,86\cos(4\zeta')$$
$$+ \qquad 3,84\sin(4\zeta'-8\zeta) \quad - \qquad 20,60\cos(4\zeta'-8\zeta).$$

Considérons, dans cette série, les deux termes

$$M \sin(i'\zeta' - i\zeta) + N \cos(i'\zeta' - i\zeta);$$

il en résultera, dans $\dfrac{d^2\rho}{dt^2}$ et $\dfrac{da}{dt}$, les termes

$$\frac{d^2\rho}{dt^2} = \frac{Mi}{2}\cos(i'\zeta' - i\zeta) - \frac{Ni}{2}\sin(i'\zeta' - i\zeta),$$

$$\frac{da}{dt} = -\frac{Mai}{3n}\cos(i'\zeta' - i\zeta) + \frac{Nai}{3n}\sin(i'\zeta' - i\zeta).$$

La double intégration, qui donnera $\delta\rho$, introduira une constante et un terme proportionnel au temps. Nous confondrons la constante avec la longitude de l'époque. Mais nous retiendrons le terme proportionnel au temps, pour donner plus de simplicité aux formules définitives; désignons-le par σt, et cherchons la partie correspondante du demi-grand axe.

On a, dans le mouvement troublé,

$$\delta\rho = -\int \left\{ \frac{3}{2}\frac{n}{a} \int d.\delta a \right\} dt.$$

Si donc nous appelons c la constante introduite par l'intégration qui donne δa, il en résultera, dans $\delta\rho$, le terme proportionnel au temps, $-\dfrac{3}{2}\dfrac{n}{a}ct$. Ce terme ayant déjà été désigné par σt, on voit que la constante c, qu'il faudra ajouter aux perturbations du demi-grand axe, a pour valeur

$$c = -\frac{2}{3}\frac{\sigma}{n}a.$$

L'intégration nous donne ainsi

$$\delta\rho = \sigma t + \frac{i}{\sin 2^b}\frac{N}{(i'n'-in)^2}\sin(i'\zeta'-i\zeta) - \frac{i}{\sin 2^b}\frac{M}{(i'n'-in)^2}\cos(i'\zeta'-i\zeta),$$

$$\delta a = -\frac{2}{3}\frac{\sigma}{n}a - \frac{ai}{3n}\frac{M}{i'n'-in}\sin(i'\zeta'-i\zeta) - \frac{ai}{3n}\frac{N}{i'n'-in}\cos(i'\zeta'-i\zeta);$$

et, en remplaçant successivement par leurs différentes valeurs M, N et i, nous obtiendrons

$$
\begin{aligned}
\delta\rho = \quad \alpha t \;&- 36,08 \sin(\zeta'-\zeta) + 175,10 \cos(\zeta'-\zeta) \\
&- 4,02 \sin(2\zeta'-2\zeta) - 1,83 \cos(2\zeta'-2\zeta) \\
&- 0,84 \sin(3\zeta'-3\zeta) + 1,18 \cos(3\zeta'-3\zeta) \\
&+ 0,31 \sin(4\zeta'-4\zeta) + 0,35 \cos(4\zeta'-4\zeta) \\
&+ 0,14 \sin(5\zeta'-5\zeta) - 0,08 \cos(5\zeta'-5\zeta) \\
&- 0,01 \sin(6\zeta'-6\zeta) - 0,05 \cos(6\zeta'-6\zeta)
\end{aligned}
$$

$$
\begin{aligned}
- 8,43 \sin\zeta \;&+ 12,37 \sin(\zeta'-2\zeta) + 25,72 \cos(\zeta'-2\zeta) \\
+ 8,65 \cos\zeta \;&- 0,68 \sin(2\zeta'-\zeta) + 3,45 \cos(2\zeta'-\zeta) \\
&- 1,41 \sin(2\zeta'-3\zeta) - 2,30 \cos(2\zeta'-3\zeta) \\
&- 0,06 \sin(3\zeta'-2\zeta) - 0,05 \cos(3\zeta'-2\zeta) \\
&- 0,70 \sin(3\zeta'-4\zeta) + 0,25 \cos(3\zeta'-4\zeta) \\
&- 0,03 \sin(4\zeta'-3\zeta) + 0,03 \cos(4\zeta'-3\zeta) \\
&+ 0,04 \sin(4\zeta'-5\zeta) + 0,26 \cos(4\zeta'-5\zeta) \\
&+ 0,01 \sin(5\zeta'-4\zeta) + 0,02 \cos(5\zeta'-4\zeta) \\
&+ 0,10 \sin(5\zeta'-6\zeta) + 0,01 \cos(5\zeta'-6\zeta)
\end{aligned}
$$

$$
\begin{aligned}
- 0,03 \sin 2\zeta \;&+ 113,67 \sin(\zeta'-3\zeta) + 70,92 \cos(\zeta'-3\zeta) \\
+ 0,36 \cos 2\zeta \;&+ 0,11 \sin(2\zeta'-4\zeta) - 1,15 \cos(2\zeta'-4\zeta) \\
&- 0,03 \sin(3\zeta'-\zeta) + 0,13 \cos(3\zeta'-\zeta) \\
&- 0,24 \sin(3\zeta'-5\zeta) - 0,07 \cos(3\zeta'-5\zeta) \\
&- 0,04 \sin(4\zeta'-6\zeta) + 0,08 \cos(4\zeta'-6\zeta) \\[6pt]
&+ 0,18 \sin(\zeta'-4\zeta) + 0,21 \cos(\zeta'-4\zeta) \\
&+ 0,62 \sin(2\zeta'-5\zeta) - 0,66 \cos(2\zeta'-5\zeta) \\
&- 0,05 \sin(3\zeta'-6\zeta) - 0,06 \cos(3\zeta'-6\zeta) \\[6pt]
&+ 0,59 \sin(2\zeta'-6\zeta) - 0,09 \cos(2\zeta'-6\zeta);
\end{aligned}
$$

$$
\begin{aligned}
\delta a = -\frac{2}{3}\frac{\sigma}{a}\,a \quad &+ 0,020.11 \sin(\zeta'-\zeta) + 0,004.14 \cos(\zeta'-\zeta) \\
&- 0,000.42 \sin(2\zeta'-2\zeta) + 0,001.13 \cos(2\zeta'-2\zeta) \\
&+ 0,000.41 \sin(3\zeta'-3\zeta) + 0,000.29 \cos(3\zeta'-3\zeta) \\
&+ 0,000.16 \sin(4\zeta'-4\zeta) - 0,000.14 \cos(4\zeta'-4\zeta) \\
&- 0,000.04 \sin(5\zeta'-5\zeta) - 0,000.08 \cos(5\zeta'-5\zeta)
\end{aligned}
$$

$$
\begin{aligned}
+\,0{,}000.54\,\overset{\prime\prime}{\sin}\zeta &+ 0{,}001.36\sin(\ \zeta'-2\zeta) - 0{,}000.65\cos(\ \zeta'-2\zeta)\\
+\,0{,}000.52\cos\zeta &+ 0{,}001.01\sin(2\zeta'-\ \zeta) + 0{,}000.20\cos(2\zeta'-\ \zeta)\\
&- 0{,}000.39\sin(2\zeta'-3\zeta) + 0{,}000.24\cos(2\zeta'-3\zeta)\\
&+ 0{,}000.07\sin(3\zeta'-4\zeta) + 0{,}000.20\cos(3\zeta'-4\zeta)\\
&+ 0{,}000.10\sin(4\zeta'-5\zeta) - 0{,}000.01\cos(4\zeta'-5\zeta)\\
&+ 0{,}000.00\sin(5\zeta'-6\zeta) - 0{,}000.05\cos(5\zeta'-6\zeta)\\[4pt]
&+ 0{,}000.65\sin(\ \zeta'-3\zeta) - 0{,}001.04\cos(\ \zeta'-3\zeta)\\
&- 0{,}000.12\sin(2\zeta'-4\zeta) - 0{,}000.01\cos(2\zeta'-4\zeta)\\
&+ 0{,}000.06\sin(3\zeta'-\ \zeta) + 0{,}000.01\cos(3\zeta'-\ \zeta)\\
&- 0{,}000.02\sin(3\zeta'-5\zeta) + 0{,}000.05\cos(3\zeta'-5\zeta).
\end{aligned}
$$

Perturbations de l'excentricité e.

20. Recourons à la première des formules du n° **11.** Le dernier terme de la valeur de $\dfrac{de}{dt}$ produit, dans l'excentricité, des perturbations qui se déduisent immédiatement de celles du grand axe. En les dénotant par la caractéristique ∂_1, on trouvera, pour cette partie de ∂e,

$$\partial_1 e = -\frac{\cos\phi}{2e}\,\operatorname{tang}\frac{\phi}{2}\,\partial a,$$

ou bien, en nombres,

$$
\begin{aligned}
\partial_1 e = \quad &- 2{,}52\,\sin(\ \zeta'-\ \zeta) - 0{,}52\,\cos(\ \zeta'-\ \zeta)\\
&+ 0{,}05\,\sin(2\zeta'-2\zeta) - 0{,}14\,\cos(2\zeta'-2\zeta)\\
&- 0{,}05\,\sin(3\zeta'-3\zeta) - 0{,}04\,\cos(3\zeta'-3\zeta)\\
&- 0{,}02\,\sin(4\zeta'-4\zeta) + 0{,}02\,\cos(4\zeta'-4\zeta)\\
&+ 0{,}01\,\sin(5\zeta'-5\zeta) + 0{,}01\,\cos(5\zeta'-5\zeta)\\[4pt]
- 0{,}07\,\sin\zeta\ \ &- 0{,}17\,\sin(\ \zeta'-2\zeta) + 0{,}08\,\cos(\ \zeta'-2\zeta)\\
- 0{,}07\,\cos\zeta\ \ &- 0{,}13\,\sin(2\zeta'-\ \zeta) - 0{,}03\,\cos(2\zeta'-\ \zeta)\\
&+ 0{,}05\,\sin(2\zeta'-3\zeta) - 0{,}03\,\cos(2\zeta'-3\zeta)\\
&- 0{,}01\,\sin(3\zeta'-4\zeta) - 0{,}03\,\cos(3\zeta'-4\zeta)\\
&- 0{,}01\,\sin(4\zeta'-5\zeta) + 0{,}00\,\cos(4\zeta'-5\zeta)\\[4pt]
&- 0{,}08\,\sin(\ \zeta'-3\zeta) + 0{,}13\,\cos(\ \zeta'-3\zeta)\\
&+ 0{,}02\,\sin(2\zeta'-4\zeta) + 0{,}00\,\cos(2\zeta'-4\zeta)\\
&- 0{,}01\,\sin(3\zeta'-\ \zeta) - 0{,}00\,\cos(3\zeta'-\ \zeta).
\end{aligned}
$$

Je n'ai pas tenu compte de la constante, qui se confondrait avec celle du mouvement elliptique.

Il nous reste à développer la partie principale de δe, qui dépend des deux premiers termes de la première formule du n° 11, et que je désignerai par $\delta_1 e$. En n'ayant égard qu'à ces termes, j'ai trouvé :

$$
\begin{aligned}
30000\,\frac{d.\delta_1 e}{dt} = {}-{}\;& 932 && -\; 660\sin(\zeta'-\zeta) && +\; 400\cos(\zeta'-\zeta) \\
&&& -\; 2714\sin(2\zeta'-2\zeta) && +\; 16392\cos(2\zeta'-2\zeta) \\
&&& -\; 3790\sin(3\zeta'-3\zeta) && -\; 2146\cos(3\zeta'-3\zeta) \\
&&& -\; 2578\sin(4\zeta'-4\zeta) && +\; 2858\cos(4\zeta'-4\zeta) \\
&&& +\; 1650\sin(5\zeta'-5\zeta) && +\; 2246\cos(5\zeta'-5\zeta) \\
&&& +\; 1574\sin(6\zeta'-6\zeta) && -\; 708\cos(6\zeta'-6\zeta) \\
&&& -\; 164\sin(7\zeta'-7\zeta) && -\; 796\cos(7\zeta'-7\zeta) \\[4pt]
-\;109104\sin\zeta\;& && -\; 108047\sin(\zeta') && +\; 526344\cos(\zeta') \\
-\;260\cos\zeta\;& && -\; 15327\sin(\zeta'-2\zeta) && +\; 72916\cos(\zeta'-2\zeta) \\
&&& -\; 6112\sin(2\zeta'-\zeta) && -\; 2600\cos(2\zeta'-\zeta) \\
&&& -\; 60468\sin(2\zeta'-3\zeta) && -\; 24638\cos(2\zeta'-3\zeta) \\
&&& -\; 4000\sin(3\zeta'-2\zeta) && +\; 7073\cos(3\zeta'-2\zeta) \\
&&& -\; 22248\sin(3\zeta'-4\zeta) && +\; 30945\cos(3\zeta'-4\zeta) \\
&&& +\; 2950\sin(4\zeta'-3\zeta) && +\; 3077\cos(4\zeta'-3\zeta) \\
&&& +\; 13964\sin(4\zeta'-5\zeta) && +\; 15805\cos(4\zeta'-5\zeta) \\
&&& +\; 2158\sin(5\zeta'-4\zeta) && -\; 1419\cos(5\zeta'-4\zeta) \\
&&& +\; 9999\sin(5\zeta'-6\zeta) && -\; 5355\cos(5\zeta'-6\zeta) \\
&&& -\; 706\sin(6\zeta'-5\zeta) && -\; 1492\cos(6\zeta'-5\zeta) \\
&&& -\; 1503\sin(6\zeta'-7\zeta) && -\; 5806\cos(6\zeta'-7\zeta) \\
&&& -\; 1329\sin(7\zeta'-6\zeta) && +\; 478\cos(7\zeta'-6\zeta) \\
&&& -\; 3201\sin(7\zeta'-8\zeta) && +\; 42\cos(7\zeta'-8\zeta) \\[4pt]
-\;9510\sin 2\zeta\;& && +\; 2110\sin(\zeta'+\zeta) && -\; 2739\cos(\zeta'+\zeta) \\
+\;9510\cos 2\zeta\;& && +\; 11736\sin(\zeta'-3\zeta) && +\; 35\cos(\zeta'-3\zeta) \\
&&& -\; 11761\sin(2\zeta') && +\; 58226\cos(2\zeta') \\
&&& -\; 8427\sin(2\zeta'-4\zeta) && -\; 14330\cos(2\zeta'-4\zeta) \\
&&& -\; 361\sin(3\zeta'-\zeta) && -\; 248\cos(3\zeta'-\zeta) \\
&&& -\; 11849\sin(3\zeta'-5\zeta) && +\; 4116\cos(3\zeta'-5\zeta) \\
&&& -\; 354\sin(4\zeta'-2\zeta) && +\; 503\cos(4\zeta'-2\zeta) \\
&&& +\; 1124\sin(4\zeta'-6\zeta) && +\; 8481\cos(4\zeta'-6\zeta) \\
&&& +\; 237\sin(5\zeta'-3\zeta) && +\; 226\cos(5\zeta'-3\zeta) \\
&&& +\; 5461\sin(5\zeta'-7\zeta) && +\; 418\cos(5\zeta'-7\zeta) \\
&&& -\; 3\sin(6\zeta'-4\zeta) && -\; 212\cos(6\zeta'-4\zeta) \\
&&& +\; 939\sin(6\zeta'-8\zeta) && -\; 3200\cos(6\zeta'-8\zeta) \\
&&& -\; 378\sin(7\zeta'-5\zeta) && +\; 307\cos(7\zeta'-5\zeta) \\
&&& -\; 1708\sin(7\zeta'-9\zeta) && -\; 907\cos(7\zeta'-9\zeta)
\end{aligned}
$$

$$
\begin{aligned}
&+0,000.54 \sin \zeta +0,001.36 \sin(\zeta'-2\zeta) -0,000.65 \cos(\zeta'-2\zeta)\\
&+0,000.52 \cos \zeta +0,001.01 \sin(2\zeta'-\zeta) +0,000.20 \cos(2\zeta'-\zeta)\\
& -0,000.39 \sin(2\zeta'-3\zeta) +0,000.24 \cos(2\zeta'-3\zeta)\\
& +0,000.07 \sin(3\zeta'-4\zeta) +0,000.20 \cos(3\zeta'-4\zeta)\\
& +0,000.10 \sin(4\zeta'-5\zeta) -0,000.01 \cos(4\zeta'-5\zeta)\\
& +0,000.00 \sin(5\zeta'-6\zeta) -0,000.05 \cos(5\zeta'-6\zeta)\\[2ex]
& +0,000.65 \sin(\zeta'-3\zeta) -0,001.04 \cos(\zeta'-3\zeta)\\
& -0,000.12 \sin(2\zeta'-4\zeta) -0,000.01 \cos(2\zeta'-4\zeta)\\
& +0,000.06 \sin(3\zeta'-\zeta) +0,000.01 \cos(3\zeta'-\zeta)\\
& -0,000.02 \sin(3\zeta'-5\zeta) +0,000.05 \cos(3\zeta'-5\zeta).
\end{aligned}
$$

Perturbations de l'excentricité e.

20. Recourons à la première des formules du n° **11.** Le dernier terme de la valeur de $\dfrac{de}{dt}$ produit, dans l'excentricité, des perturbations qui se déduisent immédiatement de celles du grand axe. En les dénotant par la caractéristique ∂_i, on trouvera, pour cette partie de ∂e,

$$
\partial_i e = -\frac{\cos \psi}{2a} \tang \frac{\psi}{2}\, \partial a,
$$

ou bien, en nombres,

$$
\begin{aligned}
\partial_i e =\quad &-2,52 \sin(\zeta'-\zeta) -0,52 \cos(\zeta'-\zeta)\\
&+0,05 \sin(2\zeta'-2\zeta) -0,14 \cos(2\zeta'-2\zeta)\\
&-0,05 \sin(3\zeta'-3\zeta) -0,04 \cos(3\zeta'-3\zeta)\\
&-0,02 \sin(4\zeta'-4\zeta) +0,02 \cos(4\zeta'-4\zeta)\\
&+0,01 \sin(5\zeta'-5\zeta) +0,01 \cos(5\zeta'-5\zeta)\\[2ex]
-0,07 \sin \zeta\ &-0,17 \sin(\zeta'-2\zeta) +0,08 \cos(\zeta'-2\zeta)\\
-0,07 \cos \zeta\ &-0,13 \sin(2\zeta'-\zeta) -0,03 \cos(2\zeta'-\zeta)\\
&+0,05 \sin(2\zeta'-3\zeta) -0,03 \cos(2\zeta'-3\zeta)\\
&-0,01 \sin(3\zeta'-4\zeta) -0,03 \cos(3\zeta'-4\zeta)\\
&-0,01 \sin(4\zeta'-5\zeta) +0,00 \cos(4\zeta'-5\zeta)\\[2ex]
&-0,08 \sin(\zeta'-3\zeta) +0,13 \cos(\zeta'-3\zeta)\\
&+0,02 \sin(2\zeta'-4\zeta) +0,00 \cos(2\zeta'-4\zeta)\\
&-0,01 \sin(3\zeta'-\zeta) -0,00 \cos(3\zeta'-\zeta).
\end{aligned}
$$

Je n'ai pas tenu compte de la constante, qui se confondrait avec celle du mouvement elliptique.

Il nous reste à développer la partie principale de $\delta_1\epsilon$, qui dépend des deux premiers termes de la première formule du n° 11, et que je désignerai par $\delta_1\epsilon$. En n'ayant égard qu'à ces termes, j'ai trouvé :

$$20000\,\frac{d.\delta_1\epsilon}{dt} =$$

$$
\begin{aligned}
&- \quad 932 \\
&- \quad 660\sin(\zeta'-\zeta) + 400\cos(\zeta'-\zeta) \\
&- \quad 2714\sin(2\zeta'-2\zeta) + 16392\cos(2\zeta'-2\zeta) \\
&- \quad 3790\sin(3\zeta'-3\zeta) - 2146\cos(3\zeta'-3\zeta) \\
&- \quad 2578\sin(4\zeta'-4\zeta) + 2858\cos(4\zeta'-4\zeta) \\
&+ \quad 1650\sin(5\zeta'-5\zeta) + 2246\cos(5\zeta'-5\zeta) \\
&+ \quad 1574\sin(6\zeta'-6\zeta) - 708\cos(6\zeta'-6\zeta) \\
&- \quad 164\sin(7\zeta'-7\zeta) - 796\cos(7\zeta'-7\zeta) \\[8pt]
&- 109104\sin\zeta - 108047\sin(\zeta') + 526344\cos(\zeta') \\
&- \quad 200\cos\zeta - 15327\sin(\zeta'-2\zeta) + 72916\cos(\zeta'-2\zeta) \\
&- \quad 6112\sin(2\zeta'-\zeta) - 2600\cos(2\zeta'-\zeta) \\
&- 60468\sin(2\zeta'-3\zeta) - 24638\cos(2\zeta'-3\zeta) \\
&- \quad 4000\sin(3\zeta'-2\zeta) + 7073\cos(3\zeta'-2\zeta) \\
&- 22248\sin(3\zeta'-4\zeta) + 30945\cos(3\zeta'-4\zeta) \\
&+ \quad 2950\sin(4\zeta'-3\zeta) + 3077\cos(4\zeta'-3\zeta) \\
&+ 13964\sin(4\zeta'-5\zeta) + 15805\cos(4\zeta'-5\zeta) \\
&+ \quad 2158\sin(5\zeta'-4\zeta) - 1419\cos(5\zeta'-4\zeta) \\
&+ \quad 9999\sin(5\zeta'-6\zeta) - 5355\cos(5\zeta'-6\zeta) \\
&- \quad 706\sin(6\zeta'-5\zeta) - 1492\cos(6\zeta'-5\zeta) \\
&- \quad 1502\sin(6\zeta'-7\zeta) - 5806\cos(6\zeta'-7\zeta) \\
&- \quad 1329\sin(7\zeta'-6\zeta) + 478\cos(7\zeta'-6\zeta) \\
&- \quad 3201\sin(7\zeta'-8\zeta) + 42\cos(7\zeta'-8\zeta) \\[8pt]
&- \quad 9510\sin 2\zeta + 3110\sin(\zeta'+\zeta) - 2739\cos(\zeta'+\zeta) \\
&+ \quad 9510\cos 2\zeta + 11736\sin(\zeta'-3\zeta) + 35\cos(\zeta'-3\zeta) \\
&- 11761\sin(2\zeta') + 58226\cos(2\zeta') \\
&- \quad 8427\sin(2\zeta'-4\zeta) - 14330\cos(2\zeta'-4\zeta) \\
&- \quad 361\sin(3\zeta'-\zeta) - 248\cos(3\zeta'-\zeta) \\
&- 11849\sin(3\zeta'-5\zeta) + 4116\cos(3\zeta'-5\zeta) \\
&- \quad 354\sin(4\zeta'-2\zeta) + 503\cos(4\zeta'-2\zeta) \\
&+ \quad 1124\sin(4\zeta'-6\zeta) + 8481\cos(4\zeta'-6\zeta) \\
&+ \quad 237\sin(5\zeta'-3\zeta) + 226\cos(5\zeta'-3\zeta) \\
&+ \quad 5461\sin(5\zeta'-7\zeta) + 418\cos(5\zeta'-7\zeta) \\
&- \quad 3\sin(6\zeta'-4\zeta) - 212\cos(6\zeta'-4\zeta) \\
&+ \quad 939\sin(6\zeta'-8\zeta) - 3200\cos(6\zeta'-8\zeta) \\
&- \quad 378\sin(7\zeta'-5\zeta) + 307\cos(7\zeta'-5\zeta) \\
&- \quad 1708\sin(7\zeta'-9\zeta) - 997\cos(7\zeta'-9\zeta)
\end{aligned}
$$

$$
\begin{aligned}
-\quad &102 \sin 3\zeta + &217 \sin(\ \zeta'+2\zeta) - &\quad 27 \cos(\ \zeta'+2\zeta) \\
+\ &1336 \cos 3\zeta + &2221 \sin(\ \zeta'-4\zeta) + &\quad 683 \cos(\ \zeta'-4\zeta) \\
&+ &102 \sin(2\zeta'+\ \zeta) - &\quad 427 \cos(2\zeta'+\ \zeta) \\
&+ &334 \sin(2\zeta'-5\zeta) - &\quad 2687 \cos(2\zeta'-5\zeta) \\
&- &1097 \sin(3\zeta') \quad + &\quad 5553 \cos(3\zeta') \\
&- &2383 \sin(3\zeta'-6\zeta) - &\quad 743 \cos(3\zeta'-6\zeta) \\
&+ &31 \sin(4\zeta'-\ \zeta) - &\quad 55 \cos(4\zeta'-\ \zeta) \\
&- &961 \sin(4\zeta'-7\zeta) + &\quad 1781 \cos(4\zeta'-7\zeta) \\
&- &77 \sin(5\zeta'-2\zeta) - &\quad 59 \cos(5\zeta'-2\zeta) \\
&+ &1157 \sin(5\zeta'-8\zeta) + &\quad 961 \cos(5\zeta'-8\zeta) \\
&- &160 \sin(6\zeta'-3\zeta) + &\quad 67 \cos(6\zeta'-3\zeta) \\
&+ &832 \sin(6\zeta'-9\zeta) - &\quad 649 \cos(6\zeta'-9\zeta) \\
&+ &19 \sin(7\zeta'-4\zeta) + &\quad 283 \cos(7\zeta'-4\zeta) \\
&- &301 \sin(7\zeta'-10\zeta) - &\quad 635 \cos(7\zeta'-10\zeta) \\
\\
&+ &11 \sin(2\zeta'+2\zeta) + &\quad 6 \cos(2\zeta'+2\zeta) \\
&+ &249 \sin(2\zeta'-6\zeta) - &\quad 252 \cos(2\zeta'-6\zeta).
\end{aligned}
$$

En effectuant l'intégration, et en réunissant la valeur de $\delta_4 e$ qui en résulte, à celle de $\delta_3 e$, déjà trouvée, on aura

$$
\begin{aligned}
\delta e = -\ 0{,}046.54\, e \quad &-\ 2{,}38\ \sin(\ \zeta'-\ \zeta) &-\ 0{,}28\ \cos(\ \zeta'-\ \zeta) \\
&+\ 3{,}01\ \sin(2\zeta'-2\zeta) &+\ 0{,}35\ \cos(2\zeta'-2\zeta) \\
&-\ 0{,}31\ \sin(3\zeta'-3\zeta) &+\ 0{,}42\ \cos(3\zeta'-3\zeta) \\
&+\ 0{,}24\ \sin(4\zeta'-4\zeta) &+\ 0{,}25\ \cos(4\zeta'-4\zeta) \\
&+\ 0{,}17\ \sin(5\zeta'-5\zeta) &-\ 0{,}11\ \cos(5\zeta'-5\zeta) \\
&-\ 0{,}04\ \sin(6\zeta'-6\zeta) &-\ 0{,}09\ \cos(6\zeta'-6\zeta)
\end{aligned}
$$

$$
\begin{aligned}
-\ 0{,}20 \sin \zeta \quad &+123{,}38\ \sin(\ \zeta') &+\ 25{,}33\ \cos(\ \zeta') \\
+72{,}87 \cos \zeta \quad &+\ 57{,}04\ \sin(\ \zeta'-2\zeta) &+\ 12{,}11\ \cos(\ \zeta'-2\zeta) \\
&-\ 0{,}50\ \sin(2\zeta'-\ \zeta) &+\ 0{,}84\ \cos(2\zeta'-\ \zeta) \\
&-\ 6{,}04\ \sin(2\zeta'-3\zeta) &+\ 14{,}92\ \cos(2\zeta'-3\zeta) \\
&+\ 0{,}72\ \sin(3\zeta'-2\zeta) &+\ 0{,}41\ \cos(3\zeta'-2\zeta) \\
&+\ 4{,}53\ \sin(3\zeta'-4\zeta) &+\ 3{,}23\ \cos(3\zeta'-4\zeta) \\
&+\ 0{,}35\ \sin(4\zeta'-3\zeta) &-\ 0{,}23\ \cos(4\zeta'-3\zeta) \\
&+\ 1{,}64\ \sin(4\zeta'-5\zeta) &-\ 1{,}46\ \cos(4\zeta'-5\zeta) \\
&-\ 0{,}09\ \sin(5\zeta'-4\zeta) &-\ 0{,}14\ \cos(5\zeta'-4\zeta) \\
&-\ 0{,}43\ \sin(5\zeta'-6\zeta) &-\ 0{,}81\ \cos(5\zeta'-6\zeta) \\
&-\ 0{,}08\ \sin(6\zeta'-5\zeta) &+\ 0{,}04\ \cos(6\zeta'-5\zeta) \\
&-\ 0{,}38\ \sin(6\zeta'-7\zeta) &+\ 0{,}10\ \cos(6\zeta'-7\zeta) \\
&+\ 0{,}02\ \sin(7\zeta'-6\zeta) &+\ 0{,}06\ \cos(7\zeta'-6\zeta) \\
&+\ 0{,}00\ \sin(7\zeta'-8\zeta) &+\ 0{,}18\ \cos(7\zeta'-8\zeta)
\end{aligned}
$$

$$
\begin{aligned}
+\ 3{,}18\,\sin 2\zeta\ &-\ 0{,}48\,\sin(\zeta'+\zeta)\ -\ 0{,}37\,\cos(\zeta'+\zeta) \\
+\ 3{,}18\,\cos 2\zeta\ &-\ 0{,}24\,\sin(\zeta'-3\zeta)\ +\ 53{,}20\,\cos(\zeta'-3\zeta) \\
&+\ 6{,}82\,\sin(2\zeta')\ +\ 1{,}38\,\cos(2\zeta') \\
&-\ 5{,}60\,\sin(2\zeta'-4\zeta)\ +\ 3{,}31\,\cos(2\zeta'-4\zeta) \\
&+\ 0{,}77\,\sin(3\zeta'-5\zeta)\ +\ 2{,}23\,\cos(3\zeta'-5\zeta) \\
&+\ 1{,}05\,\sin(4\zeta'-6\zeta)\ -\ 0{,}14\,\cos(4\zeta'-6\zeta) \\
&+\ 0{,}04\,\sin(5\zeta'-7\zeta)\ -\ 0{,}50\,\cos(5\zeta'-7\zeta) \\
&-\ 0{,}24\,\sin(6\zeta'-8\zeta)\ -\ 0{,}07\,\cos(6\zeta'-8\zeta) \\
&-\ 0{,}06\,\sin(7\zeta'-9\zeta)\ +\ 0{,}10\,\cos(7\zeta'-9\zeta)
\end{aligned}
$$

$$
\begin{aligned}
+\ 0{,}30\,\sin 3\zeta\ &-\ 0{,}40\,\sin(\zeta'-4\zeta)\ +\ 1{,}29\,\cos(\zeta'-4\zeta) \\
+\ 0{,}02\,\cos 3\zeta\ &-\ 2{,}55\,\sin(2\zeta'-5\zeta)\ -\ 0{,}31\,\cos(2\zeta'-5\zeta) \\
&+\ 0{,}43\,\sin(3\zeta')\ +\ 0{,}09\,\cos(3\zeta') \\
&-\ 0{,}19\,\sin(3\zeta'-6\zeta)\ +\ 0{,}62\,\cos(3\zeta'-6\zeta) \\
&+\ 0{,}27\,\sin(4\zeta'-7\zeta)\ +\ 0{,}15\,\cos(4\zeta'-7\zeta) \\
&+\ 0{,}10\,\sin(5\zeta'-8\zeta)\ -\ 0{,}12\,\cos(5\zeta'-8\zeta) \\
&-\ 0{,}05\,\sin(6\zeta'-9\zeta)\ -\ 0{,}07\,\cos(6\zeta'-9\zeta) \\
&+\ 0{,}57\,\sin(2\zeta'-6\zeta)\ +\ 0{,}56\,\cos(2\zeta'-6\zeta).
\end{aligned}
$$

Perturbations de la longitude du périhélie.

21. La seconde partie de la valeur de $e\,\dfrac{d\varpi}{dt}$, donnée au n° **10**, ne fournit dans $e\,\delta\varpi$, que des termes insensibles. En n'ayant donc égard qu'à la première partie, on trouvera :

$$
\begin{aligned}
20000\,e\,\frac{d\varpi}{dt} = +\ 1122\quad
&+\ 15900\,\sin(\zeta'-\zeta)\ +\ 704\,\cos(\zeta'-\zeta) \\
&-\ 20264\,\sin(2\zeta'-2\zeta)\ -\ 1486\,\cos(2\zeta'-2\zeta) \\
&+\ 3016\,\sin(3\zeta'-3\zeta)\ +\ 316\,\cos(3\zeta'-3\zeta) \\
&+\ 442\,\sin(4\zeta'-4\zeta)\ -\ 2766\,\cos(4\zeta'-4\zeta) \\
&-\ 2020\,\sin(5\zeta'-5\zeta)\ -\ 552\,\cos(5\zeta'-5\zeta) \\
&-\ 492\,\sin(6\zeta'-6\zeta)\ +\ 1334\,\cos(6\zeta'-6\zeta) \\
&+\ 880\,\sin(7\zeta'-7\zeta)\ +\ 284\,\cos(7\zeta'-7\zeta)
\end{aligned}
$$

$$
\begin{aligned}
+\ 438\,\sin\zeta\quad\ &+\ 525708\,\sin(\zeta')\ +\ 107757\,\cos(\zeta') \\
+\ 109280\,\cos\zeta\quad &-\ 71866\,\sin(\zeta'-2\zeta)\ -\ 15047\,\cos(\zeta'-2\zeta) \\
&-\ 1246\,\sin(2\zeta'-\zeta)\ +\ 6836\,\cos(2\zeta'-\zeta) \\
&+\ 24360\,\sin(2\zeta'-3\zeta)\ -\ 61210\,\cos(2\zeta'-3\zeta) \\
&+\ 3973\,\sin(3\zeta'-2\zeta)\ +\ 3634\,\cos(3\zeta'-2\zeta) \\
&-\ 31915\,\sin(3\zeta'-4\zeta)\ -\ 21716\,\cos(3\zeta'-4\zeta)
\end{aligned}
$$

$$+\ 3386\sin(4\zeta'-3\zeta)\ -\ 3599\cos(4\zeta'-3\zeta)$$
$$-\ 15182\sin(4\zeta'-5\zeta)\ +\ 15043\cos(4\zeta'-5\zeta)$$
$$-\ 1949\sin(5\zeta'-4\zeta)\ -\ 2350\cos(5\zeta'-4\zeta)$$
$$+\ 6391\sin(5\zeta'-6\zeta)\ +\ 9360\cos(5\zeta'-6\zeta)$$
$$-\ 1476\sin(6\zeta'-5\zeta)\ +\ 998\cos(6\zeta'-5\zeta)$$
$$+\ 5214\sin(6\zeta'-7\zeta)\ -\ 2376\cos(6\zeta'-7\zeta)$$
$$+\ 468\sin(7\zeta'-6\zeta)\ +\ 1097\cos(7\zeta'-6\zeta)$$
$$-\ 666\sin(7\zeta'-8\zeta)\ -\ 2679\cos(7\zeta'-8\zeta)$$

$$+\ 9524\sin 2\zeta\ -\ 2753\sin(\zeta'+\zeta)\ -\ 2113\cos(\zeta'+\zeta)$$
$$+\ 9526\cos 2\zeta\ +\ 49\sin(\zeta'-3\zeta)\ +\ 11733\cos(\zeta'-3\zeta)$$
$$+\ 58194\sin(2\zeta')\ +\ 11801\cos(2\zeta')$$
$$+\ 14288\sin(2\zeta'-4\zeta)\ -\ 8523\cos(2\zeta'-4\zeta)$$
$$-\ 82\sin(3\zeta'-\zeta)\ +\ 400\cos(3\zeta'-\zeta)$$
$$-\ 4246\sin(3\zeta'-5\zeta)\ -\ 11804\cos(3\zeta'-5\zeta)$$
$$+\ 193\sin(4\zeta'-2\zeta)\ +\ 295\cos(4\zeta'-2\zeta)$$
$$-\ 8445\sin(4\zeta'-6\zeta)\ +\ 1261\cos(4\zeta'-6\zeta)$$
$$+\ 248\sin(5\zeta'-3\zeta)\ -\ 260\cos(5\zeta'-3\zeta)$$
$$-\ 284\sin(5\zeta'-7\zeta)\ +\ 5436\cos(5\zeta'-7\zeta)$$
$$-\ 234\sin(6\zeta'-4\zeta)\ -\ 41\cos(6\zeta'-4\zeta)$$
$$+\ 3196\sin(6\zeta'-8\zeta)\ +\ 819\cos(6\zeta'-8\zeta)$$
$$+\ 251\sin(7\zeta'-5\zeta)\ +\ 391\cos(7\zeta'-5\zeta)$$
$$+\ 809\sin(7\zeta'-9\zeta)\ -\ 1719\cos(7\zeta'-9\zeta)$$

$$+\ 1340\sin 3\zeta\ -\ 28\sin(\zeta'+2\zeta)\ -\ 219\cos(\zeta'+2\zeta)$$
$$+\ 100\cos 3\zeta\ -\ 676\sin(\zeta'-4\zeta)\ +\ 2227\cos(\zeta'-4\zeta)$$
$$-\ 427\sin(2\zeta'+\zeta)\ -\ 98\cos(2\zeta'+\zeta)$$
$$+\ 2689\sin(2\zeta'-5\zeta)\ +\ 322\cos(2\zeta'-5\zeta)$$
$$+\ 5547\sin(3\zeta')\ +\ 1102\cos(3\zeta')$$
$$+\ 727\sin(3\zeta'-6\zeta)\ -\ 2388\cos(3\zeta'-6\zeta)$$
$$-\ 35\sin(4\zeta'-\zeta)\ -\ 30\cos(4\zeta'-\zeta)$$
$$-\ 1791\sin(4\zeta'-7\zeta)\ -\ 940\cos(4\zeta'-7\zeta)$$
$$-\ 91\sin(5\zeta'-2\zeta)\ +\ 66\cos(5\zeta'-2\zeta)$$
$$-\ 947\sin(5\zeta'-8\zeta)\ +\ 1168\cos(5\zeta'-8\zeta)$$
$$+\ 65\sin(6\zeta'-3\zeta)\ +\ 158\cos(6\zeta'-3\zeta)$$
$$+\ 663\sin(6\zeta'-9\zeta)\ +\ 814\cos(6\zeta'-9\zeta)$$
$$+\ 278\sin(7\zeta'-4\zeta)\ -\ 9\cos(7\zeta'-4\zeta)$$
$$+\ 626\sin(7\zeta'-10\zeta)\ -\ 315\cos(7\zeta'-10\zeta)$$

$$+\ 5\sin(2\zeta'+2\zeta)\ -\ 9\cos(2\zeta'+2\zeta)$$
$$+\ 255\sin(2\zeta'-6\zeta)\ +\ 249\cos(2\zeta'-6\zeta).$$

L'intégration donne ensuite la valeur de $c\delta\varpi$: la réduction qu'il faut lui faire subir, d'après le n° 14, pour repasser à $c\delta\varpi$, étant insensible, on aura :

$$
\begin{aligned}
c\delta\varpi = +\ & 0",0561\,t \\[4pt]
& + 0",25 \sin(\zeta'-\xi) \quad - 5",74 \cos(\zeta'-\xi) \\
& - 0,27 \sin(2\zeta'-2\xi) + 3,66 \cos(2\zeta'-2\xi) \\
& + 0,04 \sin(3\zeta'-3\xi) - 0,36 \cos(3\zeta'-3\xi) \\
& - 0,25 \sin(4\zeta'-4\xi) - 0,04 \cos(4\zeta'-4\xi) \\
& - 0,04 \sin(5\zeta'-5\xi) + 0,15 \cos(5\zeta'-5\xi) \\
& + 0,08 \sin(6\zeta'-6\xi) + 0,03 \cos(6\zeta'-6\xi) \\[8pt]
+\ & 73",06 \sin\zeta \quad + 25",26 \sin(\zeta') \qquad\quad -123",24 \cos(\zeta') \\
-\ & 0,29 \cos\zeta \quad\ - 11,81 \sin(\zeta'-2\xi) + 56,38 \cos(\zeta'-2\xi) \\
& + 0,97 \sin(2\zeta'-\xi) + 0,18 \cos(2\zeta'-\xi) \\
& - 15,13 \sin(2\zeta'-3\xi) - 6,02 \cos(2\zeta'-3\xi) \\
& + 0,37 \sin(3\zeta'-2\xi) - 0,41 \cos(3\zeta'-2\xi) \\
& - 3,19 \sin(3\zeta'-4\xi) + 4,68 \cos(3\zeta'-4\xi) \\
& - 0,29 \sin(4\zeta'-3\xi) - 0,27 \cos(4\zeta'-3\xi) \\
& + 1,57 \sin(4\zeta'-5\xi) + 1,58 \cos(4\zeta'-5\xi) \\
& - 0,15 \sin(5\zeta'-4\xi) + 0,13 \cos(5\zeta'-4\xi) \\
& + 0,76 \sin(5\zeta'-6\xi) - 0,52 \cos(5\zeta'-6\xi) \\
& + 0,06 \sin(6\zeta'-5\xi) + 0,08 \cos(6\zeta'-5\xi) \\
& - 0,16 \sin(6\zeta'-7\xi) - 0,34 \cos(6\zeta'-7\xi) \\
& + 0,05 \sin(7\zeta'-6\xi) - 0,02 \cos(7\zeta'-6\xi) \\
& - 0,15 \sin(7\zeta'-8\xi) + 0,04 \cos(7\zeta'-8\xi) \\[8pt]
+\ & 3",18 \sin 2\xi \quad - 0",37 \sin(\zeta'+\xi) + 0",48 \cos(\zeta'+\xi) \\
-\ & 3,18 \cos 2\xi \quad\ - 53,05 \sin(\zeta'-3\xi) + 0,22 \cos(\zeta'-3\xi) \\
& + 1,38 \sin(2\xi') - 6,82 \cos(2\xi') \\
& - 3,34 \sin(2\zeta'-4\xi) - 5,61 \cos(2\zeta'-4\xi) \\
& - 2,22 \sin(3\zeta'-5\xi) + 0,80 \cos(3\zeta'-5\xi) \\
& + 0,16 \sin(4\zeta'-6\xi) + 1,04 \cos(4\zeta'-6\xi) \\
& + 0,50 \sin(5\zeta'-7\xi) + 0,03 \cos(5\zeta'-7\xi) \\
& + 0,06 \sin(6\zeta'-8\xi) - 0,23 \cos(6\zeta'-8\xi) \\
& - 0,11 \sin(7\zeta'-9\xi) - 0,05 \cos(7\zeta'-9\xi) \\[8pt]
+\ & 0",02 \sin 3\xi \quad - 1",30 \sin(\zeta'-4\xi) - 0",39 \cos(\zeta'-4\xi) \\
-\ & 0,30 \cos 3\xi \quad\ + 0,31 \sin(2\zeta'-5\xi) - 2,55 \cos(2\zeta'-5\xi) \\
& + 0,09 \sin(3\xi') - 0,43 \cos(3\xi')
\end{aligned}
$$

$$-0,62 \sin(3\zeta'-6\zeta) - 0,19 \cos(3\zeta'-6\zeta)$$
$$-0,14 \sin(4\zeta'-7\zeta) + 0,27 \cos(4\zeta'-7\zeta)$$
$$+0,12 \sin(5\zeta'-8\zeta) + 0,10 \cos(5\zeta'-8\zeta)$$
$$+0,07 \sin(6\zeta'-9\zeta) - 0,05 \cos(6\zeta'-9\zeta)$$
$$-0,56 \sin(2\zeta'-6\zeta) + 0,58 \cos(2\zeta'-6\zeta).$$

Perturbations de la longitude de l'époque.

22. Elles se composent, d'après la seconde formule du n° 11, de trois parties qui, en les désignant par $\delta_1 \varepsilon_1$, $\delta_2 \varepsilon_1$ et $\delta_3 \varepsilon_1$, sont :

$$\delta_1 \varepsilon_1 = -2k \int r \frac{dR}{dr} dt,$$

$$\delta_2 \varepsilon_1 = \tan\frac{\psi}{2} . c\delta\varpi_1,$$

$$\delta_3 \varepsilon_1 = \tan\frac{\psi}{2}\cos\psi . \sin\varphi_1 \delta\theta_1.$$

Les termes périodiques de la troisième partie sont insensibles ; elle renferme le terme proportionnel au temps :

$$\delta_3 \varepsilon_1 = +0'',000.5t.$$

La seconde partie, déduite de la valeur de $c\delta\varpi_1$, est :

$$\delta_2 \varepsilon_1 = +0,001.3t + 0,01 \sin(\zeta'-\zeta) - 0,13 \cos(\zeta'-\zeta)$$
$$-0,01 \sin(2\zeta'-2\zeta) + 0,09 \cos(2\zeta'-2\zeta)$$

$$+1,70\sin\zeta + 0,59 \sin(\zeta) - 2,87 \cos(\zeta)$$
$$-0,01\cos\zeta - 0,27 \sin(\zeta-2\zeta) + 1,31 \cos(\zeta-2\zeta)$$
$$-0,35 \sin(2\zeta'-3\zeta) - 0,14 \cos(2\zeta'-3\zeta)$$
$$-0,07 \sin(3\zeta'-4\zeta) + 0,11 \cos(3\zeta'-4\zeta)$$
$$+0,04 \sin(4\zeta'-5\zeta) + 0,04 \cos(4\zeta'-5\zeta)$$

$$+0,07\sin2\zeta - 1,24 \sin(\zeta'-3\zeta) + 0,01 \cos(\zeta'-3\zeta)$$
$$-0,07\cos2\zeta + 0,03 \sin(2\zeta') - 0,16 \cos(2\zeta')$$
$$-0,08 \sin(2\zeta'-4\zeta) - 0,13 \cos(2\zeta'-4\zeta)$$
$$-0,05 \sin(3\zeta'-5\zeta) + 0,02 \cos(3\zeta'-5\zeta)$$

$$+0,01 \sin(2\zeta'-5\zeta) - 0,06 \cos(2\zeta'-5\zeta)$$

Le développement de la première partie a été déduit de la série suivante :

$$20\,000\,\frac{d.\delta_1 s_1}{dt} = 218612$$

$$
\begin{aligned}
&+906564 \sin(\zeta'-\zeta) &&+185670 \cos(\zeta'-\zeta)\\
&+48176 \sin(2\zeta'-2\zeta) &&-108660 \cos(2\zeta'-2\zeta)\\
&-52238 \sin(3\zeta'-3\zeta) &&-36536 \cos(3\zeta'-3\zeta)\\
&-24690 \sin(4\zeta'-4\zeta) &&+22792 \cos(4\zeta'-4\zeta)\\
&+8598 \sin(5\zeta'-5\zeta) &&+14988 \cos(5\zeta'-5\zeta)\\
&+8144 \sin(6\zeta'-6\zeta) &&-2308 \cos(6\zeta'-6\zeta)\\
&+160 \sin(7\zeta'-7\zeta) &&-3506 \cos(7\zeta'-7\zeta)
\end{aligned}
$$

$$
\begin{aligned}
+20944 \sin\zeta\quad &-46043 \sin(\zeta') &&-15737 \cos(\zeta')\\
+11100 \cos\zeta\quad &+30021 \sin(\zeta'-2\zeta) &&+27779 \cos(\zeta'-2\zeta)\\
&+80223 \sin(2\zeta'-\zeta) &&+17994 \cos(2\zeta'-\zeta)\\
&+22281 \sin(2\zeta'-3\zeta) &&-9268 \cos(2\zeta'-3\zeta)\\
&+4177 \sin(3\zeta'-2\zeta) &&-3313 \cos(3\zeta'-2\zeta)\\
&-4125 \sin(3\zeta'-4\zeta) &&-17287 \cos(3\zeta'-4\zeta)\\
&-2265 \sin(4\zeta'-3\zeta) &&-4216 \cos(4\zeta'-3\zeta)\\
&-12029 \sin(4\zeta'-5\zeta) &&+630 \cos(4\zeta'-5\zeta)\\
&-3577 \sin(5\zeta'-4\zeta) &&+991 \cos(5\zeta'-4\zeta)\\
&-1123 \sin(5\zeta'-6\zeta) &&+7685 \cos(5\zeta'-6\zeta)\\
&+35 \sin(6\zeta'-5\zeta) &&+2788 \cos(6\zeta'-5\zeta)\\
&+4597 \sin(6\zeta'-7\zeta) &&+1346 \cos(6\zeta'-7\zeta)\\
&+2209 \sin(7\zeta'-6\zeta) &&+681 \cos(7\zeta'-6\zeta)\\
&+1865 \sin(7\zeta'-8\zeta) &&-2631 \cos(7\zeta'-8\zeta)
\end{aligned}
$$

$$
\begin{aligned}
+1774 \sin 2\zeta\quad &-225 \sin(\zeta'+\zeta) &&-18 \cos(\zeta'+\zeta)\\
-612 \cos 2\zeta\quad &-309 \sin(\zeta'-3\zeta) &&+3030 \cos(\zeta'-3\zeta)\\
&-5425 \sin(2\zeta') &&-1145 \cos(2\zeta')\\
&+3191 \sin(2\zeta'-4\zeta) &&+1221 \cos(2\zeta'-4\zeta)\\
&+7531 \sin(3\zeta'-\zeta) &&+1560 \cos(3\zeta'-\zeta)\\
&+1477 \sin(3\zeta'-5\zeta) &&-2766 \cos(3\zeta'-5\zeta)\\
&+181 \sin(4\zeta'-2\zeta) &&-216 \cos(4\zeta'-2\zeta)\\
&-2041 \sin(4\zeta'-6\zeta) &&-1518 \cos(4\zeta'-6\zeta)\\
&-219 \sin(5\zeta'-3\zeta) &&-220 \cos(5\zeta'-3\zeta)\\
&-1353 \sin(5\zeta'-7\zeta) &&+1326 \cos(5\zeta'-7\zeta)\\
&-217 \sin(6\zeta'-4\zeta) &&+239 \cos(6\zeta'-4\zeta)\\
&+771 \sin(6\zeta'-8\zeta) &&+1077 \cos(6\zeta'-8\zeta)\\
&+331 \sin(7\zeta'-5\zeta) &&+204 \cos(7\zeta'-5\zeta)\\
&+771 \sin(7\zeta'-9\zeta) &&-420 \cos(7\zeta'-9\zeta)
\end{aligned}
$$

x étant le rapport du grand axe de l'orbite de Saturne au grand axe de l'orbite d'Uranus; n ayant toutes les valeurs entières et *positives*.

Le développement de la fonction R, poussé jusqu'aux termes qui sont du second ordre par rapport aux excentricités et à l'inclinaison mutuelle des orbites, pourra s'écrire:

$$
\begin{aligned}
R =\;& \frac{1}{2a}\, b^{(i)}_{\frac{1}{2}} \cos(il' - il) \\[1em]
&+ \frac{e^2 + e'^2}{8a} \left\{ -4i^2 b^{(i)}_{\frac{1}{2}} + 2x \frac{db^{(i)}_{\frac{1}{2}}}{dx} + x^2 \frac{d^2 b^{(i)}_{\frac{1}{2}}}{dx^2} \right\} \cos(il' - il) \\[1em]
&+ \frac{ee'}{4a} \left\{ (i-1)(4i-2) b^{(i-1)}_{\frac{1}{2}} - 2x \frac{db^{(i-1)}_{\frac{1}{2}}}{dx} - x^2 \frac{d^2 b^{(i-1)}_{\frac{1}{2}}}{dx^2} \right\} \cos(il' - il - \varpi' + \varpi) \\[1em]
&+ \frac{1}{2a} \sin^2 \frac{\phi}{2} \left\{ - x\, b^{(i-1)}_{\frac{3}{2}} \right\} \cos(il' - il) \\[1em]
&+ \frac{e}{2a} \left\{ -(2i-1) b^{(i)}_{\frac{1}{2}} + x \frac{db^{(i)}_{\frac{1}{2}}}{dx} \right\} \cos[il' - (i-1)l - \varpi] \\[1em]
&+ \frac{e'}{2a} \left\{ (2i-2) b^{(i-1)}_{\frac{1}{2}} - x \frac{db^{(i-1)}_{\frac{1}{2}}}{dx} \right\} \cos[il' - (i-1)l - \varpi'] \\[1em]
&+ \frac{e^2}{8a} \left\{ (4i^2 - 9 + \tfrac{1}{4}) b^{(i)}_{\frac{1}{2}} - (4i-6)x \frac{db^{(i)}_{\frac{1}{2}}}{dx} + x^2 \frac{d^2 b^{(i)}_{\frac{1}{2}}}{dx^2} \right\} \cos[il' - (i-2)l - 2\varpi] \\[1em]
&+ \frac{ee'}{4a} \left\{ (-4i^2 + 10i - 6) b^{(i-1)}_{\frac{1}{2}} + (4i-6)x \frac{db^{(i-1)}_{\frac{1}{2}}}{dx} - x^2 \frac{d^2 b^{(i-1)}_{\frac{1}{2}}}{dx^2} \right\} \cos[il' - (i-2)l - \varpi' - \varpi] \\[1em]
&+ \frac{e'^2}{8a} \left\{ (4i^2 - 11i + 6) b^{(i-2)}_{\frac{1}{2}} - (4i-6)x \frac{db^{(i-2)}_{\frac{1}{2}}}{dx} + x^2 \frac{d^2 b^{(i-2)}_{\frac{1}{2}}}{dx^2} \right\} \cos[il' - (i-2)l - 2\varpi'] \\[1em]
&+ \frac{1}{2a} \sin^2 \frac{\phi}{2} \left\{ x\, b^{(i-1)}_{\frac{3}{2}} \right\} \cos[il' - (i-2)l - 2\theta_1].
\end{aligned}
$$

Dans cette fonction, l et l' désignent les longitudes moyennes d'Uranus et de Saturne; i doit recevoir successivement toutes les valeurs *entières*, *posi-tives* et *négatives*, *zéro* compris. Le coefficient $x^p \dfrac{d^p b^{(i)}_{\frac{1}{2}}}{dx^p}$ ne change pas de valeur quand i change de signe. Quand i est égal à l'unité, positive ou négative, $b_{\frac{1}{2}}^{(i)}$ doit être diminué de $\frac{1}{\alpha^2}$; $\alpha \dfrac{db_{\frac{1}{2}}^{(i)}}{d\alpha}$ doit être augmenté de $\frac{2}{\alpha^2}$; $\alpha^2 \dfrac{d^2 b_{\frac{1}{2}}^{(i)}}{d\alpha^2}$ doit être diminué de $\frac{6}{\alpha^2}$. Enfin, quand i est égal à zéro, $b_{\frac{1}{2}}^{(0)}$ doit être diminué de $\frac{2}{\alpha^2}$.

24. L'emploi du développement de R demande, avant tout, que nous formions les valeurs des coefficients $b_{\frac{1}{2}}^{(i)}$ et $b_{\frac{3}{2}}^{(i)}$: ces coefficients ont été calculés par le procédé que j'ai indiqué dans la théorie de Mercure (*Additions à la Connaissance des Temps* pour 1848). En nous bornant à ceux dont nous aurons besoin, soit actuellement, soit plus tard, nous aurons :

$$\log \alpha = 9,696.5857;$$

$$b_{\frac{1}{2}}^{(4)} = 2,144.485, \quad \alpha \frac{db_{\frac{1}{2}}^{(4)}}{d\alpha} = 0,339.736, \quad \alpha^2 \frac{d^2 b_{\frac{1}{2}}^{(4)}}{d\alpha^2} = 0,587.927,$$

$$\alpha^3 \frac{d^3 b_{\frac{1}{2}}^{(4)}}{d\alpha^3} = 1,082.351, \quad \alpha^4 \frac{d^4 b_{\frac{1}{2}}^{(4)}}{d\alpha^4} = 3,448.584;$$

$$b_{\frac{1}{2}}^{(3)} = 0,552.098, \quad \alpha \frac{db_{\frac{1}{2}}^{(3)}}{d\alpha} = 0,683.212, \quad \alpha^2 \frac{d^2 b_{\frac{1}{2}}^{(3)}}{d\alpha^2} = 0,499.115,$$

$$\alpha^3 \frac{d^3 b_{\frac{1}{2}}^{(3)}}{d\alpha^3} = 1,178.390, \quad \alpha^4 \frac{d^4 b_{\frac{1}{2}}^{(3)}}{d\alpha^4} = 3,399.969;$$

$$b_{\frac{1}{2}}^{(2)} = 0,208.379, \quad \alpha \frac{db_{\frac{1}{2}}^{(2)}}{d\alpha} = 0,472.053, \quad \alpha^2 \frac{d^2 b_{\frac{1}{2}}^{(2)}}{d\alpha^2} = 0,740.052,$$

$$\alpha^3 \frac{d^3 b_{\frac{1}{2}}^{(2)}}{d\alpha^3} = 1,153.324, \quad \alpha^4 \frac{d^4 b_{\frac{1}{2}}^{(2)}}{d\alpha^4} = 3,590.104;$$

$$b_{\frac{1}{2}}^{(1)} = 0,086.880, \quad \alpha \frac{db_{\frac{1}{2}}^{(1)}}{d\alpha} = 0,284.955, \quad \alpha^2 \frac{d^2 b_{\frac{1}{2}}^{(1)}}{d\alpha^2} = 0,712.707,$$

$$\alpha^3 \frac{d^3 b_{\frac{1}{2}}^{(1)}}{d\alpha^3} = 1,463.845;$$

$$b_{\frac{1}{2}}^{(0)} = 0,037.94, \qquad \alpha\,\frac{db_{\frac{1}{2}}^{(0)}}{d\alpha} = 0,162.73, \qquad \alpha^2\,\frac{d^2 b_{\frac{1}{2}}^{(0)}}{d\alpha^2} = 0,563.73,$$

$$\alpha^3\,\frac{d^3 b_{\frac{1}{2}}^{(0)}}{d\alpha^3} = 1,597.75;$$

$$b_{\frac{1}{2}}^{(1)} = 3,751.619, \qquad \alpha\,\frac{db_{\frac{1}{2}}^{(1)}}{d\alpha} = 5,380.910, \qquad \alpha^2\,\frac{d^2 b_{\frac{1}{2}}^{(1)}}{d\alpha^2} = 16,316.39;$$

$$b_{\frac{1}{2}}^{(2)} = 2,548.752, \qquad \alpha\,\frac{db_{\frac{1}{2}}^{(2)}}{d\alpha} = 5,723.636, \qquad \alpha^2\,\frac{d^2 b_{\frac{1}{2}}^{(2)}}{d\alpha^2} = 15,641.61;$$

$$b_{\frac{1}{2}}^{(3)} = 1,531.072, \qquad \alpha\,\frac{db_{\frac{1}{2}}^{(3)}}{d\alpha} = 4,853.583, \qquad \alpha^2\,\frac{d^2 b_{\frac{1}{2}}^{(3)}}{d\alpha^2} = 15,363.63;$$

$$b_{\frac{1}{2}}^{(4)} = 9,749.713;$$

$$b_{\frac{1}{2}}^{(5)} = 6,332.671.$$

28. Au moyen de cette Table, nous pouvons former les principaux termes du développement de R. La partie constante a été calculée jusqu'au quatrième ordre inclusivement, dans *la Connaissance des Temps* de l'année 1844, et nous en pourrons faire usage. Il suffira donc ici d'écrire les termes périodiques. J'ai négligé, en outre, les termes du second ordre, qui ont même forme que ceux de l'ordre zéro; j'ai remplacé les coefficients par leurs logarithmes, qui sont d'un emploi plus commode :

$$\begin{aligned}
R =\;& - 9,260.17\,\cos(l' - l)\\
& + 8,035.95\,\cos(2l' - 2l)\\
& + \left\{8,811.2499\,e\sin\varpi - 8,668.2833\,e'\sin\varpi'\right\}\sin l\\
& + \left\{8,811.2499\,e\cos\varpi - 8,668.2833\,e'\cos\varpi'\right\}\cos l\\
& + \left\{9,504.6773\,e\sin\varpi - 7,947.2012\,e'\sin\varpi'\right\}\sin l'\\
& + \left\{9,504.6773\,e\cos\varpi - 7,947.2012\,e'\cos\varpi'\right\}\cos l'\\
& - \left\{-8,647.6959\,e\sin\varpi - 8,531.8595\,e'\sin\varpi'\right\}\sin(l' - 2l)\\
& + \left\{-8,647.6959\,e\cos\varpi - 8,531.8595\,e'\cos\varpi'\right\}\cos(l' - 2l)\\
& + \left\{-7,600.99\,e\sin\varpi - 9,613.50\,e'\sin\varpi'\right\}\sin(2l' - l)\\
& + \left\{-7,600.99\,e\cos\varpi - 9,613.50\,e'\cos\varpi'\right\}\cos(2l' - l)
\end{aligned}$$

$$-\left\{+8,596.17\,e\sin\varpi - 8,322.52\,e'\sin\varpi'\right\}\sin(2l'-3l)$$

$$+\left\{+8,596.17\,e\cos\varpi - 8,322.52\,e'\cos\varpi'\right\}\cos(2l'-3l)$$

$$+\left\{\begin{array}{l}8,863.38\,e^2\sin 2\varpi - 9,013.26\,ee'\sin(\varpi+\varpi')\\[2pt]+8,497.29\,e'^2\sin 2\varpi' + 8,518.99\sin^2\tfrac{\gamma}{2}\sin 2\theta,\end{array}\right\}\sin 2l$$

$$+\left\{\begin{array}{l}8,863.38\,e^2\cos 2\varpi - 9,013.26\,ee'\cos(\varpi+\varpi')\\[2pt]+8,497.29\,e'^2\cos 2\varpi' + 8,518.99\sin^2\tfrac{\gamma}{2}\cos 2\theta,\end{array}\right\}\cos 2l$$

$$+\left\{\begin{array}{l}-8,250.28\,e^2\sin 2\varpi - 8,217.94\,ee'\sin(\varpi+\varpi')\\[2pt]-8,250.28\,e'^2\sin 2\varpi' - 9,210.05\sin^2\tfrac{\gamma}{2}\sin 2\theta,\end{array}\right\}\sin(l'+l)$$

$$+\left\{\begin{array}{l}-8,250.28\,e^2\cos 2\varpi - 8,217.94\,ee'\cos(\varpi+\varpi')\\[2pt]-8,250.28\,e'^2\cos 2\varpi' - 9,210.05\sin^2\tfrac{\gamma}{2}\cos 2\theta,\end{array}\right\}\cos(l'+l)$$

$$-\left\{\begin{array}{l}8,475.2841\,e^2\sin 2\varpi - 9,098.5730\,ee'\sin(\varpi+\varpi')\\[2pt]+8,545.3254\,e'^2\sin 2\varpi' + 8,297.6489\sin^2\tfrac{\gamma}{2}\sin 2\theta,\end{array}\right\}\sin(l'-3l)$$

$$+\left\{\begin{array}{l}8,475.2841\,e^2\cos 2\varpi - 9,098.5730\,ee'\cos(\varpi+\varpi')\\[2pt]+8,545.3254\,e'^2\cos 2\varpi' + 8,297.6489\sin^2\tfrac{\gamma}{2}\cos 2\theta,\end{array}\right\}\cos(l'-3l)$$

$$+\left\{\begin{array}{l}7,141.78\,e^2\sin 2\varpi + 9,798.91\,ee'\sin(\varpi+\varpi')\\[2pt]-6,775.63\,e'^2\sin 2\varpi' + 8,518.99\sin^2\tfrac{\gamma}{2}\sin 2\theta,\end{array}\right\}\sin 2l'$$

$$+\left\{\begin{array}{l}7,141.78\,e^2\cos 2\varpi + 9,798.91\,ee'\cos(\varpi+\varpi')\\[2pt]-6,775.63\,e'^2\cos 2\varpi' + 8,518.99\sin^2\tfrac{\gamma}{2}\cos 2\theta,\end{array}\right\}\cos 2l'$$

$$\genfrac{}{}{0pt}{}{+}{-}\left\{\begin{array}{l}8,997.76\,e^2\sin 2\varpi - 9,036.77\,ee'\sin(\varpi+\varpi')\\[2pt]+8,468.30\,e'^2\sin 2\varpi' + 8,053.22\sin^2\tfrac{\gamma}{2}\sin 2\theta,\end{array}\right\}\sin(2l'-4l)$$

$$+\left\{\begin{array}{l}8,997.76\,e^2\cos 2\varpi - 9,036.77\,ee'\cos(\varpi+\varpi')\\[2pt]+8,468.30\,e'^2\cos 2\varpi' + 8,053.22\sin^2\tfrac{\gamma}{2}\cos 2\theta,\end{array}\right\}\cos(2l'-4l)$$

Moyen mouvement et demi-grand axe.

26. Leurs perturbations dépendent immédiatement de la fonction R. Bien que la constante du développement du n° 19 disparaisse par la différentiation faite par rapport à t, il est utile de vérifier cette constante, puisque son

$$b_{\frac{1}{2}}^{(1)} = 0,037.94, \quad \alpha \frac{db_{\frac{1}{2}}^{(1)}}{d\alpha} = 0,162.73, \quad \alpha^2 \frac{d^2 b_{\frac{1}{2}}^{(1)}}{d\alpha^2} = 0,563.73,$$

$$\alpha^3 \frac{d^3 b_{\frac{1}{2}}^{(1)}}{d\alpha^3} = 1,597.75;$$

$$b_{\frac{3}{2}}^{(0)} = 3,751.619, \quad \alpha \frac{db_{\frac{3}{2}}^{(0)}}{d\alpha} = 5,380.910, \quad \alpha^2 \frac{d^2 b_{\frac{3}{2}}^{(0)}}{d\alpha^2} = 16,316.39;$$

$$b_{\frac{3}{2}}^{(1)} = 2,548.752, \quad \alpha \frac{db_{\frac{3}{2}}^{(1)}}{d\alpha} = 5,723.636, \quad \alpha^2 \frac{d^2 b_{\frac{3}{2}}^{(1)}}{d\alpha^2} = 15,641.61;$$

$$b_{\frac{3}{2}}^{(2)} = 1,531.072, \quad \alpha \frac{db_{\frac{3}{2}}^{(2)}}{d\alpha} = 4,853.583, \quad \alpha^2 \frac{d^2 b_{\frac{3}{2}}^{(2)}}{d\alpha^2} = 15,363.63;$$

$$b_{\frac{5}{2}}^{(1)} = 9,749.713;$$

$$b_{\frac{5}{2}}^{(2)} = 6,332.671.$$

28. Au moyen de cette Table, nous pouvons former les principaux termes du développement de R. La partie constante a été calculée jusqu'au quatrième ordre inclusivement, dans *la Connaissance des Temps* de l'année 1844, et nous en pourrons faire usage. Il suffira donc ici d'écrire les termes périodiques. J'ai négligé, en outre, les termes du second ordre, qui ont même forme que ceux de l'ordre zéro ; j'ai remplacé les coefficients par leurs logarithmes, qui sont d'un emploi plus commode :

$$\begin{aligned}
R = & - 9,260.17 \cos(l' - l) \\
& + 8,035.95 \cos(2l' - 2l) \\
& + \{8,811.2499\, e \sin \varpi - 8,668.2833\, e' \sin \varpi'\} \sin l \\
& + \{8,811.2499\, e \cos \varpi - 8,668.2833\, e' \cos \varpi'\} \cos l \\
& + \{9,504.6773\, e \sin \varpi - 7,947.2012\, e' \sin \varpi'\} \sin l' \\
& + \{9,504.6773\, e \cos \varpi - 7,947.2012\, e' \cos \varpi'\} \cos l' \\
& - \{-8,647.6959\, e \sin \varpi - 8,531.8595\, e' \sin \varpi'\} \sin(l' - 2l) \\
& + \{-8,647.6959\, e \cos \varpi - 8,531.8595\, e' \cos \varpi'\} \cos(l' - 2l) \\
& + \{-7,600.99\, e \sin \varpi - 9,613.50\, e' \sin \varpi'\} \sin(2l' - l) \\
& + \{-7,600.99\, e \cos \varpi - 9,613.50\, e' \cos \varpi'\} \cos(2l' - l)
\end{aligned}$$

$$-\left\{+8{,}596.17\,e\sin\varpi-8{,}322.52\,e'\sin\varpi'\right\}\sin(2l'-3l)$$

$$+\left\{+8{,}596.17\,e\cos\varpi-8{,}322.52\,e'\cos\varpi'\right\}\cos(2l'-3l)$$

$$+\left\{\begin{array}{l}8{,}863.38\,e^2\sin2\varpi-9{,}013.26\,ee'\sin(\varpi+\varpi')\\+8{,}497.29\,e'^2\sin2\varpi'+8{,}518.99\sin^2\frac{\varphi_1}{2}\sin2\vartheta_1\end{array}\right\}\sin2l$$

$$+\left\{\begin{array}{l}8{,}863.38\,e^2\cos2\varpi-9{,}013.26\,ee'\cos(\varpi+\varpi')\\+8{,}497.29\,e'^2\cos2\varpi'+8{,}518.99\sin^2\frac{\varphi_1}{2}\cos2\vartheta_1\end{array}\right\}\cos2l$$

$$+\left\{\begin{array}{l}-8{,}250.28\,e^2\sin2\varpi-8{,}217.94\,ee'\sin(\varpi+\varpi')\\-8{,}250.28\,e'^2\sin2\varpi'-9{,}210.05\sin^2\frac{\varphi_1}{2}\sin2\vartheta_1\end{array}\right\}\sin(l'+l)$$

$$+\left\{\begin{array}{l}-8{,}250.28\,e^2\cos2\varpi-8{,}217.94\,ee'\cos(\varpi+\varpi')\\-8{,}250.28\,e'^2\cos2\varpi'-9{,}210.05\sin^2\frac{\varphi_1}{2}\cos2\vartheta_1\end{array}\right\}\cos(l'+l)$$

$$-\left\{\begin{array}{l}8{,}475.2841\,e^2\sin2\varpi-9{,}098.5730\,ee'\sin(\varpi+\varpi')\\+8{,}545.3254\,e'^2\sin2\varpi'+8{,}297.6489\sin^2\frac{\varphi_1}{2}\sin2\vartheta_1\end{array}\right\}\sin(l'-3l)$$

$$+\left\{\begin{array}{l}8{,}475.2841\,e^2\cos2\varpi-9{,}098.5730\,ee'\cos(\varpi+\varpi')\\+8{,}545.3254\,e'^2\cos2\varpi'+8{,}297.6489\sin^2\frac{\varphi_1}{2}\cos2\vartheta_1\end{array}\right\}\cos(l'-3l)$$

$$+\left\{\begin{array}{l}7{,}141.78\,e^2\sin2\varpi+9{,}798.91\,ee'\sin(\varpi+\varpi')\\-6{,}775.63\,e'^2\sin2\varpi'+8{,}518.99\sin^2\frac{\varphi_1}{2}\sin2\vartheta_1\end{array}\right\}\sin2l'$$

$$+\left\{\begin{array}{l}7{,}141.78\,e^2\cos2\varpi+9{,}798.91\,ee'\cos(\varpi+\varpi')\\-6{,}775.63\,e'^2\cos2\varpi'+8{,}518.99\sin^2\frac{\varphi_1}{2}\cos2\vartheta_1\end{array}\right\}\cos2l'$$

$$-\left\{\begin{array}{l}8{,}997.76\,e^2\sin2\varpi-9{,}036.77\,ee'\sin(\varpi+\varpi')\\+8{,}468.30\,e'^2\sin2\varpi'+8{,}053.22\sin^2\frac{\varphi_1}{2}\sin2\vartheta_1\end{array}\right\}\sin(2l'-4l)$$

$$+\left\{\begin{array}{l}8{,}997.76\,e^2\cos2\varpi-9{,}036.77\,ee'\cos(\varpi+\varpi')\\+8{,}468.30\,e'^2\cos2\varpi'+8{,}053.22\sin^2\frac{\varphi_1}{2}\cos2\vartheta_1\end{array}\right\}\cos(2l'-4l)$$

Moyen mouvement et demi-grand axe.

26. Leurs perturbations dépendent immédiatement de la fonction R. Bien que la constante du développement du n° **19** disparaisse par la différentiation faite par rapport à ε, il est utile de vérifier cette constante, puisque son calcul est intimement lié à celui des autres termes du développement. En faisant usage de la Table du n° **24**, et de la constante de R, donnée dans la *Connaissance des Temps* pour 1844, j'ai trouvé, pour les différentes parties de la constante de a'R :

$$
\begin{aligned}
&\text{Termes de l'ordre zéro.} \ldots \ldots &&= + 1,072.242.5 \\
&\text{Termes du second ordre.} \ldots &&= + 0,000.559.3 \\
&\text{Termes du quatrième ordre.} \ldots &&= - 0,000.000.5 \\
\hline
&\text{Constante de } a'\text{R.} \ldots \ldots &&= + 1,072.801.3
\end{aligned}
$$

et j'en ai déduit :

$$
\begin{aligned}
&\text{Partie constante de } 3knR \ldots \ldots &&= 218.046,1 \\
&\text{Même terme d'après le n° 19.} \ldots &&= 218.046,0
\end{aligned}
$$

Si nous achevons le calcul numérique de la fonction donnée dans le numéro précédent, et si nous en déduisons le développement de $GknR$, nous pourrons, après y avoir remplacé les longitudes moyennes par les anomalies moyennes, le comparer à celui qui a été donné dans le n° **19**. Nous trouverons qu'il y a concordance, dans les limites où peuvent le permettre les puissances supérieures des excentricités et des inclinaisons, qui ont été négligées ici. Au reste, l'intérêt étant de savoir si la valeur de $\delta\varrho$, obtenue par cette seconde méthode, ne diffère de celle du n° **19** que de quantités minimes, c'est cette nouvelle valeur de $\delta\varrho$ que je vais rapporter. En n'écrivant que les principaux termes, on aura :

$$
\begin{aligned}
\delta\varrho = \quad & - 36,13 \sin(\zeta' - \zeta) + 175,67 \cos(\zeta' - \zeta) \\
& - 4,92 \sin(2\zeta' - 2\zeta) - 2,11 \cos(2\zeta' - 2\zeta) \\[1em]
- 8,42 \sin\zeta \;& + 12,46 \sin(\zeta' - 2\zeta) + 25,90 \cos(\zeta' - 2\zeta) \\
+ 8,66 \cos\zeta \;& - 0,68 \sin(2\zeta' - \zeta) + 3,46 \cos(2\zeta' - \zeta) \\
& - 1,41 \sin(2\zeta' - 3\zeta) - 2,35 \cos(2\zeta' - 3\zeta) \\[1em]
- 0,03 \sin 2\zeta \;& + 114,15 \sin(\zeta' - 3\zeta) + 71,85 \cos(\zeta' - 3\zeta) \\
+ 0,36 \cos 2\zeta \;& + 0,12 \sin(2\zeta' - 4\zeta) - 1,16 \cos(2\zeta' - 4\zeta).
\end{aligned}
$$

Le résultat ne s'éloigne de celui du n° **19** que de quantités fort petites, et qui n'auraient pas même d'influence sur les conséquences auxquelles nous arriverons dans la suite. Mais la première expression calculée est rigoureuse ; et les différences tiennent uniquement aux termes d'ordre supérieur qui ont été négligés en second lieu. Par exemple, la valeur du n° **19** surpasse celle que nous venons d'obtenir de

$$+ 0,05 \sin(\zeta' - \zeta) - 0,57 \cos(\zeta' - \zeta);$$

on s'assurera aisément que cette différence provient de l'ensemble des termes du second ordre, dépendant de $l' - l$, qui existent dans la fonction du n° **23**, et que nous avons négligés au n° **23**.

Les valeurs de δ_2 et δa sont si intimement liées l'une à l'autre, que la vérification de la première entraîne celle de la seconde : je ne m'y arrêterai donc pas davantage.

Excentricité et longitude du périhélie.

27. Comparons d'abord leurs variations séculaires, déduites des calculs précédents, à celles que j'ai trouvées dans la *Connaissance des Temps* pour 1844 :

Variation séculaire de l'excentricité, d'après le n° **20** $= - 0,0465t$

Même variation, suivant la *Connaissance des Temps*.. $= - 0,0462t$

Variation séculaire de $e\,\delta\varpi$, d'après le n° **21** . . . . . $= + 0,0561t$

Même variation, suivant la *Connaissance des Temps*. $= + 0,0558t$

J'ai rétabli ici la quatrième décimale que j'avais supprimée dans la *Connaissance des Temps*. Les différences entre les résultats obtenus par les deux méthodes sont insignifiantes.

La partie principale de $\dfrac{de}{dt}$, celle que j'ai désignée au n° **20** par $\dfrac{d.\delta e}{dt}$, dépend de la différentiation de la fonction du n° **23** par rapport à ϖ. En la formant et en intégrant, on trouvera :

$$
\begin{aligned}
\delta_1 e = {}& + \quad 0,00 \sin \zeta + 123,54 \sin(\zeta') \qquad\quad + 25,41 \cos(\zeta') \\
& + 72,87 \cos \zeta + 57,47 \sin(\zeta' - 2\zeta) + 11,82 \cos(\zeta' - 2\zeta) \\
& \qquad\qquad - 0,37 \sin(2\zeta' - \zeta) + 0,87 \cos(2\zeta' - \zeta) \\
& \qquad\qquad - 6,48 \sin(2\zeta' - 3\zeta) + 15,09 \cos(2\zeta' - 3\zeta) \\[1em]
& + \quad 3,19 \sin 2\zeta - 0,48 \sin(\zeta' + \zeta) - 0,37 \cos(\zeta' + \zeta) \\
& + \quad 3,18 \cos 2\zeta - 0,40 \sin(\zeta' - 3\zeta) + 53,54 \cos(\zeta' - 3\zeta) \\
& \qquad\qquad + 6,84 \sin(2\zeta') \qquad\quad + 1,38 \cos(2\zeta') \\
& \qquad\qquad - 5,73 \sin(2\zeta' - 4\zeta) + 3,32 \cos(2\zeta' - 4\zeta)
\end{aligned}
$$

tandis que la valeur de $\delta_2 e$, trouvée au n° **20**, et qui a pour expression

$\delta_1 e - \delta_1 e_1$ est

$$
\begin{aligned}
\delta_1 e = &- \ 0,13 \sin \zeta + 123,38 \sin(\ \zeta') \qquad\quad + 25,33 \cos(\ \zeta') \\
&+ 72,94 \cos \zeta + \ 57,21 \sin(\ \zeta' - 2\zeta) + 12,03 \cos(\ \zeta' - 2\zeta) \\
&\qquad\qquad - \ 0,37 \sin(2\zeta' - \ \zeta) + \ 0,87 \cos(2\zeta' - \ \zeta) \\
&\qquad\qquad - \ 6,09 \sin(2\zeta' - 3\zeta) + 14,95 \cos(2\zeta' - 3\zeta) \\[1ex]
&+ \ 3,18 \sin 2\zeta - \ 0,48 \sin(\ \zeta' + \ \zeta) - \ 0,37 \cos(\ \zeta' + \ \zeta) \\
&+ \ 3,18 \cos 2\zeta - \ 0,16 \sin(\ \zeta' - 3\zeta) + 53,07 \cos(\ \zeta' - 3\zeta) \\
&\qquad\qquad + \ 6,82 \sin(2\zeta') \qquad\quad + \ 1,38 \cos(2\zeta') \\
&\qquad\qquad - \ 5,73 \sin(2\zeta' - 4\zeta) + \ 3,31 \cos(2\zeta' - 4\zeta).
\end{aligned}
$$

Ces résultats s'accordent entre eux, de manière à ce que toute chance d'erreur importante soit exclue.

Remarquons qu'il n'entre ici aucun terme en $(\zeta' - \zeta)$, $(2\zeta' - 2\zeta)$,..., tandis que l'expression de $\delta_1 e$, n° **20**, en renferme plusieurs, dont la valeur est très-petite. Cela tient à ce que la différentiation par rapport à ϖ ne laisse subsister, parmi les termes en $(l' - l)$, $(2l' - 2l)$,..., que ceux qui sont au moins du second ordre, et que nous avons omis; on reconnaîtrait facilement que ces termes fournissent la partie de $\delta_1 e$, qui dépend de $(\zeta' - \zeta)$, $(2\zeta' - 2\zeta)$,... Enfin la valeur de $\delta_1 e$, qui a été déduite de celle de $\delta\varpi$, multipliée par un simple facteur numérique, est nécessairement exacte, comme celle de $\delta\varpi$.

Considérons, parmi les termes de R, ceux qui, pour un argument donné, sont d'ordre inférieur. Ils sont compris dans la forme

$$
A e^n \cos(i'l' - il \mp n\varpi + \delta),
$$

ϖ devant être affecté du signe —, ou du signe +, suivant que $(i' - i)$ est positif ou négatif. En ne considérant que les parties principales de δe et de $\delta\varpi$, elles contiendront les termes suivants :

$$
\delta_1 e = \pm \frac{A\, k \cos \psi\, n e^{n-1}}{i'n' - in} \cos(i'l' - il \mp n\varpi + \delta),
$$

$$
e\, \delta\varpi = \frac{A\, k \cos \psi\, n e^{n-1}}{i'n' - in} \sin(i'l' - il \mp n\varpi + \delta).
$$

On voit que $\delta_1 e$ étant connu, on en déduira immédiatement $e\,\delta\varpi$, en diminuant ou en augmentant de 90 degrés les angles placés sous les lignes trigonométriques, suivant que $(i' - i)$ est positif ou négatif. La première des valeurs de $\delta_1 e$, écrite plus haut, sert à vérifier, au moyen de cette remarque, tous les termes du développement de $e\,\delta\varpi$, donné au n° **21**, les termes en $(\zeta' - \zeta)$, $(2\zeta' - 2\zeta)$,... étant exceptés. On contrôlera ces derniers, en recourant aux termes de cette espèce, qui sont du second ordre dans la fonction R. Toutes ces vérifications ont été faites avec succès.

Longitude de l'époque.

28. Nous n'avons à vérifier que la partie principale, qui dépend de $\frac{dR}{da}$. En formant cette dérivée sur la fonction du n° 23, et en recourant à la Table numérique du n° 24, j'ai trouvé le développement suivant, dans lequel les nombres sont remplacés par leurs logarithmes :

$$
\begin{aligned}
2\frac{d.\delta_{,\varepsilon}}{dt} = 1{,}338.88 &+ 1{,}967.31 \; \cos(l'-l) &&+ 1{,}077.50 \; \cos(2l'-2l) \\
&+ 1{,}517.9134\, e \cos(l-\varpi) &&- 1{,}580.7998\, e' \cos(l-\varpi') \\
&- 2{,}004.4774\, e \cos(l'-\varpi) &&- 1{,}046.6080\, e' \cos(l'-\varpi') \\
&+ 1{,}926.6723\, e \cos(l'-2l+\varpi) &&- 1{,}587.7278\, e' \cos(l'-2l+\varpi') \\
&- 0{,}496.52\, e \cos(2l'-l-\varpi) &&+ 2{,}168.53\, e' \cos(2l'-l-\varpi') \\
&+ 1{,}650.09\, e \cos(2l'-3l+\varpi) &&- 1{,}489.45\, e' \cos(2l'-3l+\varpi') \\[6pt]
&+ 1{,}650.99\, e^2 \cos(2l-2\varpi) &&- 1{,}970.65\, ee' \cos(2l-\varpi-\varpi') \\
&+ 1{,}586.18\, e'^2 \cos(2l-2\varpi') &&+ 1{,}674.56 \sin^2\tfrac{\varphi_{,}}{2}\cos(2l-2\theta_{,}) \\[6pt]
&+ 1{,}306.16\, e^2 \cos(l'+l-2\varpi) &&- 1{,}373.52\, ee' \cos(l'+l-\varpi-\varpi') \\
&+ 1{,}306.16\, e'^2 \cos(l'+l-2\varpi') &&+ 2{,}104.92 \sin^2\tfrac{\varphi_{,}}{2}\cos(l'+l-2\theta_{,}) \\[6pt]
&+ 2{,}077.7432\, e^2 \cos(l'-3l+2\varpi) &&- 2{,}171.8857\, ee' \cos(l'-3l+\varpi+\varpi') \\
&+ 1{,}726.1076\, e'^2 \cos(l'-3l+2\varpi') &&+ 1{,}538.7751 \sin^2\tfrac{\varphi_{,}}{2}\cos(l'-3l+2\theta_{,}) \\[6pt]
&+ 0{,}477.09\, e^2 \cos(2l'-2\varpi) &&- 2{,}341.15\, ee' \cos(2l'-\varpi-\varpi') \\
&+ 9{,}834.86\, e'^2 \cos(2l'-2\varpi') &&+ 1{,}674.55 \sin^2\tfrac{\varphi_{,}}{2}\cos(2l'-2\theta_{,}) \\[6pt]
&+ 2{,}064.33\, e^2 \cos(2l'-4l+2\varpi) &&- 2{,}212.92\, ee' \cos(2l'-4l+\varpi+\varpi') \\
&+ 1{,}731.98\, e'^2 \cos(2l'-4l+2\varpi') &&+ 1{,}368.22 \sin^2\tfrac{\varphi_{,}}{2}\cos(2l'-4l+2\theta_{,}).
\end{aligned}
$$

Substituant à la place de e et e', de ϖ et ϖ', de $\varphi_{,}$ et $\theta_{,}$ leurs valeurs, remplaçant l' et l en fonctions de ζ' et ζ, et intégrant, on trouvera :

$$
\begin{aligned}
\delta_{,}\varepsilon = 10{,}911'' t \quad &+ 67{,}45'' \sin(\zeta'-\zeta) - 327{,}94'' \cos(\zeta'-\zeta) \\
&- 19{,}82 \sin(2\zeta'-2\zeta) - 8{,}51 \cos(2\zeta'-2\zeta)
\end{aligned}
$$

$$
\begin{aligned}
&+ 7,39 \sin \zeta - 3,69 \sin(\zeta') && + 10,81 \cos(\zeta') \\
&-14,01 \cos \zeta + 21,89 \sin(\zeta'-2\zeta) && - 23,53 \cos(\zeta'-3\zeta) \\
&\qquad + 2,56 \sin (2\zeta'- \zeta) && - 11,44 \cos(2\zeta'- \zeta) \\
&\qquad - 2,28 \sin (2\zeta'-3\zeta) && - 5,55 \cos(2\zeta'-3\zeta) \\[4pt]
&- 0,21 \sin 2\zeta - 0,01 \sin(\zeta'+ \zeta) && + 0,04 \cos(\zeta'+ \zeta) \\
&- 0,60 \cos 2\zeta - 13,76 \sin(\zeta'-3\zeta) && - 1,51 \cos(\zeta-3\zeta) \\
&\qquad - 0,14 \sin (2\zeta') && + 0,64 \cos (2\zeta') \\
&\qquad + 0,50 \sin (2\zeta'-4\zeta) && - 1,26 \cos (2\zeta'-4\zeta)
\end{aligned}
$$

La valeur de cette même quantité, déduite du n° **22**, en formant l'expression de $\delta r - \delta_1 r_1 - \delta_2 r_2$, serait :

$$
\begin{aligned}
\delta_1 r = 10'',931\, t \quad & + 67,02 \sin(\zeta'- \zeta) && -327,26 \cos(\zeta'- \zeta) \\
& - 19,61 \sin (2\zeta'-2\zeta) && - 8,70 \cos(2\zeta'-2\zeta) \\[4pt]
& + 7,43 \sin \zeta - 3,69 \sin(\zeta') && + 10,79 \cos(\zeta') \\
& -14,00 \cos \zeta + 21,79 \sin(\zeta'-2\zeta) && - 23,55 \cos(\zeta'-2\zeta) \\
& \qquad + 2,56 \sin(2\zeta'- \zeta) && - 11,40 \cos(2\zeta'- \zeta) \\
& \qquad - 2,29 \sin(2\zeta'-3\zeta) && - 5,51 \cos(2\zeta'-3\zeta) \\[4pt]
& - 0,20 \sin 2\zeta - 0,00 \sin(\zeta'+ \zeta) && + 0,04 \cos(\zeta'+ \zeta) \\
& - 0,59 \cos 2\zeta - 13,70 \sin(\zeta'-3\zeta) && - 1,40 \cos(\zeta'-3\zeta) \\
& \qquad - 0,13 \sin (2\zeta') && + 0,64 \cos(2\zeta') \\
& \qquad + 0,48 \sin (2\zeta'-4\zeta) && - 1,25 \cos(2\zeta'-4\zeta).
\end{aligned}
$$

Ces deux expressions s'accordent entre elles. La différence $0'',020\, t$, qui existe entre les parties proportionnelles au temps, allant en grandissant à des époques éloignées, on pourrait craindre qu'il n'en résultât quelque erreur. Mais, d'abord, la cause de cette différence nous est connue; l'expression que nous retiendrons est parfaitement exacte. En second lieu, ce terme n'a pas besoin d'une grande rigueur : il se confondra avec le moyen mouvement elliptique, et sera déterminé avec lui par les observations. Il n'était besoin de le connaître ici qu'afin d'obtenir l'inégalité qui en résulte dans le rayon vecteur : une erreur de $0'',02$, lors même que nous l'eussions commise, ce qui n'est pas, serait sans influence sensible sur cet objet.

Inclinaison et longitude du nœud.

23. Arrêtons-nous d'abord aux parties séculaires. Les formules I et II du n° **14**, rapprochées des valeurs de $\sin \varphi$, $\delta\varphi$, et $\delta\eta$, données dans les n° **17**

et **18**, fournissent, par rapport au plan fixe de l'écliptique de 1800, et par rapport à la ligne fixe des équinoxes à cette époque :

$$\sin \varphi\, \delta\theta = + \overset{''}{0},028.50,$$
$$\delta\varphi = - 0,039.31.$$

Pour comparer ces nombres à ceux de la *Connaissance des Temps* de 1845, posons

$$\operatorname{tang} \varphi \sin \theta = p,$$
$$\operatorname{tang} \varphi \cos \theta = q ;$$

les variations annuelles de p et q ont été calculées dans cet ouvrage, où l'on trouvera, pour la partie due à l'action de Saturne,

$$\delta p = - \overset{''}{0},029.25,$$
$$\delta q = - 0,038.76.$$

Si nous différentions les formules qui lient φ et θ à p et q, nous en déduirons

$$\sin \varphi\, \delta\theta = \cos \varphi \cos \theta\, \delta p - \cos \varphi \sin \theta\, \delta q,$$
$$\delta\varphi = \sin \theta\, \delta p + \cos \theta\, \delta q,$$

et, par suite,

$$\sin \varphi\, \delta\theta = + \overset{''}{0},028.50,$$
$$\delta\varphi = - 0,039.31,$$

résultat qui s'accorde complétement avec le précédent.

Pour vérifier la partie périodique de $\sin \varphi_{_1} \delta\theta_{_1}$, j'ai commencé par ajouter à la fonction R les termes du second ordre qui ont même forme que ceux de l'ordre zéro, et qui dépendent des inclinaisons. En différentiant ensuite par rapport à $\varphi_{_1}$, et en exécutant les calculs et les transformations convenables, j'ai obtenu :

$$
\begin{aligned}
\sin \varphi_{_1} \delta\theta_{_1} = \quad & + \overset{''}{0},30 \sin(\zeta'-\zeta) - \overset{''}{1},45 \cos(\zeta'-\zeta) \\
& + 0,04 \sin 2\zeta - 0,81 \sin(\zeta'+\zeta) - 0,05 \cos(\zeta'+\zeta) \\
& + 0,32 \cos 2\zeta + 2,43 \sin(\zeta'-3\zeta) + 0,85 \cos(\zeta'-3\zeta) \\
& + 0,03 \sin(2\zeta') - 0,11 \cos(2\zeta') \\
& - 0,07 \sin(2\zeta'-4\zeta) + 0,11 \cos(2\zeta'-4\zeta).
\end{aligned}
$$

En comparant ce résultat à celui du n° **17**, on remarquera que la valeur de $\sin \varphi_{_1} \delta\theta_{_1}$, rapportée dans ce *numéro*, renferme des termes pour lesquels $(l'-l) = \pm 1$, tandis que la différentiation, exécutée par rapport à $\varphi_{_1}$, n'en a laissé subsister aucun dans le calcul actuel. C'est parce qu'ils dépendent

$$+ 7{,}39 \sin \zeta \quad - \quad 3{,}69 \sin (\zeta') \qquad + 10{,}81 \cos (\zeta)$$
$$-14{,}01 \cos \zeta + 21{,}89 \sin (\zeta' - 2\zeta) - 23{,}53 \cos (\zeta' - 2\zeta)$$
$$+ 2{,}56 \sin (2\zeta' - \zeta) - 11{,}44 \cos (2\zeta' - \zeta)$$
$$- 2{,}28 \sin (2\zeta' - 3\zeta) - 5{,}55 \cos (2\zeta' - 3\zeta)$$

$$- 0{,}21 \sin 2\zeta - 0{,}01 \sin (\zeta' + \zeta) + 0{,}04 \cos (\zeta' + \zeta)$$
$$- 0{,}60 \cos 2\zeta - 13{,}76 \sin (\zeta' - 3\zeta) - 1{,}51 \cos (\zeta' - 3\zeta)$$
$$- 0{,}14 \sin (2\zeta') + 0{,}64 \cos (2\zeta')$$
$$+ 0{,}50 \sin (2\zeta' - 4\zeta) - 1{,}26 \cos (2\zeta' - 4\zeta)$$

La valeur de cette même quantité, déduite du n° **22**, en formant l'expression de $\delta z - \delta_2 z_1 - \delta_2 z_{1,1}$, serait :

$$\delta_1 z = 10{,}931\,t \qquad + 67{,}02 \sin (\zeta' - \zeta) - 327{,}26 \cos (\zeta' - \zeta)$$
$$- 19{,}61 \sin (2\zeta' - 2\zeta) - 8{,}70 \cos (2\zeta' - 2\zeta)$$

$$+ 7{,}42 \sin \zeta - 3{,}69 \sin (\zeta') + 10{,}79 \cos (\zeta)$$
$$-14{,}00 \cos \zeta + 21{,}79 \sin (\zeta' - 2\zeta) - 23{,}55 \cos (\zeta' - 2\zeta)$$
$$+ 2{,}56 \sin (2\zeta' - \zeta) - 11{,}40 \cos (2\zeta' - \zeta)$$
$$- 2{,}29 \sin (2\zeta' - 3\zeta) - 5{,}51 \cos (2\zeta' - 3\zeta)$$

$$- 0{,}20 \sin 2\zeta - 0{,}00 \sin (\zeta' + \zeta) + 0{,}04 \cos (\zeta' + \zeta)$$
$$- 0{,}59 \cos 2\zeta - 13{,}70 \sin (\zeta' - 3\zeta) - 1{,}40 \cos (\zeta' - 3\zeta)$$
$$- 0{,}13 \sin (2\zeta') + 0{,}64 \cos (2\zeta')$$
$$+ 0{,}48 \sin (2\zeta' - 4\zeta) - 1{,}25 \cos (2\zeta' - 4\zeta).$$

Ces deux expressions s'accordent entre elles. La différence $0'',020\,t$, qui existe entre les parties proportionnelles au temps, allant en grandissant à des époques éloignées, on pourrait craindre qu'il n'en résultât quelque erreur. Mais, d'abord, la cause de cette différence nous est connue; l'expression que nous retiendrons est parfaitement exacte. En second lieu, ce terme n'a pas besoin d'une grande rigueur; il se confondra avec le moyen mouvement elliptique, et sera déterminé avec lui par les observations. Il n'était besoin de le connaître ici qu'afin d'obtenir l'inégalité qui en résulte dans le rayon vecteur : une erreur de $0'',02$, lors même que nous l'eussions commise, ce qui n'est pas, serait sans influence sensible sur cet objet.

Inclinaison et longitude du nœud.

29. Arrêtons-nous d'abord aux parties séculaires. Les formules I et II du n° **14**, rapprochées des valeurs de $\sin \varphi$, $\delta\varphi$, et $\delta\chi_{,}$, données dans les n° **17**

et 48, fournissent, par rapport au plan fixe de l'écliptique de 1800, et par rapport à la ligne fixe des équinoxes à cette époque :

$$\sin\varphi\,\delta\theta = +\ 0{,}028.50,$$
$$\delta\varphi = -\ 0{,}039.31.$$

Pour comparer ces nombres à ceux de la *Connaissance des Temps* de 1844, posons

$$\operatorname{tang}\varphi \sin\theta = p,$$
$$\operatorname{tang}\varphi \cos\theta = q\,;$$

les variations annuelles de p et q ont été calculées dans cet ouvrage, où l'on trouvera, pour la partie due à l'action de Saturne,

$$\delta p = -\ 0{,}029.25,$$
$$\delta q = -\ 0{,}038.76.$$

Si nous différentions les formules qui lient φ et θ à p et q, nous en déduirons

$$\sin\varphi\,\delta\theta = \cos\varphi\cos\theta\,\delta p - \cos\varphi\sin\theta\,\delta q,$$
$$\delta\varphi = \sin\theta\,\delta p + \cos\theta\,\delta q,$$

et, par suite,

$$\sin\varphi\,\delta\theta = +\ 0{,}028.50,$$
$$\delta\varphi = -\ 0{,}039.31,$$

résultat qui s'accorde complètement avec le précédent.

Pour vérifier la partie périodique de $\sin\varphi_{,}\delta\theta_{,}$, j'ai commencé par ajouter à la fonction R les termes du second ordre qui ont même forme que ceux de l'ordre zéro, et qui dépendent des inclinaisons. En différentiant ensuite par rapport à $\varphi_{,}$, et en exécutant les calculs et les transformations convenables, j'ai obtenu :

$$
\begin{aligned}
\sin\varphi_{,}\delta\theta_{,} = \ & +\ 0{,}30\,\sin(\zeta'-\zeta) - 1{,}45\,\cos(\zeta'-\zeta)\\
& +\ 0{,}04\,\sin 2\zeta - 0{,}81\,\sin(\zeta'+\zeta) - 0{,}05\,\cos(\zeta'+\zeta)\\
& +\ 0{,}32\,\cos 2\zeta + 2{,}43\,\sin(\zeta'-3\zeta) + 0{,}85\,\cos(\zeta'-3\zeta)\\
& +\ 0{,}03\,\sin(2\zeta') - 0{,}11\,\cos(2\zeta')\\
& -\ 0{,}07\,\sin(2\zeta'-4\zeta) + 0{,}11\,\cos(2\zeta'-4\zeta).
\end{aligned}
$$

En comparant ce résultat à celui du n° 17, on remarquera que la valeur de $\sin\varphi_{,}\delta\theta_{,}$, rapportée dans ce *numéro*, renferme des termes pour lesquels $(i'-i)=\pm 1$, tandis que la différentiation, exécutée par rapport à $\varphi_{,}$, n'en a laissé subsister aucun dans le calcul actuel. C'est parce qu'ils dépendent

des termes de R , qui sont du troisième ordre et qui ont même forme que
ceux du premier ordre. Au reste, ces termes sont trop petits pour que nous
nous arrêtions à leur vérification : il fallait seulement expliquer leur présence.

Les remarques suivantes nous suffiront pour la vérification de la partie
périodique de $\delta\varphi_1$. Considérons , parmi les termes de R , ceux qui , pour un
argument donné, sont d'ordre inférieur, et qui dépendent des inclinaisons.
Nous pouvons les comprendre dans la forme suivante :

$$ A \sin^m \frac{\varphi}{2} \cos (i'l' - il \mp 2n\vartheta_1 + \gamma), $$

$2n\vartheta_1$ devant être précédé du signe $-$ ou du signe $+$, suivant que $(i' - i)$
est positif ou négatif. Nous en déduisons sensiblement , en ne considérant que
la partie principale de $\delta\varphi_1$:

$$ \sin\varphi_1\,\delta\vartheta_1 = \frac{Akn \sin^{m-1} \frac{\varphi_1}{2}}{(i'n' - in) \cos \psi} \sin (i'l' - il \mp 2n\vartheta_1 + \gamma), $$

$$ \delta\varphi_1 = \pm \frac{Akn \sin^{m-1} \frac{\varphi_1}{2}}{(i'n' - in) \cos \psi} \cos (i'l' - il \mp 2n\vartheta_1 + \gamma); $$

d'où l'on voit que la partie principale de $\delta\varphi_1$ se déduira de la valeur de
$\sin\varphi_1\,\delta\vartheta_1$, en augmentant ou en diminuant de 90 degrés les angles placés
sous les lignes trigonométriques, suivant que $(i' - i)$ est positif ou négatif.

Quant à la seconde partie de $\delta\varphi_1$, celle qui dépend de l'équation

$$ \frac{d\varphi_1}{dt} = - \frac{k \tan \frac{\varphi_1}{2}}{\cos \psi} \left(\frac{dR}{d\varepsilon} + \frac{dR}{d\varpi} \right), $$

on la déduira des expressions de $\delta_1\varepsilon$ et $\delta_1\varpi$, données dans les n^{os} **20** et **27**,
en les multipliant par des facteurs numériques. On aura ainsi

$$ \delta\varphi_1 = \frac{1}{\cos^2 \psi} \frac{\tan \frac{\varphi_1}{2}}{\tan \frac{\varphi}{2}} \delta_1\varepsilon + \tan \frac{\varphi_1}{2} \frac{\tan \psi}{\cos \psi} \delta_1\varpi. $$

Si l'on réunit les différentes parties de $\delta\varphi_1$, on retrouvera très-sensiblement la valeur donnée au n° **13**.

Inégalités de la longitude et du rayon vecteur.

50. Si dans les expressions de la longitude vraie et du rayon vecteur, calculées dans l'ellipse, nous ajoutons à la longitude moyenne, à l'anomalie moyenne, à l'excentricité et au demi-grand axe leurs perturbations, et que nous développions les formules, en ne retenant que les premières puissances des variations, nous trouverons que δv et δr seront données par les formules suivantes :

$$\delta v = \delta l$$
$$+ \left\{ \left(1 - \frac{3}{8} e^2\right) \sin \zeta + \frac{5}{4} e \sin 2\zeta + \frac{13}{8} e^2 \sin 3\zeta \right\} 2\delta e$$
$$+ \left\{ \left(1 - \frac{1}{8} e^2\right) \cos \zeta + \frac{5}{4} e \cos 2\zeta + \frac{13}{8} e^2 \cos 3\zeta \right\} 2e\delta\zeta,$$

$$\delta r = \left\{ 1 + \frac{e^2}{2} - e \cos \zeta - \frac{e^2}{2} \cos 2\zeta \right\} \delta a$$
$$+ \left\{ \frac{av}{2} - \frac{a}{2} \left(1 - \frac{9}{8} e^2\right) \cos \zeta - \frac{ae}{2} \cos 2\zeta - \frac{9ae^2}{16} \cos 3\zeta \right\} 2\delta e$$
$$+ \left\{ \frac{a}{2} \left(1 - \frac{3}{8} e^2\right) \sin \zeta + \frac{ae}{2} \sin 2\zeta + \frac{9ae^2}{16} \sin 3\zeta \right\} 2e\delta\zeta.$$

δa et δe ont été données dans les n^{os} **19** et **20**.

On obtiendra δl en ajoutant la valeur de $\delta \epsilon$, donnée au n° **22**, à la valeur de $\delta\rho$, calculée au n° **20**. On aura

$$\delta l = (10'',9324 + \sigma)t + 30'',95 \sin(\zeta'-\zeta) - 152'',29 \cos(\zeta'-\zeta)$$
$$- 24,54 \sin(2\zeta'-2\zeta) - 10,44 \cos(2\zeta'-2\zeta)$$
$$- 5,24 \sin(3\zeta'-3\zeta) + 7,47 \cos(3\zeta'-3\zeta)$$
$$+ 2,37 \sin(4\zeta'-4\zeta) + 2,58 \cos(4\zeta'-4\zeta)$$
$$+ 1,22 \sin(5\zeta'-5\zeta) - 0,70 \cos(5\zeta'-5\zeta)$$
$$- 0,15 \sin(6\zeta'-6\zeta) - 0,54 \cos(6\zeta'-6\zeta)$$
$$- 0,18 \sin(7\zeta'-7\zeta) - 0,01 \cos(7\zeta'-7\zeta)$$

$$+ 0'',69 \sin \zeta - 3'',10 \sin(\zeta') + 7'',93 \cos(\zeta')$$
$$- 5,36 \cos \zeta + 33,89 \sin(\zeta'-2\zeta) + 3,48 \cos(\zeta'-2\zeta)$$
$$+ 1,88 \sin(2\zeta'-\zeta) - 7,95 \cos(2\zeta'-\zeta)$$
$$- 4,05 \sin(2\zeta'-3\zeta) - 7,95 \cos(2\zeta'-3\zeta)$$
$$- 0,40 \sin(3\zeta'-2\zeta) - 0,48 \cos(3\zeta'-2\zeta)$$
$$- 3,31 \sin(3\zeta'-4\zeta) + 0,97 \cos(3\zeta'-4\zeta)$$

$$
\begin{aligned}
-\ & 0,37\ \sin(4\zeta'-3\zeta) && +\ && 0,21\ \cos(4\zeta'-3\zeta) \\
+\ & 0,15\ \sin(4\zeta'-5\zeta) && +\ && 1,56\ \cos(4\zeta'-5\zeta) \\
+\ & 0,07\ \sin(5\zeta'-4\zeta) && +\ && 0,25\ \cos(5\zeta'-4\zeta) \\
+\ & 0,72\ \sin(5\zeta'-6\zeta) && +\ && 0,10\ \cos(5\zeta'-6\zeta) \\
+\ & 0,15\ \sin(6\zeta'-5\zeta) && -\ && 0,00\ \cos(6\zeta'-5\zeta) \\
+\ & 0,12\ \sin(6\zeta'-7\zeta) && -\ && 0,30\ \cos(6\zeta'-7\zeta) \\
+\ & 0,03\ \sin(7\zeta'-6\zeta) && -\ && 0,11\ \cos(7\zeta'-6\zeta) \\
-\ & 0,15\ \sin(7\zeta'-8\zeta) && -\ && 0,10\ \cos(7\zeta'-8\zeta)
\end{aligned}
$$

$$
\begin{aligned}
-\ 0,16\ \sin 2\zeta\ -\ & 0,00\ \sin(\zeta'+\zeta) && +\ && 0,04\ \cos(\zeta'+\zeta) \\
-\ 0,30\ \cos 2\zeta\ +\ & 98,73\ \sin(\zeta'-3\zeta) && +\ && 69,53\ \cos(\zeta'-3\zeta) \\
-\ & 0,10\ \sin(2\zeta') && +\ && 0,48\ \cos(2\zeta') \\
+\ & 0,51\ \sin(2\zeta'-4\zeta) && -\ && 2,53\ \cos(2\zeta'-4\zeta) \\
+\ & 0,11\ \sin(3\zeta'-\zeta) && -\ && 0,54\ \cos(3\zeta'-\zeta) \\
-\ & 0,81\ \sin(3\zeta'-5\zeta) && -\ && 0,33\ \cos(3\zeta'-5\zeta) \\
-\ & 0,23\ \sin(4\zeta'-6\zeta) && +\ && 0,33\ \cos(4\zeta'-6\zeta) \\
+\ & 0,12\ \sin(5\zeta'-7\zeta) && +\ && 0,12\ \cos(5\zeta'-7\zeta) \\
+\ & 0,08\ \sin(6\zeta'-8\zeta) && -\ && 0,06\ \cos(6\zeta'-8\zeta) \\
-\ & 0,03\ \sin(7\zeta'-9\zeta) && -\ && 0,05\ \cos(7\zeta'-9\zeta)
\end{aligned}
$$

$$
\begin{aligned}
+\ & 0,10\ \sin(\zeta'-4\zeta) && +\ && 0,07\ \cos(\zeta'-4\zeta) \\
+\ & 0,98\ \sin(2\zeta'-5\zeta) && -\ && 0,89\ \cos(2\zeta'-5\zeta) \\
-\ & 0,09\ \sin(3\zeta'-6\zeta) && -\ && 0,17\ \cos(3\zeta'-6\zeta) \\
-\ & 0,06\ \sin(4\zeta'-7\zeta) && +\ && 0,01\ \cos(4\zeta'-7\zeta)
\end{aligned}
$$

$$
+\ 0,50\ \sin(2\zeta'-6\zeta)\ -\ 0,12\ \cos(2\zeta'-6\zeta).
$$

En multipliant ces inégalités par c, et retranchant du résultat la valeur de $c\delta\varpi$, on formera l'expression de $c\delta\zeta$. Nous ferons abstraction, dans ce calcul, des termes proportionnels au temps, sur lesquels nous reviendrons ; et aussi de la partie du terme dépendant de l'argument $(\zeta'-3\zeta)$, qui est comprise dans δl, et que nous réserverons pour l'ajouter directement, dans les Tables, à la longitude moyenne. Nous aurons ainsi :

$$
\begin{aligned}
c\delta\zeta =\ +\ & 1,19\ \sin(\zeta'-\zeta) && -\ && 1,36\ \cos(\zeta'-\zeta) \\
-\ & 0,87\ \sin(2\zeta'-2\zeta) && -\ && 4,14\ \cos(2\zeta'-2\zeta) \\
-\ & 0,28\ \sin(3\zeta'-3\zeta) && +\ && 0,71\ \cos(3\zeta'-3\zeta) \\
+\ & 0,36\ \sin(4\zeta'-4\zeta) && +\ && 0,16\ \cos(4\zeta'-4\zeta) \\
+\ & 0,10\ \sin(5\zeta'-5\zeta) && -\ && 0,18\ \cos(5\zeta'-5\zeta) \\
-\ & 0,09\ \sin(6\zeta'-6\zeta) && -\ && 0,06\ \cos(6\zeta'-6\zeta)
\end{aligned}
$$

$$
\begin{aligned}
&+ 73{,}03\, \sin \zeta && - 25{,}40\, \sin(\zeta') && + 123{,}61\, \cos(\zeta') \\
&+ 0{,}04\, \cos \zeta && + 13{,}39\, \sin(\zeta'-2\zeta) && - 56{,}22\, \cos(\zeta'-2\zeta) \\
& && - 0{,}88\, \sin(2\zeta'-\zeta) && - 0{,}55\, \cos(2\zeta'-\zeta) \\
& && + 14{,}94\, \sin(2\zeta'-3\zeta) && + 5{,}65\, \cos(2\zeta'-3\zeta) \\
& && - 0{,}39\, \sin(3\zeta'-2\zeta) && + 0{,}39\, \cos(3\zeta'-2\zeta) \\
& && + 3{,}04\, \sin(3\zeta'-4\zeta) && - 4{,}63\, \cos(3\zeta'-4\zeta) \\
& && + 0{,}27\, \sin(4\zeta'-3\zeta) && + 0{,}28\, \cos(4\zeta'-3\zeta) \\
& && - 1{,}56\, \sin(4\zeta'-5\zeta) && - 1{,}51\, \cos(4\zeta'-5\zeta) \\
& && + 0{,}15\, \sin(5\zeta'-4\zeta) && - 0{,}12\, \cos(5\zeta'-4\zeta) \\
& && - 0{,}73\, \sin(5\zeta'-6\zeta) && + 0{,}52\, \cos(5\zeta'-6\zeta) \\
& && - 0{,}05\, \sin(6\zeta'-5\zeta) && - 0{,}08\, \cos(6\zeta'-5\zeta) \\
& && + 0{,}17\, \sin(6\zeta'-7\zeta) && + 0{,}33\, \cos(6\zeta'-7\zeta) \\
& && - 0{,}05\, \sin(7\zeta'-6\zeta) && + 0{,}01\, \cos(7\zeta'-6\zeta) \\
& && + 0{,}14\, \sin(7\zeta'-8\zeta) && - 0{,}04\, \cos(7\zeta'-8\zeta)
\end{aligned}
$$

$$
\begin{aligned}
&- 3{,}19\, \sin 2\zeta && + 0{,}37\, \sin(\zeta'+\zeta) && - 0{,}48\, \cos(\zeta'+\zeta) \\
&+ 3{,}17\, \cos 2\zeta && + 53{,}05\, \sin(\zeta'-3\zeta) && - 0{,}22\, \cos(\zeta'-3\zeta) \\
& && - 1{,}38\, \sin(2\zeta') && + 6{,}84\, \cos(2\zeta') \\
& && + 3{,}36\, \sin(2\zeta'-4\zeta) && + 5{,}49\, \cos(2\zeta'-4\zeta) \\
& && + 2{,}18\, \sin(3\zeta'-5\zeta) && - 0{,}82\, \cos(3\zeta'-5\zeta) \\
& && - 0{,}17\, \sin(4\zeta'-6\zeta) && - 1{,}02\, \cos(4\zeta'-6\zeta) \\
& && - 0{,}49\, \sin(5\zeta'-7\zeta) && - 0{,}02\, \cos(5\zeta'-7\zeta) \\
& && - 0{,}06\, \sin(6\zeta'-8\zeta) && + 0{,}23\, \cos(6\zeta'-8\zeta) \\
& && + 0{,}11\, \sin(7\zeta'-9\zeta) && + 0{,}05\, \cos(7\zeta'-9\zeta)
\end{aligned}
$$

$$
\begin{aligned}
&- 0{,}02\, \sin 3\zeta && + 1{,}30\, \sin(\zeta'-4\zeta) && + 0{,}39\, \cos(\zeta'-4\zeta) \\
&+ 0{,}30\, \cos 3\zeta && - 0{,}26\, \sin(2\zeta'-5\zeta) && + 2{,}51\, \cos(2\zeta'-5\zeta) \\
& && - 0{,}99\, \sin(3\zeta') && + 0{,}43\, \cos(3\zeta') \\
& && + 0{,}62\, \sin(3\zeta'-6\zeta) && + 0{,}18\, \cos(3\zeta'-6\zeta) \\
& && + 0{,}14\, \sin(4\zeta'-7\zeta) && - 0{,}27\, \cos(4\zeta'-7\zeta) \\
& && - 0{,}12\, \sin(5\zeta'-8\zeta) && - 0{,}10\, \cos(5\zeta'-8\zeta) \\
& && - 0{,}07\, \sin(6\zeta'-9\zeta) && + 0{,}05\, \cos(6\zeta'-9\zeta)
\end{aligned}
$$

$$
+ 0{,}58\, \sin(2\zeta'-6\zeta) - 0{,}59\, \cos(2\zeta'-6\zeta).
$$

54. Au moyen de ces résultats et des valeurs de δv et δr écrites plus haut, on trouve enfin les inégalités des coordonnées d'Uranus, proportionnelles à la masse de Saturne :

Inégalités applicables à la longitude moyenne.

$$\delta l = (10'',9324 + \pi)\, t$$
$$+\ 98'',73 \sin(\zeta'-3\zeta) + 69'',53 \cos(\zeta'-3\zeta).$$

Inégalités applicables à la longitude vraie.

$$\delta v =$$

$$+\ 11'',96 \sin(\zeta'-\zeta) - 18'',67 \cos(\zeta'-\zeta)$$
$$+\ 3,81 \sin(2\zeta'-2\zeta) + 1,66 \cos(2\zeta'-2\zeta)$$
$$+\ 0,49 \sin(3\zeta'-3\zeta) - 0,68 \cos(3\zeta'-3\zeta)$$
$$-\ 0,17 \sin(4\zeta'-4\zeta) - 0,16 \cos(4\zeta'-4\zeta)$$
$$-\ 0,09 \sin(5\zeta'-5\zeta) + 0,04 \cos(5\zeta'-5\zeta)$$

$$+\ 2'',83 \sin\zeta \quad +\ 0'',41 \sin(\zeta') \quad +\ 1'',38 \cos(\zeta')$$
$$+\ 1,04 \cos\zeta \quad +138,77 \sin(\zeta'-2\zeta) + 14,18 \cos(\zeta'-2\zeta)$$
$$+\ 0,36 \sin(2\zeta'-\zeta) - 0,73 \cos(2\zeta'-\zeta)$$
$$+\ 1,27 \sin(2\zeta'-3\zeta) + 2,29 \cos(2\zeta'-3\zeta)$$
$$+\ 0,11 \sin(3\zeta'-2\zeta) + 0,06 \cos(3\zeta'-2\zeta)$$
$$+\ 0,44 \sin(3\zeta'-4\zeta) - 0,14 \cos(3\zeta'-4\zeta)$$
$$-\ 0,01 \sin(4\zeta'-5\zeta) - 0,12 \cos(4\zeta'-5\zeta)$$

$$+\ 0,10 \sin 2\zeta \quad +\ 3'',79 \sin(\zeta'-3\zeta) + 2,22 \cos(\zeta'-3\zeta)$$
$$+\ 0,54 \cos 2\zeta \quad -\ 0,08 \sin(2\zeta') \quad +\ 0,05 \cos(2\zeta')$$
$$-\ 0,05 \sin(2\zeta'-4\zeta) + 2,02 \cos(2\zeta'-4\zeta)$$
$$+\ 0,19 \sin(3\zeta'-5\zeta) - 0,04 \cos(3\zeta'-5\zeta)$$

$$+\ 0,07 \sin(\zeta'-4\zeta) - 0,37 \cos(\zeta'-4\zeta)$$
$$+\ 2,17 \sin(2\zeta'-5\zeta) - 2,18 \cos(2\zeta'-5\zeta)$$
$$-\ 0,15 \sin(3\zeta'-6\zeta) - 0,23 \cos(3\zeta'-6\zeta)$$
$$-\ 0,09 \sin(4\zeta'-7\zeta) + 0,05 \cos(4\zeta'-7\zeta)$$

$$+\ 0,55 \sin(2\zeta'-6\zeta) - 0,17 \cos(2\zeta'-6\zeta).$$

Inégalités du rayon vecteur.

$$\delta r = -\frac{2}{3}\frac{\sigma}{n}\, a\,(1 - 0,0466 \cos\zeta) - 0,006.79$$
$$+\ 0,003.34 \sin(\zeta'-\zeta) + 0,000.38 \cos(\zeta'-\zeta)$$
$$+\ 0,000.12 \sin(2\zeta'-2\zeta) - 0,000.34 \cos(2\zeta'-2\zeta)$$
$$-\ 0,000.06 \sin(3\zeta'-3\zeta) - 0,000.04 \cos(3\zeta'-3\zeta)$$

$$+ 0,000.24 \sin \zeta - 0,000.13 \sin(\ \zeta') \qquad - 0,000.10 \cos(\ \zeta')$$
$$+ 0,000.22 \cos \zeta + 0,000.75 \sin(\ \zeta' - 2\zeta) - 0,005.65 \cos(\ \zeta' - 2\zeta)$$
$$+ 0,000.16 \sin(2\zeta' - 3\zeta) - 0,000.10 \cos(2\zeta' - 3\zeta)$$
$$+ 0,000.62 \sin(\ \zeta' - 3\zeta) - 0,000.85 \cos(\ \zeta' - 3\zeta)$$
$$+ 0,000.12 \sin(2\zeta' - 4\zeta) + 0,000.03 \cos(2\zeta' - 4\zeta).$$

59. Les expressions de δl, δv et δr qui précèdent, donnent lieu à plusieurs remarques importantes.

1°. La constante τ introduite par l'intégration de $d^2\varphi$ étant arbitraire, j'en disposerai de telle manière, que la partie proportionnelle au temps de la longitude moyenne résulte directement de l'observation. Il faudra, pour cela, que δl ne renferme aucun terme proportionnel au temps, ce qui aura lieu si nous posons

$$\tau = - 10'',9324.$$

2°. L'hypothèse précédente achève de déterminer la constante du rayon vecteur, qui se trouve égale à

$$\frac{2}{3} \frac{10'',9324}{n} \, a - 0,006.79 = 0,002.29.$$

On trouve, en même temps,

$$\delta r = \frac{2}{3} \frac{\sigma}{n} a \times 0,0466 \cos \zeta = - 0,000.42 \cos \zeta,$$

expression que nous réunirons aux termes de même argument.

3°. L'argument $(\zeta' - 3\zeta)$ se rencontre dans la longitude vraie et dans la longitude moyenne. Pour éviter cet inconvénient, je reporterai le terme de la longitude vraie sur la longitude moyenne; mais alors il en résultera, dans l'équation du centre, la nouvelle inégalité

$$2e \cos \zeta \left[3'',79 \sin(\zeta' - 3\zeta) + 2'',22 \cos(\zeta' - 3\zeta) \right],$$

qu'il faudra retrancher de la longitude vraie, pour n'en pas altérer la valeur. L'expression précédente, changée de signe, peut s'écrire

$$- 0'',18 \sin(\zeta' - 2\zeta) - 0'',10 \cos(\zeta' - 2\zeta)$$
$$- 0,18 \sin(\zeta' - 4\zeta) - 0,10 \cos(\zeta' - 4\zeta).$$

Nous pourrons donc prendre, pour l'inégalité de la longitude moyenne,

$$\delta l = 102'',52 \sin(\zeta' - 3\zeta) + 71'',75 \cos(\zeta' - 3\zeta).$$

pourvu que nous effacions les termes de même argument dans la longitude vraie, et que les termes en $(\zeta' - 2\zeta)$ et $(\zeta' - 4\zeta)$ y soient remplacés par les suivants :

$$+ \ 138{,}59 \sin (\zeta' - 2\zeta) + 14{,}08 \cos (\zeta' - 2\zeta)$$
$$- \ \ \ \ 0{,}11 \sin (\zeta' - 4\zeta) - \ \ 0{,}47 \cos (\zeta' - 4\zeta).$$

4° Imaginons que nous ayons ajouté, en intégrant $d\delta\varepsilon$ et $d\delta\varpi$, deux constantes arbitraires $\Delta\varepsilon$ et $\Delta\varpi$. Il en résultera, dans la longitude et dans le rayon, deux inégalités dépendantes de ζ, et que je vais réunir à celles de même argument qu'on a déjà trouvées. Nous aurons ainsi, pour ces termes,

$$\delta\varepsilon = (2\Delta\varepsilon + 2{,}83) \sin \zeta - (2\,e\Delta\varpi - 1{,}04) \cos \zeta,$$
$$\delta r = - (ae\Delta\varpi - 0{,}000{,}24) \sin \zeta - (e\Delta\varepsilon + 0{,}000{,}20) \cos \zeta.$$

Je néglige les termes d'ordre supérieur, à cause de la petitesse des valeurs que nous allons trouver pour $\Delta\varepsilon$ et $e\Delta\varpi$. Je disposerai de ces arbitraires, de manière à faire disparaître les termes en ζ de celle des coordonnées où ils ont le plus d'influence, c'est-à-dire de la longitude. Je poserai, pour cela,

$$\Delta\varepsilon = - \ 1{,}42,$$
$$e\Delta\varpi = + \ 0{,}52;$$

les inégalités en ζ du rayon vecteur se trouveront déterminées et deviendront

$$\delta r = + \ 0{,}000{,}19 \sin \zeta - 0{,}000{,}07 \cos \zeta.$$

On voit qu'on les négligerait sans inconvénient.

Il serait inutile d'écrire de nouveau les inégalités du n° **31**, pour y introduire ces remarques. Nous en tiendrons compte plus tard, lorsque nous réunirons ces inégalités à celles qui restent à déterminer. Ce sera seulement alors, que nous pourrons comparer la théorie actuelle avec celle qui a servi de fondement à la construction des Tables en usage.

Inégalités de la latitude.

33. Supposons qu'on ait déterminé les inégalités complètes des variables désignées par p et q dans le n° **29**, et que l'on connaisse également les inégalités des variables correspondantes p'' et q'', employées à la détermination de la position de l'écliptique mobile par rapport à l'écliptique fixe. On en pourra conclure les inégalités de l'inclinaison i et de la longitude x du nœud, par rapport au plan de l'écliptique vraie, au moyen des formules

$$\delta i = (\delta p - \delta p'') \sin \theta + (\delta q - \delta q'') \cos \theta,$$
$$\sin i \, . \, \delta x = (\delta p - \delta p'') \cos \theta - (\delta q - \delta q'') \sin \theta.$$

qui deviennent, en recourant aux relations du n° **29**,

$$\delta l = \delta \varphi - \delta p'' \sin \theta - \delta q'' \cos \theta,$$

$$\sin i . \delta \varkappa = \sin \varphi \delta \theta - \delta p'' \cos \theta + \delta q'' \sin \theta.$$

Les corrections par lesquelles on passe de $\delta \varphi$ et $\sin \varphi . \delta \theta$ à δl et $\sin i . \delta \varkappa$, sont en évidence dans ces expressions. Dans les usages astronomiques, on ne prend pour cet objet que les parties séculaires de $\delta p''$ et $\delta q''$; il en résulte qu'on peut, relativement aux inégalités périodiques, confondre δl avec $\delta \varphi$, et $\sin i . \delta \varkappa$ avec $\sin \varphi\, \delta \theta$.

Actuellement, on peut calculer les inégalités de la latitude λ, relativement au plan de l'écliptique, par la formule

$$\delta \lambda = \sin (v - \theta) \delta \varphi - \cos (v - \theta) . \sin \varphi \delta \theta.$$

Cette expression devient, en remplaçant $\delta \varphi$ et $\sin \varphi \delta \theta$ par leurs valeurs données au n° **14**, en fonctions de $\delta \varphi_{\prime}$ et $\sin \varphi_{\prime} \delta \theta_{\prime}$,

$$\delta \lambda = \sin (v - \theta - \chi)\, \delta \varphi_{\prime} - \cos (v - \theta - \chi) . \sin \varphi_{\prime} \delta \theta_{\prime}.$$

Si l'on remarque que $(v - \theta - \chi)$ est la longitude d'Uranus, comptée à partir de son nœud ascendant sur l'orbite de Saturne, on conclura de cette relation que les inégalités périodiques de la latitude, au-dessus du plan de l'écliptique, sont sensiblement les mêmes que celles qui ont lieu au-dessus du plan de l'orbite de Saturne.

En remplaçant donc, dans l'équation précédente, $\delta \varphi_{\prime}$ et $\sin \varphi_{\prime} \delta \theta_{\prime}$ par leurs valeurs données dans les n°ˢ **17** et **18**, on trouvera la valeur cherchée de $\delta \lambda$. Si, de plus, on introduit dans cette expression les longitudes moyennes l et l', au lieu des anomalies moyennes ζ et ζ', on aura enfin:

$$
\begin{aligned}
\delta \lambda = {}& +0\overset{''}{,}22 &&- 0{,}05 \sin (l' - l + 78^\circ 22') &&+ 0\overset{''}{,}07 \cos (l' - l + 78^\circ 22') \\[4pt]
& + 0\overset{''}{,}26 \sin (l - 167^\circ 30') &&+ 0{,}70 \sin (l' - 89^\circ 8') &&- 0{,}53 \cos (l' - 89^\circ 8') \\
& + 0{,}21 \cos (l - 167^\circ 30) &&+ 1{,}52 \sin (l' - 2l + 245.52) &&+ 2{,}53 \cos (l' - 2l + 245.52) \\
& &&+ 0{,}05 \sin (2l' - l - 10.46) &&+ 0{,}05 \cos (2l' - l - 10.46) \\
& &&- 0{,}08 \sin (2l' - 3l - 35.45) &&+ 0{,}03 \cos (2l' - 3l - 35.45) \\
& &&+ 0{,}05 \sin (3l' - 2l + 67.36) &&- 0{,}01 \cos (3l' - 2l + 67.36) \\
& &&- 0{,}01 \sin (3l' - 4l + 42.37) &&- 0{,}05 \cos (3l' - 4l + 42.37) \\[4pt]
& - 0\overset{''}{,}11 \sin (2l - 335^\circ 1') &&- 0{,}08 \sin (l' - 3l + 53.23) &&+ 0{,}09 \cos (l' - 3l + 53.23) \\
& + 0{,}00 \cos (2l - 335^\circ 1') &&- 0{,}06 \sin (2l' - 4l + 131.45) &&- 0{,}04 \cos (2l' - 4l + 131.45) \\[4pt]
& &&+ 0{,}07 \sin (l' - 4l + 220.53) &&- 0{,}04 \cos (l' - 4l + 220.53)
\end{aligned}
$$

Les deux termes, qui dépendent seulement de la longitude moyenne l d'Uranus, pourraient être négligés lors même qu'ils seraient plus sensibles que dans cette expression. Imaginons, en effet, que nous ayons ajouté, en intégrant $d.\delta\varphi_{,}$ et $\sin\varphi_{,}d.\delta\vartheta_{,}$, deux constantes arbitraires, $\Delta\varphi_{,}$ et $\sin\varphi_{,}.\Delta\vartheta_{,}$; il en résultera dans la latitude l'inégalité

$$\delta\lambda = \sin(l - 3o6°22')\,\Delta\varphi_{,} - \cos(l - 3o6°22')\sin\varphi_{,}\Delta\vartheta_{,}$$

Or il suffit de supposer

$$\Delta\varphi_{,} = o'',21\,\sin(138°.52') - o'',26\,\cos(138°.52'),$$
$$\sin\varphi_{,}\Delta\vartheta_{,} = o'',21\,\cos(138°.52') + o'',26\,\sin(138°.52').$$

pour que cette inégalité détruise celle de même argument qui existe dans l'expression complète de $\delta\lambda$, et que nous négligerons dans la suite.

La marche que nous suivons ici est conforme à celle qui nous a servi, dans le n° **32**, à éliminer de la longitude vraie d'Uranus les perturbations qui ne dépendaient que de sa longitude moyenne. Nous employons ainsi, dans la construction des Tables, les valeurs de l'excentricité et de l'inclinaison de l'orbite, des longitudes du périhélie et du nœud, qui résultent directement des observations. Ces valeurs sont un peu différentes de celles qui seraient relatives au mouvement purement elliptique.

Perturbations produites par Jupiter, et proportionnelles à la première puissance de sa masse.

34. Les perturbations que nous avons obtenues dans la théorie précédente, depuis le n° **25** jusqu'au n° **29**, en nous bornant, dans chaque inégalité, aux termes d'ordre inférieur, ne différaient que très-peu des expressions rigoureuses que nous avions formées depuis le n° **17** jusqu'au n° **22**. A fortiori en sera-t-il de même dans la théorie actuelle, où la petitesse du rapport de la distance moyenne de Jupiter à la distance moyenne d'Uranus rend les séries très-convergentes. Il sera donc suffisant de former avec soin le développement de la fonction perturbatrice, en y comprenant tous les termes du second ordre, au moyen de la formule du n° **23**; on en déduira ensuite les dérivées partielles de cette fonction, qui entrent dans les formules du n° **5**.

Je conserverai toutes les notations que j'ai employées jusqu'ici, en traitant de l'action de Saturne. Je n'ajouterai même aucun accent, afin de ne pas les multiplier, si ce n'est aux éléments et aux coordonnées de Jupiter, dont je désignerai la masse, le moyen mouvement, etc., par m'', n'', etc. Cette théorie étant, au reste, entièrement semblable à la précédente, je puis me dispenser d'entrer dans de nouvelles explications, et me borner à donner les résultats auxquels je suis arrivé.

Éléments de l'orbite de Jupiter, au 1er janvier 1800.

$$a'' = 5,202.798,$$
$$n'' = 109256'',72,$$
$$e'' = 0,048.162.1,$$
$$\varpi'' = 11^\circ\ 7'\ 38'',$$
$$\varepsilon'' = 81.52.19,3,$$
$$\varphi'' = 1.18.51,6,$$
$$\theta'' = 98.25.45,$$

$$\text{La masse } m'' = \tfrac{1}{1071}.$$

Au moyen de ces données, de celles du n° 13 et des formules du n° 15, nous obtenons, pour les éléments de l'orbite d'Uranus, rapportés au plan de l'orbite de Jupiter,

$$\gamma_1 = \quad 0^\circ\ 41'\ 57'',4,$$
$$\theta_1 = 208.24.26,2, \qquad \chi = 233^\circ 50' 36'',5,$$
$$\varpi_1 - \theta_1 = 220.40.27.$$

La distance du périhélie de Jupiter à l'intersection mutuelle des orbites est égale à $64^\circ 17' 27''$.

35. *Table des coefficients $b_j^{(i)}$ et de leurs dérivées.*

$$\log \alpha = 9,433.3266;$$

$$b_{\frac{1}{2}}^{(2)} = 2,038.385, \quad \alpha\,\frac{db_{\frac{1}{2}}^{(2)}}{d\alpha} = 0,080.154, \quad \alpha^2\,\frac{d^2 b_{\frac{1}{2}}^{(2)}}{d\alpha^2} = 0,094.429,$$

$$\alpha^3\,\frac{d^3 b_{\frac{1}{2}}^{(2)}}{d\alpha^3} = 0,047.539, \quad \alpha^4\,\frac{d^4 b_{\frac{1}{2}}^{(2)}}{d\alpha^4} = 0,073.407;$$

$$b_{\frac{1}{2}}^{(1)} = 0,279.069, \quad \alpha\,\frac{db_{\frac{1}{2}}^{(1)}}{d\alpha} = 0,295.528, \quad \alpha^2\,\frac{d^2 b_{\frac{1}{2}}^{(1)}}{d\alpha^2} = 0,052.631,$$

$$\alpha^3\,\frac{d^3 b_{\frac{1}{2}}^{(1)}}{d\alpha^3} = 0,070.016, \quad \alpha^4\,\frac{d^4 b_{\frac{1}{2}}^{(1)}}{d\alpha^4} = 0,060.603;$$

$$b_{\frac{1}{2}}^{(2)}=0,056.949, \quad \alpha\,\frac{db_{\frac{1}{2}}^{(2)}}{d\alpha}=0,117.636, \quad \alpha^2\,\frac{d^2b_{\frac{1}{2}}^{(2)}}{d\alpha^2}=0,133.363,$$

$$\alpha^3\,\frac{d^3b_{\frac{1}{2}}^{(2)}}{d\alpha^3}=0,052.110, \quad \alpha^4\,\frac{d^4b_{\frac{1}{2}}^{(2)}}{d\alpha^4}=0,079.102;$$

$$b_{\frac{1}{2}}^{(3)}=0,012.892, \quad \alpha\,\frac{db_{\frac{1}{2}}^{(3)}}{d\alpha}=0,039.566, \quad \alpha^2\,\frac{d^2b_{\frac{1}{2}}^{(3)}}{d\alpha^2}=0,083.771,$$

$$\alpha^3\,\frac{d^3b_{\frac{1}{2}}^{(3)}}{d\alpha^3}=0,103.72;$$

$$b_{\frac{1}{2}}^{(4)}=0,003.063, \quad \alpha\,\frac{db_{\frac{1}{2}}^{(4)}}{d\alpha}=0,012.468, \quad \alpha^2\,\frac{d^2b_{\frac{1}{2}}^{(4)}}{d\alpha^2}=0,038.756,$$

$$\alpha^3\,\frac{d^3b_{\frac{1}{2}}^{(4)}}{d\alpha^3}=0,084.67;$$

$$b_{\frac{3}{2}}^{(0)}=2,373.276, \quad \alpha\,\frac{db_{\frac{3}{2}}^{(0)}}{d\alpha}=0,840.299, \quad \alpha^2\,\frac{d^2b_{\frac{3}{2}}^{(0)}}{d\alpha^2}=1,256.041;$$

$$b_{\frac{3}{2}}^{(1)}=0,939.215, \quad \alpha\,\frac{db_{\frac{3}{2}}^{(1)}}{d\alpha}=1,219.755, \quad \alpha^2\,\frac{d^2b_{\frac{3}{2}}^{(1)}}{d\alpha^2}=0,971.762;$$

$$b_{\frac{3}{2}}^{(2)}=0,315.424, \quad \alpha\,\frac{db_{\frac{3}{2}}^{(2)}}{d\alpha}=0,718.925, \quad \alpha^2\,\frac{d^2b_{\frac{3}{2}}^{(2)}}{d\alpha^2}=1,110.688;$$

$$b_{\frac{3}{2}}^{(3)}=0,099.332, \quad \alpha\,\frac{db_{\frac{3}{2}}^{(3)}}{d\alpha}=0,324.74;$$

$$b_{\frac{3}{2}}^{(4)}=3,166.401;$$

$$b_{\frac{3}{2}}^{(5)}=0,857.809.$$

36. Au moyen de cette Table et de la formule du n° **25**, nous obtenons l'expression générale de R. J'omets la partie constante, pour laquelle je renvoie à la *Connaissance des Temps* de 1844. Les coefficients sont représentés par leurs logarithmes.

$$R = -9{,}841.43 \cos(l''-l) + 9{,}541.79\,(e^2+e''^2)\cos(l''-l)$$
$$-\,7{,}521.13\,ee''\cos(l''-l-\varpi''+\varpi) + 7{,}613.00\,ee''\cos(l''-l+\varpi''-\varpi)$$
$$+\,9{,}838.63\,\sin^2\tfrac{\varphi_1}{2}\cos(l''-l)$$

$$+\,7{,}472.58\cos(2l''-2l) - 7{,}849.47\,(e^2+e''^2)\cos(2l''-2l)$$
$$-\,9{,}842.12\,ee''\cos(2l''-2l-\varpi''+\varpi) + 7{,}465.01\,ee''\cos(2l''-2l-\varpi+\varpi'')$$
$$-\,7{,}865.82\,\sin^2\tfrac{\varphi_1}{2}\cos(2l''-2l)$$

$$+\,8{,}742.10\,e\cos(l-\varpi) \qquad\qquad -\,8{,}347.35\,e''\cos(l-\varpi'')$$
$$+\,0{,}026.70\,e\cos(l''-\varpi) \qquad\qquad -\,7{,}319.99\,e''\cos(l''-\varpi'')$$
$$-\,9{,}511.62\,e\cos(l''-2l+\varpi) \qquad\qquad -\,7{,}954.42\,e''\cos(l''-2l+\varpi'')$$
$$-\,7{,}142.06\,e\cos(2l''-l-\varpi) \qquad\qquad -\,0{,}149.36\,e''\cos(2l''-l-\varpi'')$$
$$+\,8{,}020.70\,e\cos(2l''-3l+\varpi) \qquad\qquad -\,7{,}483.94\,e''\cos(2l''-3l+\varpi'')$$

$$+\,8{,}754.96\,e^2\cos(2l-2\varpi) \qquad\qquad -\,8{,}659.12\,ee''\cos(2l-\varpi-\varpi'')$$
$$+\,7{,}886.20\,e''^2\cos(2l-2\varpi'') \qquad\qquad +\,7{,}822.16\,\sin^2\tfrac{\varphi_1}{2}\cos(2l-2\theta_1)$$

$$-\,8{,}935.54\,e^2\cos(l''+l-2\varpi) \qquad -\,7{,}521.12\,ee''\cos(l''+l-\varpi-\varpi'')$$
$$-\,8{,}935.54\,e''^2\cos(l''+l-2\varpi'') - 9{,}840.04\,\sin^2\tfrac{\varphi_1}{2}\cos(l''+l-2\theta_1)$$

$$-\,9{,}332.91\,e^2\cos(l''-3l+2\varpi) - 8{,}503.97\,ee''\cos(l''-3l+\varpi+\varpi'')$$
$$+\,7{,}689.16\,e''^2\cos(l''-3l+2\varpi'') + 7{,}348.28\,\sin^2\tfrac{\varphi_1}{2}\cos(l''-3l+2\theta_1)$$

$$+\,5{,}892.78\,e^2\cos(2l''-2\varpi) \qquad\qquad +\,0{,}327.51\,ee''\cos(2l''-\varpi-\varpi'')$$
$$-\,6{,}632.75\,e''^2\cos(2l''-2\varpi'') \qquad\qquad +\,7{,}822.16\,\sin^2\tfrac{\varphi_1}{2}\cos(2l''-2\theta_1)$$

$$+\,8{,}409.97\,e^2\cos(2l''-4l+2\varpi) - 8{,}186.60\,ee''\cos(2l''-4l+\varpi+\varpi'')$$
$$+\,7{,}355.65\,e''^2\cos(2l''-4l+2\varpi'') + 6{,}846.48\,\sin^2\tfrac{\varphi_1}{2}\cos(2l''-4l+2\theta_1).$$

Perturbations du moyen mouvement et du grand axe.

37. Dans ce *numéro* et dans les suivants, les coefficients des dérivées sont représentés par leurs logarithmes. Parmi les termes qui ont même forme que ceux de l'ordre zéro, il n'a été tenu compte, dans les dérivées, que de ceux qui dépendent de l'inclinaison. Les autres ont été rétablis dans les intégrales, où on les trouvera, placés au-dessous de ceux de même forme et d'ordre inférieur.

$$\frac{d^2\varphi}{dt^2} =$$

$$-6,918.72 \sin(\zeta''-\zeta) - 6,559.45 \cos(\zeta''-\zeta)$$
$$-4,720.79 \sin(2\zeta''-2\zeta) - 4,754.68 \cos(2\zeta''-2\zeta)$$

$$+4,666.24 \sin\zeta -5,549.13 \sin(\zeta''-2\zeta) - 5,175.76 \cos(\zeta''-2\zeta)$$
$$-3,748.09 \cos\zeta -5,909.07 \sin(2\zeta''-\zeta) - 5,549.34 \cos(2\zeta''-\zeta)$$
$$-4,172.34 \sin(2\zeta''-3\zeta) - 4,289.23 \cos(2\zeta''-3\zeta)$$

$$+3,777.23 \sin 2\zeta +3,647.69 \sin(\zeta''+\zeta) + 2,412.29 \cos(\zeta''+\zeta)$$
$$-3,147.80 \cos 2\zeta -4,167.64 \sin(\zeta''-3\zeta) - 3,686.18 \cos(\zeta''-3\zeta)$$
$$-3,406.17 \sin(2\zeta''-4\zeta) - 3,613.97 \cos(2\zeta''-4\zeta)$$

$$\frac{da}{dt} =$$

$$+3,837.30 \sin(\zeta''-\zeta) + 3,478.03 \cos(\zeta''-\zeta)$$
$$+1,639.37 \sin(2\zeta''-2\zeta) + 1,673.26 \cos(2\zeta''-2\zeta)$$

$$-1,584.82 \sin\zeta +2,467.71 \sin(\zeta''-2\zeta) + 2,094.34 \cos(\zeta''-2\zeta)$$
$$+0,666.67 \cos\zeta +2,827.65 \sin(2\zeta''-\zeta) + 2,467.92 \cos(2\zeta''-\zeta)$$
$$+1,090.92 \sin(2\zeta''-3\zeta) + 1,207.81 \cos(2\zeta''-3\zeta)$$

$$-0,695.81 \sin 2\zeta -0,566.27 \sin(\zeta''+\zeta) - 9,330.87 \cos(\zeta''+\zeta)$$
$$+0,066.38 \cos 2\zeta +1,086.22 \sin(\zeta''-3\zeta) + 0,604.76 \cos(\zeta''-3\zeta)$$
$$+0,324.75 \sin(2\zeta''-4\zeta) + 0,532.55 \cos(2\zeta''-4\zeta).$$

On a ensuite, conformément au n° 19, en désignant par σ une constante arbitraire :

$$\delta p = \sigma t$$

$$+194,29 \sin(\zeta''-\zeta) + 84,95 \cos(\zeta''-\zeta)$$
$$- 0,44 \sin(\zeta''-\zeta) - 0,19 \cos(\zeta''-\zeta)$$
$$+ 0,31 \sin(2\zeta''-2\zeta) + 0,33 \cos(2\zeta''-2\zeta)$$
$$+ 0,22 \sin(2\zeta''-2\zeta) + 0,10 \cos(2\zeta''-2\zeta)$$

$$-46,19 \sin\zeta + 11,88 \sin(\zeta''-2\zeta) + 5,03 \cos(\zeta''-2\zeta)$$
$$+ 4,85 \cos\zeta + 4,06 \sin(2\zeta''-\zeta) + 1,77 \cos(2\zeta''-\zeta)$$
$$+ 0,10 \sin(2\zeta''-3\zeta) + 0,14 \cos(2\zeta''-3\zeta)$$

$$- 1,30 \sin 2\zeta - 0,06 \sin(\zeta''+\zeta) - 0,00 \cos(\zeta''+\zeta)$$
$$+ 0,30 \cos 2\zeta + 0,77 \sin(\zeta''-3\zeta) + 0,25 \cos(\zeta''-3\zeta)$$
$$+ 0,02 \sin(2\zeta''-4\zeta) + 0,03 \cos(2\zeta''-4\zeta);$$

$$\delta a = -\frac{2}{3}\frac{\sigma}{n} a$$

$$+0,032.04 \sin(\zeta''-\zeta) - 0,073.27 \cos(\zeta''-\zeta)$$
$$+0,000.25 \sin(2\zeta''-2\zeta) - 0,000.23 \cos(2\zeta''-2\zeta)$$

$$+0,000.30 \sin\zeta +0,001.58 \sin(\zeta''-2\zeta) - 0,003.74 \cos(\zeta''-2\zeta)$$
$$+0,002.49 \cos\zeta +0,001.45 \sin(2\zeta''-\zeta) - 0,003.31 \cos(2\zeta''-\zeta)$$
$$+0,000.09 \sin(2\zeta''-3\zeta) - 0,000.07 \cos(2\zeta''-3\zeta)$$

$$+0,000.04 \sin 2\zeta +0,000.06 \sin(\zeta''-3\zeta) - 0,000.19 \cos(\zeta''-3\zeta)$$
$$+0,000.16 \cos 2\zeta.$$

38. *Perturbations de la longitude θ_i du nœud.*

$$\sin\varphi_i\,\frac{d\theta_i}{dt} = + \; 0,074.53 \cos (\; l'' - l)$$
$$+ \; 8,058.06 \cos (2l - 2\theta_i) \qquad - \; 0,075.94 \cos (\; l'' + l - 2\theta_i)$$
$$+ \; 7,584.18 \cos (\; l'' - 3l - 2\theta_i) + 8,058.06 \cos (2l'' - 2\theta_i)$$
$$+ \; 7,082.38 \cos (2l'' - 4l + 2\theta_i) ;$$

$$\sin\varphi_i\,\delta\theta_i = \qquad\qquad\qquad\qquad + 2,\overset{''}{6}1 \sin (l'' - l)$$
$$+ \; 0'',08 \sin (2l - 2\theta_i) - 1,97 \sin (l'' + l - 2\theta_i).$$

Perturbations de l'excentricité.

39. On a d'abord, pour la partie qui, au n° **20**, a été désignée par $\delta_1 e$, et qui dépend de δa,

$$\delta_1 e = \qquad\qquad\qquad - \; 4\overset{''}{,}01 \sin (\; \zeta'' - \zeta) + 9\overset{''}{,}18 \cos (\; \zeta'' - \zeta)$$
$$- \; 0,03 \sin (2\zeta'' - 2\zeta) + 0,03 \cos (2\zeta'' - 2\zeta)$$

$$- \; 0,04 \sin \zeta - 0,20 \sin (\; \zeta'' - 2\zeta) + 0,47 \cos (\; \zeta'' - 2\zeta)$$
$$- \; 0,31 \cos \zeta - 0,18 \sin (2\zeta'' - \zeta) + 0,41 \cos (2\zeta'' - \zeta)$$

$$- \; 0,00 \sin 2\zeta - 0,01 \sin (\; \zeta'' - 3\zeta) + 0,02 \cos (\; \zeta'' - 3\zeta)$$
$$- \; 0,02 \cos 2\zeta.$$

On trouve ensuite, pour la partie principale qui a été désignée par $\delta_1 e$:

$$\frac{d.\delta_1 e}{dt} = -1,191.56 \sin \zeta + 2,438.17 \sin (\; \zeta'') \qquad + 2,078.89 \cos (\; \zeta'')$$
$$+ 1,923.09 \sin (\; \zeta'' - 2\zeta) + 1,563.81 \cos (\; \zeta'' - 2\zeta)$$
$$+ 9,423.40 \sin (2\zeta'' - \zeta) + 9,457.29 \cos (2\zeta'' - \zeta)$$
$$+ 0,302.04 \sin (2\zeta'' - 3\zeta) + 0,335.93 \cos (2\zeta'' - 3\zeta)$$

$$- 0,313.70 \sin 2\zeta - 0,307.00 \sin (\; \zeta'' + \zeta) - 9,957.25 \cos (\; \zeta'' + \zeta)$$
$$+ 9,394.02 \cos 2\zeta + 0,688.52 \sin (\; \zeta'' - 3\zeta) + 0,288.94 \cos (\; \zeta'' - 3\zeta)$$
$$+ 1,421.67 \sin (2\zeta'') \qquad + 1,062.36 \cos (2\zeta'')$$
$$+ 9,721.23 \sin (2\zeta'' - 4\zeta) + 9,840.07 \cos (2\zeta'' - 4\zeta) ;$$

$$\delta_1 e = \qquad\qquad\qquad + \; 4\overset{''}{,}15 \sin (2\zeta'' - 2\zeta) - \; 9\overset{''}{,}49 \cos (2\zeta'' - 2\zeta)$$

$$+ \; 0,\overset{''}{0}0 \sin \zeta + 226,40 \sin (\; \zeta'') \qquad - \; 517,80 \cos (\; \zeta'')$$
$$+ 207,85 \cos \zeta + 96,36 \sin (\; \zeta'' - 2\zeta) - 220,38 \cos (\; \zeta'' - 2\zeta)$$
$$+ \; 0,29 \sin (2\zeta'' - \zeta) - \; 0,27 \cos (2\zeta'' - \zeta)$$
$$+ \; 2,60 \sin (2\zeta'' - 3\zeta) - \; 2,40 \cos (2\zeta'' - 3\zeta)$$

$$
\begin{aligned}
&+ 1{,}66\ \sin 2\zeta - 1{,}50\ \sin(\zeta''+\zeta) + 3{,}35\ \cos(\zeta''+\zeta) \\
&+ 13{,}77\ \cos 2\zeta + 6{,}37\ \sin(\zeta''-3\zeta) - 15{,}99\ \cos(\zeta''-3\zeta) \\
&\qquad\quad + 10{,}90\ \sin(2\zeta'') - 24{,}92\ \cos(2\zeta'') \\
&\qquad\quad + 0{,}91\ \sin(2\zeta''-4\zeta) - 0{,}69\ \cos(2\zeta''-4\zeta);
\end{aligned}
$$

et, en réunissant ces deux parties, on a enfin

$$
\begin{aligned}
\delta e = \ & - 4{,}01\ \sin(\zeta''-\zeta) + 9{,}18\ \cos(\zeta''-\zeta) \\
& + 4{,}12\ \sin(2\zeta''-2\zeta) - 9{,}46\ \cos(2\zeta''-2\zeta) \\[4pt]
& - 0{,}04\ \sin\zeta + 226{,}40\ \sin(\zeta'') - 517{,}80\ \cos(\zeta'') \\
& + 207{,}54\ \cos\zeta + 96{,}16\ \sin(\zeta''-2\zeta) - 219{,}91\ \cos(\zeta''-2\zeta) \\
& \qquad + 0{,}11\ \sin(2\zeta''-\zeta) + 0{,}14\ \cos(2\zeta''-\zeta) \\
& \qquad + 2{,}60\ \sin(2\zeta''-3\zeta) - 2{,}40\ \cos(2\zeta''-3\zeta) \\[4pt]
& + 1{,}66\ \sin 2\zeta - 1{,}50\ \sin(\zeta''+\zeta) + 3{,}35\ \cos(\zeta''+\zeta) \\
& + 13{,}75\ \cos 2\zeta + 6{,}36\ \sin(\zeta''-3\zeta) - 15{,}97\ \cos(\zeta''-3\zeta) \\
& \qquad + 10{,}90\ \sin(2\zeta'') - 24{,}92\ \cos(2\zeta'') \\
& \qquad + 0{,}91\ \sin(2\zeta''-4\zeta) - 0{,}69\ \cos(2\zeta''-4\zeta).
\end{aligned}
$$

Perturbations de la longitude du périhélie.

40. La partie qui dépend du mouvement du nœud est insensible.

Les termes de $e\delta\varpi$, qui dépendent des termes d'ordre inférieur de R, se déduiront des termes correspondants de δe, conformément à la remarque du n° 27. Mais les termes en $(\zeta''-\zeta)$ et $(2\zeta''-2\zeta)$ devront être calculés directement. On trouvera, par ces transformations et ces calculs,

$$
\begin{aligned}
e\delta\varpi = \ & - 18{,}40\ \sin(\zeta''-\zeta) - 8{,}05\ \cos(\zeta''-\zeta) \\
& + 9{,}49\ \sin(2\zeta''-2\zeta) + 4{,}15\ \cos(2\zeta''-2\zeta) \\[4pt]
& + 207{,}85\ \sin\zeta - 517{,}80\ \sin(\zeta'') - 226{,}40\ \cos(\zeta'') \\
& + 0{,}00\ \cos\zeta + 220{,}38\ \sin(\zeta''-2\zeta) + 96{,}36\ \cos(\zeta''-2\zeta) \\
& \qquad - 0{,}27\ \sin(2\zeta''-\zeta) - 0{,}29\ \cos(2\zeta''-\zeta) \\
& \qquad + 2{,}40\ \sin(2\zeta''-3\zeta) + 2{,}60\ \cos(2\zeta''-3\zeta) \\[4pt]
& + 13{,}77\ \sin 2\zeta + 3{,}35\ \sin(\zeta''+\zeta) + 1{,}50\ \cos(\zeta''+\zeta) \\
& - 1{,}66\ \cos 2\zeta + 15{,}99\ \sin(\zeta''-3\zeta) + 6{,}37\ \cos(\zeta''-3\zeta) \\
& \qquad - 24{,}92\ \sin(2\zeta'') - 10{,}90\ \cos(2\zeta'') \\
& \qquad + 0{,}69\ \sin(2\zeta''-4\zeta) + 0{,}91\ \cos(2\zeta''-4\zeta).
\end{aligned}
$$

Longitude de l'époque.

41. La troisième partie, désignée au n° **22** par $\delta_{3}\varepsilon$ est insensible. La seconde partie, désignée au même numéro par $\delta_{2}\varepsilon$, se déduit immédiatement de $e\delta\varpi$. On trouve pour sa valeur :

$$
\begin{aligned}
\delta_{2}\varepsilon =&+ 4{,}85 \sin \zeta && - 12{,}07 \sin(\zeta'') && - 5{,}28 \cos(\zeta'') \\
&+ 0{,}00 \cos \zeta && + 5{,}14 \sin(\zeta''-2\zeta) && + 2{,}25 \cos(\zeta''-2\zeta) \\
& && + 0{,}06 \sin(2\zeta''-3\zeta) && + 0{,}06 \cos(2\zeta''-3\zeta) \\[4pt]
&+ 0{,}32 \sin 2\zeta && + 0{,}68 \sin(\zeta''+\zeta) && + 0{,}03 \cos(\zeta''+\zeta) \\
&- 0{,}04 \cos 2\zeta && + 0{,}37 \sin(\zeta''-3\zeta) && + 0{,}15 \cos(\zeta''-3\zeta) \\
& && - 0{,}58 \sin(2\zeta'') && - 0{,}25 \cos(2\zeta'') \\
& && + 0{,}02 \sin(2\zeta''-4\zeta) && + 0{,}02 \cos(2\zeta''-4\zeta).
\end{aligned}
$$

La première partie, $\delta_{1}\varepsilon$, est déterminée par les formules suivantes :

$$
\begin{aligned}
\frac{d.\delta_{1}\varepsilon}{dt} = 1{,}493.07 \quad &+2{,}222.12 \sin(\zeta''-\zeta) -2{,}581.40 \cos(\zeta''-\zeta) \\
&-0{,}575.84 \sin(2\zeta''-2\zeta)+0{,}541.95 \cos(2\zeta''-2\zeta) \\[4pt]
+9{,}706.02 \sin \zeta \quad &-1{,}047.98 \sin(\zeta'') +1{,}404.18 \cos(\zeta'') \\
+0{,}445.20 \cos \zeta \quad &+0{,}693.08 \sin(\zeta''-2\zeta)-1{,}022.28 \cos(\zeta''-2\zeta) \\
&+1{,}194.07 \sin(2\zeta''-\zeta)-1{,}552.06 \cos(2\zeta''-\zeta) \\
&-9{,}974.68 \sin(2\zeta''-3\zeta)+9{,}837.66 \cos(2\zeta''-3\zeta) \\[4pt]
+8{,}860.64 \sin 2\zeta \quad &+8{,}079.69 \sin(\zeta''+\zeta)-9{,}360.80 \cos(\zeta''+\zeta) \\
+9{,}338.20 \cos 2\zeta \quad &+9{,}477.01 \sin(\zeta''-3\zeta)-9{,}709.64 \cos(\zeta''-3\zeta) \\
&-0{,}033.00 \sin(2\zeta'') +0{,}391.71 \cos(2\zeta'') \\
&-9{,}209.93 \sin(2\zeta''-4\zeta)+8{,}961.02 \cos(2\zeta''-4\zeta) \, ;
\end{aligned}
$$

$$
\begin{aligned}
\delta_{1}\varepsilon =&+ 31{,}1221 && - 838{,}46 \sin(\zeta''-\zeta) && - 366{,}61 \cos(\zeta''-\zeta) \\
& && + 1{,}77 \sin(\zeta''-\zeta) && + 0{,}77 \cos(\zeta''-\zeta) \\
& && + 3{,}83 \sin(2\zeta''-2\zeta) && + 4{,}14 \cos(2\zeta''-2\zeta) \\
& && - 0{,}89 \sin(2\zeta''-2\zeta) && - 0{,}39 \cos(2\zeta''-2\zeta) \\[4pt]
&+ 37{,}27 \sin \zeta && + 47{,}88 \sin(\zeta'') && + 21{,}08 \cos(\zeta'') \\
&- 6{,}80 \cos \zeta && - 27{,}69 \sin(\zeta''-2\zeta) && - 12{,}98 \cos(\zeta''-2\zeta) \\
& && - 36{,}21 \sin(2\zeta''-\zeta) && - 15{,}88 \cos(2\zeta''-\zeta) \\
& && + 0{,}82 \sin(2\zeta''-3\zeta) && + 1{,}13 \cos(2\zeta''-3\zeta)
\end{aligned}
$$

$$+ 1,46 \ \sin 2\zeta - 0,38 \sin(\zeta'' + \zeta) - 0,02 \cos(\zeta'' + \zeta)$$
$$- 0,49 \ \cos 2\zeta - 1,68 \sin(\zeta'' - 3\zeta) - 0,98 \cos(\zeta'' - 3\zeta)$$
$$+ 2,33 \sin(2\zeta'') + 1,02 \cos(2\zeta'')$$
$$+ 0,12 \sin(2\zeta'' - 4\zeta) + 0,21 \cos(2\zeta'' - 4\zeta).$$

Cette expression, réunie à la précédente, donne la valeur de δ_i :

$$\delta_i = + 31'',122\, t - 836'',69 \sin(\zeta'' - \zeta) - 365'',84 \cos(\zeta'' - \zeta)$$
$$+ 2,94 \sin(2\zeta'' - 2\zeta) + 3,75 \cos(2\zeta'' - 2\zeta)$$

$$+ 42,12 \ \sin \zeta + 35,81 \sin(\zeta'') + 15,80 \cos(\zeta'')$$
$$- 6,80 \ \cos \zeta - 22,55 \sin(\zeta'' - 2\zeta) - 10,73 \cos(\zeta'' - 2\zeta)$$
$$- 36,21 \sin(2\zeta'' - \zeta) - 15,88 \cos(2\zeta'' - \zeta)$$
$$+ 0,88 \sin(2\zeta'' - 3\zeta) + 1,19 \cos(2\zeta'' - 3\zeta)$$

$$+ 1,78 \ \sin 2\zeta - 0,30 \sin(\zeta'' + \zeta) + 0,01 \cos(\zeta'' + \zeta)$$
$$- 0,53 \ \cos 2\zeta - 1,31 \sin(\zeta'' - 3\zeta) - 0,83 \cos(\zeta'' - 3\zeta)$$
$$+ 1,75 \sin(2\zeta'') + 0,77 \cos(2\zeta'')$$
$$+ 0,14 \sin(2\zeta'' - 4\zeta) + 0,23 \cos(2\zeta'' - 4\zeta).$$

Perturbations de l'inclinaison relative φ_1.

42. Elles se composent, suivant la cinquième formule du n° 5, de trois parties, savoir :

La première, qui se déduira de $\sin \varphi_1 \, \delta \theta_1$ suivant une remarque du n° 29;

La deuxième, qui se déduira de $\delta_1 c$, multiplié par un facteur numérique;

La troisième, qui se déduira de $\delta_1 \varepsilon$, multiplié par un autre facteur numérique.

On trouvera ainsi, tous calculs faits, et en réunissant ces trois parties en une seule :

$$\delta \varphi_1 = - 2'',62 \cos(l'' - l)$$
$$+ 0'',08 \cos(2l - 2\theta_1) - 1,97 \cos(l'' + l - 2\theta_1).$$

43. *Perturbations de la longitude moyenne.*

$$\delta l = (31'',122 + \sigma)\, t - 642'',84 \sin(\zeta'' - \zeta) - 281'',08 \cos(\zeta'' - \zeta)$$
$$+ 3,47 \sin(2\zeta'' - 2\zeta) + 4,18 \cos(2\zeta'' - 2\zeta)$$

$$+ 1,93 \sin \zeta + 35,81 \sin(\zeta'') + 15,80 \cos(\zeta'')$$
$$- 1,95 \cos \zeta - 10,67 \sin(\zeta'' - 2\zeta) - 5,70 \cos(\zeta'' - 2\zeta)$$
$$- 32,15 \sin(2\zeta'' - \zeta) - 14,11 \cos(2\zeta'' - \zeta)$$
$$+ 0,98 \sin(2\zeta'' - 3\zeta) + 1,33 \cos(2\zeta'' - 3\zeta)$$

$$
\begin{aligned}
+\ 0''{,}48 \sin 2\zeta \ &-\ 0''{,}36 \sin(\zeta''+ \zeta) \ +\ 0''{,}01 \cos(\zeta''+ \zeta) \\
-\ 0{,}23 \cos 2\zeta \ &-\ 0{,}54 \sin(\zeta''- 3\zeta) \ -\ 0{,}58 \cos(\zeta''- 3\zeta) \\
&+\ 1{,}75 \sin(2\zeta'') \ \qquad +\ 0{,}77 \cos(2\zeta'') \\
&+\ 0{,}16 \sin(2\zeta''- 4\zeta) \ +\ 0{,}26 \cos(2\zeta''- 4\zeta).
\end{aligned}
$$

44. *Perturbations de l'anomalie moyenne.*

$$
\begin{aligned}
e\delta\zeta = \qquad &-\ 11''{,}56 \sin(\zeta''- \zeta) \ -\ 5''{,}05 \cos(\zeta''- \zeta) \\
&-\ 9{,}33 \sin(2\zeta''- 2\zeta) \ -\ 3{,}96 \cos(2\zeta''- 2\zeta) \\[4pt]
-\ 207''{,}76 \sin \zeta \ &+\ 519{,}47 \sin(\zeta'') \ \qquad +\ 227{,}14 \cos(\zeta'') \\
-\ 0{,}09 \cos \zeta \ &-\ 220{,}88 \sin(\zeta''- 2\zeta) \ -\ 96{,}63 \cos(\zeta''- 2\zeta) \\
&-\ 1{,}23 \sin(2\zeta''- \zeta) \ -\ 0{,}37 \cos(2\zeta''- \zeta) \\
&-\ 2{,}35 \sin(2\zeta''- 3\zeta) \ -\ 2{,}54 \cos(2\zeta''- 3\zeta) \\[4pt]
-\ 13{,}75 \sin 2\zeta \ &-\ 3{,}37 \sin(\zeta''+ \zeta) \ -\ 1{,}50 \cos(\zeta''+ \zeta) \\
+\ 1{,}65 \cos 2\zeta \ &-\ 16{,}02 \sin(\zeta''- 3\zeta) \ -\ 6{,}40 \cos(\zeta''- 3\zeta) \\
&+\ 25{,}00 \sin(2\zeta'') \ \qquad +\ 10{,}94 \cos(2\zeta'') \\
&-\ 0{,}68 \sin(2\zeta''- 4\zeta) \ -\ 0{,}90 \cos(2\zeta''- 4\zeta).
\end{aligned}
$$

Perturbations de la longitude vraie.

45. J'omettrai, dans leur calcul, les termes du second ordre de δL : ils se réduiraient, de manière à devenir insensibles, avec la partie du second ordre de δe, provenant des termes du second ordre de δe et $e\delta m$, que nous n'avons pas calculés.

$$
\begin{aligned}
\delta v = \qquad &-\ 48''{,}92 \sin(\zeta''- \zeta) \ -\ 21''{,}38 \cos(\zeta''- \zeta) \\
&+\ 0{,}18 \sin(2\zeta''- 2\zeta) \ -\ 0{,}04 \cos(2\zeta''- 2\zeta) \\[4pt]
-\ 1{,}29 \sin \zeta \ &+\ 0{,}93 \sin(\zeta'') \ \qquad +\ 0{,}53 \cos(\zeta'') \\
+\ 1{,}36 \cos \zeta \ &-\ 3{,}00 \sin(\zeta''- 2\zeta) \ -\ 1{,}10 \cos(\zeta''- 2\zeta) \\
&-\ 1{,}31 \sin(2\zeta''- \zeta) \ -\ 0{,}66 \cos(2\zeta''- \zeta) \\
&-\ 0{,}17 \sin(2\zeta''- 3\zeta) \ -\ 0{,}25 \cos(2\zeta''- 3\zeta).
\end{aligned}
$$

Je me suis dispensé de tenir compte du terme proportionnel au temps de δl, en posant

$$q = -\ 31''{,}122.$$

Nous supprimerons dans la suite les termes en $\sin \zeta$ et $\cos \zeta$, en déterminant les constantes introduites par les intégrations relatives aux perturbations de l'excentricité et du périhélie, au moyen des formules

$$\Delta e = + 0,65,$$
$$e\Delta\varpi = + 0,68.$$

Perturbations du rayon.

46. En ayant égard aux valeurs que nous venons de déterminer pour les arbitraires σ, Δe et $e\Delta\varpi$, nous trouverons :

$$\delta r = \quad 0,006.43 \quad\quad + 0,001.94 \sin(\zeta'' - \zeta) - 0,004.35 \cos(\zeta'' - \zeta)$$
$$+ 0,000.09 \sin \zeta - 0,000.09 \sin (\zeta'') \quad\quad + 0,000.22 \cos (\zeta'')$$
$$- 0,000.05 \cos \zeta + 0,000.09 \sin (\zeta'' - 2\zeta) - 0,000.09 \cos (\zeta'' - 2\zeta).$$

Perturbations de la latitude.

47. La seule inégalité sensible de la latitude est, en rapportant les longitudes à l'équinoxe de 1800,

$$\delta\lambda = 0'',64 \sin (l'' + 233^\circ 10').$$

Inégalités dépendantes du carré de la force perturbatrice.

48. Je vais d'abord m'occuper de tenir compte, dans l'inégalité de la longitude moyenne et dans la principale inégalité de la longitude vraie, données au n° **34**, des changements que ces inégalités subissent avec le temps, à cause des variations séculaires des excentricités et des périhélies de Saturne et d'Uranus. Les autres perturbations, produites par Saturne, sont trop faibles pour qu'il soit nécessaire d'avoir égard à leurs variations. Parmi les perturbations produites par Jupiter, celle qui dépend de la différence des moyens mouvements est seule considérable; mais la partie de cette inégalité qui contient les excentricités est très-petite : on peut donc négliger la variation qu'elle subit avec le temps.

Au lieu de calculer directement les variations des coefficients des deux inégalités que nous allons considérer, il sera plus simple de déterminer de nouveau ces coefficients pour l'an 2300, et de déduire leur variation annuelle par la comparaison des résultats avec ceux qu'on a obtenus pour l'an 1800. Il sera convenable, pour cela, d'évaluer les différents coefficients avec trois décimales, tandis que nous en avons jusqu'ici donné deux seulement. Mais on doit remarquer qu'il n'est pas nécessaire de calculer, aux deux époques, tous les termes qui entrent dans une même perturbation; qu'on peut très-bien omettre les petits termes, qui restent les mêmes dans les deux cas; et se contenter de calculer la partie principale, dont la variation est la même que celle de l'inégalité totale. Cette remarque nous permettra de faire usage du développement algébrique de la fonction perturbatrice, et d'abréger ainsi considérablement le travail. Enfin, si l'on ne calcule, pour chaque élément, que ceux des termes dont dépendent les inégalités cherchées, on pourra se contenter, dans $\delta\rho$, δs et δt, des termes en ζ', $(\zeta'-\zeta)$, $(\zeta'-2\zeta)$ et $(\zeta'-3\zeta)$; et dans δe, $e\delta\varpi$ et $e\delta\zeta$, des termes en ζ', $(\zeta'-\zeta)$ et $(\zeta'-3\zeta)$.

J'ai trouvé successivement, en suivant cette marche :

$$\text{En 1800.} \quad \begin{aligned} e &= 0,046.6108, \\ e' &= 0,056.1505, \\ \varpi_1 &= 221^{\text{g}}\ 8'\ 35'', \\ \varpi'_1 &= 142.45.53; \end{aligned}$$

$$\text{En 2300.} \quad \begin{aligned} e &= 0,046.4840, \\ e' &= 0,054.8827, \\ \varpi_1 &= 221^{\circ}\ 28'\ 58'', \\ \varpi'_1 &= 145.27.11; \end{aligned}$$

$$\text{En 1800.} \quad \delta\rho = \begin{aligned} &- 36'',131 \sin(\zeta'- \zeta) + 175'',677 \cos(\zeta'- \zeta) \\ &+ 12,459 \sin(\zeta'- 2\zeta) + 25,902 \cos(\zeta'- 2\zeta) \\ &+ 114,147 \sin(\zeta'- 3\zeta) + 71,852 \cos(\zeta'- 3\zeta); \end{aligned}$$

$$\text{En 2300.} \quad \delta\rho = \begin{aligned} &- 43'',300 \sin(\zeta'- \zeta) + 174'',050 \cos(\zeta'- \zeta) \\ &+ 10,717 \sin(\zeta'- 2\zeta) + 26,803 \cos(\zeta'- 2\zeta) \\ &+ 103,136 \sin(\zeta'- 3\zeta) + 76,045 \cos(\zeta'- 3\zeta); \end{aligned}$$

$$\text{En 1800.} \quad \delta e = \begin{aligned} &- 2'',520 \sin(\zeta'- \zeta) - 0'',520 \cos(\zeta'- \zeta) \\ &+ 123,539 \sin(\zeta') + 25,408 \cos(\zeta') \\ &- 0,482 \sin(\zeta'- 3\zeta) + 53,673 \cos(\zeta'- 3\zeta); \end{aligned}$$

$$\text{En 2300.} \quad \delta e = \begin{aligned} &- 2'',520 \sin(\zeta'- \zeta) - 0'',520 \cos(\zeta'- \zeta) \\ &+ 122,394 \sin(\zeta') + 30,449 \cos(\zeta') \\ &- 4,126 \sin(\zeta'- 3\zeta) + 51,538 \cos(\zeta'- 3\zeta); \end{aligned}$$

$$\text{En 1800.} \quad e\delta\varpi = \begin{aligned} &+ 0'',250 \sin(\zeta'- \zeta) - 5'',740 \cos(\zeta'- \zeta) \\ &+ 25,408 \sin(\zeta') - 123,539 \cos(\zeta') \\ &- 53,543 \sin(\zeta'- 3\zeta) - 0,402 \cos(\zeta'- 3\zeta); \end{aligned}$$

$$\text{En 2300.} \quad e\delta\varpi = \begin{aligned} &+ 0'',250 \sin(\zeta'- \zeta) - 5'',740 \cos(\zeta'- \zeta) \\ &+ 30,449 \sin(\zeta') - 122,394 \cos(\zeta') \\ &- 51,408 \sin(\zeta'- 3\zeta) - 4,046 \cos(\zeta'- 3\zeta); \end{aligned}$$

$$\text{En } 1800\ldots\ldots\ \delta l = + 67,\!457 \sin(\zeta'-\zeta) - 328,\!077 \cos(\zeta'-\zeta)$$
$$- 3,\!099 \sin(\zeta') + 7,\!943 \cos(\zeta')$$
$$+ 21,\!618 \sin(\zeta'-2\zeta) - 22,\!217 \cos(\zeta'-2\zeta)$$
$$- 14,\!995 \sin(\zeta'-3\zeta) - 1,\!495 \cos(\zeta'-3\zeta);$$

$$\text{En } 2300\ldots\ldots\ \delta l = + 80,\!840 \sin(\zeta'-\zeta) - 325,\!038 \cos(\zeta'-\zeta)$$
$$- 3,\!500 \sin(\zeta') + 7,\!814 \cos(\zeta')$$
$$+ 21,\!890 \sin(\zeta'-2\zeta) - 20,\!775 \cos(\zeta'-2\zeta)$$
$$- 13,\!934 \sin(\zeta'-3\zeta) - 1,\!912 \cos(\zeta'-3\zeta);$$

$$\text{En } 1800\ldots\ldots\ \delta l = + 31,\!326 \sin(\zeta'-\zeta) - 152,\!400 \cos(\zeta'-\zeta)$$
$$- 3,\!099 \sin(\zeta') + 7,\!943 \cos(\zeta')$$
$$+ 34,\!077 \sin(\zeta'-2\zeta) + 3,\!685 \cos(\zeta'-2\zeta)$$
$$+ 99,\!152 \sin(\zeta'-3\zeta) + 70,\!357 \cos(\zeta'-3\zeta);$$

$$\text{En } 2300\ldots\ldots\ \delta l = + 37,\!540 \sin(\zeta'-\zeta) - 150,\!988 \cos(\zeta'-\zeta)$$
$$- 3,\!500 \sin(\zeta') + 7,\!814 \cos(\zeta')$$
$$+ 32,\!607 \sin(\zeta'-2\zeta) + 6,\!028 \cos(\zeta'-2\zeta)$$
$$+ 89,\!202 \sin(\zeta'-3\zeta) + 74,\!133 \cos(\zeta'-3\zeta);$$

$$\text{En } 1800\ldots\ldots\ e\,\delta\zeta = + 1,\!210 \sin(\zeta'-\zeta) - 1,\!364 \cos(\zeta'-\zeta)$$
$$- 25,\!552 \sin(\zeta') + 123,\!909 \cos(\zeta')$$
$$+ 53,\!543 \sin(\zeta'-3\zeta) + 0,\!402 \cos(\zeta'-3\zeta);$$

$$\text{En } 2300\ldots\ldots\ e\,\delta\zeta = + 1,\!500 \sin(\zeta'-\zeta) - 1,\!298 \cos(\zeta'-\zeta)$$
$$- 30,\!612 \sin(\zeta') + 122,\!759 \cos(\zeta')$$
$$+ 51,\!408 \sin(\zeta'-3\zeta) + 4,\!046 \cos(\zeta'-3\zeta).$$

J'ai omis, en formant $e\,\delta\zeta$, le terme en $(\zeta'-3\zeta)$ de $e\,\delta\varpi$. Si maintenant, conformément à une remarque du n° **32**, j'ajoute au terme en $(\zeta'-3\zeta)$ de δl, le terme de même argument qui entre dans δe, je trouverai pour l'inégalité que nous avons conservée au n° **31**, dans la longitude moyenne,

$$\text{En } 1800\ldots\ldots\ \delta l = 102,\!942 \sin(\zeta'-3\zeta) + 72,\!577 \cos(\zeta'-3\zeta);$$
$$\text{En } 2300\ldots\ldots\ \delta l = 93,\!992 \sin(\zeta'-3\zeta) + 76,\!353 \cos(\zeta'-3\zeta).$$

Remplaçant les anomalies moyennes en fonctions des longitudes moyennes, et transformant les deux termes de l'inégalité en un seul, nous trouverons :

$$\text{En } 1800\ldots\ldots\ \delta l = 125,\!95\ \sin(l'-3l+88°33'58'');$$
$$\text{En } 2300\ldots\ldots\ \delta l = 129,\!32\ \sin(l'-3l+91.\,6.\,1\,).$$

En comparant ces deux expressions, on en déduira pour le temps t, compté à partir du 1er janvier 1800 :

$$\delta l = (125'',95 - 0'',0113\,t)\ \sin\,(l' - 3l + 88^\circ\,33'\,58'' + 18'',25\,t),$$

formule à laquelle nous emprunterons seulement les variations du coefficient et de l'argument de la perturbation.

En considérant de même la principale inégalité de la longitude vraie, nous trouverons successivement :

$$\text{En } 1800\ldots\ldots\ \delta v = 140'',056\ \sin\,(\zeta - 2\xi) + 15'',100\ \cos\,(\zeta - 2\xi);$$
$$\text{En } 2300\ldots\ldots\ \delta v = 134,017\ \sin\,(\zeta - 2\xi) + 24,664\ \cos\,(\zeta - 2\xi);$$
$$\text{En } 1800\ldots\ldots\ \delta v = 140,87\quad \sin\,(l' - 2l + 252^\circ\,1'\,41'');$$
$$\text{En } 2300\ldots\ldots\ \delta v = 136,27\quad \sin\,(l' - 2l + 254.\,17.\,36\ );$$

d'où, pour l'époque t :

$$\delta v = (140'',87 - 0'',0092\,t)\ \sin\,(l' - 2l + 252''\,1'\,41'' + 16'',31\,t),$$

formule à laquelle nous n'emprunterons également que les variations du coefficient et de l'argument.

49. Nous avons trouvé, au n° 22, dans la longitude de l'époque, un terme proportionnel au temps, introduit par l'action de Saturne, et que nous avons confondu avec le moyen mouvement dans l'ellipse. Ce terme dépendant, en partie, des excentricités et des longitudes des périhélies, il doit éprouver, avec ces éléments, une variation séculaire qui introduit dans la longitude moyenne une inégalité proportionnelle au carré du temps. Il est important d'examiner si cette inégalité est assez grande pour qu'il soit nécessaire d'en tenir compte. Si nous posons

$$A = \frac{2k}{8a}\left(4\alpha\,\frac{db_{\frac{1}{4}}^{(0)}}{d\alpha} + 5\alpha^2\,\frac{d^2 b_{\frac{1}{4}}^{(0)}}{d\alpha^2} + \alpha^3\,\frac{d^3 b_{\frac{1}{4}}^{(0)}}{d\alpha^3}\right),$$

$$B = \frac{2k}{4a}\left(2b_{\frac{1}{2}}^{(1)} - 2\alpha\,\frac{db_{\frac{1}{2}}^{(1)}}{d\alpha} - 5\alpha^2\,\frac{d^2 b_{\frac{1}{2}}^{(1)}}{d\alpha^2} - \alpha^3\,\frac{d^3 b_{\frac{1}{2}}^{(1)}}{d\alpha^3}\right),$$

et si nous désignons par δe, $\delta e'$, $\delta\varpi$ et $\delta\varpi'$ les inégalités séculaires des éléments d'Uranus et de Saturne, nous trouverons, pour déterminer le terme de δv dont il s'agit, la formule

$$\frac{d.\delta v}{dt} = 2A\,(e\,\delta e + e'\,\delta e') + B\cos\,(\varpi' - \varpi)\,\{e\,\delta e' \quad + e'\,\delta e\}$$
$$\qquad\qquad - B\sin\,(\varpi' - \varpi)\,\{e.\,e'\,\delta\varpi' - e'.\,e\,\delta\varpi\}$$

On a $\log 2A = 5,758.06$, $\log(-B) = 5,622.29$. Il est facile d'en conclure que le terme de δv, proportionnel au carré du temps, est ici insensible.

La variation séculaire de la longitude de l'époque, due à l'action de Jupiter, est également négligeable.

30. Le calcul des inégalités, dépendantes du carré de la force perturbatrice, demandera, dans les numéros suivants, que nous connaissions les principales perturbations que les éléments de l'orbite de Saturne éprouvent par l'action de Jupiter. Je vais en rapporter brièvement la valeur, avec celle des nombres et des expressions qui ont servi de base.

Table des coefficients $b_{\frac{1}{2}}^{(i)}$ et de leurs dérivées.

$\log x = 9,736.7408$;

$$b_{\frac{1}{2}}^{(0)} = 2,180.3311, \quad x\,\frac{db_{\frac{1}{2}}^{(0)}}{dx} = 0,441.3195, \quad x^2\,\frac{d^2b_{\frac{1}{2}}^{(0)}}{dx^2} = 0,855.7872,$$

$$x^3\,\frac{d^3b_{\frac{1}{2}}^{(0)}}{dx^3} = 1,969.618, \quad x^4\,\frac{d^4b_{\frac{1}{2}}^{(0)}}{dx^4} = 7,476.602, \quad x^5\,\frac{d^5b_{\frac{1}{2}}^{(0)}}{dx^5} = 36,069.7;$$

$$b_{\frac{1}{2}}^{(1)} = 0,620.8140, \quad x\,\frac{db_{\frac{1}{2}}^{(1)}}{dx} = 0,809.1188, \quad x^2\,\frac{d^2b_{\frac{1}{2}}^{(1)}}{dx^2} = 0,759.8888,$$

$$x^3\,\frac{d^3b_{\frac{1}{2}}^{(1)}}{dx^3} = 2,091.336, \quad x^4\,\frac{d^4b_{\frac{1}{2}}^{(1)}}{dx^4} = 7,433.654, \quad x^5\,\frac{d^5b_{\frac{1}{2}}^{(1)}}{dx^5} = 36,395.8;$$

$$b_{\frac{1}{2}}^{(2)} = 0,257.7677, \quad x\,\frac{db_{\frac{1}{2}}^{(2)}}{dx} = 0,603.0076, \quad x^2\,\frac{d^2b_{\frac{1}{2}}^{(2)}}{dx^2} = 1,047.947,$$

$$x^3\,\frac{d^3b_{\frac{1}{2}}^{(2)}}{dx^3} = 2,683.619, \quad x^4\,\frac{d^4b_{\frac{1}{2}}^{(2)}}{dx^4} = 7,735.534, \quad x^5\,\frac{d^5b_{\frac{1}{2}}^{(2)}}{dx^5} = 36,797.4;$$

$$b_{\frac{1}{2}}^{(3)} = 0,118.063, \quad x\,\frac{db_{\frac{1}{2}}^{(3)}}{dx} = 0,396.497, \quad x^2\,\frac{d^2b_{\frac{1}{2}}^{(3)}}{dx^2} = 1,651.881,$$

$$x^3\,\frac{d^3b_{\frac{1}{2}}^{(3)}}{dx^3} = 2,509.355, \quad x^4\,\frac{d^4b_{\frac{1}{2}}^{(3)}}{dx^4} = 7,965.097, \quad x^5\,\frac{d^5b_{\frac{1}{2}}^{(3)}}{dx^5} = 38,001.5;$$

$$b_{\frac{1}{2}}^{(1)} = 0,056.610, \qquad \alpha\,\frac{db_{\frac{1}{2}}^{(1)}}{d\alpha} = 0,247.401, \qquad \alpha^2\,\frac{d^2 b_{\frac{1}{2}}^{(1)}}{d\alpha^2} = 0,891.879,$$

$$\alpha^3\,\frac{d^3 b_{\frac{1}{2}}^{(1)}}{d\alpha^3} = 2,769.870, \qquad \alpha^4\,\frac{d^4 b_{\frac{1}{2}}^{(1)}}{d\alpha^4} = 8,969.301, \qquad \alpha^5\,\frac{d^5 b_{\frac{1}{2}}^{(1)}}{d\alpha^5} = 39,429.0;$$

$$b_{\frac{3}{2}}^{(1)} = 0,027.878, \qquad \alpha\,\frac{db_{\frac{3}{2}}^{(1)}}{d\alpha} = 0,149.937, \qquad \alpha^2\,\frac{d^2 b_{\frac{3}{2}}^{(1)}}{d\alpha^2} = 0,685.804,$$

$$\alpha^3\,\frac{d^3 b_{\frac{3}{2}}^{(1)}}{d\alpha^3} = 2,707.571, \qquad \alpha^4\,\frac{d^4 b_{\frac{3}{2}}^{(1)}}{d\alpha^4} = 10,065.77, \qquad \alpha^5\,\frac{d^5 b_{\frac{3}{2}}^{(1)}}{d\alpha^5} = 42,856.7.$$

Expression logarithmique du développement de la fonction perturbatrice.

$$
\begin{aligned}
R = {}& -9,458.35 \cos(l''-l') && +8,431.73 \cos(2l''-2l') \\[4pt]
& +9,138.04\,e'\cos(l'-\varpi') && -9,031.38\,e'\cos(l''-\varpi') \\
& +9,231.15\,e'\cos(l''-\varpi') && -8,364.22\,e''\cos(l''-\varpi'') \\
& -8,558.19\,e'\cos(l''-2l'+\varpi') && -8,932.77\,e''\cos(l''-2l'+\varpi'') \\
& -7,950.66\,e'\cos(2l''-l'-\varpi') && -9,833.85\,e''\cos(2l''-l'-\varpi'') \\
& +8,996.36\,e'\cos(2l''-3l'+\varpi') && -8,762.79\,e''\cos(2l''-3l'+\varpi'') \\[4pt]
& +9,086.86\,e'^2\cos(l''-3l'+2\varpi') && -9,505.99\,e'e''\cos(l''-3l'+\varpi'+\varpi'') \\
& +8,992.25\,e''^2\cos(l''-3l'+2\varpi'') \\
& +9,402.63\,e'^2\cos(2l''-4l'+2\varpi') && -9,481.45\,e'e''\cos(2l''-4l'+\varpi'+\varpi'') \\
& +8,952.87\,e''^2\cos(2l''-4l'+2\varpi'') \\[4pt]
& +9,740.41\,e'^3\cos(2l''-5l'+3\varpi') && -0,003.46\,e'^2 e''\cos(2l''-5l'+2\varpi'+\varpi'') \\
& +9,784.89\,e'e''^2\cos(2l''-5l'+\varpi'+2\varpi'') && -9,086.28\,e''^3\cos(2l''-5l'+3\varpi'')
\end{aligned}
$$

Perturbations du moyen mouvement de Saturne.

$$
\begin{aligned}
\delta\zeta' = {}& - && 152,47\ \sin(\zeta''-\zeta') && + && 718,04\ \cos(\zeta''-\zeta') \\
& - && 31,541\ \sin(2\zeta''-2\zeta') && - && 14,028\ \cos(2\zeta''-2\zeta') \\[4pt]
& - && 37,331\ \sin(\zeta') && + && 28,469\ \cos(\zeta') \\
& + && 161,13\ \sin(\zeta''-2\zeta') && + && 176,27\ \cos(\zeta''-2\zeta') \\
& - && 2,274\ \sin(2\zeta''-\zeta') && + && 11,553\ \cos(2\zeta''-\zeta') \\
& - && 15,041\ \sin(2\zeta''-3\zeta') && - && 19,710\ \cos(2\zeta''-3\zeta')
\end{aligned}
$$

$$+ \quad 46,649 \ \sin(\zeta''-3\zeta') + \quad 10,113 \ \cos(\zeta''-3\zeta')$$
$$- \quad\ 2,585 \ \sin(2\zeta''-4\zeta') - \quad 20,033 \ \cos(2\zeta''-4\zeta')$$
$$+ 1068,5 \quad\ \sin(2\zeta''-5\zeta') - 2468,9 \quad\ \cos(2\zeta''-5\zeta').$$

Perturbations du grand axe de Saturne.

$$\delta a'' = + \ 0,015.878$$
$$+ \ 0,032.837 \ \sin(\zeta''-\zeta') + \ 0,006.973 \ \cos(\zeta''-\zeta')$$
$$- \ 0,001.283 \ \sin(2\zeta''-2\zeta') + \ 0,002.885 \ \cos(2\zeta''-2\zeta')$$

$$+ \ 0,000.878 \ \sin(\zeta') \qquad\ + \ 0,001.151 \ \cos(\zeta')$$
$$+ \ 0,002.627 \ \sin(\zeta''-2\zeta') - \ 0,002.401 \ \cos(\zeta''-2\zeta')$$
$$+ \ 0,001.413 \ \sin(2\zeta''-\zeta') + \ 0,000.278 \ \cos(2\zeta''-\zeta')$$
$$- \ 0,001.195 \ \sin(2\zeta''-3\zeta') + \ 0,000.912 \ \cos(2\zeta''-3\zeta')$$

$$- \ 0,000.161 \ \sin(\zeta''-3\zeta') + \ 0,000.743 \ \cos(\zeta''-3\zeta')$$
$$- \ 0,000.597 \ \sin(2\zeta''-4\zeta') + \ 0,000.077 \ \cos(2\zeta''-4\zeta')$$
$$+ \ 0,002.539 \ \sin(2\zeta''-5\zeta') + \ 0,001.099 \ \cos(2\zeta''-5\zeta').$$

Perturbations de l'excentricité de Saturne.

$$\delta e'' = - \quad\ 9,425 \ \sin(\zeta''-\zeta') - \quad\ 0,569 \ \cos(\zeta''-\zeta')$$
$$+ \quad\ 8,721 \ \sin(2\zeta''-2\zeta') + \quad\ 0,322 \ \cos(2\zeta''-2\zeta')$$

$$+ \quad\ 0,000 \ \sin(\zeta') \qquad + \ 257,22 \quad\ \cos(\zeta')$$
$$+ \ 397,02 \quad\ \sin(\zeta'') \qquad + \ \ 84,304 \ \cos(\zeta'')$$
$$+ \ 136,97 \quad\ \sin(\zeta''-2\zeta') + \ \ 29,086 \ \cos(\zeta''-2\zeta')$$
$$- \quad\ 1,712 \ \sin(2\zeta''-\zeta') + \quad\ 3,849 \ \cos(2\zeta''-\zeta')$$
$$- \ \ 38,355 \ \sin(2\zeta''-3\zeta') + \ \ 86,240 \ \cos(2\zeta''-3\zeta')$$

$$+ \ \ 25,874 \ \sin(\zeta''-3\zeta') + \ \ 61,438 \ \cos(\zeta''-3\zeta')$$
$$- \ \ 45,204 \ \sin(2\zeta''-4\zeta') + \ \ 33,617 \ \cos(2\zeta''-4\zeta')$$
$$+ \ 307,43 \quad\ \sin(2\zeta''-5\zeta') - \ \ 33,973 \ \cos(2\zeta''-5\zeta').$$

Perturbations de la longitude du périhélie de Saturne.

$$e''\delta\varpi'' = + \quad\ 1,115 \ \sin(\zeta''-\zeta') - \ \ 24,586 \ \cos(\zeta''-\zeta')$$
$$+ \quad\ 0,378 \ \sin(2\zeta''-2\zeta') + \ \ 11,931 \ \cos(2\zeta''-2\zeta')$$

$$+ \ 257,22 \quad\ \sin(\zeta') \qquad\qquad 0,000 \ \cos(\zeta')$$
$$+ \ \ 84,304 \ \sin(\zeta'') \qquad - \ 397,02 \quad\ \cos(\zeta'')$$
$$- \ \ 29,086 \ \sin(\zeta''-2\zeta') + \ 136,97 \quad\ \cos(\zeta''-2\zeta')$$
$$+ \quad\ 3,849 \ \sin(2\zeta''-\zeta') + \quad\ 1,712 \ \cos(2\zeta''-\zeta')$$
$$- \ \ 86,240 \ \sin(2\zeta''-3\zeta') - \ \ 38,355 \ \cos(2\zeta''-3\zeta')$$

$$-\ 61'',438\ \sin(\zeta''-3\zeta') + 25'',874\ \cos(\zeta''-3\zeta')$$
$$-\ 33,617\ \sin(2\zeta''-4\zeta') - 45,204\ \cos(2\zeta''-4\zeta')$$
$$+\ 33,973\ \sin(2\zeta''-5\zeta') + 307,43\ \cos(2\zeta''-5\zeta').$$

Perturbations de la longitude de l'époque de Saturne.

$$\delta\varepsilon' = +\ 109'',85\,t$$
$$+\ 263,60\ \sin(\zeta''-\zeta') - 1241'',35\ \cos(\zeta''-\zeta')$$
$$-\ 104,160\ \sin(2\zeta''-2\zeta') - 46,325\ \cos(2\zeta''-2\zeta')$$

$$+\ 45,021\ \sin(\zeta') - 48,477\ \cos(\zeta')$$
$$-\ 12,686\ \sin(\zeta'') + 28,549\ \cos(\zeta'')$$
$$+\ 149,441\ \sin(\zeta''-2\zeta') - 178,575\ \cos(\zeta''-2\zeta')$$
$$+\ 7,734\ \sin(2\zeta''-\zeta') - 32,123\ \cos(2\zeta''-\zeta')$$
$$-\ 22,093\ \sin(2\zeta''-3\zeta') - 35,228\ \cos(2\zeta''-3\zeta')$$

$$-\ 22,227\ \sin(\zeta''-3\zeta') + 3,431\ \cos(\zeta''-3\zeta')$$
$$+\ 0,473\ \sin(2\zeta''-4\zeta') - 14,257\ \cos(2\zeta''-4\zeta').$$

Perturbations de la longitude moyenne de Saturne.

$$\delta l' = +\ 111'',13\ \sin(\zeta''-\zeta') - 523'',31\ \cos(\zeta''-\zeta')$$
$$-\ 135,701\ \sin(2\zeta''-2\zeta') - 60,353\ \cos(2\zeta''-2\zeta')$$

$$+\ 7,690\ \sin(\zeta') - 20,008\ \cos(\zeta')$$
$$-\ 12,686\ \sin(\zeta'') + 28,549\ \cos(\zeta'')$$
$$+\ 310,57\ \sin(\zeta''-2\zeta') - 2,305\ \cos(\zeta''-2\zeta')$$
$$+\ 5,460\ \sin(2\zeta''-\zeta') - 20,559\ \cos(2\zeta''-\zeta')$$
$$-\ 37,134\ \sin(2\zeta''-3\zeta') - 54,938\ \cos(2\zeta''-3\zeta')$$

$$+\ 24,422\ \sin(\zeta''-3\zeta') + 13,544\ \cos(\zeta''-3\zeta')$$
$$-\ 2,112\ \sin(2\zeta''-4\zeta') - 34,290\ \cos(2\zeta''-4\zeta')$$
$$+\ 1116,1\ \sin(2\zeta''-5\zeta') - 2707,8\ \cos(2\zeta''-5\zeta').$$

51. Occupons-nous des changements qu'éprouve la fonction R du n° **25**, due à l'action de Saturne, lorsqu'au lieu d'y regarder les éléments des orbites de Saturne et d'Uranus comme constants, on considère les variations que subissent ces éléments, variations qui ont été précédemment déterminées. Nous avons déjà eu égard, dans les n°s **48** et **49**, à l'influence des variations séculaires des éléments des orbites; il nous reste à tenir compte des termes périodiques.

Perturbations du moyen mouvement, dues aux variations des éléments d'Uranus.

On les calculera par la formule

$$\frac{d^2\rho}{dt^2} = \frac{6m'}{a^3}\frac{dR}{d\varepsilon}\,\delta a - \frac{3m'}{a^3}\frac{d\frac{dR}{da}}{d\varepsilon}\,\delta a - \frac{3m'}{a^2}\cdot\frac{d\frac{dR}{d\varepsilon}}{d\varepsilon}\,\delta l$$

$$- \frac{3m'}{a^3}\frac{d\frac{dR}{de}}{d\varepsilon}\,\delta e - \frac{3m'}{a^2}\cdot\frac{d\frac{dR}{d\varpi}}{d\varepsilon}\,\delta\varpi.$$

Nous ramènerons le second membre à ne contenir que des fonctions déjà employées, ou très-faciles à former, en remarquant qu'on a

$$\frac{6m'}{a^3}\frac{dR}{d\varepsilon} = \frac{3n}{a^3}\frac{da}{dt},$$

$$\frac{3m'}{a^3}\frac{dR}{d\varepsilon} = \frac{3n}{2a}\frac{da}{dt}, \quad \frac{3m'}{a^3}\frac{dR}{da} = -\frac{3n}{2a}\frac{d.\delta_1 a}{dt},$$

$$\frac{3m'}{a^3}\frac{dR}{de} = \frac{3n}{\cos\psi}\cdot e\frac{d.\delta_1\varpi}{dt}, \quad \frac{3m'}{a^3}\frac{dR}{d\varpi} = -\frac{3n}{\cos\psi}\cdot e\frac{d.\delta_1 e}{dt},$$

et ainsi nous trouverons

$$\frac{d^2\rho}{dt^2} = \frac{3n}{a^3}\frac{da}{dt}\,\delta a + \frac{3n}{2a}\frac{d\frac{d.\delta_1 a}{dt}}{d\varepsilon}\,\delta a - \frac{3n}{2a}\frac{d\frac{da}{dt}}{d\varepsilon}\,\delta l$$

$$- \frac{3n}{\cos\psi}\cdot\frac{d.e\frac{d.\delta_1\varpi}{dt}}{d\varepsilon}\,\delta e + \frac{3n}{\cos\psi}\frac{d.\frac{d.\delta_1 e}{dt}}{d\varepsilon}\cdot e\,\delta\varpi.$$

1°. Nous ne retiendrons pas, en calculant le second membre, les termes constants. On sait que ces termes, qui produiraient dans le mouvement moyen une accélération séculaire, se détruisent identiquement quand on calcule la variation complète de $\dfrac{d^2\rho}{dt^2}$

2°. Si l'on a égard à la partie constante de δa, due aux actions réunies de Jupiter et de Saturne, on trouve que le premier terme de la valeur de $\dfrac{d^2\rho}{dt^2}$ conduit à l'inégalité

$$\delta\rho = + 0'',13 \sin(\zeta'-\zeta) - 0'',63 \cos(\zeta'-\zeta);$$

mais cette expression est sensiblement détruite par celle qui provient du second terme de $\dfrac{d^2\rho}{dt^2}$. Il est inutile d'en tenir compte.

3°. Le carré de la force perturbatrice produit dans $\delta\rho$ un terme en $(\zeta'-3\zeta)$. Nous allons le déterminer, après avoir fait, relativement aux deux derniers termes de la valeur de $\dfrac{d^2\rho}{dt^2}$, une remarque qui simplifiera les calculs. Considérons l'expression

$$\frac{3n}{\cos\psi}\;\frac{d.\dfrac{d.\delta_{,}e}{dt}}{d\varepsilon}.e\,\delta\varpi=\frac{3n}{\cos\psi}.\mathrm{H}\cos\mathrm{A}\,.\mathrm{K}\cos\mathrm{B}\,,$$

$\mathrm{H}\cos\mathrm{A}$ étant l'un des termes de $\dfrac{d.\dfrac{d.\delta_{,}e}{dt}}{d\varepsilon}$, et $\mathrm{K}\cos\mathrm{B}$ l'un des termes de $e\,\delta\varpi$, A et B dépendent des longitudes moyennes, et l'on a, $\mathrm{A}=i'l'-il+\alpha$, $\mathrm{B}=j'l'-jl+\xi$.

Examinons d'abord le cas où $(i'-i)$ et $(j'-j)$ sont de signes contraires. Si nous ne considérons, parmi les termes d'une forme donnée, que ceux qui sont d'ordre inférieur, comme il est permis de le faire ici, nous trouverons, en vertu d'une remarque du n° **27**,

$$-\frac{3n}{\cos\psi}\;\frac{d.e\dfrac{d.\delta_{,}\varpi}{dt}}{d\varepsilon}\,\delta e=-\frac{3n}{\cos\psi}\mathrm{H}\cos(\mathrm{A}\pm90°).\mathrm{K}\cos(\mathrm{B}\pm90°).$$

Or, si l'on réunit ce terme au précédent, on trouvera qu'ils se réduiront à un seul, dépendant de l'angle $(\mathrm{A}+\mathrm{B})$.

Si, au contraire, $(i'-i)$ et $(j'-j)$ sont de même signe, on trouvera

$$-\frac{3n}{\cos\psi}\;\frac{d.e\dfrac{d.\delta_{,}\varpi}{dt}}{d\varepsilon}\,\delta e=-\frac{3n}{\cos\psi}.\mathrm{H}\cos(\mathrm{A}\mp90°).\mathrm{K}\cos(\mathrm{B}\pm90°),$$

et l'on en conclura, dans ce cas, que $\delta\rho$ ne renfermera pas de terme en $(\mathrm{A}+\mathrm{B})$, mais seulement un terme en $(\mathrm{A}-\mathrm{B})$. Appliquons ces considérations au terme en $(\zeta'-3\zeta)$ qui nous occupe.

Le quatrième terme de la valeur de $\dfrac{d^2\rho}{dt^2}$, considéré isolément, donnerait l'expression sensible

$$\delta\rho=+0'',93\sin(\zeta'-3\zeta)-4'',48\cos(\zeta'-3\zeta);$$

nais, par la remarque précédente, cette expression existe en signe contraire dans la valeur de $\delta\rho$ fournie par le cinquième terme de $\frac{d^2\rho}{dt^2}$. On aurait donc pu se dispenser de la calculer, et c'est ce qu'on fera par la suite pour les expressions de ce genre.

Ainsi, le terme cherché de la valeur de $\delta\rho$ ne dépendra, en définitive, que des termes en δa et en δl de l'expression de $\frac{d^2\rho}{dt^2}$, et, en le calculant, on trouvera

$$\delta\rho = -1'',17 \sin(\zeta' - 3\zeta) - 0'',35 \cos(\zeta' - 3\zeta).$$

4°. L'argument $n'' - 4n' + 4n$ étant petit, il est nécessaire d'y avoir égard. On obtiendra, en calculant les différentes parties de la valeur de $\delta\rho$, correspondantes aux termes de $\frac{d^2\rho}{dt^2}$, et en faisant leur somme,

$$\delta\rho = + 0'',43 \sin(\zeta'' - 4\zeta' + 4\zeta) - 0'',21 \cos(\zeta'' - 4\zeta' + 4\zeta).$$

5°. On trouverait encore plusieurs autres termes qui, sensibles quand on les prend isolément, deviennent négligeables dans leur ensemble, soit par des circonstances particulières, soit par la deuxième remarque.

Ainsi, les variations des éléments d'Uranus, dues à la première puissance de la force perturbatrice, n'introduisent dans $\delta\rho$, en définitive, que les termes suivants, dépendants du carré de la force perturbatrice :

$$\delta\rho = -1'',17 \sin(\zeta' - 3\zeta) \qquad\quad - 0'',35 \cos(\zeta' - 3\zeta)$$
$$+ 0'',43 \sin(\zeta'' - 4\zeta' + 4\zeta) - 0'',21 \cos(\zeta'' - 4\zeta' + 4\zeta).$$

Perturbations de la longitude de l'époque, de l'excentricité et du périhélie, dues aux variations des éléments d'Uranus.

Les termes précédents de $\delta\rho$ ne se sont trouvés sensibles qu'à cause de la double intégration et de la petitesse de leur argument. Aussi les perturbations des éléments actuels paraîtront-elles tout à fait négligeables, quand on viendra à les calculer, à l'exception toutefois de celles qui acquièrent l'excentricité en diviseur. Mais nous allons prouver que ces perturbations, sensibles quand on les prend isolément, n'introduisent dans la longitude que des termes qui se détruisent identiquement avec d'autres termes du même ordre, qu'on obtient lorsqu'en calculant les perturbations de la longitude, on a égard aux carrés des variations des éléments, dues à la première puissance de la force perturbatrice.

Les termes dont il s'agit, provenant de la variation de la fonction perturbatrice, dépendent des formules suivantes, dans lesquelles les perturbations
qui sont du premier et du second ordre, par rapport aux masses, sont désignées par les caractéristiques ∂_1 et ∂_2 :

$$\frac{d\partial_2 e}{dt} = \frac{1}{e} \frac{d^2\partial_1 e}{dt\,d\varpi} . e\partial_1 \varpi,$$

$$e\frac{d\partial_2 \varpi}{dt} = e\frac{d^2\partial_1 \varpi}{dt\,de} . \partial_1 e + \frac{d^2\partial_1 \varpi}{dt\,d\varpi} . e\partial_1 \varpi,$$

$$\partial v = 2\sin\zeta . \partial_2 e - 2\cos\zeta . e\partial_2 \varpi.$$

Considérons, pour plus de généralité, un nombre quelconque de planètes,
introduisant dans les fonctions R qui leur correspondent, une suite de termes
dont je désignerai la somme par

$$\Sigma\, A e\, \cos(M - \varpi);$$

nous en déduirons successivement :

$$\frac{d\partial_1 e}{dt} = - \Sigma\, A k\, \sin(M - \varpi),$$

$$\frac{d^2\partial_1 e}{dt\,d\varpi} = \Sigma\, A k\, \cos(M - \varpi),$$

$$\frac{d\partial_1 \varpi}{dt} = \Sigma\, \frac{A k}{e}\, \cos(M - \varpi),$$

$$e\frac{d^2\partial_1 \varpi}{dt\,de} = - \Sigma\, \frac{A k}{e}\, \cos(M - \varpi),$$

$$\frac{d^2\partial_1 \varpi}{dt\,d\varpi} = \Sigma\, \frac{A k}{e}\, \sin(M - \varpi),$$

formules qui, comparées entre elles, conduisent aux identités

$$\frac{1}{e} \frac{d^2\partial_1 e}{dt\,d\varpi} = \frac{1}{e} \frac{d.e\partial_1 \varpi}{dt},$$

$$e\frac{d^2\partial_1 \varpi}{dt\,de} = - \frac{1}{e} \frac{d.e\partial_1 \varpi}{dt},$$

$$\frac{d^2\partial_1 \varpi}{dt\,d\varpi} = \frac{1}{e} \frac{d.\partial_1 e}{dt}.$$

Ces relations, substituées dans les formules générales, donnent

$$d.\delta_{2}e = \frac{1}{e} \times e\delta.\varpi \times d.e\delta.\varpi,$$

$$\delta_{2}e = \frac{1}{2e} \times (e\delta.\varpi)^{2},$$

$$d.e\delta.\varpi = -\frac{1}{e}d.\{e\delta.\varpi.\delta.n\},$$

$$e\delta.\varpi = -\frac{1}{e}.e\delta.\varpi.\delta.e,$$

et l'on en déduit enfin

$$\delta e = \frac{1}{e}\sin\zeta(e\delta.\varpi)^{2} + \frac{2}{e}\cos\zeta.e\delta.\varpi.\delta.e$$

Or on verra facilement qu'on obtient ces mêmes termes, mais avec des signes contraires, lorsqu'en calculant δe au moyen des perturbations des éléments, dépendantes des premières puissances des masses, on pousse le calcul jusqu'aux carrés et aux produits de ces éléments.

La proposition que je viens de démontrer a de l'importance, à cause des grandes inégalités que Jupiter et Saturne produisent dans l'excentricité et le périhélie d'Uranus : il n'en résulte aucun terme sensible dans le carré de la force perturbatrice, ainsi qu'on le voit en groupant les termes convenablement.

52. Je passe aux changements qu'éprouve la fonction R du n° **28**, quand on y fait varier les éléments de Saturne, en vertu des perturbations que cette planète éprouve de la part de Jupiter.

Perturbations du moyen mouvement et du grand axe.

53. Elles dépendent de la formule générale

$$\frac{d^{2}\zeta}{dt^{2}} = -3kn\frac{d.\dfrac{dR}{d\varepsilon}}{d\varepsilon}\delta t' - 3kn\frac{d.\dfrac{dR}{d\varepsilon}}{da'}\delta a'$$

$$-3kn\frac{d.\dfrac{dR}{d\varepsilon}}{d\varepsilon'}\delta \varepsilon' - 3kn.\frac{1}{e'}\frac{d.\dfrac{dR}{d\varepsilon}}{da'}.e'\delta\varpi'$$

On trouvera dans les expressions suivantes, le calcul des différentes parties de la valeur de $\delta\zeta$: je continuerai, dans les dérivées, à mettre les logarithmes à la place des nombres.

Calcul de $-3kn \displaystyle\int\!\!\int \frac{d^2R}{d\varepsilon\,d\varepsilon'}\,.\,\delta\varepsilon'.\,d\varepsilon.$

$$
\begin{aligned}
-3kn\,\frac{d^2R}{d\varepsilon\,d\varepsilon'} =\
&+ 5{,}842.11\ \sin(\zeta'-\zeta) + 5{,}155.27\ \cos(\zeta'-\zeta) \\
&- 4{,}825.15\ \sin(2\zeta'-2\zeta) + 5{,}192.19\ \cos(2\zeta'-2\zeta) \\
&+ 5{,}101.85\ \sin(3\zeta'-3\zeta) + 4{,}953.57\ \cos(3\zeta'-3\zeta) \\[4pt]
&+ 4{,}336.42\ \sin(\zeta'-2\zeta) - 4{,}018.59\ \cos(\zeta'-2\zeta) \\
&+ 5{,}247.24\ \sin(2\zeta'-\zeta) + 4{,}542.71\ \cos(2\zeta'-\zeta) \\
&- 4{,}588.65\ \sin(2\zeta'-3\zeta) + 4{,}375.88\ \cos(2\zeta'-3\zeta) \\
&+ 3{,}944.20\ \sin(4\zeta'-3\zeta) + 4{,}123.15\ \cos(4\zeta'-3\zeta) \\[4pt]
&+ 1{,}898.37\ \sin(\zeta'+\zeta) - 2{,}629.56\ \cos(\zeta'+\zeta) \\
&+ 3{,}252.51\ \sin(\zeta'-3\zeta) - 3{,}457.42\ \cos(\zeta'-3\zeta) \\
&- 3{,}890.24\ \sin(2\zeta'-4\zeta) - 2{,}915.08\ \cos(2\zeta'-4\zeta);
\end{aligned}
$$

$$
\begin{aligned}
\delta\rho =\
&- 0{,}14\ \sin(\zeta''-2\zeta'+\zeta) - 0{,}00\ \cos(\zeta''-2\zeta'+\zeta) \\
&- 0{,}19\ \sin(\zeta''-2\zeta'-\zeta) + 0{,}22\ \cos(\zeta''-2\zeta'-\zeta) \\
&- 1{,}33\ \sin(\zeta''-3\zeta'+\zeta) - 2{,}02\ \cos(\zeta''-3\zeta'+\zeta) \\
&+ 0{,}13\ \sin(\zeta''-3\zeta'+2\zeta) + 0{,}67\ \cos(\zeta''-3\zeta'+2\zeta) \\
&+ 1{,}17\ \sin(2\zeta''-4\zeta'-\zeta) + 0{,}79\ \cos(2\zeta''-4\zeta'-\zeta) \\
&+ 0{,}26\ \sin(2\zeta''-4\zeta'-2\zeta) + 0{,}00\ \cos(2\zeta''-4\zeta'-2\zeta) \\
&+ 0{,}29\ \sin(2\zeta''-4\zeta'-3\zeta) - 0{,}20\ \cos(2\zeta''-4\zeta'-3\zeta) \\
&- 1{,}97\ \sin(2\zeta''-6\zeta'+3\zeta) + 1{,}96\ \cos(2\zeta''-6\zeta'+3\zeta) \\
&- 1{,}13\ \sin(2\zeta''-6\zeta'+\zeta) - 0{,}22\ \cos(2\zeta''-6\zeta'+\zeta) \\
&- 0{,}11\ \sin(2\zeta''-6\zeta'+2\zeta) - 0{,}12\ \cos(2\zeta''-6\zeta'+2\zeta).
\end{aligned}
$$

Calcul de $-3ka \displaystyle\int\!\!\int \frac{d^2R}{d\varepsilon\,da'}\,.\,\delta a'.\,d\varepsilon.$

$$
\begin{aligned}
-3ka\,\frac{d^2R}{d\varepsilon\,da'} =\
&- 4{,}576.2\ \sin(\zeta'-\zeta) + 5{,}262.6\ \cos(\zeta'-\zeta) \\
&+ 4{,}266.7\ \sin(2\zeta'-2\zeta) + 3{,}900.1\ \cos(2\zeta'-2\zeta) \\
&+ 4{,}017.9\ \sin(3\zeta'-3\zeta) - 4{,}174.3\ \cos(3\zeta'-3\zeta) \\[4pt]
&+ 2{,}507.8\ \sin\zeta - 3{,}753.9\ \sin(\zeta'-2\zeta) + 3{,}979.8\ \cos(\zeta'-2\zeta) \\
&- 3{,}174.2\ \cos\zeta - 3{,}604.1\ \sin(2\zeta'-\zeta) + 4{,}279.4\ \cos(2\zeta'-\zeta) \\
&+ 3{,}324.2\ \sin(2\zeta'-3\zeta) + 3{,}784.5\ \cos(2\zeta'-3\zeta) \\
&+ 3{,}062.4\ \sin(4\zeta'-3\zeta) - 2{,}779.7\ \cos(4\zeta'-3\zeta) \\[4pt]
&- 2{,}218.6\ \sin 2\zeta - 1{,}364.9\ \sin(\zeta'+\zeta) + 1{,}484.9\ \cos(\zeta'+\zeta) \\
&- 2{,}447.9\ \cos 2\zeta - 2{,}920.3\ \sin(\zeta'-3\zeta) + 1{,}771.0\ \cos(\zeta'-3\zeta) \\
&- 2{,}767.2\ \sin(2\zeta'-4\zeta) + 3{,}069.3\ \cos(2\zeta'-4\zeta);
\end{aligned}
$$

$$\begin{aligned}
\delta\rho = \;& + 0,15 \sin(\zeta'-\zeta) & &- 0,73 \cos(\zeta'-\zeta) \\
& + 0,11 \sin(\zeta'-2\zeta) & &- 0,18 \cos(\zeta'-2\zeta) \\
& + 0,58 \sin(\zeta'-3\zeta) & &- 0,22 \cos(\zeta'-3\zeta) \\
& - 0,48 \sin(\zeta''-2\zeta'+\zeta) & &+ 0,00 \cos(\zeta''-2\zeta'+\zeta) \\
& + 0,17 \sin(\zeta''-2\zeta'-\zeta) & &- 0,40 \cos(\zeta''-2\zeta'-\zeta) \\
& - 0,21 \sin(\zeta''-3\zeta'+2\zeta) & &- 1,04 \cos(\zeta''-3\zeta'+2\zeta) \\
& - 2,02 \sin(\zeta''-3\zeta'+\zeta) & &+ 1,04 \cos(\zeta''-3\zeta'+\zeta) \\
& + 0,14 \sin(\zeta''-4\zeta'+3\zeta) & &- 0,06 \cos(\zeta''-4\zeta'+3\zeta) \\
& - 0,48 \sin(2\zeta''-6\zeta'+3\zeta) & &+ 5,00 \cos(2\zeta''-6\zeta'+3\zeta).
\end{aligned}$$

$$\textit{Calcul de } \; -3kn \iint \left\{ \frac{d^2 R}{d\zeta\,de'}\cdot\delta e' + \frac{1}{e'}\frac{d^2 R}{d\zeta\,d\varpi'}\cdot e'\delta\varpi' \right\} dt^2.$$

On trouve d'abord :

$$\begin{aligned}
-3kn\frac{d^2 R}{d\zeta\,de'} = \;& - 3{,}616.2 \sin(\zeta'-\zeta) + 4{,}643.9 \cos(\zeta'-\zeta) \\
& + 2{,}540.3 \sin(2\zeta'-2\zeta) - 4{,}908.0 \cos(2\zeta'-2\zeta) \\
& - 3{,}897.2 \sin(3\zeta'-3\zeta) + 4{,}423.4 \cos(3\zeta'-3\zeta) \\[4pt]
& - 4{,}563.8 \sin\zeta - 5{,}387.0 \sin(\zeta'-2\zeta) - 5{,}020.4 \cos(\zeta'-2\zeta) \\
& - 5{,}250.2 \cos\zeta + 5{,}509.0 \sin(2\zeta'-\zeta) - 6{,}195.4 \cos(2\zeta'-\zeta) \\
& - 5{,}148.0 \sin(2\zeta'-3\zeta) + 5{,}304.4 \cos(2\zeta'-3\zeta) \\
& + 4{,}615.1 \sin(4\zeta'-3\zeta) - 4{,}771.5 \cos(4\zeta'-3\zeta) \\[4pt]
& - 4{,}516.3 \sin 2\zeta - 3{,}660.1 \sin(\zeta'+\zeta) - 3{,}882.6 \cos(\zeta'+\zeta) \\
& - 4{,}412.1 \cos 2\zeta - 4{,}561.9 \sin(\zeta'-3\zeta) - 4{,}811.8 \cos(\zeta'-3\zeta) \\
& - 4{,}907.0 \sin(2\zeta'-4\zeta) + 4{,}440.1 \cos(2\zeta'-4\zeta).
\end{aligned}$$

Les termes de $-3kn\dfrac{1}{e'}\dfrac{d^2 R}{d\zeta\,d\varpi'}$, se déduisent des précédents par la loi connue, à l'exception toutefois des trois premiers, dont il suffira ainsi de donner la valeur :

$$\begin{aligned}
-3kn\frac{1}{e'}\frac{d^2 R}{d\zeta\,d\varpi'} = \;& - 2{,}882.8 \sin(\zeta'-\zeta) - 3{,}088.1 \cos(\zeta'-\zeta) \\
& - 4{,}800.6 \sin(2\zeta'-2\zeta) - 4{,}020.0 \cos(2\zeta'-2\zeta) \\
& + 4{,}125.2 \sin(3\zeta'-3\zeta) - 4{,}347.5 \cos(3\zeta'-3\zeta) \\
& \cdots\cdots\cdots\cdots\cdots\cdots\cdots\cdots
\end{aligned}$$

On obtient ensuite :

$$\begin{aligned}
\delta\rho = \;& - 0,10 \sin(\zeta'-\zeta) + 0,49 \cos(\zeta'-\zeta) \\
& - 0,01 \sin(\zeta'-2\zeta) + 0,11 \cos(\zeta'-2\zeta)
\end{aligned}$$

$$
\begin{aligned}
&+\ 0{,}48\ \sin(\zeta''-2\zeta'+\zeta) &&+\ 0{,}00\ \cos(\zeta''-2\zeta'+\zeta)\\
&+\ 0{,}11\ \sin(\zeta''-3\zeta'+2\zeta) &&+\ 0{,}55\ \cos(\zeta''-3\zeta'+2\zeta)\\
&+\ 0{,}36\ \sin(\zeta''-3\zeta'+\zeta) &&+\ 0{,}16\ \cos(\zeta''-3\zeta'+\zeta)\\
&+\ 0{,}24\ \sin(\zeta''-4\zeta'+4\zeta) &&+\ 0{,}41\ \cos(\zeta''-4\zeta'+4\zeta)\\
&+\ 0{,}27\ \sin(2\zeta''-5\zeta'+\zeta) &&-\ 0{,}09\ \cos(2\zeta''-5\zeta'+\zeta)\\
&+\ 36{,}90\ \sin(2\zeta''-6\zeta'+3\zeta) &&-\ 7{,}83\ \cos(2\zeta''-6\zeta'+3\zeta)\\
&+\ 0{,}19\ \sin(2\zeta''-6\zeta'+2\zeta) &&+\ 0{,}34\ \cos(2\zeta''-6\zeta'+2\zeta).
\end{aligned}
$$

En réunissant ces différentes parties, on aura la valeur complète de $\delta\rho$,

$$
\begin{aligned}
\delta\rho = &+\ 0{,}05\ \sin(\zeta'-\zeta) &&-\ 0{,}24\ \cos(\zeta'-\zeta)\\
&+\ 0{,}10\ \sin(\zeta'-2\zeta) &&-\ 0{,}07\ \cos(\zeta'-2\zeta)\\
&+\ 0{,}58\ \sin(\zeta'-3\zeta) &&-\ 0{,}22\ \cos(\zeta'-3\zeta)\\[6pt]
&-\ 0{,}14\ \sin(\zeta''-2\zeta'+\zeta) &&+\ 0{,}00\ \cos(\zeta''-2\zeta'+\zeta)\\
&-\ 0{,}02\ \sin(\zeta''-2\zeta'-\zeta) &&-\ 0{,}18\ \cos(\zeta''-2\zeta'-\zeta)\\
&+\ 0{,}03\ \sin(\zeta''-3\zeta'+2\zeta) &&+\ 0{,}18\ \cos(\zeta''-3\zeta'+2\zeta)\\
&-\ 3{,}00\ \sin(\zeta''-3\zeta'+\zeta) &&-\ 0{,}82\ \cos(\zeta''-3\zeta'+\zeta)\\
&+\ 0{,}14\ \sin(\zeta''-4\zeta'+3\zeta) &&-\ 0{,}06\ \cos(\zeta''-4\zeta'+3\zeta)\\
&-\ 0{,}24\ \sin(\zeta''-4\zeta'+4\zeta) &&+\ 0{,}41\ \cos(\zeta''-4\zeta'+4\zeta)\\[6pt]
&+\ 1{,}17\ \sin(2\zeta''-4\zeta'-\zeta) &&+\ 0{,}79\ \cos(2\zeta''-4\zeta'-\zeta)\\
&+\ 0{,}26\ \sin(2\zeta''-4\zeta'-2\zeta) &&+\ 0{,}00\ \cos(2\zeta''-4\zeta'-2\zeta)\\
&+\ 0{,}29\ \sin(2\zeta''-4\zeta'-3\zeta) &&-\ 0{,}26\ \cos(2\zeta''-4\zeta'-3\zeta)\\
&+\ 0{,}27\ \sin(2\zeta''-5\zeta'+\zeta) &&-\ 0{,}09\ \cos(2\zeta''-5\zeta'+\zeta)\\
&-\ 1{,}13\ \sin(2\zeta''-6\zeta'+\zeta) &&-\ 0{,}22\ \cos(2\zeta''-6\zeta'+\zeta)\\
&+\ 0{,}08\ \sin(2\zeta''-6\zeta'+2\zeta) &&+\ 0{,}22\ \cos(2\zeta''-6\zeta'+2\zeta)\\
&+\ 34{,}45\ \sin(2\zeta''-6\zeta'+3\zeta) &&-\ 0{,}87\ \cos(2\zeta''-6\zeta'+3\zeta).
\end{aligned}
$$

Les perturbations du grand axe sont insensibles.

Perturbations de l'excentricité.

34. Elles dépendent de la formule générale

$$
\frac{de}{dt} = -\,k\cos\psi\,.\,\frac{1}{c}\frac{d^2R}{da\,dc'}\,\delta c' - k\cos\psi\,.\,\frac{1}{c}\frac{d^2R}{da\,da'}\,\delta a'
$$

$$
-\,k\cos\psi\,.\,\frac{1}{c}\frac{d^2R}{da\,de'}\,\delta e' - k\cos\psi\,.\,\frac{1}{cc'}\frac{d^2R}{da\,da'}\,c'\delta a'
$$

$$\textit{Calcul de } -k\cos\psi \int \frac{1}{e}\,\frac{d^2R}{d\varpi\,dt'}\cdot \delta t'\,dt.$$

$$-k\cos\psi\,\frac{1}{e}\,\frac{d^2R}{d\varpi\,dt'} =$$

$$
\begin{aligned}
&- 8,3o1.1 \sin(\zeta'-\zeta) - 8,518.5 \cos(\zeta'-\zeta)\\
&- 0,214.6 \sin(2\zeta'-2\zeta) - 9,433.6 \cos(2\zeta'-2\zeta)\\
&+ 9,5o7.7 \sin(3\zeta'-3\zeta) - 9,754.7 \cos(3\zeta'-3\zeta)\\[4pt]
&- 1,42o.3 \sin(\zeta) - 0,732.6 \cos(\zeta)\\
&- 0,561.8 \sin(\zeta'-2\zeta) - 9,884.5 \cos(\zeta'-2\zeta)\\
&+ 9,415.o \sin(2\zeta'-\zeta) - 9,786.o \cos(2\zeta'-\zeta)\\
&+ 0,391.6 \sin(2\zeta'-3\zeta) - 0,781.5 \cos(2\zeta'-3\zeta)\\
&- 0,666.7 \sin(3\zeta'-4\zeta) - 0,523.4 \cos(3\zeta'-4\zeta)\\
&- 9,789.5 \sin(4\zeta'-3\zeta) + 9,77o.8 \cos(4\zeta'-3\zeta)\\[4pt]
&+ 9,136.8 \sin(\zeta'+\zeta) + 9,o23.3 \cos(\zeta'+\zeta)\\
&- 7,243 \ \ \sin(\zeta'-3\zeta) + 9,768.5 \cos(\zeta'-3\zeta)\\
&- 0,765.1 \sin(2\zeta') - 0,o7o.4 \cos(2\zeta')\\
&+ 0,156.3 \sin(2\zeta'-4\zeta) - 9,9o5.8 \cos(2\zeta'-4\zeta)\\
&- 9,791.o \sin(3\zeta'-5\zeta) - 0,249.8 \cos(3\zeta'-5\zeta);
\end{aligned}
$$

$$
\begin{aligned}
\delta\epsilon = \ &+ 0,00 \sin(\zeta''-2\zeta') + 0,34 \cos(\zeta''-2\zeta')\\
&+ 0,18 \sin(\zeta''-3\zeta') - 0,04 \cos(\zeta''-3\zeta')\\
&- 0,12 \sin(\zeta''-4\zeta'+4\zeta) - 0,28 \cos(\zeta''-4\zeta'+4\zeta)\\
&+ 0,17 \sin(2\zeta''-3\zeta'-3\zeta) + 0,17 \cos(2\zeta''-3\zeta'-3\zeta)\\
&+ 0,52 \sin(2\zeta''-4\zeta') - 0,77 \cos(2\zeta''-4\zeta')\\
&+ 0,26 \sin(2\zeta''-4\zeta'-2\zeta) - 0,39 \cos(2\zeta''-4\zeta'-2\zeta)\\
&+ 0,21 \sin(2\zeta''-4\zeta'-3\zeta) + 0,09 \cos(2\zeta''-4\zeta'-3\zeta)\\
&- 0,08 \sin(2\zeta''-5\zeta') - 0,31 \cos(2\zeta''-5\zeta')\\
&- 0,85 \sin(2\zeta''-6\zeta'+3\zeta) - 0,45 \cos(2\zeta''-6\zeta'+3\zeta)\\
&+ 0,07 \sin(2\zeta''-6\zeta'+2\zeta) - 0,37 \cos(2\zeta''-6\zeta'+2\zeta)\\
&+ 0,16 \sin(2\zeta''-6\zeta') - 0,85 \cos(2\zeta''-6\zeta')\\
&- 0,22 \sin(2\zeta''-7\zeta'+3\zeta) + 0,00 \cos(2\zeta''-7\zeta'+3\zeta).
\end{aligned}
$$

$$\textit{Calcul de } -k\cos\psi \int \frac{1}{e}\,\frac{d^2R}{d\varpi\,da'}\cdot \delta a'\,dt.$$

$$-k\cos\psi\,\frac{1}{e}\,\frac{d^2R}{d\varpi\,da'} =$$

$$
\begin{aligned}
&+ 9,72o.o \sin(\zeta'-2\zeta) - 0,4o6.5 \cos(\zeta'-2\zeta)\\
&- 9,877.9 \sin(2\zeta'-3\zeta) - 9,511.3 \cos(2\zeta'-3\zeta)\\
&+ 9,295.4 \sin(\zeta'-3\zeta) - 9,3o1.3 \cos(\zeta'-3\zeta);
\end{aligned}
$$

$$\delta e = -\ 0\text{,}63\ \sin(\zeta'-2\zeta) \qquad\qquad -\ 0\text{,}13\ \cos(\zeta'-2\zeta)$$
$$+\ 0\text{,}29\ \sin(\zeta'-3\zeta) \qquad\qquad +\ 0\text{,}29\ \cos(\zeta'-3\zeta)$$
$$+\ 0\text{,}00\ \sin(\zeta''-2\zeta'+2\zeta) +\ 0\text{,}17\ \cos(\zeta''-2\zeta'+2\zeta)$$
$$-\ 0\text{,}12\ \sin(\zeta''-3\zeta'+3\zeta) +\ 0\text{,}02\ \cos(\zeta''-3\zeta'+3\zeta).$$

$$\text{\textit{Calcul de}}\ -\ k\cos\psi \int \left\{ \frac{1}{e}\frac{d^2R}{d\varpi\,d\varpi'}\delta\varpi' + \frac{1}{\varpi e'}\frac{d^2R}{d\varpi\,d\varpi'}.\varpi'\delta\varpi' \right\}\,dt.$$

$$-k\cos\psi\ \frac{1}{e}\frac{d^2R}{d\varpi\,d\varpi'} = -\ 9\text{,}753.6\ \sin(\zeta'-\zeta) +\ 9\text{,}548.6\ \cos(\zeta'-\zeta)$$
$$-\ 0\text{,}385.1\ \sin(2\zeta'-2\zeta) +\ 1\text{,}165.3\ \cos(2\zeta'-2\zeta)$$
$$-\ 0\text{,}535.9\ \sin(3\zeta'-3\zeta) -\ 0\text{,}313.7\ \cos(3\zeta'-3\zeta)$$

$$+\ 0\text{,}243.0\ \sin 2\zeta \qquad +\ 0\text{,}143.0\ \sin(\zeta'+\zeta)$$
$$+\ 0\text{,}929.4\ \cos 2\zeta \qquad +\ 0\text{,}986.9\ \sin(\zeta'-3\zeta) +\ 0\text{,}620.3\ \cos(\zeta'-3\zeta)$$
$$-\ 1\text{,}028.6\ \sin(2\zeta') \qquad +\ 1\text{,}715.0\ \cos(2\zeta')$$
$$+\ 0\text{,}719.4\ \sin(2\zeta'-4\zeta) -\ 0\text{,}875.8\ \cos(2\zeta'-4\zeta);$$

$$-k\cos\psi\ \frac{1}{ce^2}\frac{d^2R}{d\varpi\,d\varpi'} = -\ 9\text{,}548.6\ \sin(\zeta'-\zeta) +\ 0\text{,}345.0\ \cos(\zeta'-\zeta)$$
$$+\ 1\text{,}230.8\ \sin(2\zeta'-2\zeta) +\ 0\text{,}611.6\ \cos(2\zeta'-2\zeta)$$
$$-\ 8\text{,}968.5\ \sin(3\zeta'-3\zeta) +\ 0\text{,}195.6\ \cos(3\zeta'-3\zeta)$$
$$+\ .$$

Je n'ai écrit que les trois premières lignes de la seconde série : les autres termes se déduisent des termes correspondants de la première, suivant la loi connue. On a ensuite :

$$\delta e = +\ 0\text{,}30\ \sin(\zeta') \qquad\qquad +\ 0\text{,}06\ \cos(\zeta')$$
$$+\ 0\text{,}48\ \sin(\zeta'-2\zeta) \qquad +\ 0\text{,}09\ \cos(\zeta'-2\zeta)$$
$$+\ 0\text{,}00\ \sin(\zeta''-2\zeta') \qquad -\ 1\text{,}00\ \cos(\zeta''-2\zeta')$$
$$+\ 0\text{,}00\ \sin(\zeta''-2\zeta'+2\zeta) -\ 0\text{,}12\ \cos(\zeta''-2\zeta'+2\zeta)$$
$$-\ 0\text{,}10\ \sin(\zeta''-4\zeta'+4\zeta) -\ 0\text{,}24\ \cos(\zeta''-4\zeta'+4\zeta)$$
$$+\ 0\text{,}02\ \sin(2\zeta''-3\zeta') \qquad -\ 0\text{,}19\ \cos(2\zeta''-3\zeta')$$
$$+\ 3\text{,}43\ \sin(2\zeta''-6\zeta'+3\zeta) -\ 2\text{,}13\ \cos(2\zeta''-6\zeta'+3\zeta).$$

En réunissant ces différentes parties, on aura la valeur complète de δe :

$$\delta e = -\ 0\text{,}15\ \sin(\zeta'-2\zeta) \qquad -\ 0\text{,}04\ \cos(\zeta'-2\zeta)$$
$$+\ 0\text{,}30\ \sin(\zeta') \qquad\qquad +\ 0\text{,}06\ \cos(\zeta)$$
$$+\ 0\text{,}29\ \sin(\zeta'-3\zeta) \qquad +\ 0\text{,}29\ \cos(\zeta'-3\zeta)$$
$$+\ 0\text{,}00\ \sin(\zeta''-2\zeta') \qquad -\ 0\text{,}66\ \cos(\zeta''-2\zeta')$$

$$+\ 0,18 \sin(\ \zeta'' - 3\zeta')\qquad\qquad -\ 0,04 \cos(\ \zeta'' - 3\zeta')$$
$$-\ 0,22 \sin(\ \zeta'' - 4\zeta' + 4\zeta)\ -\ 0,52 \cos(\ \zeta'' - 4\zeta' + 4\zeta)$$
$$-\ 0,12 \sin(\ \zeta'' - 3\zeta' + 3\zeta)\ +\ 0,02 \cos(\ \zeta'' - 3\zeta' + 3\zeta)$$
$$+\ 0,02 \sin(2\zeta'' - 3\zeta')\qquad\quad -\ 0,19 \cos(2\zeta'' - 3\zeta')$$
$$+\ 0,52 \sin(2\zeta'' - 4\zeta')\qquad\quad -\ 0,77 \cos(2\zeta'' - 4\zeta')$$
$$-\ 0,08 \sin(2\zeta'' - 5\zeta')\qquad\quad -\ 0,31 \cos(2\zeta'' - 5\zeta')$$
$$+\ 0,16 \sin(2\zeta'' - 6\zeta')\qquad\quad -\ 0,85 \cos(2\zeta'' - 6\zeta')$$
$$+\ 0,17 \sin(2\zeta'' - 3\zeta' - 3\zeta)\ +\ 0,17 \cos(2\zeta'' - 3\zeta' - 3\zeta)$$
$$+\ 0,26 \sin(2\zeta'' - 4\zeta' - 2\zeta)\ -\ 0,39 \cos(2\zeta'' - 4\zeta' - 2\zeta)$$
$$+\ 0,21 \sin(2\zeta'' - 4\zeta' - 3\zeta)\ +\ 0,09 \cos(2\zeta'' - 4\zeta' - 3\zeta)$$
$$+\ 0,07 \sin(2\zeta'' - 6\zeta' + 2\zeta)\ -\ 0,37 \cos(2\zeta'' - 6\zeta' + 2\zeta)$$
$$+\ 2,58 \sin(2\zeta'' - 6\zeta' + 3\zeta)\ -\ 2,58 \cos(2\zeta'' - 6\zeta' + 3\zeta)$$
$$-\ 0,22 \sin(2\zeta'' - 7\zeta' + 3\zeta)\ +\ 0,00 \cos(2\zeta'' - 7\zeta' + 3\zeta).$$

Perturbations de la longitude du périhélie.

58. Elles dépendent de la formule

$$e\frac{d\varpi}{dt} = k \cos\psi \frac{d^2 R}{de\,dt'}\,\delta l' + k \cos\psi \frac{d^2 R}{de\,da'}\cdot \delta a',$$

$$+\ k \cos\psi \frac{d^2 R}{de\,de'}\,\delta e' + k \cos\psi\,\frac{1}{e'}\frac{d^2 R}{de\,d\varpi'}\cdot e'\,\delta\varpi'.$$

Comparons cette expression terme à terme avec celle de $\dfrac{de}{dt}$ du numéro précédent, et occupons-nous seulement du premier terme, pour fixer les idées. Imaginons que $\delta l'$ renferme un terme de la forme $H \sin A$, et que $-k \cos\psi\,\dfrac{1}{e'}\dfrac{d^2 R}{de'\,d\varpi}$ renferme un terme de la forme $L \sin B$. Il en résultera, dans $\dfrac{de}{dt}$ et $e\dfrac{d\varpi}{dt}$, les expressions suivantes, où nous ne considérons, parmi les termes d'un argument donné, que ceux qui sont d'ordre inférieur :

$$\frac{de}{dt} = HL \sin A \sin B,$$

$$e\frac{d\varpi}{dt} = HL \sin A \sin(B \mp 90°),$$

en prenant le signe — ou le signe +, suivant que la somme $(i' - i)$ des indices, dans l'argument $(i'\,l' - i l)$ de l'angle B, est positive ou négative. On en déduit

$$\frac{de}{dt} = \frac{HL}{2} \cos(A - B) - \frac{HL}{2} \cos(A + B),$$

$$e\frac{d\varpi}{dt} = \frac{HL}{2} \cos(A - B \pm 90°) - \frac{HL}{2} \cos(A + B \mp 90°),$$

relations qui montrent comment on passera de la valeur de $\frac{de}{dt}$ à celle de $e\frac{d\varpi}{dt}$, et par suite, de la valeur de δe à celle de $e\delta\varpi$. On vérifiera ainsi la valeur suivante de $e\delta\varpi$:

$$
\begin{aligned}
e\delta\varpi = {}&+ 0,\!04 \ \sin(\ \zeta' - 2\zeta) && - 0,\!15 \ \cos(\ \zeta' - 2\zeta) \\
&+ 0,\!06 \ \sin(\ \zeta') && - 0,\!30 \ \cos(\ \zeta') \\
&- 0,\!29 \ \sin(\ \zeta' - 3\zeta) && + 0,\!29 \ \cos(\ \zeta' - 3\zeta) \\
&+ 0,\!66 \ \sin(\ \zeta'' - 2\zeta') && + 0,\!00 \ \cos(\ \zeta'' - 2\zeta') \\
&+ 0,\!04 \ \sin(\ \zeta'' - 3\zeta') && + 0,\!18 \ \cos(\ \zeta'' - 3\zeta') \\
&- 0,\!52 \ \sin(\ \zeta'' - 4\zeta' + 4\zeta) && + 0,\!22 \ \cos(\ \zeta'' - 4\zeta' + 4\zeta) \\
&+ 0,\!02 \ \sin(\ \zeta'' - 3\zeta' + 3\zeta) && + 0,\!12 \ \cos(\ \zeta'' - 3\zeta' + 3\zeta) \\
&- 0,\!19 \ \sin(2\zeta'' - 3\zeta') && - 0,\!02 \ \cos(2\zeta'' - 3\zeta') \\
&- 0,\!77 \ \sin(2\zeta'' - 4\zeta') && - 0,\!52 \ \cos(2\zeta'' - 4\zeta') \\
&+ 0,\!31 \ \sin(2\zeta'' - 5\zeta') && - 0,\!08 \ \cos(2\zeta'' - 5\zeta') \\
&+ 0,\!85 \ \sin(2\zeta'' - 6\zeta') && + 0,\!16 \ \cos(2\zeta'' - 6\zeta') \\
&- 0,\!17 \ \sin(2\zeta'' - 3\zeta' - 3\zeta) && + 0,\!17 \ \cos(2\zeta'' - 3\zeta' - 3\zeta) \\
&+ 0,\!39 \ \sin(2\zeta'' - 4\zeta' - 2\zeta) && + 0,\!26 \ \cos(2\zeta'' - 4\zeta' - 2\zeta) \\
&- 0,\!09 \ \sin(2\zeta'' - 4\zeta' - 3\zeta) && + 0,\!21 \ \cos(2\zeta'' - 4\zeta' - 3\zeta) \\
&- 0,\!37 \ \sin(2\zeta'' - 6\zeta' + 2\zeta) && - 0,\!07 \ \cos(2\zeta'' - 6\zeta' + 2\zeta) \\
&- 2,\!28 \ \sin(2\zeta'' - 6\zeta' + 3\zeta) && - 2,\!70 \ \cos(2\zeta'' - 6\zeta' + 3\zeta) \\
&+ 0,\!00 \ \sin(2\zeta'' - 7\zeta' + 3\zeta) && + 0,\!22 \ \cos(2\zeta'' - 7\zeta' + 3\zeta).
\end{aligned}
$$

Perturbations de la longitude de l'époque.

56. Elles sont données par la formule générale

$$\frac{d\varepsilon}{dt} = -2k \frac{d.a\dfrac{dR}{da}}{d\varepsilon'} \delta l' - 2k \frac{d.a\dfrac{dR}{da}}{da'} \delta a'$$

$$- 2k \frac{d.a\dfrac{dR}{da}}{de'} \delta e' - 2k \frac{1}{e'} \frac{d.a\dfrac{dR}{da}}{d\varpi'} e'\,\delta\varpi'.$$

81

$$\text{Calcul de } -2k \int \frac{d.a\frac{dR}{da}}{d\zeta'}\, \delta V\, dt.$$

$$
\begin{aligned}
-2k\,\frac{d.a\frac{dR}{da}}{d\zeta'} =\; & - 9{,}970.4 \;\sin(\zeta'-\zeta) + 1{,}657.3 \;\cos(\zeta'-\zeta) \\
& + 1{,}040.7 \;\sin(2\zeta'-2\zeta) + 0{,}673.7 \;\cos(2\zeta'-2\zeta) \\
& + 0{,}739 \;\sin(3\zeta'-3\zeta) - 0{,}894 \;\cos(3\zeta'-3\zeta) \\[4pt]
& + 9{,}895.9 \;\sin(\zeta') - 0{,}362.9 \;\cos(\zeta') \\
& - 0{,}144.5 \;\sin(\zeta'-2\zeta) + 0{,}175.9 \;\cos(\zeta'-2\zeta) \\
& - 0{,}255.7 \;\sin(2\zeta'-\zeta) + 0{,}905.8 \;\cos(2\zeta'-\zeta) \\
& + 9{,}965.1 \;\sin(2\zeta'-3\zeta) + 0{,}351.0 \;\cos(2\zeta'-3\zeta) \\
& + 9{,}926 \;\sin(4\zeta'-3\zeta) - 9{,}656 \;\cos(4\zeta'-3\zeta) \\[4pt]
& + 7{,}204.1 \;\sin(\zeta'+\zeta) - 8{,}039.4 \;\cos(\zeta'+\zeta) \\
& - 9{,}182.1 \;\sin(\zeta'-3\zeta) - 8{,}221.2 \;\cos(\zeta'-3\zeta) \\
& + 9{,}063.7 \;\sin(2\zeta') - 9{,}737.6 \;\cos(2\zeta') \\
& - 9{,}101.7 \;\sin(2\zeta'-4\zeta) + 9{,}506.2 \;\cos(2\zeta'-4\zeta) \\
& + 8{,}740 \;\sin(5\zeta'-3\zeta) - 8{,}738 \;\cos(5\zeta'-3\zeta)
\end{aligned}
$$

$$
\begin{aligned}
\delta\zeta =\; & - 0{,}12 \;\sin(\zeta''-\zeta) - 0{,}05 \;\cos(\zeta''-\zeta) \\
& + 0{,}03 \;\sin(\zeta''-\zeta'-\zeta) - 0{,}14 \;\cos(\zeta''-\zeta'-\zeta) \\
& - 0{,}34 \;\sin(\zeta''-2\zeta'+\zeta) + 0{,}00 \;\cos(\zeta''-2\zeta'+\zeta) \\
& + 0{,}51 \;\sin(\zeta''-3\zeta'+\zeta) + 0{,}96 \;\cos(\zeta''-3\zeta'+\zeta) \\
& - 0{,}68 \;\sin(\zeta''-3\zeta'+2\zeta) - 0{,}39 \;\cos(\zeta''-3\zeta'+2\zeta) \\
& - 0{,}12 \;\sin(\zeta''-4\zeta'+3\zeta) + 0{,}05 \;\cos(\zeta''-4\zeta'+3\zeta) \\
& - 0{,}14 \;\sin(2\zeta''-3\zeta'-\zeta) - 0{,}10 \;\cos(2\zeta''-3\zeta'-\zeta) \\
& - 0{,}22 \;\sin(2\zeta''-3\zeta'-2\zeta) + 0{,}22 \;\cos(2\zeta''-3\zeta'-2\zeta) \\
& - 2{,}08 \;\sin(2\zeta''-4\zeta'-\zeta) - 1{,}41 \;\cos(2\zeta''-4\zeta'-\zeta) \\
& - 0{,}11 \;\sin(2\zeta''-4\zeta'-2\zeta) - 0{,}23 \;\cos(2\zeta''-4\zeta'-2\zeta) \\
& + 2{,}22 \;\sin(2\zeta''-6\zeta'+\zeta) + 0{,}42 \;\cos(2\zeta''-6\zeta'+\zeta) \\
& + 0{,}33 \;\sin(2\zeta''-6\zeta'+2\zeta) - 0{,}44 \;\cos(2\zeta''-6\zeta'+2\zeta) \\
& - 0{,}08 \;\sin(2\zeta''-6\zeta'+3\zeta) + 0{,}26 \;\cos(2\zeta''-6\zeta'+3\zeta) \\
& + 0{,}16 \;\sin(2\zeta''-7\zeta'+\zeta) + 0{,}03 \;\cos(2\zeta''-7\zeta'+\zeta) \\
& + 0{,}00 \;\sin(2\zeta''-7\zeta'+2\zeta) + 0{,}30 \;\cos(2\zeta''-7\zeta'+2\zeta).
\end{aligned}
$$

$$\text{Calcul de } -2k \int \frac{d.a\,\dfrac{dR}{da}}{da'}\,\delta a'\,dt.$$

$$-2k\frac{d.a\,\dfrac{dR}{da}}{da'} = +\ 9,766.1$$
$$-\ 0,749.2\sin(\zeta'-\zeta) - 0,062.7\cos(\zeta'-\zeta)$$
$$+\ 9,787.2\sin(2\zeta'-2\zeta) - 0,153.8\cos(2\zeta'-2\zeta)$$
$$-\ 9,986.2\sin(3\zeta'-3\zeta) - 9,829.8\cos(3\zeta'-3\zeta)$$
$$-\ 9,924.2\sin(2\zeta'-\zeta) - 9,237.8\cos(2\zeta'-\zeta);$$

$$\delta\iota = -0,13\sin(\zeta'-\zeta) \qquad\qquad + 0,64\cos(\zeta'-\zeta)$$
$$+\ 0,19\sin(\zeta''-\zeta) \qquad\qquad + 0,09\cos(\zeta''-\zeta)$$
$$-\ 0,54\sin(\zeta''-2\zeta'+\zeta) + 0,00\cos(\zeta''-2\zeta'+\zeta)$$
$$+\ 0,13\sin(\zeta''-3\zeta'+2\zeta) + 0,65\cos(\zeta''-3\zeta'+2\zeta)$$
$$+\ 0,58\sin(\zeta''-3\zeta'+\zeta) - 0,23\cos(\zeta''-3\zeta'+\zeta)$$
$$+\ 0,18\sin(\zeta''-4\zeta'+3\zeta) - 0,08\cos(\zeta''-4\zeta'+3\zeta)$$
$$+\ 0,07\sin(2\zeta''-6\zeta'+3\zeta) - 0,21\cos(2\zeta''-6\zeta'+3\zeta).$$

$$\text{Calcul de } -2k \int\left\{\frac{d.a\,\dfrac{dR}{da}}{de'}\,\delta e' + \frac{1}{e'}\,\frac{d.a\,\dfrac{dR}{da}}{da'}.e'\delta\varpi'\right\}dt.$$

$$-2k\frac{d.a\,\dfrac{dR}{da}}{de'} = +1,270.8\sin\zeta \qquad\qquad -0,745.6\cos(\zeta)$$
$$-0,584.4\cos\zeta -0,883.3\sin(\zeta'-2\zeta)+1,249.9\cos(\zeta'-2\zeta)$$
$$+1,858.5\sin(2\zeta'-\zeta)+1,172.1\cos(2\zeta'-\zeta)$$
$$+1,102.3\sin(3\zeta'-3\zeta)+0,945.9\cos(3\zeta'-3\zeta)$$

$$+0,106.6\sin2\zeta-0,046.6\sin(\zeta'+\zeta)-9,507.3\cos(\zeta'+\zeta)$$
$$-0,385.4\cos2\zeta-0,581.9\sin(\zeta'-3\zeta)+0,167.5\cos(\zeta'-3\zeta)$$
$$-0,699.6\sin(2\zeta') \qquad\qquad -9.996.7\cos(2\zeta')$$
$$+9,965.5\sin(2\zeta'-4\zeta)+0,629.7\cos(2\zeta'-4\zeta)$$

On en déduit $-2k\,\dfrac{1}{e'}\,\dfrac{d.a\,\frac{dR}{da}}{da'}$ par la règle connue; on trouve ensuite :

$$\delta\iota = +0,10\sin(\zeta'-\zeta) \qquad\qquad - 0,48\cos(\zeta'-\zeta)$$
$$+\ 0,82\sin(\zeta''-2\zeta'+\zeta) + 0,00\cos(\zeta''-2\zeta'+\zeta)$$

$$- 0,07 \sin (\zeta'-3\zeta''+2\zeta) - 0,33 \cos (\zeta'-3\zeta''+2\zeta)$$
$$- 0,31 \sin (2\zeta''-3\zeta'- \zeta) - 0,03 \cos (2\zeta''-3\zeta'- \zeta)$$
$$- 0,40 \sin (2\zeta''-5\zeta'+ \zeta) + 0,13 \cos (2\zeta''-5\zeta'+ \zeta)$$
$$+ 0,20 \sin (2\zeta''-6\zeta'+2\zeta) + 0,36 \cos (2\zeta''-6\zeta'+2\zeta)$$
$$- 1,85 \sin (2\zeta''-6\zeta'+3\zeta) + 0,60 \cos (2\zeta''-6\zeta'+3\zeta)$$

En réunissant les trois parties de δz, on aura l'expression complète

$$\delta z = - 0,03 \sin (\zeta'- \zeta) \qquad + 0,16 \cos (\zeta'- \zeta)$$
$$+ 0,03 \sin (\zeta''- \zeta'- \zeta) - 0,14 \cos (\zeta''- \zeta'- \zeta)$$
$$+ 1,09 \sin (\zeta''-3\zeta'+ \zeta) + 0,73 \cos (\zeta''-3\zeta'+ \zeta)$$
$$- 0,45 \sin (2\zeta''-3\zeta'- \zeta) - 0,13 \cos (2\zeta''-3\zeta'- \zeta)$$
$$- 0,22 \sin (2\zeta''-3\zeta'-2\zeta) + 0,22 \cos (2\zeta''-3\zeta'-2\zeta)$$
$$- 2,08 \sin (2\zeta''-4\zeta'- \zeta) - 1,41 \cos (2\zeta''-4\zeta'- \zeta)$$
$$- 0,11 \sin (2\zeta''-4\zeta'-2\zeta) - 0,23 \cos (2\zeta''-4\zeta'-2\zeta)$$
$$- 0,40 \sin (2\zeta''-5\zeta'+ \zeta) + 0,13 \cos (2\zeta''-5\zeta'+ \zeta)$$
$$+ 2,32 \sin (2\zeta''-6\zeta'+ \zeta) + 0,42 \cos (2\zeta''-6\zeta'+ \zeta)$$
$$+ 0,39 \sin (2\zeta''-6\zeta'+2\zeta) + 0,29 \cos (2\zeta''-6\zeta'+2\zeta)$$
$$+ 0,00 \sin (2\zeta''-7\zeta'+2\zeta) + 0,30 \cos (2\zeta''-7\zeta'+2\zeta)$$
$$+ 0,16 \sin (2\zeta''-7\zeta'+ \zeta) + 0,03 \cos (2\zeta''-7\zeta'+ \zeta)$$
$$- 1,72 \sin (2\zeta''-6\zeta'+3\zeta) + 0,28 \cos (2\zeta''-6\zeta'+3\zeta).$$

87. Les calculs que nous venons de développer conduiront, enfin, aux expressions suivantes des perturbations de la longitude moyenne et de la longitude vraie, dues aux variations des éléments de Saturne dans la fonction perturbatrice correspondante à cette planète :

$$\delta l = 32'',73 \sin (2\zeta''-6\zeta'+3\zeta) - 0,59 \cos (2\zeta''-6\zeta'+3\zeta);$$

$$\delta v = - 0,18 \sin (\zeta'- \zeta) \qquad + 0,82 \cos (\zeta'- \zeta)$$
$$+ 0,68 \sin (\zeta'-2\zeta) \qquad - 0,65 \cos (\zeta'-2\zeta)$$
$$+ 0,58 \sin (\zeta'-3\zeta) \qquad - 0,22 \cos (\zeta'-3\zeta)$$
$$+ 0,03 \sin (\zeta''- \zeta'- \zeta) - 0,14 \cos (\zeta''- \zeta'- \zeta)$$
$$- 1,52 \sin (\zeta'-2\zeta''+ \zeta) + 0,00 \cos (\zeta'-2\zeta''+ \zeta)$$
$$- 0,02 \sin (\zeta'-2\zeta'- \zeta) - 0,18 \cos (\zeta'-2\zeta'- \zeta)$$
$$- 1,99 \sin (\zeta'-3\zeta''+ \zeta) - 0,45 \cos (\zeta'-3\zeta''+ \zeta)$$
$$+ 1,18 \sin (\zeta''-4\zeta'+3\zeta) - 0,50 \cos (\zeta''-4\zeta'+3\zeta)$$
$$- 0,24 \sin (\zeta'-4\zeta''+4\zeta) + 0,41 \cos (\zeta'-4\zeta''+4\zeta)$$
$$+ 0,12 \sin (2\zeta''-3\zeta'-2\zeta) - 0,12 \cos (2\zeta''-3\zeta'-2\zeta)$$
$$- 0,15 \sin (2\zeta''-4\zeta'- \zeta) - 0,10 \cos (2\zeta''-4\zeta'- \zeta)$$

$$+ 0,33 \ \sin(2\zeta'' - 4\zeta' - 2\zeta) - 0,65 \ \cos(2\zeta'' - 4\zeta' - 2\zeta)$$
$$+ 0,29 \ \sin(2\zeta'' - 4\zeta' - 3\zeta) - 0,20 \ \cos(2\zeta'' - 4\zeta' - 3\zeta)$$
$$- 0,75 \ \sin(2\zeta'' - 5\zeta' + \zeta) + 0,20 \ \cos(2\zeta'' - 5\zeta' + \zeta)$$
$$+ 0,31 \ \sin(2\zeta'' - 6\zeta' + \zeta) + 0,33 \ \cos(2\zeta'' - 6\zeta' + \zeta)$$
$$+ 5,33 \ \sin(2\zeta'' - 6\zeta' + 2\zeta) + 5,79 \ \cos(2\zeta'' - 6\zeta' + 2\zeta)$$
$$- 0,30 \ \sin(2\zeta'' - 6\zeta' + 4\zeta) + 0,12 \ \cos(2\zeta'' - 6\zeta' + 4\zeta)$$
$$+ 0,00 \ \sin(2\zeta'' - 7\zeta' + 2\zeta) - 0,14 \ \cos(2\zeta'' - 7\zeta' + 2\zeta)$$
$$+ 0,16 \ \sin(2\zeta'' - 7\zeta' + \zeta) + 0,03 \ \cos(2\zeta'' - 7\zeta' + \zeta).$$

88. Les termes que nous avons déterminés jusqu'ici, sont les seuls qui soient sensibles dans le carré de la force perturbatrice.

Résumé de la théorie précédente.

89. En réunissant les inégalités qui dépendent des premières puissances des masses, et dont le calcul a été développé depuis le n° **13** jusqu'au n° **47**, à celles qui dépendent des carrés des masses, et dont nous venons de donner les valeurs, et en négligeant les variations séculaires des coefficients, on trouvera, pour les expressions complètes des perturbations qui doivent être appliquées à la longitude moyenne et à la longitude vraie,

$$\delta l = 101'',93 \ \sin(\zeta' - 3\zeta) + 71'',18 \ \cos(\zeta' - 3\zeta)$$
$$+ 32,73 \ \sin(2\zeta'' - 6\zeta' + 3\zeta) - 0,59 \ \cos(2\zeta'' - 6\zeta' + 3\zeta);$$

$$\delta v = + 11'',78 \ \sin(\zeta' - \zeta) - 17'',85 \ \cos(\zeta' - \zeta)$$
$$+ 3,81 \ \sin(2\zeta' - 2\zeta) + 1,66 \ \cos(2\zeta' - 2\zeta)$$
$$+ 0,49 \ \sin(3\zeta' - 3\zeta) - 0,68 \ \cos(3\zeta' - 3\zeta)$$
$$- 0,17 \ \sin(4\zeta' - 4\zeta) - 0,16 \ \cos(4\zeta' - 4\zeta)$$
$$+ 0,41 \ \sin(\zeta') + 1,38 \ \cos(\zeta')$$
$$+ 139,27 \ \sin(\zeta' - 2\zeta) + 13,43 \ \cos(\zeta' - 2\zeta)$$
$$+ 0,36 \ \sin(2\zeta' - \zeta) - 0,73 \ \cos(2\zeta' - \zeta)$$
$$+ 1,27 \ \sin(2\zeta' - 3\zeta) + 2,29 \ \cos(2\zeta' - 3\zeta)$$
$$+ 0,44 \ \sin(3\zeta' - 4\zeta) - 0,14 \ \cos(3\zeta' - 4\zeta)$$
$$+ 0,10 \ \sin 2\zeta + 0,54 \ \cos 2\zeta$$
$$- 0,05 \ \sin(2\zeta' - 4\zeta) + 2,02 \ \cos(2\zeta' - 4\zeta)$$
$$- 0,11 \ \sin(\zeta' - 4\zeta) - 0,47 \ \cos(\zeta' - 4\zeta)$$
$$+ 2,17 \ \sin(2\zeta' - 5\zeta) - 2,18 \ \cos(2\zeta' - 5\zeta)$$
$$- 0,15 \ \sin(3\zeta' - 6\zeta) - 0,23 \ \cos(3\zeta' - 6\zeta)$$
$$+ 0,55 \ \sin(2\zeta' - 6\zeta) - 0,17 \ \cos(2\zeta' - 6\zeta)$$

$$- 48'',92 \sin(\zeta'' - \zeta) \qquad - 21,38 \cos(\zeta'' - \zeta)$$
$$+ 0,93 \sin(\zeta'') \qquad + 0,53 \cos(\zeta'')$$
$$- 3,00 \sin(\zeta'' - 2\zeta) \qquad - 1,10 \cos(\zeta'' - 2\zeta)$$
$$- 1,31 \sin(2\zeta'' - \zeta) \qquad - 0,66 \cos(2\zeta'' - \zeta)$$
$$- 0,17 \sin(2\zeta'' - 3\zeta) \qquad - 0,25 \cos(2\zeta'' - 3\zeta)$$
$$- 1,52 \sin(\zeta'' - 2\zeta' + \zeta) \qquad + 0,00 \cos(\zeta'' - 2\zeta' + \zeta)$$
$$- 1,99 \sin(\zeta'' - 3\zeta' + \zeta) \qquad - 0,45 \cos(\zeta'' - 3\zeta' + \zeta)$$
$$+ 1,18 \sin(\zeta'' - 4\zeta' + 3\zeta) \qquad - 0,50 \cos(\zeta'' - 4\zeta' + 3\zeta)$$
$$+ 0,19 \sin(\zeta'' - 4\zeta' + 4\zeta) \qquad + 0,30 \cos(\zeta'' - 4\zeta' + 4\zeta)$$
$$+ 0,33 \sin(2\zeta'' - 4\zeta' - 2\zeta) \qquad - 0,65 \cos(2\zeta'' - 4\zeta' - 2\zeta)$$
$$+ 0,29 \sin(2\zeta'' - 4\zeta' - 3\zeta) \qquad - 0,20 \cos(2\zeta'' - 4\zeta' - 3\zeta)$$
$$- 0,75 \sin(2\zeta'' - 5\zeta' + \zeta) \qquad + 0,20 \cos(2\zeta'' - 5\zeta' + \zeta)$$
$$+ 0,31 \sin(2\zeta'' - 6\zeta' + \zeta) \qquad + 0,33 \cos(2\zeta'' - 6\zeta' + \zeta)$$
$$+ 5,33 \sin(2\zeta'' - 6\zeta' + 2\zeta) \qquad + 5,79 \cos(2\zeta'' - 6\zeta' + 2\zeta)$$
$$- 0,30 \sin(2\zeta'' - 6\zeta' + 4\zeta) \qquad + 0,12 \cos(2\zeta'' - 6\zeta' + 4\zeta).$$

Transformons en un seul terme ceux qui dépendent du sinus et du cosinus d'un même angle; ayons égard aux variations séculaires trouvées pour les coefficients et pour les angles; enfin, apportons les mêmes transformations aux perturbations précédemment obtenues pour le rayon vecteur et pour la latitude. Nous trouverons ainsi :

$$\delta l = (124'',32 - 0'',01126\,t)\sin(\zeta' - 3\zeta + 18'',246\,t + 34^\circ.55'.39'')$$
$$+ 32'',74 \sin(2\zeta' - 6\zeta' + 3\zeta + 358^\circ.58'.2'');$$

$$\delta v = + 21'',39 \sin(\zeta' - \zeta + 303^\circ.25'.22'')$$
$$+ 4,16 \sin(2\zeta' - 2\zeta + 23.32.35)$$
$$+ 0,84 \sin(3\zeta' - 3\zeta + 305.46.40)$$
$$+ 0,23 \sin(4\zeta' - 4\zeta + 223.16.\ 0)$$
$$+ 1,44 \sin(\zeta' \qquad\qquad + 73.27.10)$$

$$+ (139'',92 - 0'',0092\,t)\sin(\zeta' - 2\zeta + 16'',310\,t + 5^\circ.30'.29'')$$
$$+ 0,81 \sin(2\zeta' - \zeta + 296.15.\ 0)$$
$$+ 2,62 \sin(2\zeta' - 3\zeta + 66.59.10)$$
$$+ 0,46 \sin(3\zeta' - 4\zeta + 342.21.10)$$
$$+ 0,55 \sin(2\zeta' \qquad\qquad + 79.30.30)$$
$$+ 2,02 \sin(2\zeta' - 4\zeta + 91.25.\ 4)$$
$$+ 0,48 \sin(\zeta' - 4\zeta + 256.49.40)$$
$$+ 3,08 \sin(2\zeta' - 5\zeta + 314.52.10)$$
$$+ 0,27 \sin(3\zeta' - 6\zeta + 236.53.20)$$

$$
\begin{aligned}
&+\ \ \ 0,58 \sin (2\zeta' - 6\zeta + 342.49.40) \\
&+ 53,59 \sin (\ \zeta'' - \ \ \zeta + 203.36.27) \\
&+\ \ \ 1,07 \sin (\ \zeta'' \qquad\quad + \ \ 29.40.40) \\
&+\ \ \ 3,20 \sin (\ \zeta'' - 2\zeta + 200.\ \ 8.10) \\
&+\ \ \ 1,47 \sin (2\zeta'' - \ \ \zeta + 206.44.25) \\
&+\ \ \ 0,30 \sin (2\zeta'' - 3\zeta + 235.47.\ \ 0) \\
&+\ \ \ 1,52 \sin (\ \zeta'' - 2\zeta' + \ \zeta + 180.\ \ 0.\ \ 0) \\
&+\ \ \ 2,64 \sin (\ \zeta'' - 3\zeta' + \ \zeta + 192.44.30) \\
&+\ \ \ 1,28 \sin (\ \zeta'' - 4\zeta' + 3\zeta + 337.\ \ 2.10) \\
&+\ \ \ 0,28 \sin (\ \zeta'' - 4\zeta' + 4\zeta + \ \ 46.28.10) \\
&+\ \ \ 0,73 \sin (2\zeta'' - 4\zeta' - 2\zeta + 296.55.\ \ 0) \\
&+\ \ \ 0,35 \sin (2\zeta'' - 4\zeta' - 3\zeta + 325.24.30) \\
&+\ \ \ 0,78 \sin (2\zeta'' - 5\zeta' + \ \zeta + 165.\ \ 4.10) \\
&+\ \ \ 0,45 \sin (2\zeta'' - 6\zeta' + \ \zeta + \ \ 46.47.25) \\
&+\ \ \ 7,87 \sin (2\zeta'' - 6\zeta' + 2\zeta + \ \ 47.22.10) \\
&+\ \ \ 0,32 \sin (2\zeta'' - 6\zeta' + 4\zeta + 158.12.\ \ 0)\ ;
\end{aligned}
$$

$$
\begin{aligned}
\delta r =\ &+\ 0,008.70 \\
&+ 0,003.36 \cos (l' - l + 354.51.34) \\
&+ 0,005.70 \cos (l' - 2l + \ \ 73.26.\ \ 8) \\
&+ 0,001.05 \cos (l' - 3l + 269.29.22) \\
&+ 0,004.76 \cos (l'' - l + \ \ \ \ 0.24.56)\ ;
\end{aligned}
$$

$$
\begin{aligned}
\delta\lambda =\ &+\ 0,22 + 0,88 \sin (l' + 233.44) \\
&+ 2,95 \sin (l' - 2l + 364.52) \\
&+ 0,64 \sin (l'' + 233.10).
\end{aligned}
$$

60. L'emploi de ces expressions demande qu'on les ait réduites à ne contenir d'autre variable que le temps. C'est la dernière transformation qui reste à leur faire subir. En l'effectuant, et en empruntant les inégalités séculaires à la *Connaissance des Temps* pour 1844, nous arriverons enfin, pour calculer les perturbations produites sur Uranus par Jupiter et Saturne, aux formules qui suivent, dans lesquelles le plan de l'orbite est rapporté à l'écliptique vraie ; le temps t est compté à partir du 1er janvier 1800 :

Inégalités séculaires des éléments de l'orbite.

$$
\begin{aligned}
2\delta l &= -\ \ \ 0,104.6\,t, \\
\delta\varpi &= +\ \ \ 2,447\,t, \\
\delta\varphi &= +\ \ \ 0,030.5\,t, \\
\delta\theta &= -\ 32,368\,t.
\end{aligned}
$$

Inégalités applicables à la longitude moyenne.

$$\delta l = (124,32 - 0,011.26t)\,\sin(50.53.11 - 0.37.42,56t)$$
$$+\ 32,74\ \sin(314.44.8 + 0.13.33,611t);$$

Inégalités applicables à la longitude vraie.

$$
\begin{aligned}
\delta v =\quad & 21,39\ \sin(331.22.39 + 7.56.10,482t)\\
+\ & 4,16\ \sin(79.27.8 + 15.52.20,964t)\\
+\ & 0,84\ \sin(29.38.30 + 23.48.31,446t)\\
+\ & 0,23\ \sin(335.5.7 + 31.44.41,928t)\\
+\ & 1,44\ \sin(107.24.19 + 12.13.16,127t)\\
+\ (139,92 - &\,0,0093t)\ \sin(27.27.53 + 3.39.21,147t)\\
+\ & 0,81\ \sin(358.9.36 + 20.9.26,609t)\\
+\ & 2,62\ \sin(110.53.51 + 11.35.15,319t)\\
+\ & 0,46\ \sin(60.13.8 + 19.31.25,801t)\\
+\ & 0,55\ \sin(91.30.13 + 8.34.11,290t)\\
+\ & 2,02\ \sin(135.19.53 + 7.18.9,674t)\\
+\ & 0,48\ \sin(266.47.20 - 4.55.6,453t)\\
+\ & 3,08\ \sin(352.47.7 + 3.1.4,029t)\\
+\ & 0,27\ \sin(302.45.33 + 10.57.14,511t)\\
+\ & 0,58\ \sin(14.44.44 - 1.16.1,616t)\\
+\ & 53,39\ \sin(268.21.16 + 26.3.51,074t)\\
+\ & 1,07\ \sin(100.25.21 + 30.20.56,719t)\\
+\ & 3,20\ \sin(258.53.7 + 21.46.45,439t)\\
+\ & 1,47\ \sin(342.13.55 + 56.24.47,793t)\\
+\ & 0,30\ \sin(359.16.46 + 47.50.36,503t)\\
+\ & 1,52\ \sin(188.50.16 + 10.11.30,110t)\\
+\ & 2,04\ \sin(167.37.37 - 2.1.46,017t)\\
+\ & 1,28\ \sin(289.57.52 - 5.40.50,854t)\\
+\ & 0,38\ \sin(5.23.44 - 1.23.45,209t)\\
+\ & 0,73\ \sin(290.36.2 + 3.14.37,640t)\\
+\ & 0,35\ \sin(313.5.40 - 1.2.38,005t)\\
+\ & 0,78\ \sin(142.47.40 + 3.52.38,448t)\\
+\ & 0,45\ \sin(350.33.46 - 8.20.37,679t)\\
+\ & 7,87\ \sin(357.8.23 - 4.3.32,034t)\\
+\ & 0,32\ \sin(119.57.58 + 4.30.39,256t).
\end{aligned}
$$

Inégalités du rayon vecteur.

$$\delta r = + 0,008.70$$
$$+ 0,003.36 \cos (304°.26'.47'' + 7°.56'.10'',482t)$$
$$+ 0,005.70 \cos (209.31. 5 + 3.39. 4,837t)$$
$$+ 0,001.05 \cos (232. 4. 3 - 0.38. 0,808t)$$
$$+ 0,004.76 \cos (268.46.59 + 26. 3.51,074t).$$

Inégalités de la latitude.

$$\delta\lambda = + 0'',22 + 0'',88 \sin (356°.49' + 12°.13'.16'',127t)$$
$$+ 2,95 \sin (80.57 + 3.39. 4,837t)$$
$$+ 0,64 \sin (315. 2 + 30.20.56,719t).$$

DEUXIÈME PARTIE.

COMPARAISON DE LA THÉORIE PRÉCÉDENTE AVEC LES OBSERVATIONS.

---

64. Mon but est ici d'examiner si le mouvement elliptique, augmenté des perturbations produites par Jupiter et Saturne, est susceptible de représenter exactement les observations d'Uranus. On sait que les Tables actuelles, pour la construction desquelles les perturbations ont été empruntées à la *Mécanique céleste*, ne concordent pas avec les observations. Nous devons donc, avant tout, rechercher si un pareil résultat peut tenir à l'inexactitude des inégalités employées dans les Tables; s'il y a lieu d'espérer que les nouvelles formules des perturbations rétabliront l'harmonie entre le calcul et l'observation.

Recourons aux expressions des perturbations données dans la *Mécanique céleste* et dans le préambule des Tables d'Uranus. Ramenons les masses de Saturne et de Jupiter à celles que nous avons nous-même employées; réduisons les angles au système sexagésimal. Nous trouverons que les Tables actuelles d'Uranus sont fondées sur les formules suivantes, pour les perturbations de la longitude moyenne et de la longitude vraie :

$$\delta l = 103{,}04 \, \sin (\zeta' - 3\zeta) + 72{,}63 \, \cos (\zeta' - 3\zeta)$$

$$
\begin{aligned}
\delta v = \;\; &12{,}00 \, \sin (\zeta' - \zeta) - 18{,}61 \, \cos (\zeta' - \zeta) \\
+ &3{,}81 \, \sin (2\zeta' - 2\zeta) + 1{,}66 \, \cos (2\zeta' - 2\zeta) \\
+ &0{,}49 \, \sin (3\zeta' - 3\zeta) - 0{,}68 \, \cos (3\zeta' - 3\zeta) \\
- &0{,}17 \, \sin (4\zeta' - 4\zeta) - 0{,}16 \, \cos (4\zeta' - 4\zeta) \\
- &0{,}07 \, \sin (\zeta') + 1{,}32 \, \cos (\zeta') \\
+ &140{,}75 \, \sin (\zeta' - 2\zeta) + 13{,}50 \, \cos (\zeta' - 2\zeta) \\
+ &0{,}36 \, \sin (2\zeta' - \zeta) - 0{,}73 \, \cos (2\zeta' - \zeta) \\
+ &0{,}90 \, \sin (2\zeta' - 3\zeta) + 2{,}35 \, \cos (2\zeta' - 3\zeta) \\
+ &0{,}42 \, \sin (3\zeta' - 4\zeta) - 0{,}15 \, \cos (3\zeta' - 4\zeta) \\
+ &0{,}09 \, \sin (2\zeta' - 4\zeta) + 1{,}64 \, \cos (2\zeta' - 4\zeta) \\
- &0{,}60 \, \sin (2\zeta' - 5\zeta) + 0{,}74 \, \cos (2\zeta' - 5\zeta) \\
- &47{,}77 \, \sin (\zeta'' - \zeta) - 20{,}89 \, \cos (\zeta'' - \zeta) \\
+ &1{,}12 \, \sin (\zeta'') + 0{,}51 \, \cos (\zeta'') \\
- &3{,}20 \, \sin (\zeta'' - 2\zeta) - 1{,}25 \, \cos (\zeta'' - 2\zeta) \\
- &1{,}15 \, \sin (2\zeta'' - \zeta) - 0{,}52 \, \cos (2\zeta'' - \zeta)
\end{aligned}
$$

En comparant ces expressions à celles du n° 89, dans le but d'apprécier l'influence que les erreurs des formules anciennes ont pu avoir sur l'exactitude des Tables, on pourra négliger l'inégalité de la longitude moyenne dont la période est d'environ 1600 ans ; son omission n'a pu agir en aucune manière sur la valeur des Tables à notre époque. On peut, en effet, à cause de la lenteur de l'argument, développer l'expression de cette perturbation par rapport aux puissances du temps, et s'en tenir, pour la période des observations que nous possédons, à la première puissance de cette variable. L'effet de la perturbation se confond ainsi avec le moyen mouvement. En ne nous arrêtant donc qu'aux perturbations dont la valeur a complétement changé dans l'intervalle des observations que nous pouvons comparer entre elles, nous trouverons que la somme de toutes les erreurs individuelles des perturbations qui sont comprises dans les Tables en usage, s'élève à 29 secondes sexagésimales. Mais, comme tous ces écarts n'atteignent pas ensemble leur maximum, l'erreur définitive qui en peut résulter sur la longitude n'est environ que les deux tiers du nombre précédent.

On se tromperait toutefois, si l'on bornait là l'influence que le peu de précision de la théorie a dû avoir sur l'exactitude des Tables ; nous apprécierons mieux cette influence comme il suit. Lorsque, dans le but de déterminer les éléments du mouvement elliptique d'Uranus, on a recours aux observations, on doit commencer par retrancher, des positions observées, la valeur calculée des perturbations ; le reste de la soustraction représente le lieu elliptique de l'astre. Si donc les perturbations sont inexactement calculées, les positions elliptiques se trouveront empreintes des mêmes erreurs changées de signes ; erreurs qui passeront, en s'aggravant peut-être, dans les éléments de l'orbite. La multiplicité des positions employées ne remédiera d'ailleurs en rien à cet inconvénient, puisqu'elles seront toutes empreintes des mêmes erreurs systématiques.

Appliquons ces considérations au cas où l'on voudrait baser des Tables d'Uranus sur des observations comprises entre 1790 et 1820, c'est-à-dire sur un intervalle de trente années ; recherchons quelles différences existeraient entre les éléments du mouvement elliptique, selon qu'on emploierait les anciennes ou les nouvelles formules des perturbations. Nous trouverons d'abord que les corrections qu'il faut apporter aux perturbations de la longitude, données par les Tables actuelles, sont :

$$
\begin{aligned}
&\text{En 1790}\ldots\ldots\ldots\ \ +\ 2{,}5\\
&\text{En 1800}\ldots\ldots\ldots\ \ -\ 4{,}7\\
&\text{En 1810}\ldots\ldots\ldots\ \ -\ 10{,}0\\
&\text{En 1820}\ldots\ldots\ldots\ \ -\ 7{,}9
\end{aligned}
$$

Les corrections correspondantes des éléments elliptiques s'en déduiront sensiblement au moyen des équations suivantes :

$$\delta\varepsilon - 10\,\delta n - 0{,}600.2\delta e - 0{,}800.2e\delta\varpi + 0{,}5 = 0,$$
$$\delta\varepsilon + 0\,\delta n + 0{,}104.2\delta e - 0{,}994.2e\delta\varpi - 4{,}7 = 0,$$
$$\delta\varepsilon + 10\,\delta n + 0{,}753.2\delta e - 0{,}658.2e\delta\varpi - 10{,}0 = 0,$$
$$\delta\varepsilon + 20\,\delta n + 1{,}000.2\delta e + 0{,}029.2e\delta\varpi - 7{,}9 = 0,$$

et l'on trouvera ainsi :

$$\delta\varepsilon = + 4{,}8,$$
$$\delta n = - 0{,}87,$$
$$2.\delta e = + 20{,}4,$$
$$2.e\delta\varpi = + 2{,}3,$$

On en conclut que, par le fait de l'inexactitude des éléments elliptiques, la longitude héliocentrique calculée en 1845, au moment de l'opposition et par les Tables fausses, aura besoin d'être diminuée de 38″,8. Si l'on retranche de ce nombre 6″,5, à cause de l'inexactitude des Tables des perturbations en 1845, on voit, en définitive, que la longitude héliocentrique donnée à cette époque, par les Tables fondées sur les perturbations inexactes, sera trop forte de 32″,3 environ.

Tel est effectivement le sens de l'erreur en longitude des Tables actuelles ; seulement l'écart est beaucoup plus fort. Ces Tables sont d'ailleurs fondées sur quarante années d'observations, ce qui pourrait diminuer un peu l'erreur que nous venons de trouver. Concluons donc que les inexactitudes des formules primitives des perturbations ont effectivement influé d'une manière fâcheuse sur la construction des Tables, à un tel point, qu'il était impossible que ces Tables représentassent les observations. Mais l'écart qui existe entre la théorie et l'observation ne peut venir de là entièrement. La cause doit en être recherchée ailleurs.

62. Les conséquences de cette première discussion seraient très-nettes, si nous pouvions compter d'une manière absolue sur l'exactitude de la marche qui a été suivie par M. Bouvard dans la construction des Tables d'Uranus, publiées en 1821. Nous pourrions déclarer, dès à présent, qu'il faut chercher ailleurs que dans l'imperfection des éléments de l'ellipse, la cause des étranges inégalités qui nous occupent ; qu'Uranus est nécessairement soumis à une force perturbatrice autre que celles que nous connaissions jusqu'ici. Nous voilà donc conduits, par la nécessité de notre sujet, à un examen serieux et critique des Tables d'Uranus, des Tables dont on fait actuellement usage.

I. L'excentricité de l'orbite, employée dans les Tables, devrait se retrouver de trois manières différentes, au moyen du préambule et au moyen de la Table de l'équation du centre.

Nous lisons une première valeur de cette excentricité à la page 11 du préambule, qui donne, pour l'an 1800 :

$$e = 0,046.6108.$$

C'est ce nombre que nous avons employé dans le calcul des perturbations.

En second lieu, nous trouvons à la page xv du préambule l'expression algébrique de l'équation du centre E, *supposée construite au moyen de la valeur précédente de e*. Cette expression, dans laquelle ζ représente toujours l'anomalie moyenne, serait, exprimée en *secondes décimales*, pour l'an 1800 :

$$E = \quad 59427'',54 \, \sin \zeta$$
$$+ \quad 1733,14 \, \sin 2\zeta$$
$$+ \quad 70,08 \, \sin 3\zeta$$
$$+ \quad 3,25 \, \sin 4\zeta$$
$$+ \quad 0,16 \, \sin 5\zeta.$$

Enfin, de la Table X de l'équation du centre, Table dont tous les nombres ont été diminués de $7'17'',5$ décimales, à cause des perturbations, nous déduisons qu'au moment où l'anomalie moyenne ζ atteindrait 100 grades, l'équation du centre s'élèverait, toujours en mesures décimales, à

$$5^{g}.93'.48'',6.$$

Voyons si ces différents résultats s'accordent entre eux.

L'équation du centre, déduite *exactement* de la valeur de l'excentricité $e = 0,046.6108$, a pour expression

$$E = \quad 59330'',63 \, \sin \zeta$$
$$+ \quad 1727,69 \, \sin 2\zeta$$
$$+ \quad 69,75 \, \sin 3\zeta$$
$$+ \quad 3,22 \, \sin 4\zeta$$
$$+ \quad 0,16 \, \sin 5\zeta.$$

Ce résultat diffère de celui que nous avons écrit plus haut, d'après M. Bouvard. Les coefficients du premier terme, rapportés dans les deux expres-

sions, s'écartent l'un de l'autre de 96″,91 ; en sorte que la formule ana-
lytique, donnée à la page xv du préambule, correspond certainement à une
excentricité plus faible que l'excentricité 0,046.6108, qu'on lit à la page 11.

D'un autre côté, supposons, dans les deux expressions de E que nous venons
d'écrire, $\zeta = 100$ grades, afin d'avoir la valeur de l'équation du centre correspondante, et de la comparer à celle que nous avons trouvée dans la
Table X ; nous obtiendrons :

$$\text{Par la première valeur de E} \ldots \ldots \ldots 5.93.57,52$$
$$\text{Par la seconde valeur de E} \ldots \ldots \ldots 5.92.71,04$$
$$\text{Par la Table X, comme ci-dessus} \ldots \ldots 5.93.48,0.$$

On le voit, il n'y a pas deux de ces nombres qui s'accordent entre eux.
Nous sommes immédiatement conduits à nous demander si la Table X de
l'équation du centre a bien été construite au moyen de l'excentricité qu'avait
véritablement fournie, à M. Bouvard, la discussion des observations, et si
les nombres du préambule sont tous les deux erronés ; ou bien, si l'un de
ces nombres pouvant être le véritable, la Table de l'équation du centre est
alors fausse. Et comme nous n'avons aucun moyen de démêler si la vérité est
même contenue dans une de ces deux hypothèses, nous devons nous mettre
en garde contre toute conséquence qu'on voudrait déduire de la comparaison immédiate des Tables de M. Bouvard avec les observations.

Vainement essayerait-on, pour se prononcer entre les expressions précédentes, de recourir au rayon vecteur ; on ne serait ainsi conduit qu'à
la découverte de nouvelles discordances.

II. Le mouvement séculaire de la longitude moyenne, fourni par la
Table II, ne s'accorde pas avec le mouvement pour les années, tel qu'il
se trouve dans la Table I. Le premier est trop fort de 10″,7. D'après la
marche qu'on suit pour calculer les lieux antérieurs au XIXᵉ siècle, il en
résulterait une erreur de 21″,5 sur la comparaison de la position calculée
de la planète avec la position observée par Flamsteed en 1690 ; les lieux calculés dans le XVIIIᵉ siècle seraient tous trop faibles de 10″,7.

III. La formation des équations de condition va donner lieu à des remarques importantes. L'auteur des Tables prend, pour la variation de l'équation du centre, due à la variation δe de l'excentricité,

$$2\delta e . \sin \zeta \quad (page \ \text{xv} \ du \ préambule),$$

au lieu de la valeur plus complète

$$\left(\sin \zeta + \frac{5}{4} e . \sin 2\zeta \right) . 2\delta e.$$

La première approximation est-elle suffisante? Pouvait-on se permettre de négliger le terme $2\delta e - \frac{5}{4} e \sin 2\zeta$? C'est une nouvelle question, à laquelle M. Bouvard ne nous a pas laissé les moyens de répondre d'une manière nette; tout dépend ici de la grandeur de la correction $2\delta e$ qu'on a obtenue en passant de l'excentricité provisoire à l'excentricité définitive, et nous ne connaissons pas cette correction. Le maximum du terme considéré a pour valeur

$$\frac{5}{4} e \cdot 2\delta e = 0,0583 \times 2\delta e.$$

Admettons que $2\delta e$ se soit élevé à 100 secondes sexagésimales, hypothèse très-plausible; nous voyons qu'il en sera nécessairement résulté $5''.8$ sexagésimales d'erreur dans la théorie.

La variation de l'équation du centre, due à la variation de la longitude du périhélie, donne lieu aux mêmes remarques, puisqu'on l'a réduite également à son premier terme. On voit enfin que les coefficients correspondants dans les équations de condition, coefficients qui s'élèvent au maximum à l'unité, et qui ont été donnés avec quatre décimales, ont, la plupart du temps, les trois dernières *très-inexactes*.

IV. Enfin, pour ne plus présenter qu'une seule objection, nous ferons observer que M. Bouvard a formé toutes ses équations de condition, celles qui répondent aux quadratures de la planète comme à ses oppositions, sans tenir aucun compte de l'erreur possible du rayon vecteur, en rejetant toutes les erreurs de la théorie sur le compte de la seule longitude héliocentrique!

Voilà bien des causes d'incertitude! Et nous en devons d'autant plus redouter l'effet, que les Tables n'ayant été basées que sur les observations de quarante années, l'influence de ces erreurs a pu se faire sentir d'une manière bien grave dans le calcul des éléments elliptiques, suivant ce qui a été expliqué dans le n° 64. Si l'on réfléchit encore que ces inexactitudes sont peu propres à rassurer sur le reste du travail, pour le contrôle duquel toute espèce de donnée manque, il devient tout à fait impossible de baser, sur des documents aussi incertains, cette grave conclusion, que nos théories astronomiques sont en défaut à l'égard d'Uranus, quand on ne tient compte que des actions des planètes connues. Mais alors il ne reste plus d'autre parti que de reprendre en son entier la comparaison de la théorie avec les observations anciennes et modernes, et c'est ce que nous allons faire.

Nous commencerons par donner une Éphéméride théorique des positions de la planète en ascension droite et en déclinaison, Éphéméride à laquelle il sera ensuite facile de comparer les ascensions droites et les déclinaisons observées.

Éphémérides d'Uranus.

63. Les positions contenues dans ces Éphémérides sont toutes rapportées au minuit de chaque jour, temps moyen de Paris.

La longitude moyenne l a été calculée en parties décimales de la circonférence, au moyen des Tables I, II, III et IV de M. Bouvard.

Les Tables I et IV sont exactes dans toute leur étendue.

La Table II des mouvements séculaires a été rectifiée, conformément au n° **62.**

Enfin, on a formé l'errata suivant de la Table III des mouvements pour les mois :

Années bissextiles.

Avril,	*au lieu de* 1,99.00,2,	*lisez* 1,19.00,2
Décembre,	*au lieu de* 4,38.09,4	*lisez* 4,38.08,6.

64. Les Tables destinées à fournir, aux différentes époques, les longitudes ϖ du périhélie et θ du nœud ont été construites de nouveau, et en entier, conformément aux mouvements annuels admis dans le n° **60.**

65. Cherchons quelle est l'excentricité qui correspond véritablement à la Table X de l'équation du centre E. Si, pour cet objet, nous considérons la valeur de cette équation, correspondante à une anomalie moyenne de 100 grades, nous trouverons, pour déterminer la valeur de l'excentricité, la relation

$$2e - \tfrac{1}{4}e^3 + \tfrac{11}{12}e^5 = 59348'',0,$$

dont nous déduirons

$$e = 0,046.6794.$$

Telle est l'excentricité dont nous ferons usage ; nous y trouverons l'avantage de pouvoir employer la Table X de l'équation du centre, Table dont j'ai vérifié l'exactitude suffisante dans toute son étendue, mais qui renferme de nombreuses fautes d'impression, qu'il faudra avant tout corriger au moyen de l'errata suivant :

Anomalie moyenne.		Équation du centre.		Équation du centre.
7,	au lieu de	0,62.65,9	lisez	0,62.65,0
15	....	1,39.28,4	....	1,39.88,4
25	....	2,35.14,3	....	2,33.14,3
44	....	3,89.22,8	....	3,89.21,8
75	....	6,53.72,9	....	5,53.72,9
92	....	5,85.95,3	....	5,85.96,3
141	....	4,51.60,5	....	4,51.60,2
142	....	4,45.83,1	....	4,45.82,5
167	....	2,73.97,0	....	2,72.97,0
190	....	0,79.71,9	....	0,80.71,9
210	....	399,05.93,1	....	399,04.93,1
217	....	398,43.38,3	....	398,44.38,3
233	....	397,11.68,0	....	397,12.68,0
324	....	394,29.83,8	....	394,28.83,8
327	....	394,39.52,6	....	394,38.52,6
374	....	397,43.72,1	....	397,43.52,1

Il y a encore d'autres fautes dans l'argument de la Table, dans les différences premières et secondes de l'équation. On les decouvrira aisément et on les corrigera.

Quant à la variation séculaire, elle a été de nouveau réduite en Table, conformément au mouvement de l'excentricité, donné dans le n° 60.

66. On pourra se servir de la Table XXII, pour calculer le rayon vecteur r, après toutefois y avoir apporté les modifications suivantes. La constante du rayon, due à l'action des perturbations, n'a pas rigoureusement la même valeur dans notre théorie que dans celle qui a servi de base aux Tables. De plus, la Table XXII du rayon vecteur ne correspond pas tout à fait à la même excentricité que la Table de l'équation du centre. On tiendra compte de ces différentes causes d'erreur, qui n'ont, au reste, qu'une faible influence, en ajoutant aux rayons de la Table XXII, non pas la constante 0,015.09, qui en a été primitivement retranchée, mais bien une correction variable qu'on trouvera dans la Table suivante, exprimée en unités du cinquième ordre décimal :

ANOMALIE MOYENNE	CORRECTION du rayon	ANOMALIE moyenne	CORRECTION du rayon	ANOMALIE moyenne	CORRECTION du rayon	ANOMALIE moyenne	CORRECTION du rayon
0°	1550	50°	1545	100°	1531	150°	1521
10	1550	60	1543	110	1529	160	1519
20	1549	70	1540	120	1527	170	1517
30	1548	80	1537	130	1525	180	1516
40	1547	90	1534	140	1523	190	1515
50	1545	100	1531	150	1521	200	1515

Il faudra, d'ailleurs, appliquer à cette Table XXII l'errata suivant :

Anomalie moyenne.	Rayon.		Rayon.
28° au lieu de	18,373.89	lisez	18,373.81
82	18,961.51	.....	18,965.51
84	18,993.22	.....	18,993.24
97	19,175.91	.....	19,175.71
103	19,258.81	.....	19,259.81
115	19,424.11	.....	19,424.01

Nous désignerons par r, le rayon vecteur projeté sur l'écliptique.

67. La Table XXVIII pourra être employée au calcul de la distance non troublée au pôle boréal de l'écliptique, après un bien faible changement dans la variation séculaire. Cette Table ne présente qu'une seule faute :

Argument.	Dist. polaire.		Dist. polaire.
110°, au lieu de	99,15.86,5,	lisez	99,14.86,5

68. La Table XXXII donnera la réduction ρ à l'écliptique. Elle renferme aussi une seule faute :

Argument.	Réduction à l'écliptique.		Réduction à l'écliptique.
80, au lieu de	$-17''{,}7$,	lisez	$-17''{,}1$

69. Les perturbations héliocentriques ont été calculées par les formules du n° 60. Pour la longitude, on a d'abord formé les perturbations de la longitude moyenne, et la variation correspondante de l'équation du

centre : ces deux nombres ont été réunis aux perturbations de la longitude vraie v.

Les perturbations du rayon ont été formées sans tenir compte de la partie constante, qui a été ajoutée à la Table du rayon dans l'ellipse.

Les Tables du mouvement elliptique, que j'avais à ma disposition, étant construites dans la division décimale du cercle, j'ai naturellement rapporté à cette division le calcul des perturbations. La longitude héliocentrique réduite à l'écliptique, et la distance polaire, ont ensuite été ramenées à la division sexagésimale.

70. Les renseignements qui précèdent suffisent pour montrer comment ont été calculées les positions héliocentriques d'Uranus. Voici un spécimen de ce calcul pour le 24 septembre 1845 : v, désigne la longitude héliocentrique réduite à l'écliptique ; λ, est la latitude vraie héliocentrique ; $\Re$ est le rayon vecteur dans l'orbite, et r, le rayon vecteur réduit à l'écliptique. Enfin les perturbations de chacune des coordonnées ont été désignées par la lettre P.

$$
\begin{aligned}
l &= 11,21.14,6 & \varpi &= 186,86.16,4 \\
E &= 397,89.67,9 & l-\varpi &= 224,34.98 \\
P &= 26,6 \\
\hline
v &= 9,11.09,1 & s &= 81,35.09,5 \\
p &= 22,3 & v-s &= 327,76.00 \\
\hline
v_1 &= 9,11.31,4
\end{aligned}
$$

$$
\begin{aligned}
100^g-\lambda &= 100,78.04,8 & r &= 20,027.38 \\
P &= 10,4 & P &= 10.93 \\
\hline
100^g-\lambda_1 &= 100,78.15,2 & \Re &= 20,038.31 \\
 & & \log \Re &= 1,301.86 \\
 & & \cos \lambda_1 &= 9,999.97 \\
\hline
 & & \log r_1 &= 1,301.83
\end{aligned}
$$

La longitude et la distance polaire étant transportées de la division décimale à la division sexagésimale deviennent :

$$
\begin{aligned}
v_1 &= 8^s 12' \; 6'',6 \\
90^\circ-\lambda_1 &= 90.42.12,1
\end{aligned}
$$

C'est ainsi qu'ont été construites les éphémérides suivantes des positions héliocentriques d'Uranus, pour le minuit moyen du méridien de Paris. Ces éphémérides contiennent :

1°. Dans les colonnes 3, 4 et 5, les perturbations de la longitude vraie, de la distance au pôle boréal de l'écliptique, et du rayon vecteur. Les angles sont ici en secondes *décimales*, et les perturbations du rayon sont rapportées à la cinquième décimale, prise pour unité ;

2°. Dans les colonnes 6, 7 et 8, les coordonnées héliocentriques d'Uranus, savoir : la longitude héliocentrique v, réduite à l'écliptique, la distance $90° - \lambda$, au pôle boréal de l'écliptique, et le logarithme ordinaire de la projection r, du rayon vecteur sur l'écliptique ; les angles sont rapportés à la division sexagésimale de la circonférence du cercle ;

3°. Enfin, dans la colonne 9, nous avons placé la longitude $\oplus$ de la Terre, extraite des Tables de Bessel, et corrigée de l'aberration ; et, dans la colonne 10, le logarithme de la distance R de la Terre au Soleil. Ces nombres serviront, plus tard, pour passer du lieu héliocentrique au lieu géocentrique.

71. *Éphémérides des positions héliocentriques d'Uranus et de la Terre, pour le minuit moyen du méridien de Paris.*

ANNÉES.	Mois et jours.	PERTURBATIONS D'URANUS.			LONGITUDE d'Uranus.	DISTANCE polaire d'Uranus.	LOGARITH. du rayon vecteur d'Uranus.	LONGITUDE de la Terre.	LOGARITH. du rayon vect. de la Terre.
		Longitude.	Distance polaire.	Rayon vecteur.					
1690	Déc. 22	+ 49,1	− 7,1	− 569	59.39.40,6	90.10.14,1	1,28774	91.43.26	9,99267
	23	+ 49,3	− 7,1	− 569	59.40.22,1	90.10.14,3	1,28774	92.44.35	9,99266
	24	+ 49,5	− 7,1	− 568	59.41. 3,6	90.10.14,6	1,28774	93.45.46	9,99266
	25	+ 49,7	− 7,1	− 568	59.41.45,0	90.10.14,8	1,28773	94.46.57	9,99265
1712	Avril 1	+840,7	− 7,9	− 267	155.23.16,8	89.13.53,6	1,26259	192.19.57	0,00043
	2	+840,6	− 7,9	− 267	155.24. 3,3	89.13.53,5	1,26259	193.18.58	0,00056
	3	+840,5	− 7,9	− 268	155.24.49,7	89.13.53,5	1,26259	194.17.57	0,00069
	4	+840,3	− 7,9	− 268	155.25.36,1	89.13.53,4	1,26259	195.16.54	0,00081
1715	Mars 4	+652,6	− 6,1	− 98	169. 9.56,3	89.13.52,8	1,26231	163.50. 2	9,99691
	6	+652,3	− 6,1	− 97	169.11.29,3	89.13.53,0	1,26231	165.49.58	9,99714
	8	+652,0	− 6,1	− 96	169.13. 2,3	89.13.53,1	1,26231	167.49.47	9,99732
	10	+651,7	− 6,1	− 95	169.14.35,3	89.13.53,3	1,26231	169.49.28	9,99760
	Avril 27	+649,4	− 6,1	− 87	169.51.49,3	89.13.56,8	1,26232	217. 0.30	0,00342
	28	+649,3	− 6,1	− 86	169.52.35,9	89.13.56,9	1,26232	217.58.42	0,00353
	29	+649,2	− 6,1	− 86	169.53.22,4	89.13.57,0	1,26232	218.56.52	0,00364
	30	+649,0	− 6,1	− 85	169.54. 8,9	89.13.57,1	1,26232	219.55. 1	0,00375
1730	Oct. 13	+147,6	+ 7,5	+ 715	324. 4.56,6	90.44. 2,8	1,30139	20.31.33	9,99837
	14	+147,6	+ 7,5	+ 715	324. 5.35,6	90.44. 2,9	1,30139	21.31. 7	9,99835
	Déc. 2	+149,4	+ 7,5	+ 690	324.37.25,0	90.44.11,1	1,30146	70.47.51	9,99349
	3	+149,4	+ 7,5	+ 690	324.38. 2,9	90.44.11,2	1,30146	71.48.50	9,99343
1733	Déc. 2	+ 40,7	+ 7,9	+ 177	336.25.40,1	90.46.12,5	1,30257	71. 4.30	9,99346
	3	+ 40,7	+ 7,9	+ 177	336.26.18,8	90.46.12,6	1,30257	72. 5.28	9,99340
1756	Sept. 24	−169,5	+ 6,8	+ 238	347.26.24,2	90.46.20,0	1,30293	2.17.34	0,00071
	25	−169,5	+ 6,8	+ 238	347.27. 2,8	90.46.19,9	1,30293	3.16.53	0,00059
1764	Janv. 14	+ 23,9	+10,8	+ 682	16.13.18,4	90.38.56,2	1,30034	114.25.45	9,99290
	15	+ 23,9	+10,8	+ 682	16.13.57,5	90.38.56,0	1,30033	115.26.50	9,99293
1768	Déc. 27	−101,8	+ 3,5	− 426	36. 3.30,1	90.27.49,9	1,29555	96.53.19	9,99264
	28	−101,9	+ 3,5	− 426	36. 4.30,1	90.27.49,4	1,29555	97.54.28	9,99264
	29	−102,1	+ 3,5	− 426	36. 5.10,0	90.27.49,0	1,29555	98.55.38	9,99264
	30	−102,2	+ 3,5	− 426	36. 5.49,9	90.27.48,6	1,29554	99.56.48	9,99264
1769	Janv. 15	−105,0	+ 3,5	− 429	36.16.28,6	90.27.41,6	1,29549	116.15.15	9,99295
	17	−105,4	+ 3,5	− 429	36.17.48,4	90.27.40,8	1,29549	118.17.21	9,99303
	19	−105,8	+ 3,5	− 429	36.19. 8,2	90.27.39,9	1,29548	120.19.25	9,99311
	21	−106,2	+ 3,5	− 430	36.20.28,0	90.27.39,0	1,29547	122.21.24	9,99321
	23	−106,5	+ 3,5	− 430	36.21.47,8	90.27.38,2	1,29547	124.23.20	9,99332
1774	Déc. 17	−237,8	+ 2,5	− 291	48.11.23,1	90.19.23,9	1,29199	85.57. 8	9,99282
	18	−237,8	+ 2,5	− 291	48.12. 5,8	90.19.23,4	1,29199	86.58.14	9,99279

Éphémérides des positions héliocentriques d'Uranus et de la Terre, pour le minuit moyen du méridien de Paris. (Suite.)

ANNÉES.	MOIS et JOURS.	PERTURBATIONS D'URANUS.			LONGITUDE d'Uranus.	DISTANCE polaire d'Uranus.	LOGARITH. du rayon vecteur d'Uranus.	LONGITUDE de la Terre.	LOGARITH. du rayon vect. de la Terre.
		Longitude.	Distance polaire.	Rayon vecteur.					
1781	Sep. 25	+ 68,7	− 6,4	−1271	89.48.53,2	89.46.26,7	1,27748	3.13.31	0,00063
	26	+ 68,5	− 6,4	−1271	89.49.36,5	89.46.26,1	1,27747	4.12.29	0,00050
	27	+ 68,3	− 6,4	−1272	89.50.19,8	89.46.25,6	1,27747	5.11.28	0,00037
	28	+ 68,2	− 6,4	−1272	89.51. 3,2	89.46.25,0	1,27747	6.10.30	0,00025
1782	Janv. 4	+ 52,9	− 6,4	−1309	91. 1.52,6	89.45.30,3	1,27705	104.53. 5	9.99966
	5	+ 52,7	− 6,4	−1309	91. 2.36,1	89.45.29,8	1,27705	105.34.14	9.99968
	6	+ 52,5	− 6,4	−1310	91. 3.19,5	89.45.29,2	1,27705	106.35.12	9.99970
	7	+ 52,4	− 6,4	−1310	91. 4. 2,9	89.45.28,6	1,27704	107.56.32	9.99972
	Mars 6	+ 42,8	− 6,3	−1323	91.46. 1,5	89.44.56,4	1,27680	166.35.21	9.99709
	9	+ 42,2	− 6,3	−1323	91.48.11,8	89.45.54,7	1,27679	169.35. 0	9.99745
	12	+ 41,7	− 6,3	−1324	91.50.21,1	89.44.53,0	1,27678	171.34.24	9.99781
	15	+ 41,2	− 6,3	−1325	91.52.31,3	89.44.51,4	1,27676	175.33.31	9.99818
	18	+ 40,7	− 6,3	−1326	91.54.42,6	89.44.49,7	1,27626	178.32.19	9.99855
	Sept. 30	+ 7,4	− 5,9	−1359	94.16.56,4	89.43. 1,8	1,27595	7.54.33	0,00065
	Oct. 1	+ 7,2	− 5,9	−1359	94.17.40,0	89.43. 1,3	1,27594	8.53.41	9.99892
	2	+ 7,1	− 5,9	−1359	94.18.23,6	89.43. 0,7	1,27594	9.52.53	9.99980
	3	+ 6,9	− 5,9	−1359	94.19. 7,2	89.43. 0,2	1,27594	10.52. 6	9.99968
	Déc. 14	− 5,5	− 5,7	−1367	95.11.29,8	89.42.20,8	1,27564	83.14.14	9.99791
	17	− 6,0	− 5,7	−1367	95.13.40,9	89.42.19,1	1,27563	86.17.31	9.99782
	20	− 6,5	− 5,7	−1367	95.15.51,9	89.42.17,3	1,27562	89.20.50	9.99775
	23	− 7,0	− 5,7	−1368	95.18. 2,9	89.42.15,9	1,27561	92.24.12	9.99770
	26	− 7,5	− 5,7	−1368	95.20.14,0	89.42.14,3	1,27560	95.27.39	9.99767
	29	− 8,1	− 5,7	−1368	95.22.25,0	89.42.12,6	1,27558	98.31.11	9.99765
1783	Oct. 6	− 54,7	− 4,9	−1339	98.47.34,0	89.39.41,3	1,27447	13.36.45	9.99633
	8	− 55,0	− 4,9	−1339	98.49. 1,9	89.39.40,2	1,27446	15.34.24	9.99608
	10	− 55,3	− 4,9	−1338	98.50.29,7	89.39.39,1	1,27445	17.32.10	9.99883
	12	− 55,6	− 4,9	−1338	98.51.57,5	89.39.38,0	1,27445	19.32. 5	9.99858
1784	Janv. 16	− 69,6	− 4,6	−1318	100. 2.18,5	89.38.47,2	1,27407	116.36.45	9.99296
	19	− 70,0	− 4,6	−1317	100. 4.30,5	89.38.45,6	1,27406	119.40. 0	9.99307
	22	− 70,5	− 4,6	−1316	100. 6.42,5	89.38.44,0	1,27405	122.43. 7	9.99321
	25	− 70,9	− 4,6	−1315	100. 8.54,5	89.38.42,4	1,27404	125.46. 7	9.99337
	28	− 71,3	− 4,6	−1314	100.11. 6,5	89.38.40,9	1,27403	128.49. 0	9.99356
	Mars 15	− 77,8	− 4,4	−1298	100.45.36,1	89.38.16,1	1,27385	176. 4.19	9.99821
	17	− 78,0	− 4,4	−1297	100.47. 4,3	89.38.15,1	1,27384	178. 3.33	9.99846
	19	− 78,3	− 4,4	−1297	100.48.32,4	89.38.14,0	1,27383	180. 2.38	9.99870
	21	− 78,5	− 4,4	−1296	100.50. 0,5	89.38.13,0	1,27382	182. 1.34	9.99895
	23	− 78,8	− 4,4	−1296	100.51.28,7	89.38.11,9	1,27382	184. 0.22	9.99921
	Oct. 4	− 99,9	− 3,9	−1224	103.14.56,9	89.36.30,6	1,27308	12.21.47	9.99949
	7	− 100,1	− 3,9	−1223	103.17. 9,7	89.36.29,6	1,27307	15.19.50	9.99911
	10	− 100,4	− 3,9	−1222	103.19.22,4	89.36.27,5	1,27306	18.18. 8	9.99874
	13	− 100,6	− 3,9	−1221	103.21.35,2	89.36.25,9	1,27305	21.16.44	9.99838
	16	− 100,9	− 3,9	−1219	103.23.48,0	89.36.24,4	1,27304	24.15.37	9.99802

Éphémérides des positions héliocentriques d'Uranus et de la Terre, pour le minuit moyen du méridien de Paris. (Suite.)

ANNÉES.	MOIS et JOURS.	PERTURBATIONS D'URANUS.			LONGITUDE d'Uranus.	DISTANCE polaire d'Uranus.	LOGARITH. du rayon vecteur d'Uranus.	LONGITUDE de la Terre.	LOGARITH. du rayon vect' de la Terre.
		Longitude.	Distance polaire.	Rayon vecteur.					
		″	″		o ′ ″	o ′ ″		o ′ ″	
1785	Janv. 10	−107,5	− 3,7	−1181	104.27.15,6	89.35.40,4	1,27272	111.16.18	9,99281
	13	−107,3	− 3,7	−1180	104.29.28,6	89.35.38,9	1,27271	114.19.42	9,99289
	16	−107,5	− 3,7	−1179	104.31.41,6	89.35.37,3	1,27270	117.23. 0	9,99299
	19	−107,6	− 3,7	−1177	104.33.54,5	89.35.35,8	1,27268	120.26. 9	9,99311
	22	−107,8	− 3,7	−1175	104.36. 7,5	89.35.34,3	1,27267	123.29.11	9,99325
	Mars 27	−111,5	− 3,6	−1141	105.23.25,7	89.35. 1,8	1,27244	187.41.39	9,99966
	28	−111,5	− 3,6	−1141	105.24.10,1	89.35. 1,3	1,27244	188.42. 0	9,99978
	Oct. 26	−114,1	− 3,1	−1027	108. 1.27,6	89.33.15,2	1,27167	33.59.34	9,99684
	27	−114,1	− 3,1	−1027	108. 2. 2,9	89.33.15,1	1,27167	34.59.36	9,99674
1786	Janv. 12	−111,9	− 3,0	− 982	108.59.15,7	89.32.37,6	1,27140	113. 3.58	9,99287
	13	−111,9	− 3,0	− 982	109. 0. 0,3	89.32.37,0	1,27140	114. 5. 2	9,99288
1787	Janv. 14	− 77,1	− 2,9	− 766	113.33. 8,8	89.29.43,6	1,27015	114.51. 3	9,99293
	15	− 77,1	− 2,9	− 766	113.33.53,6	89.29.43,2	1,27014	115.52. 9	9,99297
1788	Mars 7	+ 3,0	− 3,6	− 556	118.47.15,2	89.26.38,6	1,26880	168. 7.40	9,99777
	8	+ 3,2	− 3,6	− 556	118.48. 0,5	89.26.37,6	1,26879	169. 7.34	9,99739
	9	+ 3,4	− 3,6	− 555	118.48.45,8	89.26.37,2	1,26879	170. 7.25	9,99750
	10	+ 3,6	− 3,6	− 555	118.49.31,0	89.26.36,8	1,26879	171. 7.14	9,99762
	Oct. 24	+ 59,5	− 4,0	− 473	121.41.45,0	89.25. 2,1	1,26809	32.15.54	9,99705
	25	+ 59,8	− 4,0	− 473	121.42.30,5	89.25. 1,7	1,26809	33.15.52	9,99693
	26	+ 60,0	− 4,0	− 472	121.43.15,9	89.25. 1,3	1,26808	34.15.52	9,99682
	27	+ 60,3	− 4,0	− 472	121.44. 1,3	89.25. 0,9	1,26808	35.15.56	9,99671
1789	Janv. 18	+ 81,7	− 4,2	− 450	122.46.52,1	89.24.27,7	1,26783	119.26.56	9,99308
	19	+ 81,7	− 4,2	− 450	122.47.37,5	89.24.27,3	1,26783	120.28. 0	9,99312
	Avril 9	+103,0	− 4,5	− 435	123.48.16,3	89.23.55,8	1,26759	200.31.28	0,00129
	10	+103,3	− 4,5	− 435	123.49. 1,8	89.23.55,4	1,26759	201.30.12	0,00141
	11	+103,6	− 4,5	− 434	123.49.47,3	89.23.55,1	1,26759	202.28.53	0,00154
	12	+103,9	− 4,5	− 434	123.50.32,9	89.23.54,7	1,26758	203.27.34	0,00166
	Oct. 29	+157,0	− 5,1	− 413	126.22.27,6	89.22.39,0	1,26701	37. 1.34	9,99649
	30	+157,3	− 5,1	− 413	126.23.13,3	89.22.38,6	1,26700	38. 1.39	9,99638
	31	+157,6	− 5,1	− 413	126.23.58,9	89.22.38,3	1,26700	39. 1.46	9,99626
	Nov. 1	+157,9	− 5,1	− 413	126.24.44,6	89.22.37,9	1,26700	40. 1.55	9,99615
1790	Janv. 20	+179,2	− 5,4	− 409	127.25.37,3	89.22. 8,8	1,26678	121.14.18	9,99317
	22	+179,7	− 5,4	− 409	127.27. 8,6	89.22. 8,0	1,26677	123.16.20	9,99327
	24	+180,2	− 5,4	− 409	127.28.40,0	89.22. 7,3	1,26676	125.18.17	9,99317
	26	+180,7	− 5,4	− 410	127.30.11,3	89.22. 6,5	1,26676	127.20.10	9,99348
	28	+181,2	− 5,4	− 410	127.31.42,7	89.22. 5,8	1,26675	129.21.57	9,99360
	Nov. 2	+250,8	− 6,2	− 441	131. 3.44,3	89.20.36,5	1,26600	40.47.44	9,99610
	4	+251,4	− 6,2	− 441	131. 5.16,0	89.20.29,9	1,26600	42.48.15	9,99589
	6	+252,0	− 6,2	− 442	131. 6.47,8	89.20.29,3	1,26599	44.48.53	9,99598
	8	+252,6	− 6,2	− 442	131. 8.19,6	89.20.28,6	1,26599	46.49.37	9,99548

Éphémérides des positions héliocentriques d'Uranus et de la Terre, pour le minuit moyen du méridien de Paris. (Suite.)

ANNÉES	Mois et jours	Perturbations d'Uranus			Longitude d'Uranus	Distance polaire d'Uranus	Logarithme du rayon vecteur d'Uranus	Longitude de la Terre	Logarithme du rayon vecteur de la Terre
		Longitude	Distance polaire	Rayon vecteur					
1791	Janv. 27	+271,0	−6,4	−460	131. 9.27,8	89.20. 2,7	1,26578	128. 6. 5	9,99353
	29	+271,4	−6,4	−461	131.10.59,6	89.20. 2,1	1,26578	130. 7.33	9,99358
	31	+271,7	−6,4	−461	131.12.31,4	89.20. 1,4	1,26577	132. 9.39	9,99382
	Févr. 2	+272,1	−6,4	−461	131.14. 3,2	89.20. 0,8	1,26577	134.11.10	9,99397
	Avril 13	+288,2	−6,6	−481	133. 7.36,1	89.19.38,9	1,26559	203.57.36	0,00171
	14	+288,2	−6,6	−481	133. 8.21,9	89.19.38,5	1,26559	204.56.36	0,00183
	Nov. 8	+329,7	−7,0	−552	133.47.44,6	89.18.36,9	1,26508	46.34.51	9,99347
	9	+329,9	−7,0	−552	133.48.27,6	89.18.36,6	1,26508	47.35.13	9,99337
	10	+330,1	−7,0	−553	133.49.13,6	89.18.36,4	1,26507	48.35.36	9,99328
	11	+330,3	−7,0	−553	135.49.59,6	89.18.36,1	1,26507	49.36. 5	9,99318
1792	Févr. 5	+345,6	−7,1	−586	136.55.57,9	89.18.12,0	1,26487	136.59.13	9,99411
	6	+345,6	−7,1	−586	136.56.53,9	89.18.11,7	1,26487	137.59.36	9,99410
	Nov. 11	+384,4	−7,3	−710	140.31.56,9	89.17. 0,2	1,26425	31.22. 6	9,99503
	14	+384,7	−7,3	−711	140.33.23,2	89.16.59,8	1,26425	33.23.11	9,99484
	16	+384,9	−7,3	−712	140.34.52,4	89.16.59,1	1,26425	35.24.24	9,99466
	18	+385,1	−7,3	−713	140.36.27,7	89.16.58,9	1,26424	37.25.49	9,99448
1793	Févr. 7	+393,2	−7,3	−749	141.38.47,0	89.16.40,1	1,26408	139.46.34	9,99437
	8	+393,3	−7,3	−750	141.39.33,2	89.16.39,9	1,26407	140.47.16	9,99446
	9	+393,4	−7,3	−751	141.40.19,4	89.16.39,7	1,26407	141.47.57	9,99454
	10	+393,5	−7,3	−751	141.41. 3,6	89.16.39,4	1,26407	142.48.36	9,99463
	Nov. 13	+409,1	−7,3	−873	145.13.42,4	89.15.41,0	1,26355	52. 8. 9	9,99403
	16	+409,2	−7,3	−874	145.16. 1,2	89.15.41,4	1,26355	55. 9.45	9,99406
	19	+409,3	−7,3	−875	145.18.20,0	89.15.40,8	1,26354	58.11.33	9,99440
	22	+409,3	−7,3	−876	145.20.38,8	89.15.40,3	1,26354	61.13.40	9,99415
	25	+409,4	−7,3	−878	145.22.57,5	89.15.39,7	1,26353	64.16. 0	9,99394
1794	Févr. 10	+410,4	−7,3	−909	146.21.20,8	89.15.21,6	1,26340	141.34. 1	9,99499
	13	+410,4	−7,3	−910	146.24.39,6	89.15.21,1	1,26340	145.35.45	9,99486
	16	+410,5	−7,3	−911	146.26.58,4	89.15.21,3	1,26339	148.37.14	9,99514
	19	+410,6	−7,3	−912	146.29.17,2	89.15.21,0	1,26339	151.38.36	9,99544
	22	+410,5	−7,3	−913	146.31.36,1	89.15.21,5	1,26338	154.39.23	9,99572
	Nov. 18	+402,3	−6,9	−1002	149.59.16,0	89.14.40,8	1,26298	56.55.58	9,99453
	19	+402,3	−6,9	−1002	150. 0. 2,4	89.14.40,7	1,26297	57.56.38	9,99445
	20	+402,2	−6,9	−1003	150. 0.48,7	89.14.40,6	1,26297	58.57.20	9,99437
	21	+402,1	−6,9	−1003	150. 1.35,0	89.14.40,4	1,26297	59.58. 3	9,99430
1795	Févr. 11	+396,4	−6,8	−1023	151. 7.13,6	89.14.29,0	1,26286	146.21.16	9,99491
	13	+396,4	−6,8	−1023	151. 8. 1,0	89.14.28,9	1,26286	147.21.49	9,99509
	16	+396,2	−6,8	−1023	151. 8.48,4	89.14.28,8	1,26286	148.21.19	9,99511
	17	+396,2	−6,8	−1023	151. 9.34,7	89.14.28,6	1,26286	149.21.48	9,99521
	Déc. 1	+367,6	−6,5	−1060	154.51.16,9	89.13.57,4	1,26253	70.51. 3	9,99354
	3	+367,6	−6,5	−1060	154.53. 3,4	89.13.57,4	1,26253	71.51.59	9,99346
1796	Fév. 23	+357,1	−6,3	−1029	155.36.30,4	89.13.50,6	1,26146	155.10.14	9,99576

Éphémérides des positions héliocentriques d'Uranus et de la Terre, pour le minuit moyen du méridien de Paris. (Suite.)

ANNÉES	MOIS et JOURS	PERTURBATIONS D'URANUS			LONGITUDE d'Uranus.	DISTANCE polaire d'Uranus.	LOGARITH. du rayon vecteur d'Uranus.	LONGITUDE de la Terre.	LOGARITH. du rayon vect. de la Terre.
		Longitude.	Distance polaire.	Rayon vecteur.					
1796	Févr. 24	+357,1	— 6,5	—1059	155.57.17,8	89.13.50,6	1,26246	156.10.26	9,99587
	Déc. 4	+319,3	— 6,2	—1031	159.37.10,9	89.13.34,6	1,26226	73.40.26	9,99336
	5	+319,5	— 6,2	—1031	159.37.57,4	89.13.34,4	1,26226	74.41.26	9,96332
1797	Fév. 24	+308,8	— 6,2	— 994	160.40.42,5	89.13.32,0	1,26222	156.56.13	9,99598
	26	+308,6	— 6,2	— 993	160.42.15,5	89.13.32,0	1,26222	158.56.39	9,99619
	28	+308,4	— 6,2	— 992	160.43.48,5	89.13.31,9	1,26222	160.57. 0	9,99641
	Mars 2	+308,1	— 6,2	— 992	160.45.21,4	89.13.31,9	1,26222	162.57.15	9,99663
	Déc. 12	+275,5	— 6,3	— 877	164.26.16,1	89.13.30,6	1,26214	81.33.37	9,99300
	13	+275,5	— 6,3	— 877	164.27. 2,7	89.13.30,6	1,26214	82.34.42	9,99296
1798	Mars 10	+267,7	— 6,4	— 828	165.34.30,7	89.13.32,5	1,26213	170.41.49	9,99756
	11	+267,7	— 6,4	— 828	165.35.17,2	89.13.32,5	1,26213	171.41.29	9,99767
1799	Mars 12	+254,4	— 7,2	— 595	170.19.13,3	89.13.51,1	1,26220	172.26.50	9,99776
	13	+254,4	— 7,2	— 595	170.19.59,9	89.13.52,0	1,26220	173.26.33	9,99786
1800	Mars 12	+274,8	— 8,5	— 325	175. 2.27,8	89.14.30,4	1,26241	172.12.35	9,99770
	13	+274,9	— 8,5	— 324	175. 3.14,4	89.14.30,5	1,26241	173.12.19	9,99782
	14	+275,0	— 8,5	— 323	175. 4. 1,0	89.14.30,6	1,26241	174.12. 0	9,99795
	15	+275,1	— 8,5	— 322	175. 4.47,6	89.14.30,7	1,26241	175.11.40	9,99807
1801	Mars 13	+327,2	—10,0	— 64	179.46.12,9	89.15.07,2	1,26274	172.57.58	9,99782
	16	+327,7	—10,0	— 63	179.48.42,4	89.15.27,6	1,26274	175.56.55	9,99818
	19	+328,2	—10,0	— 61	179.51. 2,0	89.15.28,1	1,26275	178.55.41	9,99854
	22	+328,7	—10,0	— 59	179.53.21,5	89.15.28,6	1,26275	181.54. 7	9,99891
	25	+329,2	—10,0	— 57	179.55.41,1	89.15.29,2	1,26275	184.52.15	9,99928
	Déc. 30	+386,0	—11,3	+ 114	183.31.40,6	89.16.25,2	1,26310	98.54.55	9,99366
	31	+386,4	—11,3	+ 114	183.33.27,2	89.16.25,4	1,26310	99.56. 6	9,99366
1802	Janv. 1	+386,8	—11,3	+ 115	183.34.13,7	89.16.25,6	1,26310	100.57.17	9,99367
	2	+387,1	—11,3	+ 115	183.35. 0,2	89.16.25,9	1,26311	101.58.28	9,99367
	Mars 24	+405,6	—11,6	+ 152	184.37.43,7	89.16.44,0	1,26321	183.38.13	9,99914
	26	+406,0	—11,6	+ 153	184.39.16,5	89.16.44,5	1,26322	185.36.52	9,99940
	28	+406,5	—11,6	+ 154	184.40.49,4	89.16.45,0	1,26322	187.35.24	9,99964
	30	+407,0	—11,6	+ 155	184.42.22,4	89.16.45,5	1,26322	189.33.50	9,99990
1803	Mars 28	+464,8	—12,9	+ 276	189.21. 5,5	89.18.17,7	1,26378	187.21.20	9,99960
	29	+465,0	—12,9	+ 276	189.22.51,0	89.18.18,0	1,26378	188.20.34	9,99972
	30	+465,2	—12,9	+ 276	189.24.38,2	89.18.18,2	1,26378	189.19.46	9,99985
	31	+465,4	—12,9	+ 276	189.25.24,5	89.18.18,4	1,26378	190.18.55	9,99997
1804	Mars 14	+581,3	—13,5	+ 300	193.54.35,6	89.20. 2,9	1,26441	174.13.49	9,99796
	15	+581,6	—13,5	+ 300	193.55.21,8	89.20. 3,2	1,26441	175.13.31	9,99808
	16	+581,8	—13,5	+ 300	193.56. 8,0	89.20. 3,5	1,26441	176.13.10	9,99820
	17	+582,0	—13,5	+ 300	193.56.54,2	89.20. 3,8	1,26441	177.12.47	9,99832

Éphémérides des positions héliocentriques d'Uranus et de la Terre, pour le minuit moyen du méridien de Paris. (Suite.)

ANNÉES	MOIS et jours.	PERTURBATIONS D'URANUS			LONGITUDE d'Uranus.	DISTANCE polaire d'Uranus.	LOGARITHM. du rayon vecteur d'Uranus.	LONGITUDE de la Terre.	LOGARITHM. du rayon vecteur de la Terre.
		Longitude.	Distance polaire.	Rayon vecteur.					
1804	Mars 31	+585,3	−13,6	+ 299	194. 7.40,9	89.20. 8,3	1,26444	191. 3.31	0,00006
	Avril 3	+586,0	−13,6	+ 299	194. 9.59,3	89.20. 9,3	1,26444	194. 0.41	0,00044
	6	+586,7	−13,6	+ 299	194.12.18,1	89.20.10,3	1,26445	196.57.36	0,00081
	9	+587,4	−13,6	+ 298	194.14.36,7	89.20.11,2	1,26445	199.54.15	0,00119
	13	+588,0	−13,6	+ 298	194.16.55,3	89.20.12,2	1,26446	202.50.37	0,00156
1805	Avril 9	+666,4	−13,7	+ 223	198.55. 7,3	89.22.16,7	1,26520	199.50.16	0,00116
	10	+666,6	−13,7	+ 223	198.55.53,4	89.22.17,1	1,26520	200.39. 2	0,00128
	11	+666,9	−13,7	+ 222	198.56.39,4	89.22.17,4	1,26521	201.27.47	0,00140
	12	+667,1	−13,7	+ 222	198.57.25,4	89.22.17,8	1,26521	202.36.30	0,00152
1806	Avril 14	+724,5	−13,2	+ 75	203.38.16,3	89.24.38,9	1,26606	204.19.25	0,00176
	16	+724,8	−13,2	+ 74	203.39.47,9	89.24.39,7	1,26606	206.16.49	0,00200
	18	+725,0	−13,2	+ 73	203.41.19,6	89.24.40,5	1,26607	208.13.55	0,00223
	20	+725,3	−13,2	+ 72	203.42.51,2	89.24.41,3	1,26608	210.10.55	0,00247
1807	Janv. 19	+746,9	−12,5	− 62	207.11.37,8	89.26.35,7	1,26677	119. 4.34	9,99305
	20	+746,9	−12,5	− 63	207.12.23,4	89.26.36,1	1,26677	120.35.33	9,99309
	Avril 18	+749,8	−12,1	− 108	208.19.16,1	89.27.14,4	1,26701	307.59.48	0,00217
	20	+749,8	−12,1	− 109	208.20.47,3	89.27.15,2	1,26701	309.56.46	0,00240
	22	+749,8	−12,1	− 110	208.22.18,4	89.27.16,2	1,26701	311.53.30	0,00264
	24	+749,8	−12,1	− 111	208.23.49,4	89.27.17,0	1,26702	313.50.19	0,00287
1808	Janv. 26	+743,2	−11,2	− 243	211.53.44,1	89.29.21,9	1,26780	133.56.39	9,99330
	27	+743,2	−11,2	− 243	211.54.29,5	89.29.22,3	1,26781	135.57.38	9,99345
	Avril 18	+737,1	−10,9	− 280	212.56.27,3	89.30. 2,6	1,26865	308.44.30	0,00227
	21	+736,8	−10,9	− 281	212.58.43,1	89.30. 3,0	1,26866	311.39.45	0,00261
	24	+736,6	−10,9	− 282	213. 0.59,9	89.30. 3,4	1,26867	314.34.57	0,00296
	27	+736,3	−10,9	− 283	213. 3.14,9	89.30. 4,8	1,26868	317.29.53	0,00330
	30	+736,1	−10,9	− 285	213. 5.30,8	89.30. 6,2	1,26868	320.24.31	0,00363
1809	Janv. 28	+703,5	−10,0	− 381	216.31.11,5	89.32.17,3	1,26892	128.44.34	9,99353
	29	+703,5	−10,0	− 381	216.31.56,7	89.32.17,8	1,26892	129.45.27	9,99359
	Avril 29	+689,0	− 9,9	− 404	217.39.32,7	89.33. 2,2	1,26911	219.11.55	0,00348
	Mai 1	+688,7	− 9,9	− 404	217.41. 2,8	89.33. 3,2	1,26922	221. 8.11	0,00370
	3	+688,3	− 9,9	− 405	217.42.32,8	89.33. 4,2	1,26922	223. 4.21	0,00391
	5	+688,0	− 9,9	− 405	217.44. 2,8	89.33. 5,2	1,26923	225. 0.25	0,00413
	7	+687,2	− 9,9	− 406	217.45.32,8	89.33. 6,2	1,26924	226.56.25	0,00433
1810	Avril 26	+622,0	− 9,1	− 444	222.10.28,1	89.36. 6,2	1,27043	216. 2.42	0,00313
	28	+621,7	− 9,1	− 444	222.11.57,7	89.36. 7,2	1,27043	217.59.12	0,00335
	30	+621,4	− 9,1	− 444	222.13.27,3	89.36. 8,3	1,27044	219.55.38	0,00357
	Mai 2	+621,2	− 9,1	− 444	222.14.56,9	89.36. 9,4	1,27045	221.51.58	0,00370
1811	Févr. 16	+564,6	− 8,8	− 410	225.50.49,1	89.38.42,4	1,27149	147.38.36	9,99505
	17	+564,4	− 8,8	− 410	225.51.33,7	89.38.42,9	1,27149	148.29. 7	9,99511

Éphémérides des positions héliocentriques d'Uranus et de la Terre, pour le minuit moyen du méridien de Paris. (Suite.)

Années	Mois et jours	PERTURBATIONS D'URANUS.			Longitude d'Uranus.	Distance polaire d'Uranus.	Logarithme du rayon vecteur d'Uranus.	Longitude de la Terre.	Logarithme du rayon vect. de la Terre.
		Longitude.	Distance polaire.	Rayon vecteur.					
1811	Févr. 18	+564,9	−8,8	−410	225.51.18,9	89.38.43,4	1,27149	159.19.36	9,99691
	19	+564,0	−8,8	−410	225.53. 2,8	89.38.44,0	1,27150	150.30. 3	9,99531
1812	Févr. 13	+565,1	−8,6	−292	230.18.53,6	89.41.59,4	1,27285	144.12.24	9,99477
	15	+565,8	−8,6	−291	230.20.22,1	89.41. 0,5	1,27286	146.13.35	9,99489
	17	+565,5	−8,6	−290	230.21.50,7	89.42. 1,8	1,27287	148.14.18	9,99507
	19	+565,3	−8,6	−289	230.23.19,3	89.42. 2,7	1,27288	150.15.34	9,99526
	Mai 2	+499,5	−8,6	−257	231.17.11,3	89.42.43,1	1,27317	221.22. 1	0,00382
	4	+499,3	−8,6	−256	231.18.39,9	89.42.44,2	1,27318	224.18.10	0,00403
	6	+499,1	−8,6	−256	231.20. 8,4	89.42.45,3	1,27319	226.14.11	0,00424
	8	+498,9	−8,6	−255	231.21.36,9	89.42.46,4	1,27319	228.10.10	0,00444
1813	Févr. 21	+471,1	−8,6	−105	234.54.13,5	89.45.28,4	1,27434	153. 2.10	9,99554
	23	+471,1	−8,6	−104	234.55.41,6	89.45.29,5	1,27435	155. 2.49	9,99575
	25	+471,0	−8,6	−103	234.57. 9,7	89.45.30,7	1,27436	157. 3.22	9,99596
	27	+471,9	−8,6	−102	234.58.37,7	89.45.31,8	1,27437	159. 3.49	9,99618
	Mars 1	+471,8	−8,6	−101	235. 0. 5,7	89.45.32,9	1,27437	161. 4.11	9,99641
	Mai 21	+468,9	−8,7	−55	235.59.30,9	89.46.18,8	1,27470	240.27.14	0,00557
	23	+468,9	−8,7	−54	236. 0.58,1	89.46.19,9	1,27471	242.22.17	0,00577
	25	+468,8	−8,7	−53	236. 2.26,0	89.46.21,0	1,27472	244.17.37	0,00587
	27	+468,8	−8,7	−51	236. 3.53,9	89.46.22,2	1,27473	246.12.44	0,00601
1814	Mai 27	+475,1	−8,7	+161	240.30.34,8	89.49.51,1	1,27623	255.59. 1	0,00597
	28	+475,2	−8,7	+163	240.31.18,5	89.49.51,7	1,27623	256.56.31	0,00604
	29	+475,2	−8,7	+163	240.32. 2,2	89.49.52,3	1,27624	257.54. 0	0,00611
	30	+475,3	−8,7	+164	240.32.45,9	89.49.52,9	1,27624	258.51.28	0,00617
1815	Févr. 28	+497,7	−8,4	+304	243.51.52,0	89.52.31,4	1,27739	159.34.31	9,99628
	Mars 1	+497,8	−8,4	+305	243.52.35,5	89.52.32,0	1,27739	160.34.40	9,99637
	2	+497,9	−8,4	+305	243.53.19,0	89.52.32,5	1,27740	161.34.47	9,99648
	3	+498,0	−8,4	+306	243.54. 2,5	89.52.33,1	1,27740	162.34.51	9,99659
	Mai 25	+507,9	−8,2	+344	244.54. 0,8	89.53.21,4	1,27775	243.49.54	0,00580
	26	+508,0	−8,2	+344	244.54.53,3	89.53.21,9	1,27775	244.47.22	0,00588
	27	+508,1	−8,2	+345	244.55.26,8	89.53.22,5	1,27776	245.44.58	0,00593
	28	+508,2	−8,2	+345	244.56.20,3	89.53.23,1	1,27776	246.42.28	0,00607
1816	Févr. 23	+548,5	−7,7	+441	248.12. 1,3	89.56. 0,8	1,27890	154.19. 3	9,99508
	26	+548,9	−7,7	+441	248.14.16,9	89.56. 2,5	1,27891	157.19.57	9,99600
	29	+549,4	−7,7	+442	248.16.20,6	89.56. 4,3	1,27891	160.20.36	9,99512
	Mars 3	+549,9	−7,7	+443	248.18.36,3	89.56. 6,0	1,27894	163.20.58	9,99563
	6	+550,4	−7,7	+444	248.20.39,9	89.56. 7,8	1,27895	166.20.59	9,99602
	Mai 31	+565,9	−7,5	+465	249.22.31,9	89.56.57,0	1,27931	250.19. 0	0,00619
	Juin 1	+565,5	−7,5	+465	249.23.16,1	89.56.58,4	1,27931	251.16.16	0,00635
	2	+565,7	−7,5	+466	249.23.59,3	89.56.59,0	1,27932	252.13.51	0,00650
	3	+565,9	−7,5	+466	249.24.42,3	89.56.59,6	1,27932	253.11.16	0,00645

Éphémérides des positions héliocentriques d'Uranus et de la Terre, pour le minuit moyen du méridien de Paris. (Suite.)

ANNÉES.	MOIS et jours.	PERTURBATIONS D'URANUS.			LONGITUDE d'Uranus.	DISTANCE polaire d'Uranus.	LOGARITH. du rayon vecteur d'Uranus.	LONGITUDE de la Terre.	LOGARITH. du rayon vect. de la Terre.
		Longitude.	Distance polaire.	Rayon vecteur.	° ′ ″	° ′ ″		° ′ ″	
1817	Juin 9	+636,9	− 6,0	+ 493	253.50.31,8	90. 0.35,4	1,28087	258.41.10	0,00691
	10	+637,1	− 6,0	+ 493	253.51.15,7	90. 0.36,0	1,28087	259.38.36	0,00686
	11	+637,4	− 6,0	+ 493	253.51.58,6	90. 0.36,5	1,28088	260.35.50	0,00690
	12	+637,7	− 6,0	+ 493	253.52.41,5	90. 0.37,1	1,28088	261.33. 9	0,00694
1818	Juin 7	+707,5	− 4,2	+ 422	258. 8.50,7	90. 4. 5,0	1,28236	256.32.40	0,00665
	8	+707,7	− 4,2	+ 422	258. 9.33,3	90. 4. 5,5	1,28237	257.30. 2	0,00669
	9	+707,9	− 4,2	+ 421	258.10.15,8	90. 4. 6,1	1,28237	258.27.22	0,00674
	10	+708,1	− 4,2	+ 421	258.10.58,4	90. 4. 6,7	1,28238	259.24.42	0,00678
1819	Juin 20	+765,8	− 2,5	+ 260	262.35.50,4	90. 7.40,1	1,28390	268.43.50	0,00710
	21	+766,0	− 2,5	+ 259	262.36.32,7	90. 7.40,6	1,28390	269.41. 5	0,00712
	22	+766,1	− 2,5	+ 259	262.37.14,9	90. 7.41,2	1,28391	270.38.20	0,00714
	23	+766,3	− 2,5	+ 258	262.37.57,1	90. 7.41,8	1,28391	271.35.35	0,00716
1820	Juin 22	+792,4	− 0,8	+ 47	266.53.47,0	90.11. 5,3	1,28536	272.11.33	0,00715
	23	+792,5	− 0,8	+ 46	266.54.48,9	90.11. 5,8	1,28536	272.18.49	0,00716
	24	+792,5	− 0,8	+ 46	266.55.10,7	90.11. 6,4	1,28537	273.16. 3	0,00718
	25	+792,6	− 0,8	+ 45	266.55.51,5	90.11. 7,0	1,28537	274.13.16	0,00719
1821	Juin 19	+779,9	+ 0,6	− 174	271. 5.14,9	90.14.22,1	1,28677	268.15.52	0,00708
	20	+779,8	+ 0,6	− 175	271. 6.10,5	90.14.22,6	1,28678	269.13. 4	0,00710
	21	+779,8	+ 0,6	− 175	271. 6.58,1	90.14.23,1	1,28678	270.10.17	0,00713
	22	+779,7	+ 0,6	− 176	271. 7.39,7	90.14.23,6	1,28679	271. 7.30	0,00715
1822	Juill. 5	+725,2	+ 1,3	− 372	275.28.34,3	90.17.42,2	1,28823	283.17.27	0,00719
	7	+724,8	+ 1,3	− 373	275.29.56,8	90.17.43,3	1,28824	285.12.49	0,00717
	9	+724,4	+ 1,2	− 374	275.31.19,3	90.17.44,3	1,28824	287. 6.13	0,00713
	11	+724,0	+ 1,3	− 375	275.32.41,8	90.17.45,4	1,28825	289. 0.38	0,00713
1823	Juill. 20	+639,3	+ 1,1	− 492	279.48.59,5	90.20.54,1	1,28967	297.22.13	0,00680
	22	+638,8	+ 1,1	− 492	279.50.17,4	90.20.55,1	1,28968	299.16.45	0,00678
	24	+638,3	+ 1,1	− 493	279.51.39,4	90.20.56,1	1,28968	301.11.21	0,00670
	26	+637,8	+ 1,1	− 493	279.53. 1,3	90.20.57,1	1,28969	303. 6. 0	0,00661
1824	Juill. 10	+546,4	+ 0,9	− 512	283.51.13,0	90.23.46,2	1,29099	288.33. 0	0,00714
	11	+546,1	+ 0,9	− 512	283.51.52,7	90.23.46,7	1,29099	289.30.12	0,00712
	12	+545,9	+ 0,9	− 511	283.52.33,4	90.23.47,2	1,29100	290.27.24	0,00709
	13	+545,6	+ 0,9	− 511	283.53.14,1	90.23.47,6	1,29100	291.24.36	0,00707
1825	Juill. 7	+454,6	+ 0,2	− 433	287.56. 5,7	90.26.32,8	1,29231	285.17. 8	0,00720
	8	+454,3	+ 0,2	− 433	287.56.46,2	90.26.33,3	1,29231	286.14.20	0,00719
	9	+454,0	+ 0,2	− 432	287.57.26,6	90.26.33,7	1,29232	287.11.33	0,00717
	10	+453,7	+ 0,2	− 432	287.58. 7,0	90.26.34,1	1,29232	288.18.47	0,00716
1826	Août 13	+369,7	− 0,6	− 352	291.26.28,1	90.29.27,3	1,29372	320.36.29	0,00541

Éphémérides des positions héliocentriques d'Uranus et de la Terre, pour le minuit moyen du méridien de Paris. (Suite.)

ANNÉES.	Mois et jours.	PERTURBATIONS D'URANUS.			LONGITUDE d'Uranus.	DISTANCE polaire d'Uranus.	LOGARITH. du rayon vecteur d'Uranus.	LONGITUDE de la Terre.	LOGARITH. du rayon vect' de la Terre.
		Longitude.	Distance polaire.	Rayon vecteur.					
1826	Août 14	+369,5	− 0,6	− 251	292.27. 8,3	90.29.27,8	1,29372	321.34. 9	0,00534
	15	+369,3	− 0,6	− 251	291.27.48,5	90.29.28,2	1,29373	322.31.50	0,00525
	16	+369,1	− 0,6	− 250	292.28.28,7	90.29.28,6	1,29373	323.29.31	0,00517
1827	Juill. 28	+318,6	− 1,0	− 44	296.19.58,0	90.31.49,5	1,29490	305. 2.43	0,00654
	29	+318,5	− 1,0	− 44	296.20.38,1	90.31.49,9	1,29490	306. 0. 7	0,00648
	30	+318,4	− 1,0	− 43	296.21.18,2	90.31.50,3	1,29491	306.57.31	0,00642
	31	+318,3	− 1,0	− 43	296.21.58,2	90.31.50,6	1,29491	307.54.56	0,00637
1828	Juill. 19	+293,2	− 1,0	+ 175	300.17.44,9	90.34. 5,2	1,29605	297.10.12	0,00691
	20	+293,2	− 1,0	+ 175	300.18.24,9	90.34. 5,5	1,29605	298. 7.29	0,00687
1829	Juill. 26	+296,2	− 0,6	+ 372	304.24.27,1	90.36.15,9	1,29716	303.37.13	0,00663
	27	+296,2	− 0,6	+ 372	304.25. 6,7	90.36.16,3	1,29716	304.34.36	0,00658
	28	+296,3	− 0,6	+ 373	304.25.46,4	90.36.16,6	1,29716	305.32. 0	0,00653
	29	+296,4	− 0,6	+ 373	304.26.26,2	90.36.17,0	1,29717	306.29.24	0,00648
	Oct. 17	+300,7	− 0,4	+ 406	305.19.21,2	90.36.43,5	1,29740	24.20.56	9,99805
	18	+300,7	− 0,4	+ 406	305.20. 0,9	90.36.43,8	1,29740	25.20.36	9,99794
1830	Juill. 31	+324,2	+ 0,2	+ 495	308.28.48,5	90.38.14,5	1,29816	308.10.51	0,00634
	Août 1	+324,3	+ 0,2	+ 495	308.29.38,1	90.38.14,8	1,29816	309. 8.16	0,00628
	2	+324,4	+ 0,2	+ 495	308.30. 7,7	90.38.15,1	1,29817	310. 5.42	0,00622
	3	+324,5	+ 0,2	+ 496	308.30.47,3	90.38.15,4	1,29817	311. 3. 8	0,00616
	Nov. 7	+334,5	+ 0,5	+ 512	309.34. 1,4	90.38.44,2	1,29841	45. 6.29	9,99572
	8	+334,6	+ 0,5	+ 512	309.34.40,9	90.38.44,5	1,29841	46. 6.48	9,99562
	9	+334,7	+ 0,5	+ 512	309.35.20,4	90.38.44,8	1,29842	47. 7.10	9,99552
	10	+334,8	+ 0,5	+ 513	309.35.59,9	90.38.45,1	1,29842	48. 7.34	9,99542
	11	+334,9	+ 0,5	+ 513	309.36.39,4	90.38.45,4	1,29842	49. 7.59	9,99533
1833	Juill. 19	+357,6	+ 2,9	+ 14	328.12.55,2	90.44.56,0	1,30161	296.30.35	0,00693
	21	+356,7	+ 2,9	+ 13	328.14.12,8	90.44.56,3	1,30161	298.25.11	0,00686
	23	+356,3	+ 2,9	+ 13	328.15.30,3	90.44.56,6	1,30162	300.19.51	0,00678
	25	+355,9	+ 2,9	+ 12	328.16.48,1	90.44.56,8	1,30163	301.14.33	0,00669
	Août 10	+353,6	+ 2,9	+ 6	328.27. 9,1	90.44.59,0	1,30164	317.33.51	0,00569
	12	+352,7	+ 2,9	+ 5	328.28.26,7	90.44.59,3	1,30164	319.29. 2	0,00554
	14	+352,3	+ 2,9	+ 4	328.29.44,3	90.44.59,6	1,30164	321.24.20	0,00538
	16	+351,9	+ 2,9	+ 3	328.31. 1,9	90.44.59,8	1,30165	323.19.44	0,00522
	Nov. 22	+333,1	+ 2,7	− 34	329.34.23,8	90.45.12,3	1,30177	60. 1.18	9,99436
	23	+333,0	+ 2,7	− 34	329.35. 2,6	90.45.12,4	1,30177	61. 2. 1	9,99428
	24	+332,9	+ 2,7	− 35	329.35.41,3	90.45.12,6	1,30177	62. 2.46	9,99420
	25	+332,6	+ 2,7	− 35	329.36.20,0	90.45.12,7	1,30177	63. 3.31	9,99412
1836	Août 28	+270,3	+ 2,3	− 117	332.35.11,5	90.45.41,8	1,30207	335.38. 2	0,00401
	29	+270,1	+ 2,3	− 117	332.35.50,2	90.45.42,9	1,30207	336.36. 4	0,00391
	30	+269,9	+ 2,3	− 117	332.36.28,9	90.45.43,0	1,30207	337.34. 8	0,00381
	31	+269,6	+ 2,3	− 117	332.37. 7,6	90.45.43,1	1,30208	338.32.14	0,00371

Éphémérides des positions héliocentriques d'Uranus et de la Terre, pour le minuit moyen du méridien de Paris. (Suite.)

Années	Mois et jours	Perturbations d'Uranus			Longitude d'Uranus	Distance polaire d'Uranus	Logarithme du rayon vecteur d'Uranus	Longitude de la Terre	Logarithme du rayon vecteur de la Terre
		Longitude	Distance polaire	Rayon vecteur					
1836	Nov. 14	+251,3	+2,1	—132	333.25.30,1	90.45.49,9	1,30215	52.42.33	9,99498
	16	+250,7	+2,1	—132	333.26.47,5	90.45.50,1	1,30215	54.43.38	9,99479
	18	+250,3	+2,1	—133	333.28. 4,9	90.45.50,3	1,30215	56.44.48	9,99460
	20	+249,6	+2,1	—133	333.29.22,2	90.45.50,5	1,30216	58.46. 2	9,99441
1837	Août 23	+178,3	+1,7	—152	336.27.13,7	90.46.10,9	1,30240	330.33.52	0,00454
	24	+178,1	+1,7	—152	336.27.52,4	90.46.11,0	1,30240	331.31.48	0,00445
	25	+177,8	+1,7	—152	336.28.31,0	90.46.11,0	1,30240	332.29.45	0,00435
	26	+177,5	+1,7	—152	336.29. 9,7	90.46.11,1	1,30240	333.27.44	0,00425
	Nov. 29	+152,3	+1,5	—147	337.30.19,9	90.46.16,4	1,30248	67.38. 7	9,99379
	30	+152,0	+1,5	—147	337.30.58,5	90.46.16,5	1,30248	68.38.59	9,99372
	Déc. 1	+151,7	+1,5	—147	337.31.37,1	90.46.16,5	1,30248	69.39.53	9,99365
	2	+151,4	+1,5	—147	337.32.15,7	90.46.16,6	1,30248	70.40.48	9,99359
1838	Août 31	+80,6	+1,4	—90	340.27.18,7	90.46.26,9	1,30266	338. 4.23	0,00375
	Sept. 1	+80,4	+1,4	—90	340.27.57,3	90.46.26,9	1,30266	339. 2.29	0,00364
	2	+80,2	+1,4	—90	340.28.35,9	90.46.27,0	1,30266	340. 0.38	0,00353
	3	+79,9	+1,4	—90	340.29.14,5	90.46.27,0	1,30266	340.58.48	0,00342
	Nov. 30	+58,0	+1,3	—61	341.25.51,0	90.46.28,8	1,30271	68.24.51	9,99372
	Déc. 1	+57,8	+1,3	—61	341.26.29,6	90.46.28,8	1,30271	69.25.12	9,99366
	2	+57,6	+1,3	—60	341.27. 8,3	90.46.28,8	1,30271	70.26. 4	9,99359
	3	+57,3	+1,3	—60	341.27.46,9	90.46.28,8	1,30271	71.26.57	9,99353
1839	Sept. 7	—6,6	+1,6	+68	344.26.35,2	90.46.29,5	1,30284	344.37.37	0,00304
	8	—6,8	+1,6	+68	344.27.13,8	90.46.29,5	1,30284	345.35.58	0,00293
	9	—7,0	+1,6	+69	344.27.52,4	90.46.29,5	1,30284	346.34.20	0,00281
	10	—7,2	+1,6	+69	344.28.31,0	90.46.29,5	1,30284	347.32.43	0,00270
	Déc. 5	—24,8	+1,8	+117	345.23.49,6	90.46.28,1	1,30287	73.14. 4	9,99344
	6	—25,0	+1,8	+117	345.24.28,2	90.46.28,1	1,30287	74.15. 2	9,99339
	7	—25,2	+1,8	+118	345.25. 6,8	90.46.28,0	1,30287	75.16. 2	9,99333
	8	—25,4	+1,8	+118	345.25.45,4	90.46.28,0	1,30287	76.17. 2	9,99328
1840	Sep. 10	—73,3	+2,4	+294	348.23.56,3	90.46.19,0	1,30293	348.16.45	0,00259
	11	—73,5	+2,4	+295	348.24.34,9	90.46.18,9	1,30293	349.15.10	0,00248
	12	—73,6	+2,4	+295	348.25.13,6	90.46.18,8	1,30293	350.13.37	0,00236
	13	—73,7	+2,4	+296	348.25.52,2	90.46.18,8	1,30293	351.12. 6	0,00224
	Nov. 1	—80,4	+2,7	+329	348.57.23,9	90.46.16,4	1,30294	39.39.51	9,99630
	3	—80,7	+2,7	+330	348.58.41,1	90.46.16,3	1,30294	41.40.12	9,99608
	5	—81,0	+2,7	+332	348.59.58,3	90.46.16,2	1,30294	43.40.39	9,99586
	7	—81,2	+2,7	+334	349. 1.15,5	90.46.16,1	1,30294	45.41.13	9,99565
1841	Sept. 9	—110,6	+3,9	+549	352.18.14,3	90.45.55,7	1,30293	347. 4.10	0,00275
	10	—110,7	+3,9	+550	352.18.52,9	90.45.55,6	1,30293	348. 2.34	0,00264
	11	—110,8	+3,9	+550	352.19.31,6	90.45.55,6	1,30293	349. 1. 1	0,00252
	12	—110,8	+3,9	+551	352.20.10,2	90.45.55,5	1,30293	349.59.30	0,00241

Éphémérides des positions héliocentriques d'Uranus et de la Terre, pour le minuit moyen du méridien de Paris. (Fin.)

ANNÉES.	Mois et jours.	PERTURBATIONS D'URANUS.			LONGITUDE d'Uranus.	DISTANCE polaire d'Uranus.	LOGARITH. du rayon vecteur d'Uranus.	LONGITUDE de la Terre.	LOGARITH. du rayon vect^r de la Terre.
		Longitude.	Distance polaire.	Rayon vecteur.					
1841	Déc. 17	−114,9	+ 4,4	+ 619	353.22. 0,4	90.45.47,2	1,30291	85.57.53	9,99287
	20	−115,0	+ 4,4	+ 621	353.23.56,3	90.45.47,0	1,30291	89. 1.16	9,99278
	23	−115,1	+ 4,4	+ 623	353.25.52,3	90.45.46,7	1,30291	92. 4.49	9,99271
	26	−115,2	+ 4,4	+ 625	353.27.48,3	90.45.46,4	1,30291	95. 8. 5	9,99266
1842	Sept. 13	−113,8	+ 5,9	+ 796	356.16. 3,2	90.45.19,4	1,30283	350.44. 1	0,00231
	14	−113,8	+ 5,9	+ 797	356.16.41,9	90.45.19,3	1,30282	351.43.31	0,00219
	15	−113,7	+ 5,9	+ 797	356.17.20,6	90.45.19,2	1,30282	352.41. 3	0,00207
	16	−113,7	+ 5,9	+ 798	356.17.59,3	90.45.19,0	1,30282	353.39.37	0,00195
	Déc. 13	−109,1	+ 6,2	+ 852	357.14.45,9	90.45. 8,3	1,30278	81.38.27	9,99302
	14	−109,1	+ 6,2	+ 853	357.15.24,6	90.45. 8,2	1,30278	82.39.30	9,99298
	15	−109,0	+ 6,2	+ 853	357.16. 3,4	90.45. 8,1	1,30278	83.40.33	9,99294
	16	−108,9	+ 6,2	+ 854	357.16.42,1	90.45. 8,0	1,30278	84.41.37	9,99290
1843	Sept. 20	− 83,2	+ 7,6	+ 989	0.16.13,1	90.44.29,5	1,30261	357.20. 4	0,00154
	21	− 83,1	+ 7,6	+ 989	0.16.51,8	90.44.29,4	1,30261	358.18.49	0,00142
	22	− 83,0	+ 7,6	+ 990	0.17.30,6	90.44.29,2	1,30261	359.17.37	0,00130
	23	− 82,9	+ 7,6	+ 990	0.18. 9,4	90.44.29,0	1,30260	0.16.26	0,00117
1844	Janv. 1	− 70,2	+ 8,2	+1031	1.22.47,8	90.44.13,3	1,30253	100.44.53	9,99264
	2	− 70,1	+ 8,2	+1031	1.23.26,6	90.44.13,2	1,30253	101.46. 7	9,99264
	3	− 70,0	+ 8,2	+1032	1.24. 5,4	90.44.13,0	1,30252	102.47.11	9,99264
	4	− 69,8	+ 8,2	+1032	1.24.44,2	90.44.12,8	1,30252	103.48.20	9,99265
	Sept. 7	− 32,7	+ 9,2	+1090	4. 4.32,8	90.43.29,8	1,30230	345.23.35	0,00297
	8	− 32,6	+ 9,2	+1090	4. 5.11,6	90.43.29,6	1,30230	346.21.56	0,00286
	9	− 32,4	+ 9,2	+1090	4. 5.50,5	90.43.29,5	1,30230	347.20.20	0,00275
	10	− 32,2	+ 9,2	+1090	4. 6.29,3	90.43.29,3	1,30230	348.18.45	0,00264
	Déc. 18	− 16,8	+ 9,5	+1104	5.10.35,9	90.43.10,3	1,30219	87.15.23	9,99283
	21	− 16,4	+ 9,5	+1104	5.12.32,5	90.43. 9,8	1,30218	90.18.44	9,99275
	24	− 15,9	+ 9,5	+1105	5.14.29,1	90.43. 9,2	1,30218	93.22. 6	9,99269
	27	− 15,4	+ 9,5	+1105	5.16.25,6	90.43. 8,6	1,30218	96.25.31	9,99266
1845	Sept. 24	+ 26,6	+10,4	+1093	8.12. 6,6	90.42.12,1	1,30183	1.45.25	0,00097
	25	+ 26,7	+10,4	+1093	8.12.45,5	90.42.11,9	1,30183	2.44.18	0,00085
	26	+ 26,8	+10,4	+1093	8.13.24,4	90.42.11,7	1,30183	3.43.14	0,00072
	27	+ 27,0	+10,4	+1093	8.14. 3,4	90.42.11,5	1,30183	4.42.12	0,00060

72. Il est facile de passer des éphémérides des positions héliocentriques aux éphémérides des positions géocentriques. Désignons respectivement par G, b et Δ, la longitude géocentrique d'Uranus, sa latitude géocentrique et la projection de sa distance à la Terre sur l'écliptique. Appelons N la mutation; G, b et Δ, seront données par les formules suivantes :

$$\Delta, \cos(G - e, - N) = r, - R \cos\left(\tfrac{\star}{\delta} - e,\right)$$

$$\Delta, \sin(G - e, - N) = - R \sin\left(\tfrac{\star}{\delta} - e,\right)$$

$$\Delta, \tang b = r, \tang \lambda$$

On trouvera ainsi, au 24 septembre 1845 :

$$
\begin{aligned}
G - e, - N &= 0.20.18,6 & \log \Delta, &= \quad 1,279.70 \\
e, &= 8.12.\ 6,6 & \log \tang b &= - 8,111.21 \\
N &= \qquad 12,6 \\
\cline{1-2}
G &= 8.32.37,8
\end{aligned}
$$

Je n'ai pas calculé b, tang b suffisant pour obtenir l'ascension droite, et la déclinaison. Si nous désignons par ψ une auxiliaire, par ω l'obliquité de l'écliptique, et par Ab l'aberration, nous obtiendrons l'ascension droite apparente $\mathbb{R}$, et la déclinaison apparente D, au moyen des formules

$$\tang \psi = \frac{\tang b}{\sin G},$$

$$\tang(\mathbb{R} - Ab) = \frac{\cos(\omega + \psi)}{\cos \psi}\, \tang G,$$

$$\tang(D - Ab) = \tang(\omega + \psi)\sin(\mathbb{R} - Ab).$$

L'aberration, qui entre dans ces expressions, se conclura du mouvement diurne et de la distance d'Uranus à la Terre. Ce calcul ne présentera aucune difficulté, puisque le mouvement diurne sera fourni immédiatement par les éphémérides. L'obliquité de l'écliptique a été empruntée aux Tables de Bessel. On a trouvé ainsi, toujours à la date du 24 septembre 1845, et en exprimant l'ascension droite en temps :

$$
\begin{aligned}
\psi &= - 4.58.10,6 & \mathbb{R} - Ab &= 0.32.33,38 & D - Ab &= 2.42.37,0 \\
\omega &= \ 23.27.28,5 & Ab &= \qquad 0,97 & Ab &= \qquad 6,2 \\
\cline{1-2}\cline{3-4}\cline{5-6}
\omega + \psi &= \ 18.29.17,9 & \mathbb{R} &= 0.32.34,35 & D &= 2.42.43,2
\end{aligned}
$$

Voici les éphémérides des positions géocentriques, ainsi calculées :

75. *Éphémérides des positions géocentriques d'Uranus.*

ANNÉES.	MOIS et JOURS.	NUTATION en longitude.	LONGITUDE géocentrique.	LOGARITH. de la distance à la Terre, projetée sur l'écliptiq.	LOGARITHME de la tangente de la latitude géocentrique.	MINUTES et secondes de l'obliquité de l'écliptiq.	ASCENSION droite apparente d'Uranus.	DÉCLINAISON apparente d'Uranus
1690	Déc. 22	+ 5,6	58. 3. 8,9	1,26884	—7,49271	28.53,4	55.50. 2,5	+19.35.17,8
	23	+ 5,7	58. 1.11,1	1,26907	—7,49265	28.53,4	55.48. 1,1	+19.34.51,6
	24	+ 5,7	57.59.15,9	1,26930	—7,49258	28.53,4	55.46. 1,7	+19.34.25,8
	25	+ 5,8	57.57.22,7	1,26953	—7,49251	28.53,4	55.44. 4,3	+19.34. 0,5
1712	Avril 1	+16,5	153.25.27,2	1,24344	+8,14667	28.38,8	155.39. 8,9	+11. 0.50,8
	2	+16,5	153.23.37,3	1,24370	+8,14642	28.38,8	155.37.23,7	+11. 1.29,3
	3	+16,4	153.21.49,5	1,24397	+8,14616	28.38,8	155.35.40,6	+11. 2. 6,9
	4	+16,4	153.20. 4,2	1,24424	+8,14590	28.38,8	155.33.59,7	+11. 2.43,5
1715	Mars 4	+15,2	169.28.31,2	1,23818	+8,15177	28.28,3	170.39.12,5	+ 4.55. 5,2
	6	+15,1	169.23.18,2	1,23811	+8,15181	28.28,3	170.34.23,8	+ 4.57. 8,2
	8	+15,0	169.18. 4,3	1,23806	+8,15183	28.28,3	170.29.34,1	+ 4.59.11,9
	10	+14,9	169.12.49,8	1,23803	+8,15184	28.28,3	170.24.43,8	+ 5. 1.15,5
	Avril 27	+13,1	167.27.52,7	1,24611	+8,14322	28.27,7	168.47.16,2	+ 5.41.32,6
	28	+13,1	167.26.30,5	1,24643	+8,14289	28.27,7	168.45.59,1	+ 5.42. 2,7
	29	+13,0	167.25.10,7	1,24675	+8,14256	28.27,7	168.44.44,2	+ 5.42.32,0
	30	+13,0	167.23.53,9	1,24707	+8,14222	28.27,7	168.43.32,0	+ 5.43. 0,0
1750	Oct. 13	+17,3	321.38.49,1	1,28966	—8,11936	28.17,0	324.16.40,9	—15. 1.20,6
	14	+17,3	321.37.51,6	1,29000	—8,11903	28.17,0	324.15.56,7	—15. 1.34,9
	15	+17,3	321.37. 3,9	1,29028	—8,11882	28.17,0	324.15. 9,7	—15. 1.49,9
	Déc. 2	+17,3	321.57.32,1	1,30784	—8,10363	28.15,7	324.34.21,8	—14.53.42,1
	3	+17,3	321.59.10,4	1,30820	—8,10328	28.15,7	324.35.57,1	—14.53. 8,2
	4	+17,3	322. 0.52,3	1,30848	—8,10197	28.15,7	324.37.36,4	—14.52.33,1
1755	Déc. 2	+ 6,9	333.38.25,0	1,30480	—8,12621	28. 7,2	335.50.14,4	—16.53.58,4
	3	+ 6,8	333.39.29,4	1,30517	—8,12585	28. 7,2	335.51.14,7	—16.53.32,8
	4	+ 6,8	333.40.35,4	1,30550	—8,12549	28. 7,2	335.52.16,2	—16.53. 6,4
1756	Sept. 24	— 9,1	346.40. 4,3	1,28152	—8,13102	28. 7,3	348. 3.26,0	— 6. 0.52,8
	25	— 9,2	346.37.47,6	1,28163	—8,13089	28. 7,3	348. 1.19,1	— 6. 1.45,3
	26	— 9,2	346.35.31,3	1,28176	—8,13065	28. 7,3	347.59.12,6	— 6. 2.37,4
1764	Janv. 14	— 1,9	13.26.56,5	1,30390	—8,04940	28.19,6	12.37.13,3	+ 4.43.22,6
	15	— 1,9	13.28. 9,9	1,30425	—8,04900	28.19,6	12.38.20,3	+ 4.43.53,2
	16	— 1,9	13.29.27,3	1,30462	—8,04860	28.19,6	12.39.31,3	+ 4.44.25,4
1768	Déc. 27	+18,3	33.31. 5,6	1,28531	—7,91850	28. 9,0	31.26.51,0	+12.15.28,6
	28	+18,3	33.30.24,1	1,28566	—7,91803	28. 9,0	31.26.10,1	+12.15.16,1
	29	+18,3	33.29.45,6	1,28601	—7,91757	28. 9,0	31.25.39,1	+12.15. 4,7
	30	+18,3	33.29.10,1	1,28635	—7,91711	28. 9,0	31.24.57,1	+12.14.54,2

Éphémérides des positions géocentriques d'Uranus. (Suite.)

ANNÉE.	MOIS et jours.	NUTATION en longitude.	LONGITUDE géocentrique.	LOGARITHME de la distance à la Terre, projetée sur l'écliptiq.	LOGARITHME de la tangente de la latitude géocentrique.	MINUTES et secondes de l'obli-quité de l'éclip-tique.	ASCENSION droite apparente d'Uranus.	DÉCLINAISON apparente d'Uranus.
1769	Janv. 15	+18,8	33.26.46,3	1,29224	−7,90935	28. 8,9	31.22.22,7	+12.14.31,7
	17	+18,8	33.27.25,3	1,29300	−7,90838	28. 8,9	31.22.58,3	+12.14.48,3
	19	+18,8	33.28.16,7	1,29375	−7,90738	28. 8,9	31.23.45,6	+12.15. 9,2
	21	+18,8	33.29.20,4	1,29450	−7,90639	28. 8,9	31.24.44,0	+12.15.34,2
	23	+18,8	33.30.36,8	1,29526	−7,90542	28. 8,9	31.25.56,4	+12.16. 3,5
1771	Déc. 17	+10,2	46.21.31,6	1,27462	−7,76887	27.59,7	43.59.25,9	+16.25.37,7
	18	+10,2	46.19.48,9	1,27488	−7,76842	27.59,7	43.57.42,0	+16.25.10,3
	19	+10,2	46.18. 7,2	1,27514	−7,76814	27.59,7	43.56. 0,9	+16.24.39,8
1781	Sept. 25	− 7,5	92.50.34,3	1,27672	+7,59639	28.11,7	6.12.24,68	+23.39.56,0
	26	− 7,5	92.51.11,8	1,27632	+7,59728	28.11,7	6.12.27,43	+23.39.56,5
	27	− 7,5	92.51.45,9	1,27593	+7,59797	28.11,7	6.12.29,03	+23.39.57,0
	28	− 7,5	92.52.17,2	1,27553	+7,59866	28.11,7	6.12.32,24	+23.39.57,6
1782	Janv. 4	− 5,3	90.16.45,3	1,25461	+7,64739	28.10,8	6. 1.14,33	+23.43.25,4
	5	− 5,3	90.14.17,2	1,25472	+7,64755	28.10,8	6. 1. 3,53	+23.43.26,0
	6	− 5,2	90.11.50,2	1,25483	+7,64772	28.10,8	6. 0.52,62	+23.43.26,6
	7	− 5,2	90. 9.24,0	1,25494	+7,64789	28.10,8	6. 0.41,17	+23.43.27,3
	Mars 6	− 4,5	88.49.26,3	1,27136	+7,64700	28.11,9	5.54.51,70	+23.43. 8,0
	9	− 4,6	88.49.41,9	1,27252	+7,64663	28.11,9	5.54.52,77	+23.43. 7,3
	12	− 4,7	88.50.26,9	1,27368	+7,64626	28.11,9	5.54.55,97	+23.43. 7,0
	15	− 4,8	88.51.40,3	1,27484	+7,64588	28.12,0	5.55. 1,26	+23.43. 6,9
	18	− 4,8	88.53.23,1	1,27600	+7,64551	28.12,0	5.55. 8,64	+23.43. 7,0
	Sept. 30	− 2,3	97.19. 6,3	1,27516	+7,69426	28.12,1	6.31.56,69	+23.33. 1,8
	Oct. 1	− 2,4	97.19.43,2	1,27470	+7,69488	28.12,1	6.31.59,39	+23.33. 1,2
	2	− 2,4	97.20.17,1	1,27431	+7,69550	28.12,0	6.32. 1,88	+23.33. 0,6
	3	− 2,5	97.20.47,7	1,27392	+7,69611	28.12,0	6.32. 4,13	+23.33. 0,3
	Déc. 14	− 1,1	95.50.36,7	1,25293	+7,73326	28.11,0	6.45.32,66	+23.39. 0,0
	17	− 1,0	95.43. 1,3	1,25268	+7,73418	28.11,0	6.44.59,56	+23.39.21,3
	20	− 0,8	95.35.20,3	1,25250	+7,73502	28.11,0	6.24.26,07	+23.39.44,2
	23	− 0,7	95.27.35,7	1,25239	+7,73578	28.11,0	6.23.52,28	+23.40. 5,6
	26	− 0,5	95.19.49,0	1,25235	+7,73645	28.11,0	6.23.18,36	+23.40.26,5
	29	− 0,3	95.12. 2,2	1,25237	+7,73711	28.11,0	6.22.44,40	+23.40.46,9
1783	Oct. 6	+ 3,0	101.50. 3,5	1,27345	+7,77279	28.11,4	6.51.35,39	+23.16.49,2
	8	+ 3,0	101.51. 7,5	1,27235	+7,77398	28.11,4	6.51.40,50	+23.16.46,9
	10	+ 2,9	101.51.58,5	1,27156	+7,77516	28.11,3	6.51.44,27	+23.16.45,6
	12	+ 2,8	101.52.36,1	1,27077	+7,77633	28.11,3	6.51.47,05	+23.16.45,3
1784	Janv. 16	+ 6,2	99. 8.22,3	1,26176	+7,81265	28.10,2	6.39.55,32	+23.31.30,2

ANNÉES.	Mois et jours.	Mutation en longitude.	Longitude géocentrique.	Logarith. de la distance à la Terre, projetée sur l'écliptiq.	Logarithme de la tangente de la latitude géocentrique	Hauteur et secondes de l'obliquité de l'éclip-tique.	Ascension droite apparente d'Uranus	Déclinaison apparente d'Uranus
1784	Janv. 19	+ 6,3	99. 4. 7,8	1,25216	+7,81970	28.10,2	6.39.23,78	+23.32. 0,5
	22	+ 6,4	98.54. 5,3	1,25262	+7,81286	28.10,3	6.38.33,10	+23.32.29,5
	25	+ 6,5	98.47.16,6	1,25314	+7,81286	28.10,4	6.38.23,41	+23.32.56,9
	28	+ 6,6	98.40.43,1	1,25372	+7,81279	28.10,4	6.37.54,81	+23.33.22,6
	Mars 15	+ 6,1	97.47.10,9	1,26856	+7,80611	28.11,0	6.34. 6,33	+23.36.23,7
	17	+ 6,1	97.47.22,0	1,26933	+7,80562	28.11,0	6.34. 1,29	+23.36.21,7
	19	+ 6,0	97.47.46,3	1,27011	+7,80503	28.11,0	6.34. 3,00	+23.36.18,9
	21	+ 5,9	97.48.23,4	1,27089	+7,80489	28.11,0	6.34. 5,63	+23.36.15,5
	23	+ 5,8	97.49.13,5	1,27167	+7,80437	28.11,0	6.34. 9,21	+23.36.11,3
	Oct. 4	+ 8,1	106.17.50,2	1,27405	+7,83365	28. 9,8	7.10.54,85	+22.51.41,1
	7	+ 8,1	106.20.17,8	1,27286	+7,83531	28. 9,8	7.11. 3,56	+22.51.28,4
	10	+ 8,0	106.22.16,8	1,27166	+7,83607	28. 9,7	7.11.14,24	+22.51.19,1
	13	+ 7,9	106.23.42,0	1,27047	+7,83863	28. 9,7	7.11.20,83	+22.51.13,4
	16	+ 7,8	106.24.48,0	1,26927	+7,84029	28. 9,6	7.11.25,34	+22.51.11,3
1785	Janv. 10	+10,8	104. 4.50,5	1,24948	+7,87305	28. 8,4	7. 1.23,28	+23. 8.54,8
	13	+10,9	103.57. 8,5	1,24966	+7,87331	28. 8,4	7. 0.49,96	+23. 9.44,2
	16	+11,0	103.49.32,7	1,24991	+7,87351	28. 8,5	7. 0.17,08	+23.10.32,5
	19	+11,1	103.42. 4,9	1,25022	+7,87364	28. 8,5	6.59.44,76	+23.11.19,2
	23	+11,2	103.34.47,3	1,25059	+7,87370	28. 8,5	6.59.13,16	+23.12. 4,0
	Mars 27	+10,5	103.20.40,2	1,27000	+7,86363	28. 8,8	6.51.50,51	+23.18.53,5
	28	+10,5	103.21. 8,1	1,27033	+7,86338	28. 8,8	6.51.51,49	+23.18.40,0
	29	+10,5	103.21.37,8	1,27075	+7,86313	28. 8,8	6.53.53,63	+23.18.36,5
	Oct. 25	+11,0	110.59.27,5	1,26625	+7,89614	28. 7,0	7.31. 5,06	+22.16.24,1
	26	+11,0	110.59.37,9	1,26586	+7,89668	28. 7,0	7.31. 5,74	+22.16.26,3
	27	+11,0	110.59.48,3	1,26547	+7,89722	28. 7,0	7.31. 5,82	+22.16.28,4
1786	Janv. 12	+14,8	108.45.55,1	1,24798	+7,93431	28. 5,8	7.21.36,26	+22.37.43,6
	13	+14,8	108.43.19,3	1,24801	+7,93460	28. 5,8	7.21.25,12	+22.38. 5,5
	14	+14,8	108.40.43,5	1,24804	+7,93489	28. 5,8	7.21.13,98	+22.38.27,5
1787	Janv. 13	+17,2	113.31.43,6	1,24050	+7,96824	28. 2,6	7.41.58,76	+21.56.19,8
	14	+17,2	113.29. 5,4	1,24059	+7,96835	28. 2,6	7.41.47,63	+21.56.47,1
	15	+17,2	113.26.28,2	1,24058	+7,96846	28. 2,6	7.41. 6,50	+21.57.14,5
1788	Mars 7	+17,1	116.23. 1,5	1,25377	+8,00208	27.59,5	7.54. 5,55	+21.27.55,8
	8	+17,1	116.21.44,0	1,25409	+8,00184	27.59,5	7.54. 6,06	+21.28. 6,4
	9	+17,0	116.20.29,3	1,25442	+8,00160	27.59,5	7.53.54,77	+21.28.19,6
	10	+17,0	116.19.17,5	1,25475	+8,00135	27.59,5	7.53.44,68	+21.28.32,6
	Oct. 24	+14,7	124.46. 5,1	1,26848	+8,00698	27.57,3	8.29. 3,53	+19.39.34,0
	25	+14,7	124.46.54,5	1,26807	+8,00747	27.57,1	8.29. 6,99	+19.39.42,3
	26	+14,7	124.47.40,4	1,26767	+8,00795	27.57,0	8.29.10,30	+19.39.43,7
	27	+14,7	124.48.23,1	1,26727	+8,00843	27.57,0	8.29.13,16	+19.39. 5,2

Éphémérides des positions géocentriques d'Uranus. (Suite.)

ANNÉES	MOIS et jours	NUTATION en longitude	LONGITUDE géocentrique	LOGARITHME de la distance à la Terre, projetée sur l'écliptique	LOGARITHME de la tangente de la latitude géocentrique	MINUTES et secondes de l'obliquité de l'écliptique	ASCENSION droite apparente d'Uranus	DÉCLINAISON apparente d'Uranus
1789	Janv. 17	+16,6	123. 0.58,3	1,26430	+8,03797	27.55,8	8.21.53,14	+20. 6.46,6
	18	+16,6	122.58.21,1	1,26417	+8,03810	27.55,8	8.21.47,29	+20. 7.22,7
	19	+16,6	122.55.44,1	1,26414	+8,03823	27.55,8	8.21.41,44	+20. 7.59,8
	Avril 9	+13,9	120.45.10,6	1,26277	+8,02571	27.55,6	8.12.26,39	+20.36.16,5
	10	+13,9	120.45.10,7	1,26316	+8,02534	27.55,8	8.12.27,05	+20.36.13,8
	11	+13,8	120.45.33,9	1,26356	+8,02506	27.55,8	8.12.27,91	+20.36. 8,4
	12	+13,8	120.45.50,5	1,26395	+8,02474	27.55,8	8.12.29,01	+20.36. 3,2
	Oct. 29	+11,8	129.26.58,0	1,26730	+8,03568	27.53,9	8.48.15,94	+18.30.34,8
	30	+11,8	129.27.48,2	1,26691	+8,03616	27.53,9	8.48.19,35	+18.30.14,1
	31	+11,8	129.28.33,9	1,26655	+8,03663	27.53,8	8.48.22,51	+18.30. 4,1
	Nov. 1	+11,8	129.29.16,0	1,26615	+8,03710	27.53,8	8.48.25,47	+18.29.55,6
1790	Janv. 20	+13,3	127.46.41,0	1,24316	+8,06547	27.52,8	8.41.31,51	+18.59.11,3
	22	+13,3	127.41.27,8	1,24306	+8,06571	27.52,8	8.41.10,19	+19. 0.33,3
	24	+13,3	127.36.13,5	1,24300	+8,06591	27.52,8	8.40.48,79	+19. 1.55,2
	26	+13,4	127.30.58,6	1,24297	+8,06607	27.52,9	8.40.37,36	+19. 3.16,9
	28	+13,4	127.25.43,7	1,24298	+8,06619	27.52,9	8.40. 5,89	+19. 4.38,3
	Nov. 2	+ 7,3	134. 8.17,7	1,26674	+8,05951	27.51,3	9. 7.13,76	+17.13.59,8
	4	+ 7,3	134. 9.50,8	1,26593	+8,06043	27.51,3	9. 7.20,73	+17.13.34,9
	6	+ 7,3	134.11.28,9	1,26512	+8,06135	27.51,2	9. 7.26,83	+17.13.13,5
	8	+ 7,3	134.13.44,7	1,26431	+8,06228	27.51,2	9. 7.32,04	+17.12.56,3
1791	Janv. 27	+ 8,8	132.23.20,0	1,24199	+8,08911	27.50,6	9. 0.16,73	+17.46.35,3
	29	+ 8,8	132.18. 5,4	1,24193	+8,08927	27.50,6	8.59.55,65	+17.48. 4,8
	31	+ 8,8	132.12.50,0	1,24191	+8,08941	27.50,7	8.59.34,46	+17.49.34,2
	Fév. 2	+ 8,8	132. 7.34,5	1,24191	+8,08952	27.50,7	8.59.13,26	+17.51. 3,5
	Avril 13	+ 5,4	130. 7.46,3	1,25837	+8,07684	27.50,7	8.51. 6,10	+18.22.58,7
	14	+ 5,4	130. 7.37,2	1,25874	+8,07650	27.50,7	8.51. 5,33	+18.22.59,1
	15	+ 5,4	130. 7.30,9	1,25911	+8,07620	27.50,7	8.51. 5,08	+18.22.59,5
	Nov. 8	+ 2,0	138.52.27,1	1,26539	+8,08028	27.49,6	9.26. 6,75	+15.50.13,7
	9	+ 2,0	138.53.16,8	1,26498	+8,08074	27.49,6	9.26.10,11	+15.50. 0,6
	10	+ 2,0	138.54. 3,2	1,26457	+8,08119	27.49,5	9.26.13,23	+15.49.48,6
	11	+ 2,0	138.54.46,0	1,26417	+8,08163	27.49,5	9.26.16,14	+15.49.37,5
1792	Fév. 4	+ 3,1	136.58.27,7	1,24094	+8,10880	27.49,4	9.18.40,12	+16.27.51,8
	5	+ 3,1	136.55.49,9	1,24094	+8,10885	27.49,4	9.18.29,68	+16.28.40,0
	6	+ 3,1	136.53.11,1	1,24094	+8,10890	27.49,4	9.18.19,24	+16.29.27,8
	Nov. 12	− 3,9	143.36.40,8	1,26454	+8,09689	27.49,0	9.44.43,87	+14.20.22,8
	14	− 3,9	143.38.16,7	1,26373	+8,09777	27.49,0	9.44.50,26	+14.19.55,7
	16	− 3,8	143.39.39,4	1,26291	+8,09866	27.48,9	9.44.55,79	+14.19.33,2
	18	− 3,8	143.40.48,7	1,26209	+8,09955	27.48,9	9.45. 0,46	+14.19.15,1

Éphémérides des positions géocentriques d'Uranus. (Suite.)

ANNÉES.	MOIS et jours.	NUTATION en longitude.	LONGITUDE géocentrique.	LOGARITH. de la distance à la Terre, projetée sur l'écliptiq.	LOGARITHME de la tangente de la latitude géocentrique.	MINUTES et secondes de l'obliquité de l'écliptique.	ASCENSION droite apparente d'Uranus.	DÉCLINAISON apparente d'Uranus.
1793	Fév. 7	− 2,7	141.45. 6,6	1,24010	+8,12453	27.49,2	9.37.33,71	+14.59.27,2
	8	− 2,7	141.42.28,7	1,24008	+8,12458	27.49,2	9.37.21,91	+15. 0.18,6
	9	− 2,7	141.39.50,7	1,24007	+8,12462	27.49,3	9.37.12,60	+15. 1.10,1
	10	− 2,7	141.37.11,8	1,24007	+8,12467	27.49,3	9.37. 2,79	+15. 2. 1,4
	Nov. 13	− 9,5	148.17.46,3	1,26343	+8,10829	27.49,5	10. 2.53,39	+12.46. 6,4
	16	− 9,4	148.20.45,4	1,26421	+8,10959	27.49,5	10. 3. 5,06	+12.45.11,x
	19	− 9,4	148.23.15,0	1,26299	+8,11090	27.49,4	10. 3.14,90	+12.44.26,x
	22	− 9,3	148.25.14,7	1,26176	+8,11221	27.49,4	10. 3.22,83	+12.43.52,x
	25	− 9,3	148.26.43,9	1,26053	+8,11353	27.49,4	10. 3.28,81	+12.43.28,4
1794	Fév. 10	− 8,1	146.35.11,8	1,23941	+8,13682	27.50,1	9.56.23,61	+13.24. 8,1
	13	− 8,2	146.27.18,6	1,23935	+8,13696	27.50,1	9.55.53,16	+13.26.50,5
	16	− 8,3	146.19.24,8	1,23935	+8,13704	27.50,2	9.55.22,64	+13.29.32,6
	19	− 8,4	146.11.32,6	1,23941	+8,13706	27.50,3	9.54.52,20	+13.32.13,7
	22	− 8,4	146. 3.43,8	1,23953	+8,13702	27.50,3	9.54.21,95	+13.34.52,0
	Nov. 18	−13,8	153. 3.20,7	1,26485	+8,11816	27.50,9	10.21. 6,37	+11. 5.46,5
	19	−13,8	153. 4.24,3	1,26444	+8,11859	27.50,9	10.21.10,49	+11. 5.25,9
	20	−13,8	153. 5.24,1	1,26403	+8,11901	27.50,8	10.21.14,36	+11. 5. 6,6
	21	−13,8	153. 6.20,7	1,26362	+8,11945	27.50,8	10.21.18,03	+11. 4.48,5
1795	Fév. 14	−12,4	151.23.20,6	1,23886	+8,14592	27.51,8	10.14.51,41	+11.44.22,0
	15	−12,4	151.20.43,3	1,23882	+8,14598	27.51,8	10.14.41,41	+11.45.18,5
	16	−12,4	151.18. 5,7	1,23879	+8,14603	27.51,9	10.14.31,40	+11.46.15,0
	17	−12,4	151.15.27,9	1,23877	+8,14607	27.51,9	10.14.21,37	+11.47.11,6
	Déc. 1	−16,5	157.50.17,2	1,26112	+8,12833	27.52,9	10.39.35,15	+ 9.18.57,6
	2	−16,5	157.56.53,8	1,26071	+8,12874	27.52,9	10.39.37,55	+ 9.18.46,1
	3	−16,5	157.57.27,2	1,26030	+8,12915	27.52,9	10.39.39,71	+ 9.18.36,0
1796	Fév. 23	−15,1	155.58.54,1	1,23830	+8,15214	27.54,3	10.32.18,18	+10. 4.53,8
	24	−15,1	155.56.16,6	1,23829	+8,15215	27.54,3	10.32. 8,98	+10. 5.52,0
	25	−15,1	155.53.39,1	1,23828	+8,15216	27.54,3	10.31.58,38	+10. 6.50,x
	Déc. 3	−17,5	162.41.20,4	1,26158	+8,13115	27.55,4	10.57.22,29	+ 7.31.15,6
	4	−17,5	162.42. 2,3	1,26123	+8,13153	27.55,4	10.57.24,94	+ 7.31. 1,4
	5	−17,5	162.42.43,6	1,26082	+8,13191	27.55,4	10.57.27,59	+ 7.30.48,2
1797	Fév. 24	−15,7	160.53.17,6	1,23809	+8,15502	27.56,9	10.50.44,39	+ 8.14.49,x
	26	−15,8	160.48. 1,8	1,23803	+8,15508	27.56,9	10.50.24,78	+ 8.16.49,x
	28	−15,8	160.42.47,3	1,23801	+8,15511	27.56,9	10.50. 5,13	+ 8.18.49,x
	Mars 2	−15,9	160.37.31,7	1,23801	+8,15512	27.56,9	10.49.45,46	+ 8.20.49,x
	Déc. 11	−16,3	167.30. 3,2	1,26027	+8,13298	27.57,9	11.15.14,47	+ 5.39.38,x
	12	−16,3	167.30.36,5	1,25986	+8,13339	27.57,9	11.15.16,56	+ 5.39.27,9
	13	−16,3	167.31. 6,8	1,25945	+8,13380	27.57,9	11.15.18,52	+ 5.39.18,x

Éphémérides des positions géocentriques d'Uranus. (Suite.)

ANNÉES	Mois et Jours.	Aberration en longitude.	Longitude géocentrique.	Logarith. de la distance à la Terre, projetée sur l'écliptiq.	Logarithme de la tangente de la latitude géocentrique.	Minutes et secondes de l'obliquité de l'écliptique.	Ascension droite apparente d'Uranus.	Déclinaison apparente d'Uranus.
		"	o ' "			' "	h m s	o ' "
1798	Mars 10	−15,0	165.16.37,1	1,23795	+8,15500	27.59,6	11. 7. 5,03	+ 6.33.41,6
	11	−15,0	165.14. 1,2	1,23799	+8,15496	27.59,6	11. 6.55,36	+ 6.34.41,9
	13	−15,0	165.11.24,7	1,23804	+8,15492	27.59,6	11. 6.45,69	+ 6.35.42,2
1799	Mars 11	−13,0	170.14.17,8	1,23791	+8,15203	28. 1,6	11.25.25,66	+ 4.37. 2,2
	12	−13,0	170.11.41,0	1,23793	+8,15202	28. 1,6	11.25.16,00	+ 4.38. 3,8
	13	−13,0	170. 9. 4,2	1,23794	+8,15201	28. 1,6	11.25. 6,34	+ 4.39. 5,4
1800	Mars 12	− 7,8	175.12. 5,7	1,23816	+8,14595	28. 3,0	11.43.40,69	+ 2.38.35,1
	13	− 7,8	175. 9.29,3	1,23814	+8,14595	28. 3,0	11.43.31,11	+ 2.39.37,2
	14	− 7,9	175. 6.52,6	1,23813	+8,14595	28. 3,0	11.43.21,51	+ 2.40.39,5
	15	− 7,9	175. 4.16,0	1,23812	+8,14594	28. 3,0	11.43.11,92	+ 2.41.41,6
1801	Mars 13	− 2,5	180. 9.45,1	1,23866	+8,13665	28. 3,6	12. 1.51,73	+ 0.39.12,4
	16	− 2,6	180. 1.58,9	1,23851	+8,13673	28. 3,6	12. 1.23,24	+ 0.42.18,5
	19	− 2,7	179.54.16,4	1,23844	+8,13673	28. 3,6	12. 0.54,60	+ 0.45.24,9
	22	− 2,8	179.46.21,4	1,23844	+8,13665	28. 3,6	12. 0.25,60	+ 0.48.31,2
	25	− 2,9	179.38.33,7	1,23851	+8,13648	28. 3,6	11.59.57,26	+ 0.51.36,5
	Déc. 30	+ 2,0	186.37. 4,8	1,26153	+8,10461	28. 2,2	12.25.27,03	− 1.57.38,7
	31	+ 2,0	186.37.42,1	1,26112	+8,10498	28. 2,2	12.25.29,41	− 1.57.51,5
1802	Janv. 1	+ 2,1	186.38.15,7	1,26072	+8,10535	28. 2,2	12.25.31,54	− 1.58. 2,8
	2	+ 2,1	186.38.45,4	1,26031	+8,10571	28. 2,2	12.25.33,44	− 1.58.12,7
	Mars 24	+ 2,7	184.41.12,0	1,23890	+8,12421	28. 3,1	12.18.25,78	− 1. 9.59,1
	26	+ 2,6	184.36. 0,1	1,23890	+8,12414	28. 3,1	12.18. 6,67	− 1. 7.55,6
	28	+ 2,5	184.30.48,4	1,23892	+8,12404	28. 3,1	12.17.47,58	− 1. 5.50,3
	30	+ 2,4	184.25.37,5	1,23896	+8,12391	28. 3,1	12.17.28,54	− 1. 3.49,7
1803	Mars 28	+ 7,6	189.30.13,6	1,23949	+8,10823	28. 1,6	12.36. 5,78	− 3. 5.45,3
	29	+ 7,6	189.27.38,2	1,23947	+8,10820	28. 1,6	12.35.56,24	− 3. 4.44,4
	30	+ 7,6	189.25. 2,6	1,23946	+8,10817	28. 1,6	12.35.46,69	− 3. 3.43,4
	31	+ 7,6	189.22.27,1	1,23945	+8,10814	28. 1,6	12.35.37,13	− 3. 2.42,3
1804	Mars 14	+12,4	195. 6.50,5	1,24177	+8,08792	27.59,5	12.56.23,51	− 5.16.32,6
	15	+12,4	194.58.28,6	1,24161	+8,08802	27.59,5	12.56.14,77	− 5.15.37,2
	16	+12,4	194.56. 5,3	1,24147	+8,08811	27.59,5	12.56. 5,94	− 5.14.41,3
	17	+12,4	194.53.40,9	1,24133	+8,08820	27.59,5	12.55.57,05	− 5.13.45,2
	31	+12,0	194.18.28,3	1,24018	+8,08856	27.59,2	12.53.46,78	− 5. 0. 6,1
	Avril 3	+11,9	194.12.43,5	1,24010	+8,08846	27.59,2	12.53.18,09	− 4.57. 6,6
	6	+11,8	194. 2.38,5	1,24011	+8,08828	27.59,2	12.52.49,38	− 4.54. 7,4
	9	+11,7	193.55.15,0	1,24011	+8,08802	27.59,2	12.52.20,75	− 4.51. 9,0
	12	+11,6	193.47.33,0	1,24038	+8,08767	27.59,2	12.51.52,33	− 4.48.12,3

Éphémérides des positions géocentriques d'Uranus. (Suite.)

ANNÉES	MOIS et JOURS	NUTATION en longitude.	LONGITUDE géocentrique.	LOGARITHME de la distance à la Terre, projetée sur l'écliptiq.	LOGARITHME de la tangente de la latitude géocentrique.	MINUTES et secondes de l'obliquité de l'écliptique.	ASCENSION droite apparente d'Uranus.	DÉCLINAISON apparente d'Uranus.
1805	Avril 9	+14,6	198.51.45,0	1,24089	+8,06464	27.56,1	13.10.41,91	— 6.47.22,4
	10	+14,6	198.50.11,6	1,24089	+8,06457	27.56,1	13.10.32,33	— 6.46.24,2
	11	+14,6	198.47.37,2	1,24091	+8,06449	27.56,1	13.10.22,74	— 6.45.26,0
	12	+14,6	198.45. 3,1	1,24093	+8,06440	27.56,1	13.10.13,15	— 6.44.27,9
1806	Avril 14	+15,8	203.36. 9,4	1,24170	+8,03645	27.52,7	13.28.18,83	— 8.35.46,7
	16	+15,7	203.31. 1,8	1,24178	+8,03627	27.52,7	13.27.59,52	— 8.33.53,9
	18	+15,7	203.25.54,4	1,24182	+8,03607	27.52,6	13.27.40,24	— 8.32. 1,2
	20	+15,6	203.20.48,0	1,24191	+8,03584	27.52,6	13.27.21,01	— 8.30. 9,1
1807	Janv. 18	+17,6	210.14. 8,8	1,26703	+7,98737	27.49,3	13.53.18,97	—11. 2.40,7
	19	+17,6	210.15. 0,9	1,26663	+7,98769	27.49,3	13.53.22,33	—11. 2.57,7
	20	+17,6	210.15.50,0	1,26623	+7,98801	27.49,3	13.53.25,53	—11. 3.13,5
	Avril 18	+14,9	208.20.38,1	1,24274	+8,00335	27.49,1	13.46. 9,86	—10.21.30,9
	20	+14,9	208.15.31,1	1,24274	+8,00317	27.49,0	13.45.50,41	—10.19.42,2
	22	+14,9	208.10.24,4	1,24277	+8,00295	27.49,0	13.45.30,97	—10.17.53,6
	24	+14,9	208. 5.18,6	1,24283	+8,00270	27.49,0	13.45.11,59	—10.16. 5,7
1808	Janv. 25	+15,5	214.56. 3,6	1,26717	+7,95066	27.46,1	14.11.17,79	—12.41.48,9
	26	+15,5	214.56.48,3	1,26678	+7,95098	27.46,1	14.11.30,70	—12.42. 7,7
	27	+15,5	214.57.30,2	1,26638	+7,95130	27.46,1	14.11.23,46	—12.42.15,5
	Avril 18	+12,3	213.11. 6,3	1,24390	+7,96486	27.45,9	14. 4.35,95	—12. 5.31,3
	21	+12,3	213. 3.37,2	1,24384	+7,96460	27.45,9	14. 4. 6,48	—12. 2.55,9
	24	+12,3	212.55.47,5	1,24383	+7,96428	27.45,8	14. 3.36,99	—12. 0.20,1
	27	+12,2	212.48. 8,7	1,24388	+7,96390	27.45,7	14. 3. 7,57	—11.57.44,8
	30	+12,2	212.40.32,7	1,24400	+7,96345	27.45,7	14. 2.38,32	—11.55.10,6
1809	Janv. 27	+11,7	219.32.56,5	1,26904	+7,90639	27.43,4	14.29.10,58	—14.14.49,6
	28	+11,7	219.33.47,7	1,26864	+7,90667	27.43,4	14.29.13,88	—14.15. 4,8
	29	+11,7	219.34.35,5	1,26823	+7,90695	27.43,4	14.29.17,10	—14.15.19,0
	Avril 29	+ 8,0	217.34.23,0	1,24500	+7,91871	27.43,0	14.21.30,15	—13.36. 8,6
	Mai 1	+ 8,0	217.29.18,3	1,24503	+7,91843	27.43,0	14.21.10,36	—13.34.30,6
	3	+ 8,0	217.24.14,3	1,24510	+7,91810	27.42,9	14.20.50,63	—13.32.53,0
	5	+ 8,0	217.19.11,9	1,24519	+7,91774	27.42,8	14.20.30,98	—13.31.15,8
	7	+ 8,0	217.14.11,2	1,24531	+7,91736	27.42,8	14.20.11,44	—13.29.39,3
1810	Avril 16	+ 2,7	222.31.28,5	1,24646	+7,86604	27.41,5	14.40.50,64	—15.12.40,1
	18	+ 2,7	222.26.26,3	1,24636	+7,86582	27.41,5	14.40.30,74	—15.11. 8,8
	30	+ 2,7	222.21.32,8	1,24631	+7,86556	27.41,4	14.40.10,76	—15. 9.37,3
	Mai 2	+ 2,7	222.16.18,5	1,24609	+7,86526	27.41,4	14.39.50,72	—15. 8. 5,5
1811	Fev. 16	+ 0,4	228.50.44,1	1,20743	+7,79604	27.40,0	15. 5.56,89	—17. 5.50,7

Éphémérides des positions géocentriques d'Uranus. (Suite.)

ANNÉES	Mois et jours	Rotation en longitude.	Longitude géocentrique.	Logarithm. de la distance à la Terre, projetée sur l'écliptiq.	Logarithme de la tangente de la latitude géocentrique.	Minutes et secondes de l'obliquité de l'écliptique	Ascension droite apparente d'Uranus	Déclinaison apparente d'Uranus
1811	Fév. 17	+ 0,4	228.51. 0,6	1,26703	+7,79627	27.40,9	15. 5.58,03	—17. 6. 0,3
	18	+ 0,4	228.51.13,8	1,26663	+7,79649	27.41,0	15. 5.58,95	—17. 6. 1,8
	19	+ 0,4	228.51.23,5	1,26624	+7,79669	27.41,0	15. 5.59,65	—17. 6. 3,9
1812	Fév. 13	— 5,1	233.20. 3,9	1,27189	+7,72020	27.41,0	15.24. 4,24	—18.19.56,6
	15	— 5,2	233.21.24,0	1,27111	+7,72055	27.41,0	15.24. 9,76	—18.20.16,0
	17	— 5,2	233.22.31,1	1,27030	+7,72091	27.41,1	15.24.14,39	—18.20.32,1
	19	— 5,2	233.23.25,3	1,26954	+7,72125	27.41,1	15.24.18,13	—18.20.44,8
	Mai. 2	— 8,7	231.42.19,1	1,24918	+7,72500	27.41,1	15.17.48,30	—17.56.12,8
	4	— 8,7	231.42.21,8	1,24932	+7,72466	27.41,1	15.17.28,17	—17.54.56,6
	6	— 8,7	231.37.22,5	1,24927	+7,72434	27.41,4	15.17. 7,91	—17.53.39,8
	8	— 8,7	231.32.21,7	1,24918	+7,72404	27.41,1	15.16.47,55	—17.52.21,6
1813	Fév. 21	—10,1	237.54.19,8	1,27169	+7,69854	27.41,3	15.42.47,33	—19.28.27,7
	23	—10,2	237.55.17,4	1,27090	+7,69879	27.41,3	15.42.51,00	—19.28.39,1
	25	—10,3	237.55.51,8	1,27012	+7,69902	27.41,4	15.42.53,77	—19.28.47,6
	27	—10,3	237.56.18,1	1,26934	+7,69924	27.41,1	15.42.55,64	—19.28.53,3
	Mars. 1	—10,4	237.56.34,8	1,26856	+7,69946	27.41,3	15.42.56,64	—19.28.56,1
	Mai. 21	—13,3	235.44. 4,4	1,25073	+7,62398	27.41,1	15.33.51,54	—18.58.39,3
	23	—13,3	235.39. 5,8	1,25084	+7,62431	27.41,1	15.33.31,06	—18.57.17,7
	25	—13,2	235.34. 8,8	1,25095	+7,62461	27.41,0	15.33.10,79	—18.56.18,5
	27	—13,1	235.29.13,8	1,25109	+7,62487	27.41,0	15.32.50,48	—18.55. 9,3
1814	Mai. 27	—16,3	240.11.42,9	1,25239	+7,49396	27.44,1	15.51.04,91	—20. 2.14,3
	28	—16,3	240. 9.14,4	1,25244	+7,49348	27.44,1	15.51. 4,59	—20. 1.53,2
	29	—16,3	240. 6.48,3	1,25249	+7,49301	27.44,1	15.51.54,31	—20. 1.13,1
	30	—16,3	240. 4.18,8	1,25254	+7,49254	27.44,1	15.51.44,00	—20. 0.41,6
1815	Fév. 28	—15,8	256.51.35,8	1,27571	+7,33911	27.46,9	16.20. 9,32	—21.21.10,1
	Mars. 1	—15,8	256.52. 1,6	1,27532	+7,33895	27.46,9	16.20.11,77	—21.21.16,3
	2	—15,9	256.52.33,7	1,27493	+7,33880	27.46,9	16.20.14,07	—21.21.21,0
	3	—15,9	256.53. 2,9	1,27454	+7,33864	27.46,9	16.20.16,14	—21.21.27,1
	Mai. 25	—17,7	244.57.29,9	1,25389	+7,30996	27.46,7	16.12. 8,93	—21. 1.50,6
	26	—17,7	244.55. 0,8	1,25390	+7,30935	27.46,7	16.11.58,45	—21. 1.24,3
	27	—17,6	244.52.31,8	1,25390	+7,30874	27.46,7	16.11.47,97	—21. 0.57,9
	28	—17,6	244.50. 2,9	1,25390	+7,30813	27.46,7	16.11.37,54	—21. 0.31,3
1816	Fév. 23	—15,5	251. 9.38,9	1,28101	+7,06229	27.49,3	16.38.25,25	—22. 5.19,9
	26	—15,6	251.12.47,8	1,27986	+7,06017	27.49,3	16.38.38,76	—22. 4.47,2
	29	—15,7	251.15.38,7	1,27869	+7,05812	27.49,4	16.38.50,39	—22. 5.10,7
	Mars. 3	—15,8	251.17.40,8	1,27753	+7,05607	27.49,5	16.38.59,58	—22. 5.30,2
	6	—15,9	251.19.23,4	1,27637	+7,05401	27.49,5	16.39. 7,16	—22. 5.45,9

Éphémérides des positions géocentriques d'Uranus. (Suite.)

ANNÉES	MOIS et jours.	NUTATION en longitude.	LONGITUDE géocentrique.	LOGARITHME de la distance à la Terre, projetée sur l'écliptiq.	LOGARITHME de la tangente de la latitude géocentrique.	MINUTES et secondes de l'obliquité de l'écliptique.	ASCENSION droite apparente d'Uranus.	DÉCLINAISON apparente d'Uranus.
		"	° ' "			' "	h m s	° ' "
1816	Mai. 31	−17,1	249.19. 5,6	1,25550	+6,96964	27.49,1	16.30.34,61	−21.49. 5,3
	Juin. 1	−17,0	249.16.37,6	1,25552	+6,96832	27.49,1	16.30.24,16	−21.48.43,7
	2	−17,0	249.14. 9,2	1,25554	+6,96695	27.49,1	16.30.13,63	−21.48.21,7
	3	−16,9	249.11.39,9	1,25556	+6,96557	27.49,1	16.30. 3,03	−21.47.59,6
1817	Juin 9	−14,2	253.34. 0,1	1,25722	−6,25819	27.51,3	16.48.42,90	−22.27.46,6
	10	−14,2	253.31.33,0	1,25727	−6,26502	27.51,3	16.48.30,36	−22.27.39,1
	11	−14,1	253.29. 6,3	1,25731	−6,27184	27.51,3	16.48.21,85	−22.27.11,8
	12	−14,1	253.26.39,9	1,25736	−6,27849	27.51,3	16.48.11,36	−22.26.54,5
1818	Juin 7	−10,3	258.14. 3,4	1,25872	−7,09838	27.53,0	17. 8.49,17	−23. 0.54,4
	8	−10,3	258.11.35,8	1,25871	−7,09929	27.53,0	17. 8.38,55	−23. 0.42,1
	9	−10,3	258. 9. 8,2	1,25871	−7,10035	27.53,0	17. 8.27,86	−23. 0.29,5
	10	−10,3	258. 6.40,5	1,25873	−7,10139	27.53,0	17. 8.17,20	−23. 0.17,0
1819	Juin 20	− 4,8	262.13.15,9	1,26046	−7,37187	27.53,8	17.26.14,84	−23.22.23,3
	21	− 4,8	262.11.50,2	1,26050	−7,37236	27.53,8	17.26. 4,28	−23.22.13,1
	22	− 4,7	262.10.25,0	1,26056	−7,37284	27.53,8	17.25.53,73	−23.22. 7,1
	23	− 4,7	262. 8. 0,1	1,26063	−7,37331	27.53,8	17.25.43,12	−23.21.59,2
1820	Juin 22	+ 0,7	266.38.54,9	1,26192	−7,53201	27.53,8	17.45.23,16	−23.37. 3,1
	23	+ 0,7	266.36.28,9	1,26196	−7,53235	27.53,8	17.45.12,54	−23.36.59,8
	24	+ 0,8	266.34. 3,3	1,26201	−7,53268	27.53,8	17.45. 1,94	−23.36.56,5
	25	+ 0,8	266.31.37,9	1,26206	−7,53301	27.53,8	17.44.51,36	−23.36.53,3
1821	Juin 19	+ 6,0	271.15. 5,1	1,26337	−7,64453	27.52,7	18. 5.29,15	−23.42.40,9
	20	+ 6,0	271.12.38,9	1,26336	−7,64479	27.52,7	18. 5.18,51	−23.42.42,9
	21	+ 6,1	271.10.12,7	1,26336	−7,64506	27.52,7	18. 5. 7,88	−23.42.44,7
	22	+ 6,1	271. 7.46,4	1,26336	−7,64532	27.52,7	18. 4.57,22	−23.42.46,5
1822	Juill. 5	+11,6	275. 2.57,3	1,26511	−7,73491	27.50,7	18.22. 4,64	−23.40.49,3
	7	+11,7	274.58.10,6	1,26525	−7,73522	27.50,7	18.21.43,77	−23.40.53,9
	9	+11,8	274.53.26,2	1,26541	−7,73549	27.50,7	18.21.23,08	−23.41. 5,2
	11	+11,9	274.48.44,8	1,26560	−7,73574	27.50,7	18.21. 2,60	−23.41.16,3
1823	Juill. 20	+15,8	278.52.18,0	1,26759	−7,80599	27.48,0	18.38.45,11	−23.31.53,7
	22	+15,8	278.47.49,6	1,26787	−7,80605	27.48,0	18.38.25,62	−23.32.11,8
	24	+15,9	278.43.26,2	1,26817	−7,80611	27.48,0	18.38. 6,49	−23.32.29,4
	26	+15,9	278.39. 7,7	1,26848	−7,80616	27.48,0	18.37.47,72	−23.32.46,5
1824	Juill. 10	+17,3	283.36. 1,7	1,26787	−7,86288	27.44,6	18.59.18,20	−23.10.55,5
	11	+17,3	283.31.38,3	1,26799	−7,86298	27.44,6	18.59. 7,78	−23.11.40,5

Éphémérides des positions géocentriques d'Uranus. (Suite.)

ANNÉES	MOIS et jours	NUTATION en longitude	LONGITUDE géocentrique	LOGARITH. de la distance à la Terre projetée sur l'écliptiq.	LOGARITHME de la tangente de la latitude géocentrique	MINUTES et secondes de l'obliquité de l'écliptique	ASCENSION droite apparente d'Uranus	DÉCLINAISON apparente d'Uranus
1824	Juill. 12	+17,4	283.31.14,3	1,26797	—7,86308	27,44,6	18.58.57,39	—23.11.25,4
	13	+17,4	283.28.50,7	1,26802	—7,86317	27.44,6	18.58.47,02	—23.11.40,2
1825	Juill. 7	+17,3	288.4.31,8	1,26920	—7,91085	27.41,1	19.18.37,74	—22.42.5,7
	8	+17,3	288.2.6,8	1,26919	—7,91098	27.41,1	19.18.27,36	—22.42.25,7
	9	+17,4	287.59.41,8	1,26918	—7,91110	27.41,1	19.18.16,98	—22.42.45,6
	10	+17,4	287.57.16,6	1,26919	—7,91123	27.41,1	19.18.6,58	—22.43.5,4
1826	Août 13	+16,7	290.59.14,5	1,27369	—7,95293	27.38,1	19.31.7,90	—22.19.42,1
	14	+16,7	290.57.16,3	1,27388	—7,95384	27.38,1	19.30.59,45	—22.19.59,2
	15	+16,7	290.55.19,9	1,27409	—7,95374	27.38,1	19.30.51,15	—22.20.17,4
	16	+16,7	290.53.25,4	1,27431	—7,95363	27.38,1	19.30.42,99	—22.20.34,6
1827	Juill. 28	+13,3	295.51.55,6	1,27223	—7,98918	27.35,1	19.51.53,62	—21.32.21,7
	29	+13,3	295.49.34,0	1,27230	—7,98919	27.35,1	19.51.43,64	—21.32.48,3
	30	+13,3	295.47.13,1	1,27238	—7,98919	27.35,1	19.51.33,72	—21.33.14,6
	31	+13,3	295.44.52,7	1,27247	—7,98920	27.35,1	19.51.23,83	—21.33.40,7
1828	Juill. 19	+7,3	300.28.1,5	1,27317	—8,01990	27.33,0	20.11.15,15	—20.39.4,8
	20	+7,3	300.25.37,6	1,27316	—8,01928	27.33,0	20.11.5,15	—20.39.36,1
	21	+7,3	300.23.13,7	1,27315	—8,01936	27.33,0	20.10.55,15	—20.40.7,1
1829	Juill. 26	+1,7	304.27.1,8	1,27433	—8,04606	27.32,0	20.27.49,38	—19.46.53,1
	27	+1,7	304.24.37,7	1,27433	—8,04611	27.32,0	20.27.39,47	—19.47.28,0
	28	+1,7	304.22.13,6	1,27434	—8,04619	27.32,0	20.27.29,57	—19.48.2,8
	29	+1,7	304.19.49,8	1,27436	—8,04626	27.32,1	20.27.19,68	—19.48.37,7
	Oct. 17	—1,9	302.28.25,5	1,29377	—8,03231	27.32,5	20.19.36,12	—20.13.31,3
	18	—1,9	302.28.44,2	1,29414	—8,03202	27.32,5	20.19.37,35	—20.13.35,1
	19	—1,9	302.29.5,7	1,29451	—8,03171	27.32,5	20.19.38,80	—20.13.18,9
1830	Juill. 31	—4,0	308.29.42,5	1,27539	—8,06905	27.32,1	20.44.17,18	—18.48.4,0
	Août 1	—4,0	308.27.18,8	1,27540	—8,06910	27.32,1	20.44.17,47	—18.48.41,8
	2	—4,0	308.24.55,1	1,27542	—8,06914	27.32,2	20.44.7,67	—18.49.19,7
	3	—4,0	308.22.31,8	1,27544	—8,06918	27.32,2	20.43.57,93	—18.49.37,4
	Nov. 7	—8,1	306.44.24,6	1,30103	—8,04925	27.32,4	20.37.13,15	—19.13.30,0
	8	—8,1	306.45.33,7	1,30139	—8,04804	27.32,4	20.37.17,80	—19.13.11,0
	9	—8,1	306.46.46,0	1,30177	—8,04863	27.32,4	20.37.22,68	—19.12.51,1
	10	—8,1	306.48.1,1	1,30213	—8,04832	27.32,3	20.37.27,77	—19.12.30,7
	11	—8,1	306.49.19,1	1,30249	—8,04801	27.32,3	20.37.33,05	—19.12.9,6
1833	Juill. 19	—14,0	329.48.28,0	1,28261	—8,13532	27.40,0	22.8.46,64	—13.16.52,3
	21	—14,0	329.44.39,9	1,28210	—8,13576	27.43,0	22.8.32,16	—12.18.14,9

Éphémérides des positions géocentriques d'Uranus. (Suite.)

ANNÉE	MOIS et jours	NUTATION en longitude	LONGITUDE géocentrique	LOGARITHME de la distance à la Terre, projetée sur l'écliptique	LOGARITHME de la tangente de la latitude géocentrique	MINUTES et secondes de l'obliquité de l'écliptique	ASCENSION droite apparente d'Uranus	DÉCLINAISON apparente d'Uranus
1835	Juill. 23	−13,9	329.40.45,0	1,28184	−8,13648	27.42,0	22. 8.17,24	−12.19.59,9
	25	−13,9	329.36.43,6	1,28149	−8,13658	27.42,0	22. 8. 1,92	−12.21. 7,4
	Août 10	−13,7	329. 1.29,4	1,27953	−8,13891	27.42,5	22. 5.49,25	−12.33.42,5
	11	−13,7	328.56.48,6	1,27910	−8,13908	27.42,5	22. 5.29,31	−12.35.11,7
	14	−13,7	328.51. 5,5	1,27930	−8,13915	27.42,6	22. 5.11,23	−12.37. 1,6
	16	−13,7	328.47.20,7	1,27924	−8,13934	27.42,6	22. 4.53,06	−12.38.41,7
	Nov. 22	−15,3	326.44.58,1	1,30247	−8,11824	27.42,8	21.56.57,10	−13.19. 0,5
	23	−15,3	326.45.50,4	1,30983	−8,11790	27.42,8	21.57. 0,59	−13.18.40,7
	24	−15,3	326.46.45,7	1,30320	−8,11755	27.42,8	21.57. 3,88	−13.18.19,7
	25	−15,3	326.47.44,0	1,30358	−8,11719	27.42,8	21.57. 7,50	−13.17.57,7
1836	Août 28	−10,5	332.25.19,8	1,27967	−8,14619	27.44,8	22.18.47,60	−11.22. 7,4
	29	−10,5	332.22.56,5	1,27970	−8,14618	27.44,8	22.18.38,51	−11.21.58,8
	30	−10,6	332.20.33,4	1,27974	−8,14616	27.44,9	22.18.29,43	−11.23.50,3
	31	−10,6	332.18.10,7	1,27980	−8,14612	27.44,9	22.18.20,35	−11.24.41,4
	Nov. 14	−11,9	330.37.22,7	1,29867	−8,12840	27.44,6	22.11.51,88	−11.59. 6,0
	16	−11,9	330.38. 4,3	1,29941	−8,12769	27.44,6	22.11.54,20	−11.58.42,3
	18	−11,8	330.38.53,6	1,30017	−8,12697	27.44,6	22.11.57,32	−11.58.20,0
	20	−11,8	330.39.56,6	1,30093	−8,12624	27.44,6	22.12. 1,22	−11.57.53,2
1837	Août 23	− 5,9	336.45.50,0	1,28009	−8,13053	27.46,0	22.35.14,81	− 9.47.17,8
	24	− 5,9	336.43.27,1	1,28005	−8,13058	27.46,0	22.35. 5,86	− 9.48.11,2
	25	− 5,9	336.41. 3,9	1,28002	−8,13061	27.46,0	22.34.56,88	− 9.49. 4,6
	26	− 5,9	336.38.40,4	1,28000	−8,13065	27.46,0	22.34.47,87	− 9.49.58,0
	Nov. 29	− 6,5	334.41.29,8	1,30365	−8,12851	27.45,4	22.27.20,27	−10.31. 2,3
	30	− 6,5	334.42.20,7	1,30342	−8,12815	27.45,4	22.27.23,39	−10.30.41,6
	Déc. 1	− 6,4	334.43.14,5	1,30379	−8,12779	27.45,4	22.27.26,72	−10.30.19,8
	2	− 6,4	334.44.11,4	1,30417	−8,12742	27.45,4	22.27.30,22	−10.29.56,9
1838	Août 31	− 0,7	340.34.51,5	1,28029	−8,15309	27.46,4	22.49.35,04	− 8.21.34,0
	Sept. 1	− 0,7	340.32.27,8	1,28029	−8,15310	27.46,4	22.49.26,08	− 8.22.28,6
	2	− 0,8	340.30. 3,8	1,28029	−8,15310	27.46,4	22.49.17,10	− 8.23.23,2
	3	− 0,8	340.27.40,1	1,28029	−8,15311	27.46,4	22.49. 8,14	− 8.24.17,8
	Nov. 30	− 0,9	338.37. 0,2	1,30210	−8,13183	27.45,5	22.42. 8,36	− 9. 4. 0,4
	Déc. 1	− 0,9	338.37.41,1	1,30248	−8,13125	27.45,5	22.42.11,04	− 9. 3.42,6
	2	− 0,8	338.38.25,5	1,30285	−8,13088	27.45,5	22.42.13,73	− 9. 3.23,8
	3	− 0,8	338.39.12,6	1,30323	−8,13050	27.45,5	22.42.16,59	− 9. 3. 3,9
1839	Sept. 7	+ 4,6	344.26. 4,9	1,28050	−8,15347	27.45,8	23. 3.56,99	− 6.53. 3,3
	8	+ 4,6	344.23.40,8	1,28051	−8,15346	27.45,8	23. 3.48,06	− 6.53.57,8
	9	+ 4,5	344.21.16,7	1,28053	−8,15344	27.45,8	23. 3.39,13	− 6.54.53,4
	10	+ 4,5	344.18.52,8	1,28055	−8,15343	27.45,8	23. 3.30,22	− 6.55.49,0

Éphémérides des positions géocentriques d'Uranus. (Suite.)

ANNÉES.	MOIS et jours.	NUTATION en longitude.	LONGITUDE géocentrique.	LOGARITHME de la distance à la Terre, projetée sur l'écliptiq.	LOGARITHME de la tangente de la latitude géocentrique.	MINUTES et secondes de l'obliquité de l'écliptique.	ASCENSION droite apparente d'Uranus.	DÉCLINAISON apparente d'Uranus.
1839	Déc. 5	+ 4,6	342.35.15,1	1,30259	−8,13119	27.44,5	22.56.59,49	− 7.33.33,4
	6	+ 4,6	342.35.58,4	1,30296	−8,13081	27.44,5	22.57. 3,09	− 7.33.14,6
	7	+ 4,7	341.36.45,2	1,30334	−8,13043	27.44,5	22.57. 4,91	− 7.32.34,5
	8	+ 4,7	342.37.34,7	1,30371	−8,13005	27.44,5	22.57. 7,91	− 7.32.33,4
1840	Sept. 10	+ 9,7	348.24.58,8	1,28062	−8,15180	27.44,2	23.18.40,06	− 5.20. 5,4
	11	+ 9,6	348.22. 4,5	1,28063	−8,15178	27.44,2	23.18.31,17	− 5.21. 1,9
	12	+ 9,6	348.19.40,6	1,28064	−8,15176	27.44,2	23.18.22,30	− 5.21.58,1
	13	+ 9,5	348.17.16,6	1,28066	−8,15173	27.44,2	23.18.13,42	− 5.21.54,3
	Nov. 1	+ 8,5	346.42. 3,1	1,28949	−8,14253	27.43,4	23.12.18,97	− 5.59.12,7
	3	+ 8,5	346.39.51,0	1,29012	−8,14189	27.43,4	23.12.10,68	− 6. 0. 0,4
	5	+ 8,5	346.37.49,8	1,29076	−8,14124	27.43,4	23.12. 3,04	− 6. 0.43,8
	7	+ 8,5	346.35.59,6	1,29141	−8,14057	27.43,4	23.11.56,08	− 6. 1.22,8
1841	Sept. 9	+13,8	352.35. 0,4	1,28072	−8,14804	27.41,7	23.34. 3,30	− 3.41. 2,5
	10	+13,8	352.32.36,6	1,28069	−8,14806	27.41,7	23.33.54,48	− 3.41.59,5
	11	+13,7	352.30.13,7	1,28066	−8,14808	27.41,7	23.33.45,66	− 3.42.56,5
	12	+13,7	352.27.48,5	1,28064	−8,14809	27.41,7	23.33.36,84	− 3.43.53,6
	Déc. 17	+13,9	352.34.33,5	1,30439	−8,12301	27.39,7	23.26.33,92	− 4.26.15,4
	20	+14,0	352.37.35,3	1,30550	−8,12186	27.39,7	23.26.44,83	− 4.24.57,4
	23	+14,1	352.41. 3,9	1,30659	−8,12072	27.39,7	23.26.57,40	− 4.23.39,0
	26	+14,3	352.44.59,0	1,30768	−8,11959	27.39,7	23.27.11,59	− 4.21.50,1
1842	Sept. 13	+16,3	356.33.47,4	1,28064	−8,14226	27.38,7	23.48.40,06	− 2. 5.43,0
	14	+16,3	356.31.23,8	1,28060	−8,14227	27.38,7	23.48.31,28	− 2. 6.40,3
	15	+16,2	356.28.59,7	1,28057	−8,14228	27.38,7	23.48.22,47	− 2. 7.37,6
	16	+16,2	356.26.35,8	1,28053	−8,14228	27.38,7	23.48.13,64	− 2. 8.34,9
	Déc. 13	+16,0	354.26.41,9	1,30121	−8,11986	27.36,6	23.40.48,13	− 2.54. 7,9
	14	+16,0	354.27.14,4	1,30159	−8,11947	27.36,6	23.40.50,03	− 2.53.52,7
	15	+16,0	354.27.50,2	1,30197	−8,11908	27.36,6	23.40.52,13	− 2.53.36,3
	16	+16,0	354.28.28,5	1,30234	−8,11869	27.36,6	23.40.54,42	− 2.53.18,9
1843	Sept. 20	+16,9	0.25.45,9	1,28036	−8,13428	27.35,1	0. 2.50,11	− 0.32.35,9
	21	+16,9	0.23.21,2	1,28036	−8,13426	27.35,1	0. 2.41,23	− 0.33.33,3
	22	+16,8	0.20.56,4	1,28033	−8,13424	27.35,1	0. 2.32,37	− 0.34.30,8
	23	+16,8	0.18.31,7	1,28034	−8,13421	27.35,1	0. 2.23,52	− 0.35.28,3
1844	Janv. 1	+17,2	358.38.22,2	1,30648	−8,10553	27.33,1	23.56. 9,64	− 1.12.45,8
	2	+17,2	358.39.38,4	1,30683	−8,10507	27.33,1	23.56.14,39	− 1.12.13,0
	3	+17,3	358.40.58,6	1,30719	−8,10468	27.33,1	23.56.19,12	− 1.11.39,2
	4	+17,3	358.42.21,5	1,30755	−8,10427	27.33,1	23.56.24,10	− 1.11. 4,1
	Sept. 7	+16,4	5. 2.51,1	1,28120	−8,12331	27.31,7	0.19.45,13	+ 1.18.36,8

ANNÉES.	MOIS et JOURS.	NUTATION en longitude.	LONGITUDES géocentrique.	LOGARITH. de la distance à la Terre, projetée sur l'écliptiq.	LOGARITHME de la tangente de la latitude géocentrique	MINUTES et secondes de l'obliquité de l'écliptique.	ASCENSION droite apparente d'Uranus.	DÉCLINAISON apparente d'Uranus
		$''$	$°\ '\ ''$			$'\ ''$	$h\ m\ s$	$°\ '\ ''$
1844	Sept. 8	+16,4	5. 0.36,6	1,28109	—8,12339	27.31,7	0.19.30,92	+ 1.17.43,0
	9	+16,3	4.58.21,0	1,28097	—8,12348	27.31,7	0.19.28,63	+ 1.16.48,7
	10	+16,3	4.56. 4,4	1,28086	—8,12356	27.31,7	0.19.20,29	+ 1.15.54,1
	Déc. 18	+15,0	2.22.49,9	1,29964	—8,10153	27.29,7	0. 9.53,08	+ 0.16.58,3
	21	+15,1	2.24.14,8	1,30075	—8,10029	27.29,7	0. 9.58,04	+ 0.17.38,6
	24	+15,2	2.26. 7,3	1,30188	—8,09906	27.29,7	0.10. 4,64	+ 0.18.29,8
	27	+15,3	2.28.27,3	1,30302	—8,09782	27.29,7	0.10.12,95	+ 0.19.32,1
1845	Sept. 24	+12,6	8.32.37,8	1,27970	—8,11191	27.28,3	0.32.34,35	+ 2.42.43,2
	25	+12,6	8.30.13,6	1,27966	—8,11121	27.28,3	0.32.25,51	+ 2.41.46,4
	26	+12,6	8.27.49,0	1,27963	—8,11120	27.28,3	0.32.16,64	+ 2.40.49,5
	27	+12,6	8.25.24,2	1,27961	—8,11119	27.28,3	0.32. 7,76	+ 2.39.52,4

Discussion des observations d'Uranus. Leur comparaison avec les éphémérides précédentes.

74. Rapportons d'abord la réduction des anciennes observations.

FLAMSTEED. *Première observation*, le 23 décembre 1690 (13 décembre, vieux style). — Uranus, noté comme étoile de sixième grandeur, passe au méridien à $9^h 41^m 49^s$, temps de la pendule. α, ϵ et δ du Bélier, η des Pléiades et A du Taureau fournissent pour la correction de l'heure, et en tenant compte de la déviation azimutale de l'instrument, — $5^h 58^m 31^s,69$. Il reste $3^h 43^m 17^s,31$ pour l'ascension droite d'Uranus. On lit, pour la distance d'Uranus au zénith, $31° 52' 35'',0$; il faut l'augmenter de $13'',4$, erreur de collimation, suivant les mêmes étoiles que ci-dessus, et de $36'',2$ pour la réfraction : on en conclut la distance zénithale vraie, et par suite la déclinaison vraie, qui est de $19° 35' 14'',4$ boréale.

FLAMSTEED. *Deuxième observation*, le 2 avril 1712 (22 mars, vieux style). — Uranus, marqué ρ Leonis, passe au méridien à $9^h 35^m 19^s$, temps de la pendule. ι, ϵ, 64 et ζ de la Vierge donnent, en tenant compte de la déviation azimutale, pour la correction de l'heure, $+ 47^m 14^s,96$, en sorte que l'ascension droite d'Uranus est égale à $10^h 22^m 33^s,96$. La distance zénithale lue est de $40° 26' 55'',0$: il faut en retrancher $1'',0$ pour l'erreur de collimation, et y ajouter $49'',8$ pour la réfraction. On trouvera ainsi $11°0'55'',2$ pour la déclinaison vraie d'Uranus.

FLAMSTEED. *Trois observations faites les* 4, 5 *et* 10 *mars* 1715 (21, 22 et 27 février, vieux style). — L'observation du 5 mars m'a paru défectueuse, parce qu'elle s'accorde mal avec les deux autres et avec une observation faite le 29 avril de la même année : nous la laisserons de côté. En comparant l'observation du 4 mars avec les passages de π et 65 du Lion et de b de la Vierge, et celle du 10 du même mois avec les passages des mêmes étoiles et de 80 du Lion, nous obtiendrons :

	4 MARS.	10 MARS.
Passage d'Uranus, temps de la pendule.	$12^h 27^m 1^s,00$	$12^h 1^m 42^s,00$
Correction de l'heure.	$-$ 1. 4.20,82	$-$ 39.59,38
Ascension droite d'Uranus.	11.22.40,18	11.21.42,62
Distance zénithale lue.	46.33.10,0	46.27. 0,0
Collimation.	$-$ 0,4	$-$ 0,4
Réfraction	1. 1,5	1. 1,2
Distance zénithale vraie.	46.34.11,1	46.28. 0,8
Déclinaison d'Uranus.	4.54.27,9	5. 0.38,2

FLAMSTEED. *Observation du* 29 *avril* 1715 (18 avril, vieux style). — Uranus passe au méridien à $8^h 50^m 44^s,00$. La correction de l'heure déduite de σ du Lion, ν et $\varkappa$ de la Vierge, est, en tenant compte de la déviation azimutale, de $+ 2^h 24^m 19^s,70$: l'ascension droite d'Uranus se trouve donc de $11^h 15^m 3^s,70$. La distance zénithale apparente est de $45° 45' 36'',0$; il faut ajouter $16'',1$ pour l'erreur de collimation, et $59'',8$ pour la réfraction. On en déduira $5° 41' 53'',1$ pour la déclinaison.

LE MONNIER. *Deux observations faites en* 1750. — On trouve, dans la *Connaissance des Temps* pour 1821 (*Additions*, page 339), un extrait des observations de Le Monnier, pour les jours où il a observé Uranus comme étoile de sixième, septième ou même huitième grandeur. Bouvard, qui a donné cet extrait, a présenté aussi les positions qu'on en déduit pour Uranus, mais sans donner le détail des réductions.

La première observation est du 14 octobre 1750. Uranus passe au méridien à $8^h 18^m 59^s,33$, temps de la pendule. En prenant pour terme de comparaison μ du Capricorne, et en diminuant de 1′ la distance zénithale observée de cette étoile, comme cela est indiqué par α du Verseau, j'ai trouvé $21^h 37^m 1^s,69$ pour l'ascension droite d'Uranus, et $15^o 1′ 41″,3$ de déclinaison australe. Ces nombres diffèrent à peine de ceux de la *Connaissance des Temps*. Mais le temps moyen que je trouve de $8^h 4^m 8^s$ s'écarte d'une heure environ de celui qui a été donné par Bonvard.

La seconde observation est du 3 décembre. En comparant le passage d'Uranus à celui de μ du Capricorne, j'ai trouvé $21^h 38^m 19^s,48$ pour l'ascension droite d'Uranus, $14^o 53′ 19″,8$ pour sa déclinaison australe, et $4^h 48^m 51^s$ pour le temps de l'observation. L'ascension droite, donnée en degrés du cercle, dans la *Connaissance des Temps*, est trop faible de 10′. »

Bradley. *Observation méridienne faite à Greenwich, le 3 décembre 1753.* — L'ascension droite a seule été observée par Bradley ; elle était, suivant les calculs de Greenwich, de $22^h 23^m 21^s,64$.

Mayer. *Observation méridienne faite à Gœttingue, le 25 septembre 1756.* — Cette observation, qui est très-exacte, a été réduite avec soin par M. Bessel, p. 284 des *Fundamenta*. Nous ne saurions mieux faire que d'adopter ses résultats, savoir : $23^h 12^m 3^s,635$ pour l'ascension droite, $6^o 1′ 49″,4$ pour la déclinaison australe, et $10^h 21^m 12^s$ pour le temps moyen de Paris.

Le Monnier. *Dix observations faites en 1764, 1768, 1769 et 1771.* — Nous adopterons pour les positions qui résultent de ces observations, les nombres donnés dans la *Connaissance des Temps* pour 1821. Mais les temps moyens correspondants ont besoin de corrections. On trouvera ces différents résultats dans le tableau général n° **77** de la comparaison de la théorie avec les observations.

75. Je passe aux observations méridiennes faites depuis la découverte de la planète. Je n'emploierai pas toutes celles qu'on possède aujourd'hui : cela serait inutile pour le but que nous nous proposons, et nous retarderait dans notre marche. Le choix de deux cent soixante-deux observations très-exactes, faites à Paris et à Greenwich, soit dans les oppositions, soit dans les quadratures, et réparties convenablement depuis 1781 jusqu'en 1845, m'a paru à la fois suffisant et nécessaire pour établir avec sécurité les résultats que j'aurai à exposer dans la suite.

La réduction des observations méridiennes, le calcul des erreurs de collimation, sont trop bien connus pour que j'expose rien à ce sujet : j'aurais seulement désiré de pouvoir présenter dans les tableaux suivants les détails des réductions ; mais la trop grande place que prendraient ces développements me force à les supprimer et à me contenter de rapporter les résultats auxquels je suis arrivé.

Depuis 1781 jusqu'en 1800 j'ai eu recours aux publications de l'Observatoire de Greenwich. Il en a été de même dans les mois de janvier 1807, 1808 et 1809, et dans les années 1828, 1829 et 1830. Toutes ces observations ont été réduites avec une très-grande exactitude, et publiées par les soins de l'illustre directeur de l'Observatoire de Greenwich, M. Airy, dans le Recueil intitulé : *Reduction of observations of the Planets from 1750 to 1830.* J'ai repris, de mon côté, cette discussion dont les résultats devaient avoir une grande importance pour mon travail. On s'en apercevra aux différences qui existent, en plusieurs endroits, entre mes nombres et ceux donnés par Greenwich ; différences dont l'influence eût d'ailleurs été insignifiante dans les résultats définitifs de ces recherches. Quoi qu'il en soit, je me plais à rendre hommage à la scrupuleuse rigueur du travail publié par les astronomes de Greenwich, travail où l'astronomie théorique pourra puiser avec confiance de précieux documents.

Les observations publiées par l'Observatoire de Paris dans la *Connaissance des Temps*, et dans deux volumes in-folio, m'ont servi depuis 1801 jusqu'en 1828. Enfin, depuis 1835 jusqu'en 1845, j'ai pu profiter de la nouvelle série, encore inédite, des excellentes observations faites à Paris, et que M. Arago m'a fait l'amitié de me confier. J'ai réduit toutes ces observations avec le soin convenable.

On trouvera dans le n° **77** le tableau complet des résultats auxquels on est ainsi parvenu. La *troisième* colonne présente *le temps moyen* correspondant à chaque observation. Dans la *quatrième*, la *cinquième* et la *sixième* colonnes, on trouve successivement l'ascension droite observée ; les secondes de l'ascension droite calculée, extraites du n° **73** ; enfin l'excès de l'ascension droite calculée sur l'ascension droite observée. La *septième*, la *huitième* et la *neuvième* colonnes présentent successivement la déclinaison observée ; les secondes de la déclinaison calculée, extraites du n° **73** ; l'excès de la déclinaison calculée sur la déclinaison observée.

76. Les deux dernières colonnes du tableau n° **77** présentent, sous les titres : *Longitude calculée moins longitude observée*, et *Latitude calculée moins latitude observée*, des nombres qui demandent quelques explications.

Désignons par $\delta\alpha$ et δD les excès de l'ascension droite et de la déclinaison calculées sur l'ascension droite et la déclinaison observées ; appelons δG et δb les excès correspondants de la longitude et de la latitude géocentriques calculées sur la longitude et la latitude géocentriques observées. δG et δb peuvent se déduire de $\delta\alpha$ et δD au moyen des formules

$$(A) \qquad \begin{cases} \delta G = P\delta\alpha - Q\delta D \\ \delta b = - R\delta\alpha + S\delta D, \end{cases}$$

dans lesquelles P, Q, R et S sont des nombres qu'on sait calculer, et qu'on trouvera d'ailleurs dans une Table publiée à la suite des observations de Greenwich en 1836. Si l'on élimine δD entre ces deux relations, on obtiendra

$$(B) \qquad \delta G = \left(P - \frac{QR}{S} \right) \delta \mathcal{R} - \frac{Q}{S} \delta b.$$

Cela posé, on a commencé par déduire δb de la seconde des formules (A). Quand on a eu plusieurs jours d'observations à la même époque, on a répété le calcul de δb pour les différents jours au moyen des différentes valeurs de δD, mais en conservant toujours pour $\delta \mathcal{R}$ l'erreur moyenne fournie par toutes les observations. Dans ce cas, les valeurs individuelles de δb se sont trouvées dépendre de l'erreur de l'observation de la déclinaison, et très-peu, au contraire, de l'erreur de l'observation de l'ascension droite.

On a ensuite calculé δG par la formule (B). En le faisant pour chaque valeur individuelle de $\delta \mathcal{R}$, on a, au contraire, employé la valeur moyenne de δb déduite de l'ensemble des observations. Cette valeur moyenne étant parfaitement connue, les valeurs de δG, ainsi formées, se trouvent ne dépendre que de l'erreur de l'ascension droite observée à la lunette méridienne.

Je ne m'arrêterai pas à discuter la valeur des avantages ou des inconvénients que peut offrir cette marche : elle ne change rien aux résultats moyens des observations, et ce sont les seuls auxquels j'aurai recours en définitive. J'ai été conduit à l'employer par la direction que j'avais d'abord donnée à mes recherches. On voit comment j'ai pu calculer l'erreur en longitude pour des observations qui n'avaient été faites qu'en ascension droite, comme celle de Bradley, en 1753.

77. Tableau de la comparaison des observations d'Uranus avec la théorie admise.

ANNÉES	MOIS et jours.	TEMPS moyen.	ASCENSION droite Æ, observée.	ascens. de l'Æ calculée.	Æ calculée moins Æ observée.	DÉCLINAISON observée.	ascens. de la déclinaison calculée.	déclin. calculée moins déclin. observ.	longit. calculée moins longitude observ.	latit. calculée moins latitude observ.
		h. m. s.	° ′ ″	″	″	° ′ ″	″	″	″	″
1690	Déc. 23	9.41.35	55.49.19,7	12,8	—66,9	+19.35.14,4	54,1	—30,3	—65,9	— 5,7
1712	Avril 2	9.46.47	155.38.29,4	33,3	—56,1	+11. 0.55,2	25,8	+30,6	—62,5	+ 8,5
1715	Mars 4	12.43.35	170.40. 2,7	8,1	—54,6	+ 4.54.27,9	6,9	+30,0	—65,4	+14,4
	10	12.19. 7	170.25.39,3	41,9	—57,4	+ 5. 0.38,2	16,3	+38,1	—67,6	+12,5
	Avril 29	8.55.49	168.45.55,5	53,6	—61,9	+ 5.41.53,1	28,3	+35,1	—70,5	+ 8,3
1730	Oct. 14	8. 4. 8	324.15.25,4	4,8	+39,4	—15. 1.41,3	32,5	+ 8,8	+38,9	— 4,0
	Déc. 3	4.48.51	324.34.52,4	26,6	+34,2	—14.53.19,8	18,5	+ 1,3	+31,7	— 9,5
1735	Déc. 3	5.41. 1	335.56.24,6	58,3	+33,7	» » »	»	»	+35,1	»
1736	Sept. 25	10.21.12	348. 0.54,5	27,9	+33,4	— 6. 1.49,4	41,7	+ 7,7	+33,6	— 5,9
1764	Janv. 15	5.12. 0	12.37.39,2	0,9	+21,9	+ 4.43.47,2	41,4	+ 2,8	+24,2	— 5,9
1768	Déc. 27	7.38.42	31.26.52,0	58,6	+ 6,6	+12.13.35,0	30,9	— 4,1	+ 4,7	— 6,0
	30	7.26.54	31.24.45,8	3,6	+17,8	+12.14.55,4	56,1	+ 9,7	+16,7	— 5,3
1769	Janv. 15	6.23.41	31.22. 7,7	19,3	+11,6	+12.14.26,0	31,6	+ 5,6	+13,5	+ 1,4
	16	6.19.46	31.22.35,4	34,9	+11,5	+12.14.36,3	37,6	+ 1,3	+11,1	— 2,6
	20	6. 4. 9	31.24. 6,6	6,4	— 0,2	+12.15.19,0	16,1	— 0,9	— 0,5	— 0,8
	21	6. 0.16	31.24.33,8	36,8	+ 3,0	+12.15.31,8	30,9	— 0,9	+ 2,5	— 1,8
	22	5.56.21	31.25. 4,7	10,1	+ 5,4	+12.15.45,7	44,7	— 1,0	+ 4,6	— 2,7
	23	5.52.26	31.25.38,5	46,6	+38,1	+12.16. 2,5	39,4	— 8,1	+13,8	—13,6
1771	Déc. 18	9. 6.53	43.58. 6,0	21,0	+15,0	+13.25.26,2	13,7	— 6,5	+11,9	—10,3
		h. m. s.	h. m. s.	s.	s.	° ′ ″	″	″	″	″
1781	Sept. 25	18. 0.15	6.12.28,63	25,39	— 1,24	» » »	»	»	—17,0	»
	28	17.48.35	6.12.33,69	32,77	— 0,92	+23.39.58,5	57,7	— 0,8	—13,6	— 1,1
1782	Janv. 5	11. 7.53	6.12. 5,17	3,92	— 1,25	+23.43.25,8	25,9	+ 0,1	—17,3	+ 0,3
	7	10.59.50	8. 0.44,63	42,62	— 1,41	+23.43.25,6	17,2	+ 1,6	—19,4	+ 1,6
	Mars 7	7. 1.51	5.54.52,96	51,70	— 1,17	+23.43. 6,1	7,8	+ 1,7	—16,1	+ 1,8
	18	6.26.40	5.55. 4,52	3,97	— 1,35	+23.43. 2,9	6,9	+ 4,6	—18,5	+ 4,1
	Sept. 30	18. 1. 2	6.31.58,61	57,39	— 1,22	+23.32.56,0	61,6	+ 5,6	—16,9	+ 4,7
	Oct. 3	17.53.15	6.32. 3,66	2,46	— 1,20	+23.32.56,7	60,5	+ 3,8	—16,6	+ 2,9
	Déc. 14	12.59.44	6.25.33,53	32,21	— 1,32	+23.38.55,4	60,3	+ 4,9	—18,2	+ 4,1
	28	12. 2. 6	6.22.57,09	55,70	— 1,39	+23.40.32,8	40,1	+ 7,3	—19,2	+ 6,5
1785	Oct. 7	17.54. 6	6.51.40,38	38,83	— 1,55	+23.16.45,3	42,2	+ 2,4	—21,6	+ 0,6
	11	17.38.35	6.51.47,49	46,10	— 1,39	+23.16.41,1	45,5	+ 4,4	—19,4	+ 2,6

Tableau de la comparaison des observations d'Uranus avec la théorie admise. (Suite.)

ANNÉES	mois et jours	temps moyen	ascension droite R, observée	seconde de l'R calculée	R calculée moins R observée	DÉCLINAISON observée	seconde de la déclinaison calculée	déclin. calculée moins déclin. observ.	longit. calculée moins longitude observ.	latit. calculée moins latitude observ.
		h. m. s	h. m. s	s	s	° ' "	"	"	"	"
1784	Janv. 17	11. 1.11	6.39.46,62	45,14	— 1,48	+23.31.37,1	40,0	+ 2,9	—20,5	+ 1,6
	28	10.16. 7	6.37.56,83	55,49	— 1,34	+23.33.16,3	22,0	+ 5,7	—18,6	+ 4,4
	Mars 16	7. 3.29	6.34. 2,15	0,72	— 1,43	+23.36.15,4	23,0	+ 7,9	—19,8	+ 6,7
	19	6.51.44	6.34. 4,37	2,78	— 1,59	+23.36.12,3	19,2	+ 6,9	—22,0	+ 5,7
	23	6.36. 6	6.34.10,27	8,76	— 1,51	+23.36. 6,4	11,8	+ 5,4	—20,9	+ 4,2
	Oct. 4	18.22. 9	7.10.57,41	55,88	— 1,54	» » »	»	»	—21,6	»
	15	17.39.22	7.11.25,88	24,39	— 1,49	+22.51. 9,7	11,5	+ 1,8	—20,0	— 0,7
1785	Janv. 10	11.47.18	7. 1.24,83	23,34	— 1,49	+23. 8.51,0	54,7	+ 3,7	—20,9	+ 1,6
	22	10.37.58	6.59.15,07	13,61	— 1,46	+23.11.58,8	63,4	+ 4,6	—20,4	+ 2,5
	Mars 28	6.37. 3	6.53.53,59	52,63	— 1,56	+23.18.32,5	40,8	+ 8,3	—21,8	+ 6,3
	Oct. 26	17.16.42	7.31. 7,28	5,73	— 1,55	+22.16.19,6	26,8	+ 7,2	—22,1	+ 3,8
1786	Janv. 13	11.56.26	7.21.26,80	25,15	— 1,65	+22.37.59,7	65,4	+ 5,7	—23,4	+ 2,4
1787	Janv. 14	12.13.46	7.41.49,24	47,53	— 1,71	+21.56.41,3	47,4	+ 6,1	—24,6	+ 1,9
1788	Mars 8	8.54.36	7.54. 2,55	0,76	— 1,79	+21.27.53,4	64,6	+11,2	—26,0	+ 5,9
	9	8.50.35	7.53.57,52	55,46	— 2,06	+21.28. 8,4	17,0	+ 9,5	—29,8	+ 4,2
	Oct. 24	18.22.18	8.29. 5,91	4,47	— 1,44	+19.39.20,6	29,4	+ 9,4	—21,6	+ 3,1
	27	18. 9.40	8.29.15,84	13,92	— 1,89	+19.38.56,0	63,3	+ 7,3	—28,1	+ 1,1
1789	Janv. 18	12.35.49	8.21.44,02	42,02	— 2,02	» » »	»	»	—30,7	»
	Avril 9	7. 8. 7	8.12.28,51	26,38	— 2,22	+20.36. 8,4	17,1	+ 8,7	—32,4	+ 2,0
	10	7. 4.11	8.12.28,93	26,89	— 2,04	+20.36. 0,0	13,6	+13,6	—29,8	+ 6,8
	12	6.56.21	8.12.30,89	28,76	— 2,13	» » »	»	»	—31,1	»
	Oct. 29	18.22.46	8.48.18,64	16,86	— 1,78	+18.30.12,4	22,0	+ 9,6	—27,0	+ 2,5
	31	18.14. 0	8.48.23,12	21,30	— 1,82	+18.29.54,3	61,7	+ 7,4	—27,6	+ 0,3
1790	Janv. 20	12.48.40	8.41.32,03	31,15	— 1,78	+18.59. 3,6	12,7	+ 9,1	—26,0	+ 1,8
	27	12.19.55	8.40.18,50	16,47	— 2,03	+19. 3.46,7	58,7	+11,5	—30,6	+ 4,2
	Nov. 2	18.25.54	9. 7.16,51	14,74	— 1,77	+17.13.45,3	56,3	+11,0	—27,3	+ 3,0
	5	18.22. 7	9. 7.20,00	18,27	— 1,73	+17.13.32,7	43,7	+11,0	—26,8	+ 3,0
	7	18. 6.36	9. 7.32,10	30,30	— 1,99	+17.12.53,3	62,3	+ 9,0	—29,4	+ 1,1
1791	Janv. 17	12.40.48	9. 0.18,38	16,43	— 1,95	+17.46.25,0	36,6	+11,6	—30,0	+ 3,6
	28	12.36.42	9. 0. 7,80	5,91	— 1,89	+17.47. 8,8	21,3	+12,4	—29,1	+ 4,4
	31	12.34.23	8.59.36,10	34,28	— 1,82	+17.40.21,7	35,0	+13,3	—28,1	+ 5,3
	Avril 14	7.28.55	8.51. 7,40	5,65	— 1,75	+18.22.46,7	59,0	+12,3	—26,8	+ 5,1
	Nov. 8	18.22. 6	9.26. 9,39	7,66	— 1,63	+15.49.27,5	70,2	+12,7	—25,9	+ 4,2
	11	18.10.27	9.26.18,72	16,86	— 1,86	+15.49.22,1	34,9	+12,8	—29,4	+ 4,3
1792	Fév. 5	12.24.33	9.18.31,31	29,54	— 1,86	+16.28.27,7	40,8	+13,1	—28,5	+ 4,7
	Nov. 12	18.22.58	9.44.46,45	44,77	— 1,68	+14.20. 6,4	19,1	+12,7	—27,4	+ 4,0
	14	18.14.12	9.44.52,60	51,01	— 1,59	+14.19.40,0	52,6	+12,6	—26,0	+ 3,9

Tableau de la comparaison des observations d'Uranus avec la théorie admise. (Suite.)

ANNÉE.	mois et jours.	TEMPS moyen.	ASCENSION droite AR, observée.	ascensº de l'AR calculée.	AR calculée moins AR observée.	DÉCLINAISON observées.	secondº de la déclinaison calculée.	déclin. calculée moins déclin. observ.	longit. calculée moins longitude observ.	latit. calculée moins latitude observ.
		h. m. s.	h. m. s.	s.	s.	o. ′. ″.	″.	″.	″.	″.
1792	Nov. 16	18. 6.26	9.44.58,13	56,43	— 1,70	+14.19.31,9	30,8	+8,9	—27,7	+0,4
1793	Fév. 7	12.31.43	9.37.34,86	32,98	— 1,88	+14.59.16,4	28,4	+13,0	—36,4	+7,6
	9	12.24.31	9.37.14,68	12,43	— 2,25	+15. 0.51,8	71,0	+19,2	—36,1	+8,5
	Nov. 13	18.37. 6	10. 2.56,46	54,47	— 1,09	+12.45.43,3	64,9	+17,7	—32,9	+6,8
	23	18. 2.12	10. 3.15,27	23,40	— 1,87	» » »	»	»	—31,0	»
1794	Fév. 10	12.40.40	9.56.25,36	23,33	— 2,03	+13.23.51,2	69,6	+18,4	—33,5	+7,8
	19	12. 3.46	9.54.53,05	31,17	— 1,78	+13.31.57,8	73,9	+16,1	—29,6	+5,6
	Nov. 18	18.36.33	10.21. 9,15	7,53	— 1,62	+11. 5.25,6	40,8	+15,2	—27,8	+5,5
	19	18.32.41	10.21.13,14	11,57	— 1,57	+11. 5. 6,3	50,6	+14,3	—27,0	+4,6
	20	18.28.49	10.21.17,11	15,38	— 1,73	» » »	»	»	—29,5	»
1795	Fév. 14	12.44.18	10.14.52,97	51,10	— 1,87	+12.44. 1,3	23,7	+22,4	—31,5	+12,0
	17	12.32. 0	10.14.22,69	21,15	— 1,54	+11.46.54,7	72,8	+18,1	—30,3	+8,0
	Déc. 2	18. 0.56	10.39.40,31	38,11	— 2,30	+ 9.18.29,6	43,5	+13,0	—37,3	+2,4
1796	Fév. 23	12.27.16	10.32.19,81	17,99	— 1,82	+10. 4.39,9	54,9	+15,2	—31,0	+4,8
	24	12.23.10	10.32. 9,97	8,12	— 1,85	+10. 5.36,4	52,7	+16,3	—31,2	+5,1
	Déc. 4	18. 7.50	10.57.27,46	25,61	— 1,85	+ 7.30.41,3	58,0	+16,7	—31,9	+4,9
1797	Fév. 24	12.38.44	10.50.45,92	44,13	— 1,79	+ 8.14.33,9	50,7	+16,8	—31,0	+4,9
	27	12.26.28	10.50.16,70	14,78	— 1,92	+ 8.17.36,3	50,2	+13,9	—33,1	+2,2
	28	12.22.22	10.50. 6,90	4,98	— 1,92	+ 8.18.31,7	50,0	+18,3	—33,1	+6,3
	Déc. 12	17.55. 8	11.15.18,66	17,05	— 1,61	+ 5.39. 3,5	25,5	+22,0	—28,4	+9,8
1798	Mars 11	11.56.52	11. 6.57,74	55,39	— 1,85	+ 6.34.23,8	41,8	+18,0	—32,3	+5,9
1799	Mars 11	12.12.10	11.25.17,56	15,92	— 1,64	» » »	»	»	—29,3	»
1800	Mars 12	12.51.29	11.43.42,34	40,48	— 1,86	+ 2.38.12,5	36,4	+23,9	—33,2	+10,8
	15	12.19.13	11.43.13,64	11,79	— 1,85	+ 2.41.11,4	49,4	+21,0	—33,0	+8,2
1801	Mars 16	12.25. 2	12. 1.25,10	23,08	— 2,02	+ 0.42. 0,9	19,6	+18,7	—36,1	+6,0
	19	12.12.56	12. 0.56,24	54,51	— 1,73	+ 0.45. 6,4	25,5	+19,1	—31,3	+6,4
	23	11.56.24	12. 0.18,23	16,36	— 1,87	+ 0.49.11,0	32,8	+21,8	—33,6	+8,9
	25	11.48.14	11.59.59,15	57,34	— 1,81	+ 0.51.18,1	36,0	+17,9	—32,6	+5,3
1802	Janv. 1	17.41. 1	12.15.33,81	32,01	— 1,80	» » »	»	»	—32,3	»
	2	17.37. 7	12.25.35,62	33,85	— 1,77	— 1.58.31,4	—15,0	+16,4	—32,0	+4,5
	Mars 26	12. 3.21	12.18. 8,69	6,05	— 1,84	— 1. 8.16,5	—55,5	+21,0	—33,1	+8,3
	27	11.59.15	12.17.59,02	57,13	— 1,89	» » »	»	»	—34,0	»
	28	11.55.10	12.17.49,46	47,61	— 1,85	» » »	»	»	—33,4	»
	30	11.46.59	12.17.30,38	28,62	— 1,76	— 1. 4.12,6	—50,3	+20,3	—31,9	+7,6

Tableau de la comparaison des observations d'Uranus avec la théorie admise. (Suite.)

ANNÉES.	MOIS et jours.	TEMPS moyen.	ASCENSION droite R, observée.	SECONDE de l'R calculée.	R calculée moins R observée.	DÉCLINAISON observée.	SECONDE de la déclinaison calculée moins décl. calculée.	DÉCLIN. calculée moins déclin. observ.	LONGIT. calculée moins longitude observ.	LATIT. calculée moins latitude observ.
		h. m. s.	h. m. s.	s.	s.	° ′ ″	″	″	″	″
1803	Mars 28	12.14.22	12.36. 7,51	5,69	— 1,82	— 3. 6. 3,3	—44,7	+18,8	—32,9	+ 5,3
	30	12. 6.11	12.35.48,59	46,65	— 1,94	— 3. 4. 3,3	—43,1	+20,2	—34,8	+ 6,8
	31	12. 2. 6	12.35.39,35	37,11	— 2,24	— 3. 3. 9,0	—42,2	+16,8	—39,7	+19,0
1804	Mars 16	13.18.31	12.56. 7,58	5,56	— 2,12	» » »	»	»	—37,3	»
	31	12.18.13	12.53.48,61	46,66	— 1,96	— 5. 0.31,6	— 5,4	+25,6	—35,0	+11,5
	Avril 7	11.58.36	12.51.43,12	39,90	— 2,22	— 4.53.21,7	— 8,3	+14,4	—39,2	+ 4,2
	11	11.32.14	12.51. 4,06	1,97	— 2,09	» » »	»	»	—37,1	»
1805	Avril 10	11.55.34	13.10.34,06	31,36	— 1,70	— 6.46.40,4	—24,4	+16,0	—30,5	+ 3,3
	11	11.51.29	13.10.24,89	22,80	— 2,09	— 6.45.47,3	—26,3	+21,0	—36,8	+ 7,9
	12	11.47.24	13.10.15,40	13,24	— 2,16	— 6.44.48,5	—28,4	+20,1	—37,9	+ 7,1
	13	11.43.18	13.10. 5,90	3,69	— 2,21	— 6.43.45,9	—30,5	+15,4	—38,7	+ 9,7
1806	Avril 16	11.50.20	13.28. 1,29	59,59	— 1,70	— 8.34.10,5	—54,3	+16,2	—30,0	+ 4,6
	19	11.38. 4	13.27.32,73	30,77	— 1,96	— 8.31.26,3	— 6,0	+20,3	—34,2	+ 8,5
	20	11.33.58	13.27.23,10	21,19	— 1,91	— 8.30.28,5	—10,1	+18,4	—33,4	+ 6,7
	21	11.29.53	13.27.13,66	11,62	— 2,04	— 8.29.35,4	—14,5	+18,9	—35,5	+ 7,7
1807	Janv. 19	18. 8. 1	13.53.24,87	23,17	— 1,70	—11. 3.18,1	— 1,7	+16,4	—29,4	+ 5,6
	Avril 18	12. 1.33	13.46.12,04	9,85	— 2,19	—10.21.44,3	—30,8	+13,5	—37,3	+ 2,2
	19	11.57.28	13.46. 2,51	0,15	— 2,36	» » »	»	»	—40,0	»
	21	11.49.16	13.45.42,71	40,76	— 1,95	—10.19. 3,7	—48,3	+15,4	—33,5	+ 3,0
	24	11.37. 0	13.45.13,87	11,75	— 2,12	—10.16.25,6	— 6,6	+19,0	—36,2	+ 6,3
	25	11.32.34	13.45. 4,34	2,12	— 2,22	—10.15.36,2	—13,2	+23,0	—37,8	+10,1
1808	Janv. 26	17.59.22	14.11.23,29	21,40	— 1,89	—12.42.22,6	— 6,0	+16,6	—32,0	+ 5,9
	Avril 18	12.16.57	14. 4.37,71	35,80	— 1,92	—12. 5.45,1	—30,7	+14,6	—32,6	+ 3,4
	22	12. 0.35	14. 3.58,75	56,64	— 2,11	—11. 7.20,3	— 4,0	+16,3	—35,3	+ 5,0
	27	11.40. 6	14. 3. 9,69	7,71	— 1,98	—11.58. 7,4	—45,5	+21,0	—33,5	+10,3
	30	11.27.50	14. 2.40,80	38,54	— 2,26	—11.55.27,8	—11,8	+16,0	—37,9	+ 4,7
	Mai 1	11.23.44	14. 2.30,93	28,86	— 2,07	—11.54.40,5	—20,7	+19,8	—34,9	+ 8,3
1809	Janv. 28	18. 6.22	14.29.16,65	14,70	— 1,95	—14.15.27,8	— 8,0	+19,6	—32,3	+ 9,6
	Avril 30	11.47.26	14.21.22,57	20,34	— 2,23	—13.35.37,2	—19,9	+17,3	—36,8	+ 4,8
	Mai 5	11.26.57	14.20.33,29	31,21	— 2,08	» » »	»	»	—34,5	»
	6	11.22.51	14.20.23,58	21,45	— 2,13	—13.30.45,0	—28,8	+16,2	—35,3	+ 4,6
	8	11.14.41	14.20. 4,54	2,03	— 2,51	—13.29.12,7	—52,8	+19,9	—41,1	+ 8,1
1810	Avril 26	12.23.34	14.40.52,79	50,48	— 2,31	—15.12.57,7	—39,4	+18,3	—37,3	+ 7,2
	27	12.19.28	14.40.42,77	40,57	— 2,20	—15.11.14,8	—53,9	+20,9	—35,4	+ 9,7
	28	12.15.22	14.40.32,65	30,64	— 2,01	—15.11.20,7	— 8,3	+12,4	—32,6	+ 1,6
	29	12.11.17	14.40.23,38	20,68	— 2,70	» » »	»	»	—43,1	»
	30	12. 7.11	14.40.13,10	10,71	— 2,39	—15. 9.45,9	—37,1	+ 8,8	—38,1	+ 1,9

Tableau de la comparaison des observations d'Uranus avec la théorie admise. (Suite.)

ANNÉES	MOIS et JOURS		TEMPS moyen	ASCENSION droite Æ, observée	SECOND' de l'Æ calculée	Æ calculée moins Æ observée	DÉCLINAISON observée	SECOND' de la déclinaison calculée	DÉCLIN. calculée moins déclin. observ.	LONGIT. calculée moins longitude observ.	LATIT. calculée moins latitude observ.
			h m s	h m s	s	s	° ' "	"	"	"	"
1841	Fév.	17	17.16.56	15. 6. 0,44	58,25	— 2,19	—17. 6.13,3	— 1,2	+12,1	—34,3	+ 2,7
		18	17.13. 1	15. 6. 1,08	59,10	— 1,98	—17. 6.15,0	— 4,1	+10,9	—31,1	+ 1,6
1842	Fév.	13	17.51.41	15.24. 7,41	4,96	— 2,45	—18.20.11,8	—59,0	+12,8	—37,2	+ 3,9
		19	17.28.19	15.24.20,79	18,50	— 2,29	—18.20.57,8	—46,0	+11,8	—34,9	+ 2,9
	Mai	2	12.34.49	15.17.50,61	48,06	— 2,55	—17.56.23,2	—11,9	+11,3	—38,9	+ 1,4
		5	12.22.31	15.17.20,43	17,90	— 2,53	—17.54.29,3	—17.7	+11,6	—38,6	+ 1,7
		7	12.14.20	15.17. 0,43	57,64	— 2,79	—17.53.12,5	— 9,8	+11,7	—42,4	+ 1,8
		8	12.10.13	15.16.49,91	47,48	— 2,43	—17.52.33,2	—22,3	+10,9	—37,1	+ 1,0
1843	Fév.	21	17.35.56	15.42.50,32	47,81	— 2,51	—19.28.44,1	—29,0	+15,1	—37,0	+ 6,5
		24	17.24.13	15.42.55,48	52,81	— 2,67	* * *	*	*	—39,3	*
	Mars	1	17. 4.37	15.42.59,29	56,69	— 2,60	—19.29. 7,3	—36,1	+11,2	—38,3	+ 2,7
	Mai	21	11.37. 5	15.33.54,03	51,70	— 2,33	—18.58.41,4	—37,9	+ 5,5	—34,7	— 3,1
		22	11.32.59	15.33.44,11	41,48	— 2,63	—18.58.14,1	— 3,2	+10,9	—39,1	+ 2,1
		26	11.16.35	15.33. 3,25	0,82	— 2,38	—18.55.59,8	—45,0	+ 7,8	—35,5	— 0,8
		27	11.12.29	15.32.53,39	50,81	— 2,58	—18.55.22,1	—10,6	+11,5	—38,4	+ 2,7
1844	Mai	27	11.32.48	15.52.17,85	15,10	— 2,75	—20. 2.27,1	—14,9	+12,2	—40,1	+ 3,2
		29	11.24.36	15.51.57,32	54,56	— 2,76	—20. 1.21,8	—14,2	+ 7,4	—40,4	— 0,9
		30	11.20.29	15.51.47,09	44,34	— 2,75	—20. 0.53,1	—43,4	+ 9,7	—40,1	+ 1,3
1845	Fév.	28	17.47.35	16.20.13,38	9,86	— 2,52	—21.21.17,7	—11,7	+ 6,0	—35,9	+ 0,0
	Mars	1	17.43.41	16.20.14,63	12,35	— 2,28	—21.21.22,3	—17,7	+ 3,6	—32,5	— 2,4
	Mai	25	12. 1.27	16.12.11,44	8,02	— 2,51	—21. 1.58,7	—50,6	+ 8,1	—38,1	+ 1,6
		26	11.57.20	16.12. 0,93	58,47	— 2,46	—21. 1.32,3	—24,3	+ 8,0	—35,2	+ 1,5
1846	Fév.	23	18.26.25	16.38.28,98	26,55	— 2,44	—22. 4.23,3	—22,3	+ 1,0	—34,3	— 3,8
		28	18. 7. 7	16.38.50,17	47,58	— 2,59	—22. 5. 9,4	— 5,2	+ 4,3	—36,4	— 0,6
	Mars	3	17.51.36	16.39. 2,77	0,46	— 2,31	—22. 5.37,0	—31,6	+ 5,4	—32,4	+ 0,7
	Mai	31	11.53.15	16.30.37,01	34,66	— 2,35	—21.49.10,1	— 5,4	+ 4,7	—33,1	— 0,4
	Juin	1	11.49. 9	16.30.26,56	24,24	— 2,32	—21.48.46,5	—43,0	+ 1,6	—32,7	— 2,5
		2	11.45. 3	16.30.16,41	13,74	— 2,67	—21.48.25,9	—21,9	+ 4,0	—37,6	— 1,2
1847	Juin	9	11.36.54	16.48.45,24	43,07	— 2,17	—22.27.46,8	—46,9	— 0,1	—30,1	— 4,1
		10	11.32.48	16.48.35,04	32,56	— 2,48	—22.27.31,7	—29,4	+ 2,3	—34,4	— 1,8
		11	11.28.42	16.48.24,52	22,07	— 2,45	—22.27.13,1	—12,2	+ 0,9	—34,0	— 3,2
1848	Juin	7	12. 5.46	17. 8.51,58	49,13	— 2,45	—23. 0.54,2	—54,4	— 0,9	—33,7	— 3,3
		8	12. 1.40	17. 8.41,24	38,51	— 2,73	—23. 0.43,4	—43,1	+ 1,3	—37,5	— 1,8
		9	11.57.33	17. 8.30,31	27,88	— 2,43	—23. 0.30,4	—39,5	+ 0,9	—33,4	— 2,1
		10	11.53.27	17. 8.19,76	17,25	— 2,21	—23. 0.19,4	—17,1	+ 2,3	—34,5	— 0,8
1849	Juin	20	11.32.59	17.26.17,28	15,05	— 2,24	—23.22.33,1	—23,4	— 1,3	—30,7	— 3,1
		21	11.28.53	17.26. 6,77	4,50	— 2,27	—23.22.17,0	—15,3	+ 1,7	—31,1	— 0,1

Tableau de la comparaison des observations d'Uranus avec la théorie admise. (Suite.)

ANNÉES.	MOIS et JOURS.	TEMPS moyen.	ASCENSION droite Æ, observée.	SECOND' de l'A.R. calculée.	Æ calculée moins Æ observée.	DÉCLINAISON observée.	SECOND' de la déclinaison calculée.	DÉCLIN. calculée moins déclin. observ.	LONGIT. calculée moins longitude observ.	LATIT. calculée moins latitude observ.
		h. m. s.	h. m. s.	s.	s.	° ′ ″	″	″	″	″
1819 Juin	22	11.25.46	17.25.58,18	53,99	— 2,19	—23.22. 4,9	— 7,3	— 2,4	—30,0	— 4,2
	23	11.20.40	17.25.45,78	43,50	— 2,28	—23.22. 0,0	—59,4	+ 0,6	—31,2	— 1,2
1820 Juin	22	11.41.13	17.45.25,63	23,30	— 2,33	—23.36.56,9	— 3,1	— 6,9	—31,9	— 7,0
	23	11.37. 7	17.45.15,09	12,71	— 2,38	—23.36.56,8	—59,8	— 3,0	—32,6	— 3,8
	24	11.33. 1	17.45. 4,62	2,14	— 2,48	—23.36.58,2	—56,5	+ 1,7	—34,0	+ 0,9
	25	11.28.54	17.44.53,72	51,58	— 2,54	» » »	»	»	—29,3	»
1821 Juin	19	12.14. 0	18. 5.31,19	29,03	— 2,14	—23.42.32,5	—40,9	— 8,4	—29,4	— 8,4
	20	12. 9.54	18. 5.20,51	18,44	— 2,07	—23.42.35,5	—42,9	— 7,4	—28,4	— 7,1
	22	12. 1.41	18. 4.59,50	57,20	— 2,30	—23.42.43,3	—46,5	— 3,2	—31,6	— 3,0
1822 Juill.	5	11.28.36	18.22. 6,96	4,87	— 2,09	—23.40.32,8	—42,2	— 8,4	—28,9	— 7,3
	7	11.20.24	18.21.46,17	44,06	— 2,11	—23.40.44,6	—54,1	— 9,5	—29,2	— 8,4
	10	11. 8. 5	18.21.15,41	13,19	— 2,22	—23.41. 6,5	—11,0	— 4,5	—30,7	— 3,4
1823 Juill.	20	10.47.12	18.38.47,79	46,10	— 1,69	—23.31.40,7	—53,3	— 6,6	—23,7	— 3,1
	22	10.39. 1	18.38.28,27	26,70	— 1,57	—23.32. 3,5	—19,3	— 8,8	—22,0	— 7,3
	24	10.30.56	18.38. 9,28	7,66	— 1,62	—23.32.21,8	—30,0	— 8,2	—22,7	— 6,7
1824 Juill.	10	11.44. 2	18.59.20,66	18,32	— 2,14	—23.10.41,0	—55,3	—13,4	—30,3	—10,5
	11	11.39.55	18.59. 9,93	7,93	— 2,00	—23.11. 4,2	—10,3	— 6,1	—28,3	— 3,3
	12	11.35.49	18.58.59,45	57,57	— 1,88	—23.11.17,9	—25,2	— 7,3	—26,6	— 4,5
	13	11.31.43	18.58.49,12	47,22	— 1,92	—23.11.33,9	—39,0	— 6,0	—26,9	— 3,2
1825 Juill.	7	12.16. 2	19.18.39,42	37,62	— 1,80	—22.41.53,2	— 5,9	—12,0	—26,0	— 9,0
	10	12. 3.44	19.18. 8,71	6,55	— 2,10	» » »	»	»	—31,1	»
1826 Août	14	9.59.55	19.31. 1,57	0,13	— 1,42	—22.19.43,0	—58,4	—15,4	—21,1	—12,0
	15	9.55.51	19.30.53,30	51,86	— 1,44	—22.20. 5,6	—15,8	—10,2	—21,4	— 6,9
1827 Juill.	28	11.28.33	19.51.55,55	53,83	— 1,72	» » »	»	»	—25,9	»
	29	11.24.27	19.51.45,16	43,89	— 1,27	—21.32.36,4	—47,6	—11,2	—19,5	— 7,3
	30	11.20.21	19.51.35,29	33,99	— 1,30	—21.32.56,9	—13,9	—17,0	—20,0	—13,0
1828 Juill.	19	12.29.36	20.11.15,91	14,95	— 0,96	—20.38.55,1	—65,4	—10,3	—15,7	— 6,8
	20	12.25.31	20.11. 6,19	4,98	— 1,21	—20.39.26,6	—36,7	—10,1	—19,3	— 6,6
1829 Juill.	26	12.19.33	20.27.40,41	40,24	— 0,17	—19.46.43,5	—53,7	—10,2	— 4,7	— 8,6
	27	12.15.27	20.27.39,75	30,37	— 0,38	—19.47.16,9	—28,4	—11,5	— 7,7	— 9,9
	29	12. 7.16	20.27.20,01	19,63	— 0,38	—19.48.28,3	—37,9	— 9,6	— 7,7	— 8,0
Oct.	18	6.41. 6	20.19.37,63	37,06	— 0,57	—20.13.14,7	—26,5	—11,8	—19,4	— 9,0
1830 Juill.	31	12.17.15	20.44.27,05	27,06	+ 0,01	—18.47.53,9	—64,5	—10,6	— 2,5	—10,3
Août	2	12. 9.14	20.44. 7,96	7,61	— 0,65	—18.49.11,1	—20,0	— 8,9	— 3,2	— 8,4

Tableau de la comparaison des observations d'Uranus avec la théorie admise. (Suite.)

ANNÉES.	Mois et jours.	TEMPS moyen.	Ascension droite Æ, observée.	Seconde de l'Æ calculée.	Æ calculée moins Æ observée.	DÉCLINAISON observée.	Seconde de la déclinaison calculée.	Déclin. calculée moins déclin. observ.	Longit. calculée moins longitude observ.	Latit. calculée moins latitude observ.
		h. m. s.	h. m. s.	"	s.	° ′ ″	″	″	″	″
1850	Nov. 8	5.37. 5	20.37.16,86	16,55	— 0,31	—19.13. 7,9	—16,0	— 8,1	— 6,9	— 7,6
	9	5.33.14	20.37.21,68	21,33	— 0,33	—19.12.47,4	—36,5	— 9,1	— 7,1	— 8,6
	11	5.25.39	20.37.31,24	31,59	+ 0,35	—18.11. 6,9	—15,4	— 8,5	+ 2,7	— 8,0
1853	Juill. 20	14.16. 6	22. 8.36,67	38,76	+ 2,09	—12.17.35,8	—37,1	— 1,3	+28,6	—11,4
	21	14.12. 3	22. 8.29,20	31,48	+ 2,28	» » »	»	»	+32,6	»
	22	14. 8. 0	22. 8.22,18	24,09	+ 1,91	—12.19. 1,2	— 9,9	+ 0,3	+25,8	— 9,9
	23	14. 3.56	22. 8.14,56	16,59	+ 2,03	» » »	»	»	+27,7	»
	24	13.39.53	22. 8. 7,43	8,99	+ 1,57	—12.20.25,9	—27,0	— 1,1	+20,5	—11,3
	Août 10	12.56.41	22. 5.44,89	46,94	+ 2,04	—12.33.44,9	—44,2	+ 0,7	+27,8	—10,3
	11	12.56.36	22. 5.37,61	38,01	+ 2,40	—12.34.34,6	—33,6	+ 0,4	+33,4	—10,6
	13	12.32.16	22. 4.59,80	1,97	+ 2,05	—12.37.32,9	—52,7	— 0,7	+27,9	—11,6
	18	12.26.11	22. 4.59,79	52,84	+ 2,05	—12.38.42,4	—49,7	— 0,3	+27,0	—11,1
	Nov. 22	5.59.57	21.56.54,34	56,30	+ 1,09	—13.19. 8,9	— 7,3	— 1,4	+27,1	—11,0
	23	5.49. 4	21.56.57,54	59,55	+ 2,01	—13.18.44,8	—45,8	— 1,0	+27,4	—10,6
	24	5.45.12	21.57. 1,11	7,96	+ 1,85	—13.18.22,0	—25,2	— 2,2	+24,9	—11,8
	25	5.41.20	21.57. 4,00	0,58	+ 1,92	—13.18. 2,4	— 5,5	— 0,1	+26,0	— 9,8
1856	Août 29	11.45.49	22.18.36,29	38,60	+ 2,31	—11.23.50,7	—58,3	+ 1,4	+32,1	—11,7
	30	11.41.44	22.18.37,12	39,54	+ 2,42	—11.23.51,5	—49,6	+ 1,9	+33,2	—11,1
	31	11.37.39	22.18.47,85	20,49	+ 2,64	—11.24.43,9	—40,6	+ 2,3	+37,3	— 9,9
	Nov. 15	6.32.23	22.11.50,41	52,67	+ 2,26	—11.58.55,3	—53,6	+ 1,7	+31,5	—10,5
	18	6.20.50	22.11.54,44	56,90	+ 2,46	—11.58.24,4	—22,7	+ 1,7	+34,6	—10,5
	19	6.16.46	22.11.56,46	58,71	+ 2,25	—11.58.11,3	—10,2	+ 1,1	+31,3	—11,1
1857	Août 23	12.26.34	22.35.11,50	14,66	+ 3,16	— 9.47.24,7	—18,8	+ 5,9	+45,8	—11,4
	24	12.22.49	22.35. 7,72	5,72	+ 3,00	— 9.48.16,1	—12,0	+ 4,1	+43,3	—13,1
	25	12.18.44	22.34.53,65	56,76	+ 3,11	— 9.49. 0,4	— 5,3	+ 4,1	+45,0	—13,1
	Nov. 29	5.53.41	22.27.10,87	19,52	+ 2,65	—10.31.12,5	— 7,3	+ 5,2	+37,8	— 9,5
	30	5.49.49	22.27.19,99	22,57	+ 2,58	—10.36.52,4	—49,9	+ 5,5	+36,7	— 9,2
	Déc. 1	5.45.56	22.27.23,10	25,84	+ 2,74	—10.39.31,1	—25,5	+ 5,6	+39,2	— 9,1
1858	Août 31	12.10.41	22.49.31,47	34,98	+ 3,51	— 8.21.44,2	—34,4	+ 9,8	+51,7	—10,9
	Sept. 1	12. 6.36	22.49.22,50	26,04	+ 3,54	— 8.22.39,7	—28,8	+10,9	+52,2	— 9,9
	3	11.58.26	22.49. 4,55	8,15	+ 3,60	— 8.24.28,4	—17,7	+10,7	+53,2	—10,1
	Nov. 30	6. 3.28	22.42. 4,65	7,98	+ 3,33	— 9. 4.16,9	— 4,1	+12,4	+48,9	— 7,9
	Déc. 2	5.57.41	22.42. 0,70	13,05	+ 3,34	— 9. 3.38,0	—38,5	+ 9,5	+49,1	— 9,7
1859	Sept. 7	10.58.35	23. 3.52,95	57,00	+ 4,05	— 6.53.17,5	— 2,1	+14,4	+60,8	— 9,0
	8	11.54.21	23. 3.44,08	48,10	+ 4,02	— 6.54.13,0	—38,0	+15,0	+60,3	— 9,4
	9	11.50.16	23. 3.35,17	39,19	+ 4,02	— 6.55. 9,8	—53,8	+16,0	+60,3	— 8,4
	Déc. 6	5.57.39	22.56.57,57	1,42	+ 3,85	— 7.33.31,8	—19,3	+12,5	+57,7	—10,4
	7	5.53.46	22.57. 0,35	4,17	+ 3,82	— 7.33.10,4	—59,6	+10,8	+57,5	—11,0
1860	Sept. 10	11.58.19	23.18.35,37	40,07	+ 4,50	— 5.20.23,6	— 2,3	+18,5	+68,4	— 9,6

Tableau de la comparaison des observations d'Uranus avec la théorie admise. (Fin.)

ANNÉES.	MOIS et JOURS.	TEMPS moyen.	ASCENSION droite Æ, observée.	SECONDE de l'Æ cal-culée.	Æ cal-culée moins Æ observée.	DÉCLINAISON observée.	SECONDE de la décli-naison calculée.	DÉCLIN. calculée moins déclin. observ.	LONGIT. calculée moins longitude observ.	LATIT. calculée moins latitude observ.
		h. m. s.	h. m. s.	s.	"	° ' "	"	"	"	"
1840	Sept. 11	11.54.14	23.18.26,84	31,21	+ 4,37	— 5.21.18,0	— 1,7	+16,3	+ 66,3	—11,4
	12	11.50. 9	23.18.17,66	22,36	+ 4,70	— 5.22.12,0	—57,7	+14,3	+ 71,7	—13,2
	Nov. 1	8.27.31	23.12.15,52	19,61	+ 4,09	» » »	»	»	+ 61,9	»
	6	8. 7.33	23.11.55,69	0,85	+ 4,39	» » »	»	»	+ 66,3	»
1841	Sept. 9	12.18.32	23.33.58,17	3,18	+ 5,01	— 3.41.23,3	— 3,2	+20,1	+ 77,0	—10,9
	10	12.14.27	23.33.49,40	54,39	+ 4,90	— 3.42.11,1	— 0,1	+21,0	+ 76,7	—10,1
	11	12.10.22	23.33.40,73	45,60	+ 4,87	» » »	»	»	+ 74,7	»
	Déc. 17	5.41.48	23.26.28,49	33,03	+ 4,54	— 4.26.39,1	—21,6	+17,5	+ 69,6	—10,6
	20	5.30.11	23.26.39,19	43,78	+ 4,59	— 4.25.21,4	— 4,7	+16,7	+ 70,4	—11,4
	24	5.14.44	23.26.56,18	0,65	+ 4,47	— 4.23.23,6	— 6,2	+19,4	+ 68,4	— 8,9
1842	Sept. 13	12.18.19	23.48.34,55	39,94	+ 5,40	— 2. 6. 8,3	—63,7	+24,6	+ 85,1	—10,2
	14	12.14.14	23.48.25,62	31,19	+ 5,57	— 2. 7. 5,6	—40,9	+23,7	+ 86,4	—11,1
	15	12.10.10	23.48.16,96	22,41	+ 5,45	— 2. 7.39,2	—38,0	+21,2	+ 84,5	—13,4
	Déc. 13	6.12.41	23.40.42,61	47,69	+ 5,08	— 2.54.31,0	—11,3	+19,7	+ 78,6	—12,1
	14	6. 8.47	23.40.44,48	49,35	+ 5,07	— 2.54.18,5	—56,4	+22,1	+ 78,4	— 9,9
	15	6. 4.53	23.40.46,48	51,60	+ 5,12	— 2.54. 1,8	—49,3	+21,5	+ 79,2	—10,5
	16	6. 0.59	23.40.48,79	53,83	+ 5,04	— 2.53.43,3	—23,2	+20,1	+ 77,9	—11,7
1843	Sept. 20	12. 5.52	0. 2.43,89	50,07	+ 6,18	— 0.33. 2,7	—36,1	+26,6	+ 96,6	—12,3
	21	12. 1.47	0. 2.35,06	41,22	+ 6,16	— 0.34. 1,0	—33,4	+27,6	+ 96,3	—11,4
	23	11.53.39	0. 2.17,46	23,56	+ 6,16	» » »	»	»	+ 95,3	»
1844	Janv. 2	5.10.22	23.56. 7,40	12,95	+ 5,55	» » »	»	»	+ 86,4	»
	3	5. 6.30	23.56.12,01	17,71	+ 5,70	» » »	»	»	+ 88,0	»
	Sept. 7	13.10.51	0.19.38,05	44,73	+ 6,08	» » »	»	»	+104,8	»
	8	13. 6.47	0.19.39,87	36,54	+ 6,07	+ 1.17. 7,9	+40,5	+32,6	+104,6	— 9,8
	9	13. 2.43	0 19.21,75	28,27	+ 6,52	+ 1.16.15,0	+46,3	+31,3	+103,2	—10,8
	10	12.58.40	0.19.13,22	19,95	+ 6,74	+ 1.15.19,0	+53,0	+32,1	+103,8	—10,1
	Déc. 18	6.19.58	0. 9.46,53	52,76	+ 6,23	+ 0.16.24,3	+55,7	+31,2	+ 97,7	— 8,4
	27	5.44.55	0.10. 5,99	12,16	+ 6,17	+ 0.18.56,5	+26,4	+29,9	+ 96,7	— 9,6
1845	Sept. 24	12.17.45	0.32.26,85	34,44	+ 7,30	+ 2.42. 6,1	+47,5	+36,4	+116,3	—10,3
	26	12. 9.35	0.32. 9,14	16,58	+ 7,44	+ 2.40.11,8	+49,1	+37,3	+117,1	— 9,5

Équations de condition entre les corrections des éléments du mouvement elliptique d'Uranus, et les erreurs des Tables en longitude.)

78. En partant de la théorie admise pour les perturbations produites par Jupiter et Saturne, et des valeurs données précédemment pour les éléments elliptiques de l'orbite d'Uranus, il reste, entre la théorie et les observations, des écarts considérables. Nous devons examiner attentivement s'il serait possible de les faire disparaître, en modifiant convenablement les éléments de l'ellipse. Je remarque d'abord que les erreurs de la latitude calculée s'annulent à très-peu près par des changements dans l'inclinaison de l'orbite et dans la longitude du nœud, assez faibles pour n'avoir aucune influence sur la longitude vraie d'Uranus. En sorte que si nous considérons ici cette coordonnée seulement, nous n'aurons à nous occuper que des variations de la longitude de l'époque ε, du moyen mouvement annuel n, de l'excentricité e, et de la longitude ϖ du périhélie; variations que nous désignerons par $\delta\varepsilon$, δn, δe et $\delta\varpi$. Cela étant posé, si nous faisons usage des formules

$$\left\{\begin{aligned}
\alpha &= \frac{r_{\prime}}{\Delta_{\prime}} \cos (G - v_{\prime}), \\
\beta &= \frac{\sin (G - v_{\prime})}{\Delta_{\prime}};
\end{aligned}\right.$$

$$\left\{\begin{aligned}
H &= \alpha \frac{dv}{e\,d\varpi} - \beta \frac{dr}{e\,d\varpi}, \\
K &= \alpha \frac{dv}{de} - \beta \frac{dr}{de},
\end{aligned}\right.$$

nous arriverons à l'équation de condition suivante, entre les corrections cherchées des éléments elliptiques et l'erreur de la longitude géocentrique, calculée par ces mêmes éléments :

$$(\alpha - eH)\delta\varepsilon + (\alpha - eH)t\,.\,\delta n + H\,.\,e\,\delta\varpi + K\,\delta e + \text{long. calc.} - \text{long. obs.} = 0.$$

J'ai formé cette équation pour toutes les observations indistinctement. Il suffira de présenter ici les équations moyennes qui en résultent, quand on groupe les observations faites à une même époque.

Années.	Mois et jours.	Nombre d'observations.	Équations de condition.				
1690	Déc. 23	1	$1,019\,\delta z$	$-111,09\,\delta n$	$-1,986\,\delta e$	$+0,538\,\delta\varpi$	$-65'',9 = 0$
1712	Avril 2	1	$1,145$	$-100,47$	$-0,442$	$-2,171$	$-62,5 = 0$
1715	Mars 7	2	$1,162$	$-98,45$	$+0,112$	$-2,241$	$-66,5 = 0$
	Avril 29	1	$1,139$	$-96,44$	$+0,087$	$-2,199$	$-70,5 = 0$
1730	Oct. 14	1	$0,943$	$-46,41$	$+0,816$	$+1,770$	$+38,9 = 0$
	Déc. 3	1	$0,905$	$-44,42$	$+0,769$	$+1,703$	$+31,7 = 0$
1733	Déc. 3	1	$0,907$	$-41,79$	$+0,396$	$+1,837$	$+33,1 = 0$
1736	Sept. 25	1	$0,958$	$-41,44$	$-0,008$	$+1,983$	$+33,6 = 0$
1764	Janv. 15	1	$0,913$	$-32,83$	$-0,909$	$+1,652$	$+21,2 = 0$
1768	Déc. 29	2	$0,961$	$-29,81$	$-1,493$	$+1,286$	$+10,7 = 0$
1769	Janv. 19	6	$0,944$	$-29,21$	$-1,469$	$+1,257$	$+7,3 = 0$
1771	Déc. 18	1	$0,996$	$-27,93$	$-1,788$	$+0,953$	$+11,9 = 0$
1781	Sept. 27	2	$1,028$	$-18,77$	$-1,958$	$-0,563$	$-14,8 = 0$
1782	Janv. 6	2	$1,079$	$-19,39$	$-2,063$	$-0,566$	$-18,3 = 0$
	Mars 12	2	$1,030$	$-18,34$	$-1,977$	$-0,531$	$-17,3 = 0$
	Oct. 1	2	$1,035$	$-17,85$	$-1,917$	$-0,715$	$-16,8 = 0$
	Déc. 21	2	$1,089$	$-18,54$	$-2,023$	$-0,737$	$-18,7 = 0$
1783	Oct. 9	2	$1,045$	$-16,95$	$-1,868$	$-0,868$	$-20,5 = 0$
1784	Janv. 23	2	$1,090$	$-17,38$	$-1,966$	$-0,877$	$-19,5 = 0$
	Mars 19	3	$1,046$	$-16,51$	$-1,889$	$-0,837$	$-20,9 = 0$
	Oct. 10	2	$1,049$	$-15,97$	$-1,798$	$-1,009$	$-21,2 = 0$
1785	Janv. 16	2	$1,102$	$-16,49$	$-1,904$	$-1,040$	$-20,7 = 0$
	Mars 28	1	$1,050$	$-15,50$	$-1,819$	$-0,981$	$-21,8 = 0$
	Oct. 26	1	$1,068$	$-15,14$	$-1,739$	$-1,168$	$-22,1 = 0$
1786	Janv. 13	1	$1,111$	$-15,52$	$-1,824$	$-1,196$	$-23,4 = 0$
1787	Janv. 14	1	$1,119$	$-14,50$	$-1,732$	$-1,343$	$-24,6 = 0$
1788	Mars 9	2	$1,100$	$-12,99$	$-1,605$	$-1,432$	$-27,9 = 0$
	Oct. 26	2	$1,071$	$-11,98$	$-1,416$	$-1,535$	$-24,9 = 0$
1789	Janv. 18	1	$1,131$	$-12,39$	$-1,507$	$-1,611$	$-30,3 = 0$
	Avril 10	3	$1,080$	$-11,58$	$-1,457$	$-1,523$	$-31,1 = 0$
	Oct. 30	2	$1,076$	$-10,94$	$-1,295$	$-1,647$	$-27,3 = 0$

ANNÉES.	Mois et jours.	Nombre d'observations.	ÉQUATIONS DE CONDITION.
1790	Janv. 24	2	$1{,}137\,d\varpi - 11{,}29\,d\alpha - 1{,}380\,\delta e - 1{,}731\,e\delta\varpi - 28{,}8 = 0$
	Nov. 4	3	$1{,}080 - 9{,}89 - 1{,}161 - 1{,}748 - 27{,}9 = 0$
1791	Janv. 29	3	$1{,}142 - 10{,}18 - 1{,}242 - 1{,}839 - 29{,}1 = 0$
	Avril 14	1	$1{,}097 - 9{,}56 - 1{,}213 - 1{,}755 - 26{,}8 = 0$
	Nov. 10	2	$1{,}086 - 8{,}84 - 1{,}023 - 1{,}842 - 27{,}7 = 0$
1792	Fév. 5	1	$1{,}148 - 9{,}07 - 1{,}096 - 1{,}939 - 28{,}5 = 0$
	Nov. 14	3	$1{,}089 - 7{,}76 - 0{,}875 - 1{,}922 - 27{,}0 = 0$
1793	Fév. 8	2	$1{,}152 - 7{,}95 - 0{,}941 - 2{,}025 - 33{,}3 = 0$
	Nov. 18	2	$1{,}091 - 6{,}68 - 0{,}720 - 1{,}986 - 32{,}0 = 0$
1794	Fév. 15	2	$1{,}155 - 6{,}78 - 0{,}778 - 2{,}096 - 31{,}6 = 0$
	Nov. 19	3	$1{,}090 - 5{,}57 - 0{,}558 - 2{,}033 - 28{,}1 = 0$
1795	Fév. 16	2	$1{,}158 - 5{,}64 - 0{,}605 - 2{,}156 - 28{,}9 = 0$
	Déc. 2	1	$1{,}101 - 4{,}49 - 0{,}392 - 2{,}092 - 37{,}3 = 0$
1796	Fév. 24	2	$1{,}160 - 4{,}47 - 0{,}433 - 2{,}200 - 31{,}3 = 0$
	Déc. 4	1	$1{,}100 - 3{,}38 - 0{,}223 - 2{,}113 - 31{,}9 = 0$
1797	Fév. 26	3	$1{,}161 - 3{,}30 - 0{,}254 - 2{,}229 - 32{,}4 = 0$
1797	Déc. 12	1	$1{,}104 - 2{,}26 - 0{,}051 - 2{,}132 - 28{,}4 = 0$
1798	Mars 11	1	$1{,}162 - 2{,}10 - 0{,}081 - 2{,}243 - 32{,}3 = 0$
1799	Mars 12	1	$1{,}162 - 0{,}93 + 0{,}103 - 2{,}242 - 29{,}3 = 0$
1800	Mars 14	2	$1{,}162 + 0{,}23 + 0{,}286 - 2{,}226 - 33{,}1 = 0$
1801	Mars 21	4	$1{,}160 + 1{,}41 + 0{,}463 - 2{,}194 - 33{,}4 = 0$
1802	Janv. 2	2	$1{,}100 + 2{,}21 + 0{,}622 - 2{,}036 - 32{,}2 = 0$
	Mars 28	4	$1{,}158 + 2{,}59 + 0{,}634 - 2{,}149 - 33{,}1 = 0$
1803	Mars 30	3	$1{,}155 + 3{,}75 + 0{,}804 - 2{,}087 - 35{,}8 = 0$
1804	Mars 24	2	$1{,}150 + 4{,}86 + 0{,}970 - 2{,}005 - 36{,}3 = 0$
1804	Avril 9	2	$1{,}152 + 4{,}93 + 0{,}964 - 2{,}014 - 38{,}2 = 0$
1805	Avril 12	4	$1{,}148 + 6{,}06 + 1{,}132 - 1{,}927 - 36{,}0 = 0$
1806	Avril 19	4	$1{,}142 + 7{,}19 + 1{,}264 - 1{,}826 - 33{,}3 = 0$
1807	Janv. 19	1	$1{,}074 + 7{,}57 + 1{,}340 - 1{,}609 - 29{,}4 = 0$
	Avril 21	5	$1{,}137 + 8{,}30 + 1{,}404 - 1{,}712 - 37{,}0 = 0$

ANNÉES.	MOIS et jours.	NOMBRE d'observations.	ÉQUATIONS DE CONDITION
1808	Janv. 26	1	$1{,}071\,\delta\mu + 8{,}65\,\delta n + 1{,}462\,\delta e - 1{,}495\,\delta\varpi - 32{,}0 = 0$
	Avril 24	5	$1{,}131 + 9{,}41 + 1{,}530 - 1{,}591 - 34{,}9 = 0$
1809	Janv. 28	1	$1{,}064 + 9{,}66 + 1{,}569 - 1{,}369 - 32{,}3 = 0$
	Avril 30	1	$1{,}125 + 10{,}49 + 1{,}644 - 1{,}461 - 36{,}8 = 0$
	Mai 6	3	$1{,}125 + 10{,}52 + 1{,}643 - 1{,}464 - 37{,}0 = 0$
1810	Avril 28	5	$1{,}119 + 11{,}55 + 1{,}749 - 1{,}319 - 37{,}3 = 0$
1811	Fév. 18	2	$1{,}062 + 11{,}82 + 1{,}768 - 1{,}108 - 32{,}7 = 0$
1812	Fév. 16	2	$1{,}049 + 12{,}72 + 1{,}830 - 0{,}958 - 36{,}1 = 0$
	Mai 6	4	$1{,}105 + 13{,}64 + 1{,}919 - 1{,}020 - 39{,}3 = 0$
1813	Fév. 25	3	$1{,}046 + 13{,}75 + 1{,}900 - 0{,}812 - 38{,}2 = 0$
1813	Mai 24	4	$1{,}098 + 14{,}70 + 1{,}981 - 0{,}874 - 37{,}7 = 0$
1814	Mai 29	3	$1{,}089 + 15{,}69 + 2{,}032 - 0{,}713 - 40{,}1 = 0$
1815	Mars 1	2	$1{,}027 + 15{,}57 + 1{,}975 - 0{,}504 - 34{,}2 = 0$
	Mai 26	2	$1{,}082 + 16{,}66 + 2{,}075 - 0{,}548 - 35{,}7 = 0$
1816	Fév. 28	3	$1{,}014 + 16{,}38 + 1{,}988 - 0{,}352 - 34{,}4 = 0$
	Juin 1	3	$1{,}074 + 17{,}63 + 2{,}100 - 0{,}386 - 34{,}5 = 0$
1817	Juin 10	3	$1{,}067 + 18{,}61 + 2{,}145 - 0{,}228 - 32{,}8 = 0$
1818	Juin 9	4	$1{,}059 + 19{,}53 + 2{,}116 - 0{,}062 - 34{,}8 = 0$
1819	Juin 22	4	$1{,}051 + 20{,}47 + 2{,}105 + 0{,}092 - 30{,}8 = 0$
1820	Juin 24	4	$1{,}043 + 21{,}37 + 2{,}081 + 0{,}252 - 32{,}0 = 0$
1821	Juin 21	3	$1{,}036 + 22{,}24 + 2{,}047 + 0{,}410 - 29{,}8 = 0$
1822	Juill. 7	3	$1{,}028 + 23{,}15 + 2{,}002 + 0{,}552 - 29{,}6 = 0$
1823	Juill. 22	3	$1{,}019 + 24{,}01 + 1{,}945 + 0{,}690 - 22{,}8 = 0$
1824	Juill. 12	4	$1{,}015 + 24{,}91 + 1{,}883 + 0{,}838 - 28{,}0 = 0$
1825	Juill. 9	2	$1{,}009 + 25{,}75 + 1{,}809 + 0{,}974 - 28{,}6 = 0$
1826	Août 15	2	$0{,}996 + 26{,}52 + 1{,}720 + 1{,}077 - 21{,}3 = 0$
1827	Juill. 29	3	$0{,}997 + 27{,}48 + 1{,}637 + 1{,}214 - 21{,}8 = 0$
1828	Juill. 20	2	$0{,}992 + 28{,}32 + 1{,}535 + 1{,}331 - 17{,}5 = 0$
1829	Juill. 27	3	$0{,}987 + 29{,}19 + 1{,}431 + 1{,}432 - 6{,}7 = 0$

ANNÉES	MOIS et jours	NOMBRE d'observations	ÉQUATIONS DE CONDITION
1829	Oct. 18	1	$0,944\,\delta\epsilon + 28,11\,\delta n + 1,378\,\delta\varepsilon + 1,357\,\pi\delta\varpi - 10,4 = 0$
1830	Août 1	2	$0,983 + 30,07 + 1,320 + 1,528 - 2,9 = 0$
	Nov. 9	3	$0,924 + 28,50 + 1,248 + 1,431 - 3,8 = 0$
1833	Juill. 22	5	$0,959 + 34,11 + 0,670 + 1,867 + 26,8 = 0$
	Août 13	4	$0,965 + 34,36 + 0,685 + 1,875 + 29,3 = 0$
1835	Nov. 24	4	$0,913 + 32,78 + 0,663 + 1,769 + 26,4 = 0$
1836	Août 30	3	$0,964 + 35,32 + 0,555 + 1,914 + 34,4 = 0$
	Nov. 17	3	$0,919 + 33,91 + 0,543 + 1,824 + 32,5 = 0$
1837	Août 24	3	$0,962 + 36,21 + 0,409 + 1,949 + 44,7 = 0$
	Nov. 30	3	$0,911 + 34,53 + 0,402 + 1,844 + 37,9 = 0$
1838	Sept. 2	3	$0,961 + 37,16 + 0,272 + 1,972 + 52,4 = 0$
	Déc. 1	2	$0,913 + 35,50 + 0,273 + 1,871 + 49,0 = 0$
1839	Sept. 8	3	$0,960 + 38,09 + 0,132 + 1,985 + 60,5 = 0$
	Déc. 7	2	$0,910 + 36,35 + 0,137 + 1,881 + 57,4 = 0$
1840	Sept. 11	3	$0,960 + 39,07 - 0,011 + 1,989 + 68,8 = 0$
	Nov. 4	2	$0,938 + 38,31 + 0,009 + 1,945 + 64,1 = 0$
1841	Sept. 10	3	$0,959 + 39,99 - 0,155 + 1,983 + 76,1 = 0$
	Déc. 20	3	$0,905 + 37,98 - 0,134 + 1,871 + 69,5 = 0$
1842	Sept. 14	3	$0,960 + 41,01 - 0,297 + 1,967 + 85,3 = 0$
1842	Déc. 15	4	$0,914 + 39,24 - 0,266 + 1,874 + 78,5 = 0$
1843	Sept. 21	3	$0,962 + 42,06 - 0,437 + 1,943 + 96,1 = 0$
1844	Janv. 3	2	$0,903 + 39,74 - 0,400 + 1,828 + 87,7 = 0$
1844	Sept. 9	4	$0,962 + 42,97 - 0,581 + 1,904 + 104,4 = 0$
	Déc. 23	2	$0,916 + 41,20 + 0,530 + 1,820 + 97,2 = 0$
1845	Sept. 25	2	$0,965 + 44,14 - 0,712 + 1,864 + 116,7 = 0$

Est-il possible de satisfaire à l'ensemble des équations précédentes, par une détermination convenable des valeurs des inconnues qu'elles renferment?

79. Telle est l'importante question qu'il nous faut maintenant résoudre. Nous chercherons à y répondre aussi complétement que possible; nous varierons les moyens de démonstration, et toujours nous serons conduits au même résultat, qui sera mis ainsi hors de doute.

Et d'abord pourrait-on, en laissant de côté les anciennes observations, satisfaire à l'ensemble de celles qui ont été faites depuis 1781 jusqu'en 1845? Les observations que nous considérons ici, sont d'une telle précision, qu'on peut regarder comme sensiblement nulle l'erreur qui affecte la somme d'un grand nombre d'entre elles : l'erreur, par exemple, qui se trouve dans la somme des soixante-cinq observations faites depuis 1781 jusqu'en 1796. On exprimera cette condition en sommant les équations ci-dessus, qui sont comprises entre ces époques, après les avoir respectivement multipliées par les nombres d'observations sur lesquels elles sont fondées. On aura une *première* équation, propre à la détermination des corrections des éléments. Une *seconde* équation s'obtiendra de la même manière, au moyen des soixante-six observations faites depuis 1797 jusqu'en 1813; une *troisième*, au moyen des soixante-trois observations faites depuis 1813 jusqu'en 1830; enfin, la *quatrième* équation se déduira des soixante-six observations faites depuis 1835 jusqu'en 1845. On arrivera ainsi, pour déterminer les corrections des éléments, au système suivant :

$$70,964\,\delta\iota - 778,49\,\delta n - 88,428\,\delta\epsilon - 95,012\,e\delta\varpi - 1661,2 = 0,$$
$$74,350\,\delta\iota + 448,59\,\delta n + 76,171\,\delta\epsilon - 112,588\,e\delta\varpi - 2313,4 = 0,$$
$$64,889\,\delta\iota + 1386,42\,\delta n + 118,545\,\delta\epsilon + 22,212\,e\delta\varpi - 1709,1 = 0,$$
$$62,167\,\delta\iota + 2484,39\,\delta n + 6,747\,\delta\epsilon + 125,161\,e\delta\varpi + 4006,7 = 0,$$

et, en le résolvant, on trouvera

$$\delta\iota = + 39,587$$
$$\delta n = - 3,2908$$
$$\delta\epsilon = + 28,971$$
$$e\delta\varpi = + 12,083$$

Voici les écarts que les longitudes, calculées au moyen des éléments ainsi rectifiés, ont offerts par rapport aux positions moyennes, déduites des observations :

DATES des observations.	NOMBRE d'observations.	EXCÈS MOYEN des longitudes calculées sur les longitudes observées.
1781—1782	10	+ 20,5
1783—1784	9	+ 10,8
1785—1788	10	+ 2,0
1789—1790	11	— 8,1
1791—1792	10	— 7,8
1793—1794	9	— 10,5
1795—1796	6	— 10,1
1797—1801	12	— 6,7
1802—1804	11	— 3,4
1804—1806	10	— 0,4
1807—1808	11	+ 3,1
1808—1810	11	+ 3,8
1811—1813	11	+ 4,4
1813—1815	11	+ 4,5
1816—1817	9	+ 6,0
1818—1820	12	+ 3,8
1821—1823	9	+ 1,7
1824—1827	11	— 7,6
1828—1830	11	— 7,3
1833—1835	9	— 4,5
1835—1836	10	— 4,7
1837—1838	11	— 2,1
1839—1840	10	+ 0,7
1841—1842	9	+ 1,5
1842—1844	9	+ 3,1
1844—1845	8	+ 6,5

Il est tout à fait impossible d'admettre que la position moyenne d'Uranus, déduite de dix observations méridiennes, faites en 1781 et 1782, par Maskeline, soit erronée de 20″,5 : il n'est pas, au reste, plus admissible que les observations faites depuis 1835 jusqu'en 1845 soient entachées de l'erreur progressive qu'on y remarquerait, et qui, partant de —4″,5 en 1835, s'élèverait jusqu'à +6″,5 en 1845. D'ailleurs, l'introduction des anciennes observations ne pourrait servir en rien à atténuer ces erreurs ; et, par le fait, elle les augmenterait. Nous voilà déjà conduits à conclure qu'il est impossible, avec la théorie admise, de satisfaire à l'ensemble des observations. La considération précédente me paraît même, je dois le dire, complétement décisive ; et si je reprends, comme on va le voir, la démonstration sous deux nouveaux points de vue tout différents, c'est que rien ne peut être de trop, quand il s'agit d'étayer une conclusion d'une pareille gravité pour l'avenir de notre système planétaire.

80. Voici une seconde considération qui mérite, par sa simplicité, d'être remarquée. Prenons la relation

$$(1 + 2e\cos\zeta)\,\delta\varepsilon + (1 + 2e\cos\zeta)\,t.\delta n + 2\sin\zeta.\delta e - 2\cos\zeta.e\,\delta\varpi + v_{,} = 0,$$

qui existe entre les corrections des éléments de l'orbite, l'anomalie moyenne ζ à l'époque t, et l'erreur v, de la longitude héliocentrique, calculée à la même époque. Cette équation, dans laquelle j'ai négligé les termes d'ordre supérieur dans l'équation du centre, est la même que celle dont M. Bouvard a fait usage dans la construction de ses Tables : elle paraît donc sujette aux mêmes reproches. Mais il n'en est pas tout à fait ainsi, parce que les travaux de M. Bouvard ayant déjà perfectionné cette théorie, les corrections des éléments que nous avons à déterminer doivent être plus faibles que celles qu'il devait obtenir. Nous sommes donc plus en droit que lui de négliger les petits termes de l'équation du centre. Quoi qu'il en soit, nous prouverons au moins qu'en réduisant les équations de condition aux termes employés par M. Bouvard, il serait impossible de concilier la théorie avec les observations ; ce qui n'est pas sans intérêt.

Considérons, avec l'équation précédente, les équations analogues qui existeraient aux époques $t + \delta t$, $t + 2\delta t,\ldots$, toutes équidistantes, entre les anomalies moyennes $\zeta + \delta\zeta$, $\zeta + 2\delta\zeta,\ldots$ et les erreurs $v_{,}$, $v_{,},\ldots$ des longitudes héliocentriques calculées. Si nous formons la *différence première* des deux premières équations, nous trouverons

$$- 4e\sin\left(\zeta + \frac{\delta\zeta}{2}\right)\sin\frac{\delta\zeta}{2}\times(\delta\varepsilon + t\,\delta n) + \left[1 + 2e\cos\left(\zeta + \delta\zeta\right)\right]\delta t\,\delta n$$

$$+ 4\cos\left(\zeta + \frac{\delta\zeta}{2}\right)\sin\frac{\delta\zeta}{2}\,\delta e + 4\sin\left(\zeta + \frac{\delta\zeta}{2}\right)\sin\frac{\delta\zeta}{2}.e\,\delta\varpi + \delta v_{,} = 0 ;$$

les *différences premières* suivantes se déduiraient de celle-ci, en y remplaçant successivement ζ par $\zeta + \delta\zeta$, $\zeta + 2\delta\zeta,\ldots$, t par $t + \delta t$, $t + 2\delta t,\ldots$; enfin, v, par $v_{,}$, $v_{,},\ldots$.

Formons encore les différences de ces nouvelles relations, c'est-à-dire les *différences secondes* des équations primitives. Il viendra, pour la première de ces *différences secondes*,

$$- 8\cos(\zeta + \delta\zeta)\sin^2\left(\frac{\delta\zeta}{2}\right)\{\delta\varepsilon + t\,\delta n\} - 8\sin\left(\zeta + \frac{3\delta\zeta}{2}\right)\sin\frac{\delta\zeta}{2}\times\delta t\,\delta n$$

$$- 8\sin(\zeta + \delta\zeta)\sin^2\left(\frac{\delta\zeta}{2}\right)\times\delta\varepsilon + 8\cos(\zeta + \delta\zeta)\sin^2\left(\frac{\delta\zeta}{2}\right)\times\varepsilon\,\delta n + \delta^2 v_1 = 0.$$

Je n'écrirai pas les autres, qu'on conclura aisément de celle-ci.

Arrêtons-nous maintenant plus spécialement à la quatrième *différence seconde*, qui se formera en augmentant, dans la première, ζ de $3\delta\zeta$, t de $3\delta t$, et en y changeant v_1 en v_2. Si nous supposons que $3\delta\zeta$ soit égal à une demi-circonférence, les lignes trigonométriques changeront de signes sans changer de valeurs absolues. Ces circonstances donneront lieu à des réductions importantes, si l'on ajoute la première et la quatrième *différences secondes* ; c'est ce que nous allons faire, après avoir remarqué que $\sin\left(\dfrac{\delta\zeta}{2}\right)$ est alors égal à $\frac{1}{4}$, et qu'on peut remplacer δt par 14, puisque la durée de la révolution d'Uranus est, à très-peu près, de 84 ans. Nous trouverons ainsi

$$8\tfrac{1}{4}\varepsilon\,\delta n\cos(\zeta + 60°) + \delta^2 v_1 + \delta^2 v_2 = 0 ;$$

et, en sommant semblablement la seconde et la cinquième des *différences secondes*, puis la troisième et la sixième, nous aurons les deux autres conditions

$$8\tfrac{1}{4}\varepsilon\,\delta n\cos(\zeta + 120°) + \delta^2 v_3 + \delta^2 v_4 = 0,$$
$$8\tfrac{1}{4}\varepsilon\,\delta n\cos(\zeta + 180°) + \delta^2 v_5 + \delta^2 v_6 = 0.$$

Les observations d'Uranus, qui ont été faites vers les oppositions, nous mettent à même de former les expressions des erreurs héliocentriques des Tables à huit époques successives, distantes entre elles de quatorze années. Nous n'avons pas toujours, il est vrai, d'observations aux moments précis que nous devons considérer ; mais la lenteur de la variation de l'erreur héliocentrique tabulaire nous permet d'y suppléer par des interpolations convenables. Nous trouverons ainsi :

ÉPOQUES	EXCÈS des longitudes héliocentriques calculées.	DIFFÉRENCES premières.	DIFFÉRENCES secondes.
1747,7	$+\ 34,8$	$-\ 10,1$	
1761,7	$+\ 24,7$	$-\ 28,4$	$\delta^2 v_1 = -\ 18,3$
1775,7	$-\ 3,7$	$-\ 24,9$	$\delta^2 v_2 = +\ 3,5$
1789,7	$-\ 28,6$	$-\ 5,0$	$\delta^2 v_3 = +\ 19,9$
1803,7	$-\ 33,6$	$+\ 1,3$	$\delta^2 v_4 = +\ 6,3$
1817,7	$-\ 32,3$	$+\ 35,7$	$\delta^2 v_5 = +\ 34,4$
1831,7	$+\ 3,4$	$+\ 107,1$	$\delta^2 v_6 = +\ 71,4$
1845,7	$+\ 110,5$		

Au moyen de ces résultats, et en remarquant qu'en 1747,7 l'anomalie moyenne ζ est égale à $141°55'$, les conditions écrites ci-dessus deviendront :

$$- 3,63\,\delta n - 12,0 = 0$$
$$- 0,55\,\delta n + 37,9 = 0$$
$$+ 3,08\,\delta n + 91,3 = 0.$$

Ces conditions sont incompatibles entre elles, et, de plus, la seconde et la troisième donneraient pour δn des valeurs tout à fait inadmissibles. Je passe à une démonstration qui ne laissera, ce me semble, rien à désirer.

81. J'ai fait usage, dans le numéro précédent, de l'équation de condition qu'on obtient par la considération de l'erreur de la longitude héliocentrique tabulaire, mais en négligeant dans la variation de l'équation du centre les termes d'ordre supérieur. Je vais reprendre cette même équation de condition, en ne me contentant plus d'une approximation dans la valeur des coefficients des inconnues, en les formant au contraire avec toute l'exactitude possible. J'en donnerai le calcul à des époques plus nombreuses et plus rapprochées l'une de l'autre que cela ne serait, à la rigueur, nécessaire pour le but que je me propose ici. Cependant toutes ces équations devant nous être indispensables dans la troisième partie de ce travail, il valait mieux les présenter simultanément.

Les constantes des équations n'ont pas une rigueur absolue, à cause des erreurs dont les observations sont susceptibles. Supposons que la position héliocentrique déduite des observations faites en 1715 soit erronée

147

d'une quantité P; la constante — 64″,6 de l'équation correspondante devra, pour être exacte, être augmentée de cette quantité P, et c'est ce qui a été fait dans les équations suivantes. Semblablement, les équations correspondantes à 1775, 1810 et 1845 ont été augmentées des quantités Q, R et S, erreurs dont sont entachés les lieux empruntés à l'observation. Enfin, toutes les autres équations de condition ont besoin, pour devenir exactes, de corrections analogues que j'ai désignées par les symboles (1), (2), (3), . . . , (13) et (14). Ces corrections, que nous ne connaissons pas à priori, mais auxquelles nous pouvons cependant fixer des limites supérieures, joueront désormais un rôle important.

Équations de condition, déduites de la considération des erreurs héliocentriques des Tables.

Années.	
1690,98	$0{,}977\,\delta i - 106{,}5\,\delta n - 1{,}912\,\delta e + 0{,}487\,e\delta\pi - 63{,}1 + (1) = 0$
1712,25	$1{,}007\,\delta i - 96{,}2\,\delta n - 0{,}388\,\delta e - 2{,}086\,e\delta\pi - 59{,}9 + (2) = 0$
1715,23	$1{,}099\,\delta i - 93{,}2\,\delta n + 0{,}111\,\delta e - 2{,}121\,e\delta\pi - 64{,}6 + P = 0$
1747,7	$0{,}928\,\delta i - 48{,}5\,\delta n + 1{,}127\,\delta e + 1{,}542\,e\delta\pi + 34{,}8 + (3) = 0$
1754,7	$0{,}912\,\delta i - 41{,}3\,\delta n + 0{,}254\,\delta e + 1{,}874\,e\delta\pi + 32{,}8 + (4) = 0$
1761,7	$0{,}917\,\delta i - 35{,}1\,\delta n - 0{,}669\,\delta e + 1{,}775\,e\delta\pi + 24{,}7 + (5) = 0$
1768,7	$0{,}941\,\delta i - 29{,}5\,\delta n - 1{,}461\,\delta e + 1{,}257\,e\delta\pi + 10{,}0 + (6) = 0$
1775,7	$0{,}982\,\delta i - 23{,}9\,\delta n - 1{,}939\,\delta e + 0{,}393\,e\delta\pi - 3{,}7 + Q = 0$
1782,7	$1{,}031\,\delta i - 17{,}8\,\delta n - 1{,}932\,\delta e - 0{,}653\,e\delta\pi - 17{,}4 + (7) = 0$
1789,7	$1{,}074\,\delta i - 11{,}1\,\delta n - 1{,}355\,\delta e - 1{,}595\,e\delta\pi - 28{,}6 + (8) = 0$
1796,7	$1{,}098\,\delta i - 3{,}6\,\delta n - 0{,}320\,\delta e - 2{,}097\,e\delta\pi - 29{,}8 + (9) = 0$
1803,7	$1{,}091\,\delta i + 4{,}0\,\delta n + 0{,}830\,\delta e - 1{,}943\,e\delta\pi - 33{,}6 + (10) = 0$
1810,7	$1{,}056\,\delta i + 11{,}3\,\delta n + 1{,}686\,\delta e - 1{,}202\,e\delta\pi - 35{,}3 + R = 0$
1817,7	$1{,}008\,\delta i + 17{,}8\,\delta n + 2{,}004\,\delta e - 0{,}171\,e\delta\pi - 32{,}3 + (11) = 0$
1824,7	$0{,}963\,\delta i + 23{,}8\,\delta n + 1{,}773\,\delta e + 0{,}821\,e\delta\pi - 14{,}5 + (12) = 0$
1831,7	$0{,}928\,\delta i + 29{,}4\,\delta n + 1{,}129\,\delta e + 1{,}541\,e\delta\pi + 3{,}4 + (13) = 0$
1838,7	$0{,}912\,\delta i + 35{,}3\,\delta n + 0{,}355\,\delta e + 1{,}874\,e\delta\pi + 50{,}0 + (14) = 0$
1845,7	$0{,}917\,\delta i + 41{,}9\,\delta n - 0{,}666\,\delta e + 1{,}775\,e\delta\pi + 110{,}5 + S = 0$

82. Admettons, pour un moment, que les constantes numériques des équations précédentes fussent toutes d'une exactitude rigoureuse, indépendamment de la considération des corrections indéterminées que nous leur avons ajoutées, corrections qui seraient alors nulles. Quatre des équations, celles de 1715, 1775, 1810 et 1845 par exemple, détermineraient rigoureusement les inconnues dont dépendent les éléments de l'ellipse décrite par Uranus; et les valeurs de ces inconnues, ainsi trouvées, devraient satisfaire

148

à toutes les autres équations , *si toutefois la théorie d'Uranus , telle que nous l'avons admise jusqu'ici, est exacte.* Mais on aperçoit immédiatement que les erreurs dont sont nécessairement entachées les constantes des équations, s'opposeraient à ce qu'on pût déduire de cette marche très-simple aucune conséquence certaine. Il est donc nécessaire qu'on sache apprécier l'influence que les erreurs des observations auront sur l'exactitude de la conclusion à laquelle on arrivera. Il faudra examiner, sous ce point de vue, les limites dans lesquelles sont comprises les indéterminées (1), (2), . . . , (13) et (14), et porter surtout l'attention sur les corrections P, Q, R et S des quatre équations qu'on emploiera à la détermination des inconnues ; car ces corrections , qui affecteront les éléments de l'ellipse , auront nécessairement , à des époques différentes , des influences très-variées sur l'exactitude de la théorie , et qu'il n'est possible d'apprécier que par un calcul spécial.

Les constantes des équations de 1715, 1775, 1810 et 1845 peuvent être considérées comme rigoureuses par l'addition des indéterminées P, Q, R et S. Nous résoudrons ces équations par rapport à $\partial \iota$, ∂n, ∂e et $e\partial \varpi$, ce qui fournira pour les valeurs de ces inconnues des fonctions de P, Q, R et S. En les portant dans les autres équations de condition, il faudra que les fonctions qu'on obtiendra pour les premiers membres de ces équations puissent toutes devenir nulles par un choix convenable des arbitraires P, Q, R, S, (1), (2), (3), . . . , (13) et (14). Nous n'aurons pas, il est vrai, fait autre chose que de substituer, dans ces relations, un système d'inconnues à un autre système; mais nous y aurons gagné cet avantage, que les nouvelles arbitraires devront rester comprises entre des limites fixées à l'avance par les erreurs possibles des observations ; tandis que les précédentes $\partial \iota$, ∂n, ∂e et $e\partial \varpi$ pouvaient admettre des valeurs quelconques.

Voici d'abord les valeurs obtenues pour ∂n, $\partial \iota$, ∂e et $e\partial \varpi$ par la résolution des équations de 1715, 1775, 1810 et 1845 :

$$\partial n = +\ \ 1,359.5 + 0,022.296\,P - 0,021.692\,Q - 0,019.105\,R + 0,018.508\,S$$
$$\partial \iota = -\ \ 19,400 - 0,169.3\,P - 0,146.8\,Q - 0,306.7\,R - 0,377.4\,S$$
$$\partial e = -\ \ 49,330 - 0,486.44\,P + 0,896.04\,Q + 0,220.44\,R - 0,630.41\,S$$
$$e\partial \varpi = -102,83 - 0,621.40\,P + 0,924.04\,Q + 0,692.13\,R - 1,041.8\,S$$

On discuterait facilement, au moyen de ces expressions, le degré d'exactitude auquel on peut atteindre, dans la détermination des éléments, par les quatre équations que nous venons d'employer; mais tel n'est pas notre but. En substituant les valeurs de ∂n, $\partial \iota$, ∂e et $e\partial \varpi$ dans les équations du numéro précédent , nous trouverons les nouvelles relations :

Années						
1690,98	$-1,913\,P$	$+0,904\,Q$	$+1,651\,R$	$-1,642\,S$	$+\ (1)$	$-182,6=0$
1712,35	$-0,846$	$-0,349$	$-0,028$	$+0,224$	$+\ (2)$	$+\ 21,7=0$
1715,23	$+0,000$	$+0,000$	$+0,000$	$-0,000$	$+$	$0,0=0$
1747,7	$-2,745$	$+3,351$	$+1,958$	$-3,565$	$+\ (3)$	$-263,3=0$
1754,7	$-2,364$	$+2,721$	$+1,862$	$-3,221$	$+\ (4)$	$-246,3=0$
1761,7	$-1,715$	$+1,668$	$+1,470$	$-2,423$	$+\ (5)$	$-190,3=0$
1768,7	$-0,887$	$+0,354$	$+0,823$	$-1,289$	$+\ (6)$	$-105,6=0$
1775,7	$+0,000$	$-0,000$	$+0,000$	$+0,000$	$+$	$0,0=0$
1782,7	$+0,774$	$-2,100$	$-0,854$	$+1,180$	$+\ (7)$	$+100,9=0$
1789,7	$+1,221$	$-2,605$	$-1,520$	$+1,905$	$+\ (8)$	$+166,3=0$
1796,7	$+1,193$	$-2,308$	$-1,790$	$+1,906$	$+\ (9)$	$+175,4=0$
1803,7	$+0,708$	$-1,299$	$-1,573$	$+1,163$	$+\ (10)$	$+109,5=0$
1810,7	$+0,000$	$+0,000$	$+0,000$	$+0,000$	$+$	$0,0=0$
1817,7	$-0,642$	$+1,103$	$-0,326$	$-1,136$	$+\ (11)$	$-108,9=0$
1824,7	$-1,005$	$+1,696$	$+0,209$	$-1,896$	$+\ (12)$	$-182,7=0$
1831,7	$-1,005$	$+1,662$	$+0,469$	$-2,123$	$+\ (13)$	$-188,8=0$
1838,7	$-0,656$	$+1,061$	$+0,399$	$-1,804$	$+\ (14)$	$-125,0=0$
1845,7	$+0,000$	$+0,000$	$+0,000$	$+0,000$	$+$	$0,0=0.$

85. Il nous reste à examiner si toutes ces expressions peuvent devenir nulles, par un choix convenable des indéterminées (1), (2),..., P, Q, R et S, en dedans des limites d'erreur dont les observations sont susceptibles. Or, sans m'arrêter à chacune d'elles en particulier, je me contenterai d'examiner la combinaison suivante qu'on en déduit, qui devrait aussi être nulle, et dans laquelle l'erreur de la position de 1775, qui est celle qui eût donné lieu à plus d'incertitude, a complètement disparu. On doit avoir l'équation

$$\left\{ 355'',9 + \left\{ (7) + (8) + (9) + (10) \right\} + \frac{3}{2} \left\{ (11) + (12) + (13) + (14) \right\} \right\}$$
$$-1,071\,P - 4,609\,R - 4,286\,S \bigg\} = 0.$$

La valeur de la partie indéterminée peut-elle s'élever à $355'',9$?

Toutes les indéterminées (7), (8), (9), (10), (11), (12), (13), (14), R et S correspondent à des positions qui ont été déduites chacune d'une dizaine d'observations très-exactes, faites dans les temps modernes. Nous ferons donc sans aucun doute une hypothèse extrême, en admettant que chacune de ces erreurs soit égale au *maximum* à 4 secondes sexagésimales, et en supposant qu'elles soient toutes dans le sens voulu pour diminuer l'erreur de la fonction précédente. La position de 1715 a été déduite de trois observations concordantes de Flamsteed, qui ne permettent pas d'y supposer une erreur P de plus de 10 à 15 secondes. Nous verrons plus tard qu'on peut, dans une autre théorie, satisfaire beaucoup mieux à cette observation. Or, malgré ce qu'a de peu probable l'hypothèse, que toutes les erreurs agissent dans le même sens, et qu'elles soient toutes à leur *maximum*, nous ne parviendrons pas à expliquer, par cette cause, plus de 92 secondes sur les 356 secondes qui composent la constante de la fonction précédente. Le reste, c'est-à-dire 264 secondes sexagésimales, devra de toute nécessité être attribué à une influence étrangère jusqu'ici inconnue, agissant sur Uranus.

34. Pour fixer nettement le sens du résultat auquel je viens de parvenir, j'insisterai sur deux points. Je me suis appuyé sur des formules exactes, avantage dont s'étaient privés mes devanciers, en ne commençant pas par approfondir la théorie; cette négligence aurait toujours fait suspecter l'exactitude de leurs conclusions. On doit remarquer, en second lieu, que je ne me suis pas borné à essayer des combinaisons plus ou moins nombreuses d'équations, et à déclarer que je n'avais pas réussi à représenter le mouvement de la planète; on n'aurait pas manqué de m'objecter que j'avais peut-être omis la véritable combinaison, qu'un autre plus heureux pourrait la découvrir. On se serait ainsi trouvé dans la même incertitude qu'auparavant : mais telle n'est pas la marche que j'ai suivie. J'ai démontré, si je ne me trompe, qu'il y a incompatibilité formelle entre les observations d'Uranus, et l'hypothèse que cette planète ne serait soumise qu'aux actions du Soleil et des autres planètes, agissant conformément aux principes de la gravitation universelle. On ne parviendra jamais, dans cette hypothèse, à représenter les mouvements observés.

TROISIÈME PARTIE.

LES ANOMALIES OBSERVÉES DANS LE MOUVEMENT D'URANUS
PEUVENT ÊTRE EXPLIQUÉES PAR L'ACTION PERTURBATRICE D'UNE
NOUVELLE PLANÈTE. PREMIÈRE DÉTERMINATION DE LA POSITION
QUE LE NOUVEL ASTRE OCCUPE DANS LE CIEL.

———

85. À peine avait-on commencé, il y a quelques années, à soupçonner
que le mouvement d'Uranus était modifié par quelque cause inconnue, que
déjà toutes les hypothèses possibles étaient hasardées sur la nature de cette
cause. Chacun, il est vrai, suivit simplement le penchant de son imagina-
tion, sans apporter aucune considération à l'appui de son assertion. On
songea à la résistance de l'éther; on parla d'un gros satellite qui accompagnerait Uranus, ou bien d'une planète encore inconnue, dont la force perturbatrice devrait être prise en considération; on alla même jusqu'à supposer
qu'à cette énorme distance du Soleil, la loi de la gravitation pourrait perdre
quelque chose de sa rigueur. Enfin, une comète n'aurait-elle pas pu troubler
brusquement Uranus dans sa marche?

Je le répète, toutes ces opinions ont été émises sous la forme d'hypothèses,
et sans qu'on ait cherché à étayer aucune d'elles par des considérations positives. On ne doit pas s'en étonner. Le problème du mouvement d'Uranus
n'avait pas été traité avec une rigueur telle, qu'il fût démontré qu'on ne
pourrait pas parvenir à le résoudre, par la considération des forces actuellement connues. Dans cette incertitude, il était sans doute permis de hasarder
une hypothèse. Mais nul n'aurait pu se résoudre à entreprendre un travail
considérable, sur des inégalités dont l'existence était encore problématique.
Aujourd'hui il en est tout autrement. On ne saurait plus douter de ces inégalités, et le moment est venu de chercher à démêler la direction et la grandeur
de la force qui les produit.

Je ne me dissimule pas les écueils dont est semée la route que je vais
actuellement parcourir. Plus d'une fois, des obstacles imprévus m'auraient
fait renoncer à mon entreprise, si je n'avais eu la profonde conviction de son
utilité. Comment, en effet, les astronomes observateurs arriveraient-ils à
découvrir, dans l'immense étendue du ciel, la cause physique des perturbations d'Uranus, si l'on ne parvient pas à jalonner leur travail, à circonscrire

leurs recherches dans une enceinte déterminée? Et quel est celui d'entre eux qui se résoudrait à chercher un astre télescopique successivement dans les douze signes du zodiaque? Il faut donc commencer par prouver que les observations doivent être concentrées dans un petit nombre de degrés. On pourra alors compter que les veilles des observateurs ne feront pas défaut; qu'avant peu, l'astronomie physique se sera enrichie de l'astre dont l'astronomie théorique aura à l'avance dévoilé l'existence et fixé la position.

86. Je ne m'arrêterai pas à cette idée, que les lois de la gravitation pourraient cesser d'être rigoureuses, à la grande distance à laquelle Uranus est situé du Soleil. Ce n'est pas la première fois que, pour expliquer des inégalités dont on n'avait pu se rendre compte, on s'en est pris au principe de la gravitation universelle. Mais on sait aussi que ces hypothèses ont toujours été anéanties par un examen plus approfondi des faits. L'altération des lois de la gravitation serait une dernière ressource à laquelle il ne pourrait être permis d'avoir recours qu'après avoir épuisé l'examen des autres causes, qu'après les avoir reconnues impuissantes à produire les effets observés.

Je ne saurais croire davantage, dans la circonstance actuelle, à l'influence de la résistance de l'éther; résistance dont on a à peine entrevu des traces dans le mouvement des corps de la densité la plus faible; c'est-à-dire dans les circonstances qui seraient les plus propres à manifester l'action de ce fluide.

Les inégalités particulières d'Uranus seraient-elles dues à un gros satellite qui accompagnerait la planète? Les oscillations qui se manifesteraient dans la marche d'Uranus affecteraient alors une très-courte période; et c'est précisément le contraire qui résulte des observations. Les inégalités qui nous occupent se développent avec une très-grande lenteur. Il est donc impossible de recourir à l'hypothèse actuelle, d'autant plus que le satellite devrait être effectivement très-gros, et n'aurait pu échapper aux observateurs.

Serait-ce donc une comète qui, tombant sur Uranus, aurait, à une certaine époque, changé brusquement la grandeur et la direction de son mouvement? J'ai déjà dit qu'on satisfaisait assez bien au mouvement de la planète entre 1781 et 1820, sans le secours d'aucune force extraordinaire. Cette remarque, qui semble prouver que la force perturbatrice n'a point exercé d'influence sensible durant cette période, serait assez conforme à l'hypothèse actuelle d'une altération brusque du mouvement de la planète. Mais alors la période de 1781 à 1820 pourrait se lier naturellement, soit à la série des observations antérieures, soit à la série des observations postérieures, et ne serait incompatible qu'avec l'une d'elles. Or c'est ce qui n'a pas lieu. On peut prouver que la série intermédiaire ne peut s'accorder, d'une part, avec les anciennes observations, et, de l'autre, avec les nouvelles.

Il ne nous reste ainsi d'autre hypothèse à essayer que celle d'un corps agissant d'une manière continue sur Uranus, changeant son mouvement d'une manière très-lente. Ce corps, d'après ce que nous connaissons de la constitution de notre système solaire, ne saurait être qu'une planète, encore ignorée. Mais cette hypothèse est-elle plus plausible que les précédentes ? N'a-t-elle rien d'incompatible avec les inégalités observées ? Est-il possible d'assigner la place que cette planète devrait occuper dans le ciel ?

87. Et d'abord, on ne saurait la placer au-dessous de Saturne, qu'elle dérangerait plus qu'elle ne trouble Uranus ; et l'on sait que son influence sur Saturne doit être peu sensible.

Peut-on la supposer située entre Saturne et Uranus ? Il faudrait, par la même raison que nous venons d'invoquer, la placer beaucoup plus près de l'orbite d'Uranus que de celle de Saturne ; et dès lors sa masse devrait être assez petite pour ne produire sur Uranus que des perturbations qui sont, en définitive, peu considérables. Il est facile d'en conclure que son action perturbatrice ne s'exercerait qu'au moment où elle passerait dans le voisinage d'Uranus ; et le peu de différence qu'il y aurait entre les durées des révolutions des deux astres ferait que la circonstance présente ne se serait rencontrée qu'une fois dans la période qu'embrassent les observations de la planète. Cette conséquence est contraire à ce qu'on déduit des observations. La période comprise entre 1781 et 1820 n'offre aucune trace de grandes perturbations ; et, d'un autre côté, elle ne peut se lier ni aux observations antérieures, ni aux observations postérieures.

La planète perturbatrice sera donc située au delà d'Uranus. Nous ne devrons pas supposer qu'elle en soit voisine, car alors sa masse serait très-petite, et nous retomberions ainsi dans les mêmes impossibilités que précédemment. Ce sera bien loin au delà d'Uranus, que nous pourrons espérer de découvrir ce nouveau corps dont la masse sera assez considérable. Nous savons, par la singulière loi qui s'est manifestée entre les distances moyennes des planètes au Soleil, que les planètes les plus éloignées sont situées à des distances du centre qui sont, à très-peu près, doubles les unes des autres ; il serait donc naturel d'admettre que le nouveau corps est deux fois plus éloigné du Soleil qu'Uranus, si la considération suivante ne nous en faisait à peu près une loi. J'ai dit que la planète cherchée ne pouvait être située à une petite distance d'Uranus. Or il n'est pas plus possible de la placer à une très-grande distance, à une distance triple de celle d'Uranus au Soleil par exemple. Il faudrait, en effet, dans cette hypothèse, attribuer à cette planète une masse très-considérable ; la grande distance à laquelle elle se trouverait à la fois de Saturne et d'Uranus rendrait ses actions, sur ces deux planètes, comparables entre elles, et il ne serait point possible d'expliquer les inégalités d'Uranus sans développer dans Saturne des perturbations très-sensibles, et dont il n'existe point de traces.

Ajoutons que les orbites de Jupiter, Saturne et Uranus étant fort peu inclinées à l'écliptique, on peut admettre, dans une première approximation, qu'il en est de même pour la planète cherchée; les observations des latitudes d'Uranus le prouvent sans réplique, puisque ces latitudes n'ont guère d'autres inégalités sensibles que celles qui sont dues aux actions de Jupiter et de Saturne. Nous sommes ainsi conduits à nous poser la question suivante :

« *Est-il possible que les inégalités d'Uranus soient dues à l'action d'une planète, située dans l'écliptique, à une distance moyenne double de celle d'Uranus? Et, s'il en est ainsi, où est actuellement située cette planète? Quelle est sa masse? Quels sont les éléments de l'orbite qu'elle parcourt?* »

Tel est l'énoncé du problème que je vais résoudre.

88. Si l'on pouvait déterminer, à chaque époque, la variation des perturbations dues à l'action de la masse inconnue, on en déduirait la direction dans laquelle tombe Uranus, par suite de l'action incessante du corps troublant : on connaîtrait ainsi la position de ce corps. Mais le problème est loin de se présenter aussi simplement. Les expressions numériques des perturbations ne pourraient se conclure immédiatement des observations, que si l'on connaissait les valeurs rigoureuses des éléments de l'ellipse décrite par Uranus autour du Soleil; et ces éléments, à leur tour, ne peuvent se déterminer exactement, si l'on ne connaît pas la quantité des perturbations. On le voit, il est impossible de scinder en deux parties distinctes la recherche des éléments d'Uranus et celle des éléments du corps qui le trouble. En vain espèrerait-on, en formant des équations empiriques, découvrir, à priori, la loi des perturbations; on courrait le risque de se tromper grossièrement, puisqu'on n'aurait ainsi obtenu qu'une expression propre à représenter l'excès des perturbations sur les erreurs provenant des inexactitudes des éléments elliptiques, et nullement les perturbations elles-mêmes. Il n'y a qu'une route à suivre : il faudra former les expressions des perturbations, dues au nouveau corps, en fonctions de sa masse, et des éléments inconnus de l'ellipse qu'il décrit; il faudra introduire ces perturbations dans les coordonnées d'Uranus, calculées au moyen des éléments inconnus de l'ellipse que cette planète parcourt autour du Soleil. Égalant les coordonnées ainsi obtenues aux coordonnées observées, on prendra pour inconnues, dans les équations de condition qui en résulteront, non-seulement

les éléments de l'ellipse décrite par Uranus, mais encore les éléments de l'ellipse décrite par la planète troublante dont nous cherchons la position.

Principales perturbations de la longitude héliocentrique d'Uranus, dues à l'action de la planète cherchée.

89. Je désignerai par a' le demi-grand-axe de l'orbite de la planète cherchée, par n' son moyen mouvement, par e' son excentricité, par ϖ' et ε' les longitudes du périhélie et de l'époque; j'appellerai m' sa masse, rapportée à la dix-millième partie du Soleil prise pour unité. J'écrirai, en outre,

$$\frac{a}{a'} = \alpha,$$

$$\frac{n'}{n} = \alpha^{\frac{3}{2}} = \gamma.$$

Perturbations indépendantes des excentricités.

90. Si nous posons

$$P^{(1)} = \frac{\alpha}{(1-\gamma)^2}\left\{1 - \frac{4}{\gamma(2-\gamma)}\right\}\left(\alpha - b_{\frac{1}{2}}^{(1)}\right) - \frac{2\alpha}{\gamma(1-\gamma)(2-\gamma)}\left(\alpha - \alpha\frac{db_{\frac{1}{2}}^{(1)}}{d\alpha}\right),$$

$$P^{(2)} = -\frac{\alpha}{2(1-\gamma)^2}\left\{1 + \frac{4}{(1-2\gamma)(3-2\gamma)}\right\}b_{\frac{1}{2}}^{(2)} - \frac{\alpha}{(1-\gamma)(1-2\gamma)(3-2\gamma)}\alpha\frac{db_{\frac{1}{2}}^{(2)}}{d\alpha},$$

$$P^{(3)} = -\frac{\alpha}{3(1-\gamma)^2}\left\{1 + \frac{4}{(2-3\gamma)(4-3\gamma)}\right\}b_{\frac{1}{2}}^{(3)} - \frac{3\alpha}{3(1-\gamma)(2-3\gamma)(4-3\gamma)}\alpha\frac{db_{\frac{1}{2}}^{(3)}}{d\alpha},$$

nous aurons dans la longitude héliocentrique les perturbations suivantes :

$$\delta v = m' P^{(1)} \sin[(n'-n)t + \varepsilon'-\varepsilon]$$
$$+ m' P^{(2)} \sin[(2n'-2n)t + 2\varepsilon'-2\varepsilon]$$
$$+ m' P^{(3)} \sin[(3n'-3n)t + 3\varepsilon'-3\varepsilon].$$

Les perturbations dépendantes des multiples de $(n'-n)$, supérieurs à trois, peuvent être négligées sans inconvénient.

91. Pour considérer d'abord les inégalités qui dépendent de l'excentricité e d'Uranus, je poserai

$$N^{(1)} = -\frac{\alpha(1-6\gamma-\gamma^2)}{\gamma(1+\gamma)(1-\gamma)^2(2-\gamma)} \cdot e\left(b_{\frac{1}{2}}^{(1)} - \alpha\right)$$

$$+ \frac{\alpha(11+\gamma^2)}{2\gamma(1+\gamma)(1-\gamma)(2-\gamma)} \cdot e\left(\alpha\frac{db_{\frac{1}{2}}^{(1)}}{d\alpha} - a\right)$$

$$+ \frac{\alpha}{\gamma(1+\gamma)(1-\gamma)} \cdot e\alpha^2 \frac{d^2 b_{\frac{1}{2}}^{(1)}}{d\alpha^2};$$

$$N^{(2)} = +\frac{\alpha(3+2\gamma-2\gamma^2)}{2\gamma(1-\gamma)^2(1-2\gamma)} \cdot e b_{\frac{1}{2}}^{(2)}$$

$$- \frac{\alpha(9-20\gamma+12\gamma^2-4\gamma^3)}{3\gamma(1-\gamma)(1-2\gamma)^2(3-2\gamma)} \cdot e\left\{\frac{2}{1-\gamma} b_{\frac{1}{2}}^{(2)} + \alpha\frac{db_{\frac{1}{2}}^{(2)}}{d\alpha}\right\}$$

$$- \frac{\alpha}{4\gamma(1-\gamma)(1-2\gamma)} \cdot e\alpha^2 \frac{d^2 b_{\frac{1}{2}}^{(2)}}{d\alpha^2};$$

$$N^{(3)} = -\frac{\alpha(8\gamma-6\gamma^2)}{(1-\gamma)^2(1-3\gamma)(2-3\gamma)} \cdot e b_{\frac{1}{2}}^{(3)}$$

$$+ \frac{\alpha(50-117\gamma+90\gamma^2-27\gamma^3)}{2(1-\gamma)(1-3\gamma)(2-3\gamma)^2(4-3\gamma)} \cdot e\left\{\frac{2}{1-\gamma} b_{\frac{1}{2}}^{(3)} + \alpha\frac{db_{\frac{1}{2}}^{(3)}}{d\alpha}\right\}$$

$$+ \frac{\alpha}{3(1-\gamma)(1-3\gamma)(2-3\gamma)} \cdot e \cdot \alpha^2 \frac{d^2 b_{\frac{1}{2}}^{(3)}}{d\alpha^2}.$$

La longitude héliocentrique renfermera les inégalités :

$$\delta v = \quad m' N^{(1)} \sin(n't + \varepsilon' - \varpi)$$

$$+ m' N^{(2)} \sin\left\{(2n' - n)t + 2\varepsilon' - \varepsilon - \varpi\right\}$$

$$+ m' N^{(3)} \sin\left\{(3n' - 2n)t + 3\varepsilon' - 2\varepsilon - \varpi\right\}.$$

Nous pouvons, sans inconvénient, négliger les perturbations de cette espèce qui dépendent des autres arguments.

Si nous considérons maintenant les inégalités proportionnelles à la première puissance de l'excentricité de la planète cherchée, et si nous nous bornons aux mêmes arguments que ci-dessus, nous trouverons, pour les déterminer, les formules suivantes :

$$M^{(1)} = - \frac{\alpha^2}{\gamma(1-\gamma)(1+\gamma)}\left\{ 3\alpha\,\frac{db_{\frac{1}{2}}^{(1)}}{d\alpha} + \alpha^2\,\frac{d^2 b_{\frac{1}{2}}^{(1)}}{d\alpha^2}\right\};$$

$$M^{(2)} = \frac{3\alpha(1-\gamma+\gamma^2)}{2\gamma(1-\gamma)(1-2\gamma)^2}\left(b_{\frac{1}{2}}^{(1)} - \alpha\right)$$
$$+ \frac{\alpha(3-5\gamma+\gamma^2)}{2\gamma(1-\gamma)(1-2\gamma)^2}\left(\alpha\,\frac{db_{\frac{1}{2}}^{(1)}}{d\alpha} - \alpha\right)$$
$$+ \frac{\alpha}{4\gamma(1-\gamma)(1-2\gamma)}\,\alpha^2\,\frac{d^2 b_{\frac{1}{2}}^{(1)}}{d\alpha^2};$$

$$M^{(3)} = - \frac{\alpha(35-60\gamma+45\gamma^2)}{3(1-\gamma)(1-3\gamma)(2-3\gamma)^2}\,b_{\frac{1}{2}}^{(3)}$$
$$- \frac{\alpha(19-30\gamma+9\gamma^2)}{3(1-\gamma)(1-3\gamma)(2-3\gamma)^2}\,\alpha\,\frac{db_{\frac{1}{2}}^{(3)}}{d\alpha}$$
$$- \frac{\alpha}{3(1-\gamma)(1-3\gamma)(2-3\gamma)}\,\alpha^2\,\frac{d^2 b_{\frac{1}{2}}^{(3)}}{d\alpha^2};$$

$$\delta v = m'e'\,M^{(1)}\sin(n't + \varepsilon' - \varpi')$$
$$+ m'e'\,M^{(2)}\sin\{(2n'-n)t + 2\varepsilon' - \varepsilon - \varpi'\}$$
$$+ m'e'\,M^{(3)}\sin\{(3n'-2n)t + 3\varepsilon' - 2\varepsilon - \varpi'\}.$$

Perturbations dépendantes des puissances supérieures des excentricités.

92. La seule perturbation de cette espèce qui puisse être sensible, est celle du second ordre, qui dépend de l'argument $(3n'-n)$; comme elle ne devient considérable qu'à cause de la petitesse de son argument, il suffira d'avoir égard à la perturbation du moyen mouvement, qui renferme le carré de cet argument en diviseur. On aura ainsi, pour déterminer l'inégalité dont il s'agit, la relation

$$\frac{d^2\zeta}{dt^2} = -3an^2m'\,\frac{dR}{d\varepsilon},$$

dans laquelle, en omettant les termes qui dépendent de l'inclinaison relative, R sera déterminé par la formule

$$R = \frac{e^2}{8a'}\left(21\,b_{\frac{1}{2}}^{(3)} + 10\,\alpha\frac{db_{\frac{1}{2}}^{(3)}}{d\alpha} + \alpha^2\frac{d^2b_{\frac{1}{2}}^{(3)}}{d\alpha^2}\right)\cos\left(3l'-l-2\varpi\right)$$

$$-\frac{ee'}{4a'}\left(20\,b_{\frac{1}{2}}^{(3)} + 10\,\alpha\frac{db_{\frac{1}{2}}^{(3)}}{d\alpha} + \alpha^2\frac{d^2b_{\frac{1}{2}}^{(3)}}{d\alpha^2}\right)\cos\left(3l'-l-\varpi'-\varpi\right)$$

$$+\frac{e'^2}{8a'}\left(17\,b_{\frac{1}{2}}^{(3)} + 10\,\alpha\frac{db_{\frac{1}{2}}^{(3)}}{d\alpha} + \alpha^2\frac{d^2b_{\frac{1}{2}}^{(3)}}{d\alpha^2} - 27\,\alpha\right)\cos\left(3l'-l-2\varpi'\right).$$

Soient, pour simplifier l'écriture :

$$B = +\frac{1}{8}\left(21\,b_{\frac{1}{2}}^{(3)} + 10\,\alpha\frac{db_{\frac{1}{2}}^{(3)}}{d\alpha} + \alpha^2\frac{d^2b_{\frac{1}{2}}^{(3)}}{d\alpha^2}\right),$$

$$C = -\frac{1}{4}\left(20\,b_{\frac{1}{2}}^{(3)} + 10\,\alpha\frac{db_{\frac{1}{2}}^{(3)}}{d\alpha} + \alpha^2\frac{d^2b_{\frac{1}{2}}^{(3)}}{d\alpha^2}\right),$$

$$D = +\frac{1}{8}\left(17\,b_{\frac{1}{2}}^{(3)} + 10\,\alpha\frac{db_{\frac{1}{2}}^{(3)}}{d\alpha} + \alpha^2\frac{d^2b_{\frac{1}{2}}^{(3)}}{d\alpha^2} - 27\,\alpha\right).$$

En formant $\dfrac{dR}{dt}$, portant sa valeur dans l'expression de $\dfrac{d^2l}{dt^2}$, et intégrant deux fois par rapport au temps, on arrivera à la perturbation suivante de la longitude moyenne :

$$\delta l = \frac{3B\alpha e^2 n^2}{10\,000''\,(3n'-n)^2}\,m'\sin\left(3l'-l-2\varpi\right)$$

$$+\frac{3C\alpha e n^2}{10\,000''\,(3n'-n)^2}\,m'e'\sin\left(3l'-l-\varpi-\varpi'\right)$$

$$+\frac{3D\alpha n^2}{10\,000''\,(3n'-n)^2}\,m'e'^2\sin\left(3l'-l-2\varpi'\right).$$

Considérons l'un des termes de cette expression, $K\sin\left(\nu t + \omega\right)$. Le multiplicateur ν du temps sous le signe *sinus* est un très-petit angle. D'un autre côté, les observations d'Uranus, que nous avons à considérer, n'embrassent qu'un intervalle de 155 ans; en sorte qu'en plaçant l'origine du temps au milieu de cette période, t n'atteindrait jamais 78 années. Il résulte de là qu'il est possible de développer, par rapport aux puissances du temps, l'expression de l'inégalité dont nous nous occupons, tant qu'on se restreint aux époques qui renferment les observations. On peut, en effectuant ce développement, négliger la partie constante, qui se confondra avec la longitude de l'époque; omettre semblablement le terme proportionnel au temps, qui se confondra avec le moyen mouvement observé, et ne tenir ainsi compte que des termes dépendants des puissances supérieures du temps. Or on s'assurera aisément que ces termes sont assez petits pour être négligés dans une première solution du problème que nous traitons. C'est ce que nous allons faire. Dans une *seconde approximation* nous reprendrons ces termes, et nous en tiendrons compte.

Inégalités séculaires.

93. Posons

$$h = e \sin \varpi \qquad h' = e' \sin \varpi'$$
$$l = e \cos \varpi \qquad l' = e' \cos \varpi';$$

$$(0,1) = \frac{m' \alpha n}{4}\left(2\alpha \frac{db_{\frac{3}{2}}^{(1)}}{d\alpha} + \alpha^2 \frac{d^2 b_{\frac{3}{2}}^{(1)}}{d\alpha^2}\right)$$

$$[0,1] = \frac{m' \alpha n}{4}\left(2 b_{\frac{3}{2}}^{(1)} - 2\alpha \frac{db_{\frac{3}{2}}^{(1)}}{d\alpha} - \alpha^2 \frac{d^2 b_{\frac{3}{2}}^{(1)}}{d\alpha^2}\right).$$

Les variations annuelles de h et de l seront fournies par les équations

$$dh = \quad (0,1)l + [0,1]l',$$
$$dl = -(0,1)h - [0,1]h';$$

ces variations sont très-faibles, ainsi qu'on peut s'en assurer. Nous n'en ferons usage que dans la *seconde approximation*.

Résumé des termes à conserver dans la première approximation.

94. Nous ne retiendrons, d'après ce qui vient d'être expliqué, que les termes indépendants des excentricités, et ceux qui sont proportionnels aux premières puissances de ces éléments; et, en posant

$$A = + P^{(1)} \sin \{(n'-n)t + \varepsilon' - \varepsilon)$$
$$+ P^{(2)} \sin \{(2n' - 2n)t + 2\varepsilon' - 2\varepsilon\}$$
$$+ P^{(3)} \sin \{(3n' - 3n)t + 3\varepsilon' - 3\varepsilon\}$$
$$+ N^{(1)} \sin (n't + \varepsilon' - \varpi)$$
$$+ N^{(2)} \sin \{(2n' - n)t + 2\varepsilon' - \varepsilon - \varpi\}$$
$$+ N^{(3)} \sin \{(3n' - 2n)t + 3\varepsilon' - 2\varepsilon - \varpi\};$$

$$H = - M^{(1)} \cos (n't + \varepsilon')$$
$$- M^{(2)} \cos \{(2n' - n)t + 2\varepsilon' - \varepsilon\}$$
$$- M^{(3)} \cos \{(3n' - 2n)t + 3\varepsilon' - 2\varepsilon\};$$

$$L = + M^{(1)} \sin (n't + \varepsilon')$$
$$+ M^{(2)} \sin \{(2n' - n)t + 2\varepsilon' - \varepsilon\}$$
$$+ M^{(3)} \sin \{(3n' - 2n)t + 3\varepsilon' - 2\varepsilon\};$$

nous aurons

$$\delta e = A m' + H \cdot m' h' + L \cdot m' l'.$$

93. Les expressions numériques des coefficients qui entrent dans A, H et L, dépendent des valeurs des cofficients $b^{(i)}_{\frac{1}{2}}$ et de leurs dérivées pour $\alpha = 0,5$. On trouve, dans ce cas,

$$b^{(1)}_{\frac{1}{2}} = 0,5559, \quad \alpha \frac{db^{(1)}_{\frac{1}{2}}}{d\alpha} = 0,6898, \quad \alpha^2 \frac{d^2 b^{(1)}_{\frac{1}{2}}}{d\alpha^2} = 0,5113;$$

$$b^{(2)}_{\frac{1}{2}} = 0,2110, \quad \alpha \frac{db^{(2)}_{\frac{1}{2}}}{d\alpha} = 0,4788, \quad \alpha^2 \frac{d^2 b^{(2)}_{\frac{1}{2}}}{d\alpha^2} = 0,7547;$$

$$b^{(3)}_{\frac{1}{2}} = 0,0885, \quad \alpha \frac{db^{(3)}_{\frac{1}{2}}}{d\alpha} = 0,2905, \quad \alpha^2 \frac{d^2 b^{(3)}_{\frac{1}{2}}}{d\alpha^2} = 0,7287.$$

La commodité des calculs ayant exigé que je rapportasse les coefficients des perturbations à la division *sexagésimale*, et les angles placés sous les lignes trigonométriques à la division *décimale*, j'en userai de même ici. En posant

$$n' = \quad 1{,}6833$$
$$\iota = 192{,}78$$
$$n = 186{,}12,$$

je trouverai :

$$A = + \; 18{,}5 \sin(-3{,}0778t + 207{,}22 + \epsilon')$$
$$+ \; 29{,}5 \sin(-6{,}1555t + 214{,}44 + 2\epsilon')$$
$$+ \;\; 2{,}9 \sin(-9{,}2333t + \;\; 21{,}66 + 3\epsilon')$$
$$+ \;\; 1{,}9 \sin(+ 1{,}6832t + 213{,}88 + \;\; \epsilon')$$
$$+ \; 17{,}0 \sin(-1{,}3945t + 221{,}10 + 2\epsilon')$$
$$+ \; 24{,}4 \sin(-4{,}4723t + \;\; 28{,}32 + 3\epsilon');$$

$$H = + \;\; 43 \cos(+ 1{,}6832t + \epsilon')$$
$$- \; 122 \cos(-1{,}3945t + 207{,}22 + 2\epsilon')$$
$$- \; 930 \cos(-4{,}4723t + \;\; 14{,}44 + 3\epsilon');$$

$$L = - \;\; 43 \sin(+ 1{,}6832t + \epsilon')$$
$$+ \; 122 \sin(-1{,}3945t + 207{,}22 + 2\epsilon')$$
$$+ \; 930 \sin(-4{,}4723t + \;\; 14{,}44 + 3\epsilon')$$

Recherche de la masse et des éléments de l'orbite de la planète troublante.
Première solution.

96. Je reprends l'équation de condition du n° 80, entre les corrections
des éléments elliptiques et les erreurs tabulaires héliocentriques. On sait
qu'on y a négligé les termes de degré supérieur dans l'équation du centre ;
j'omettrai de plus ici les termes en $\epsilon \delta \iota$ et $\epsilon \delta n$, ce qui ne produira que des
erreurs fort petites, comme on pourra s'en convaincre plus tard, au moyen
des valeurs trouvées pour $\delta \iota$ et δn. Je compléterai, au contraire, cette équation, en lui ajoutant l'expression des perturbations produites par la masse m'.

Désignons, comme au n° 80, par ζ l'anomalie moyenne à l'époque
1747,7, que je prendrai pour origine du temps, et calculons notre équation
à des époques équidistantes entre elles d'une quantité τ, qu'on supposera
plus tard égale à quatorze années. Je désignerai successivement par

$$A^{(0)}m' + H^{(0)}m'h' + L^{(0)}m'l' = \Phi^{(0)},$$
$$A^{(1)}m' + H^{(1)}m'h' + L^{(1)}m'l' = \Phi^{(1)},$$
$$\ldots\ldots\ldots\ldots\ldots\ldots\ldots\ldots\ldots\ldots\ldots\ldots$$

les expressions de la perturbation de la longitude héliocentrique, parti culières à chaque époque, et je formerai ainsi les huit équations de condition suivantes :

$$
\begin{aligned}
&\delta\varepsilon + 0 \cdot \delta n + 2\sin(\zeta) \times \delta e - 2\cos(\zeta) \times e\delta\varpi + \nu_1 + \mathfrak{P}^{(1)} = 0,\\
&\delta\varepsilon + \tau\,\delta n + 2\sin(\zeta + n\tau)\delta e - 2\cos(\zeta + n\tau)e\delta\varpi + \nu_2 + \mathfrak{P}^{(2)} = 0,\\
&\delta\varepsilon + 2\tau\,\delta n + 2\sin(\zeta + 2n\tau)\delta e - 2\cos(\zeta + 2n\tau)e\delta\varpi + \nu_3 + \mathfrak{P}^{(3)} = 0,\\
&\delta\varepsilon + 3\tau\,\delta n + 2\sin(\zeta + 3n\tau)\delta e - 2\cos(\zeta + 3n\tau)e\delta\varpi + \nu_4 + \mathfrak{P}^{(4)} = 0,\\
&\delta\varepsilon + 4\tau\,\delta n + 2\sin(\zeta + 4n\tau)\delta e - 2\cos(\zeta + 4n\tau)e\delta\varpi + \nu_5 + \mathfrak{P}^{(5)} = 0,\\
&\delta\varepsilon + 5\tau\,\delta n + 2\sin(\zeta + 5n\tau)\delta e - 2\cos(\zeta + 5n\tau)e\delta\varpi + \nu_6 + \mathfrak{P}^{(6)} = 0,\\
&\delta\varepsilon + 6\tau\,\delta n + 2\sin(\zeta + 6n\tau)\delta e - 2\cos(\zeta + 6n\tau)e\delta\varpi + \nu_7 + \mathfrak{P}^{(7)} = 0,\\
&\delta\varepsilon + 7\tau\,\delta n + 2\sin(\zeta + 7n\tau)\delta e - 2\cos(\zeta + 7n\tau)e\delta\varpi + \nu_8 + \mathfrak{P}^{(8)} = 0.
\end{aligned}
$$

En calculant, comme au n° 80, les différences secondes de ces équations, on tombera sur six nouvelles relations, dont voici l'expression :

$$
\begin{aligned}
&-8\sin^2\frac{n\tau}{2}\sin(\zeta + n\tau)\delta e + 8\sin^2\frac{n\tau}{2}\cos(\zeta + n\tau)e\delta\varpi + \delta^2\nu_1 + \delta^2\mathfrak{P}^{(1)} = 0,\\
&-8\sin^2\frac{n\tau}{2}\sin(\zeta + 2n\tau)\delta e + 8\sin^2\frac{n\tau}{2}\cos(\zeta + 2n\tau)e\delta\varpi + \delta^2\nu_2 + \delta^2\mathfrak{P}^{(2)} = 0,\\
&-8\sin^2\frac{n\tau}{2}\sin(\zeta + 3n\tau)\delta e + 8\sin^2\frac{n\tau}{2}\cos(\zeta + 3n\tau)e\delta\varpi + \delta^2\nu_3 + \delta^2\mathfrak{P}^{(3)} = 0,\\
&-8\sin^2\frac{n\tau}{2}\sin(\zeta + 4n\tau)\delta e + 8\sin^2\frac{n\tau}{2}\cos(\zeta + 4n\tau)e\delta\varpi + \delta^2\nu_4 + \delta^2\mathfrak{P}^{(4)} = 0,\\
&-8\sin^2\frac{n\tau}{2}\sin(\zeta + 5n\tau)\delta e + 8\sin^2\frac{n\tau}{2}\cos(\zeta + 5n\tau)e\delta\varpi + \delta^2\nu_5 + \delta^2\mathfrak{P}^{(5)} = 0,\\
&-8\sin^2\frac{n\tau}{2}\sin(\zeta + 6n\tau)\delta e + 8\sin^2\frac{n\tau}{2}\cos(\zeta + 6n\tau)e\delta\varpi + \delta^2\nu_6 + \delta^2\mathfrak{P}^{(6)} = 0.
\end{aligned}
$$

97. Si nous admettons que $n\tau$ soit égal à 60 degrés sexagésimaux, nous déduirons de là :

$$
\begin{aligned}
\delta^2\mathfrak{P}^{(1)} + \delta^2\mathfrak{P}^{(4)} + \delta^2\nu_1 + \delta^2\nu_4 &= 0,\\
\delta^2\mathfrak{P}^{(2)} + \delta^2\mathfrak{P}^{(5)} + \delta^2\nu_2 + \delta^2\nu_5 &= 0,\\
\delta^2\mathfrak{P}^{(3)} + \delta^2\mathfrak{P}^{(6)} + \delta^2\nu_3 + \delta^2\nu_6 &= 0,
\end{aligned}
$$

équations linéaires par rapport à m', $m'h'$ et $m'l'$, et qui feront connaître ces variables, *quand on connaîtra* ε'. Pour faire usage de ces équations, nous représenterons l'ensemble des perturbations de v par

$$\delta v = \Sigma \mathrm{K} \sin(kt + \gamma);$$

et, en ayant égard aux valeurs de $\delta^2 v_1, \delta^2 v_2, \ldots$, trouvées au n° **80**, nous obtiendrons

$$8\,\Sigma K \sin^2 \frac{k\tau}{2} \cos \frac{3k\tau}{2} \sin\left(\gamma + \frac{5k\tau}{2}\right) + 12'',0 = 0,$$

$$8\,\Sigma K \sin^2 \frac{k\tau}{2} \cos \frac{3k\tau}{2} \sin\left(\gamma + \frac{7k\tau}{2}\right) - 37'',9 = 0,$$

$$8\,\Sigma K \sin^2 \frac{k\tau}{2} \cos \frac{3k\tau}{2} \sin\left(\gamma + \frac{9k\tau}{2}\right) - 91'',3 = 0.$$

98. m', $m'h'$ et $m'l'$ étant calculés, on obtiendra δe et $e\delta\varpi$ au moyen de deux des différences secondes des équations primitives. En employant à cet objet la quatrième et la cinquième, on trouvera aisément les formules

$$\mathfrak{A} = 6'',3 + \delta^2\Phi^{(4)},$$
$$\mathfrak{B} = 34'',4 + \delta^2\Phi^{(5)},$$
$$\delta e = -0,5713\,\mathfrak{A} + 0,2140\,\mathfrak{B},$$
$$e\delta\varpi = -0,0822\,\mathfrak{A} + 0,5356\,\mathfrak{B}.$$

99. Pour calculer $\delta\varepsilon$ et δn, j'ajouterai la *première* et la *quatrième*, puis la *cinquième* et la *sixième* des équations primitives, ce qui me donnera les deux relations

$$2\delta\varepsilon + 3\tau\delta n + \Phi^{(1)} + \Phi^{(4)} + 6'',2 = 0,$$
$$2\delta\varepsilon + 11\tau\delta n + \Phi^{(5)} + \Phi^{(6)} + 76,9 = 0;$$

la différence de ces deux équations fera connaître δn, après quoi l'une d'elles donnera $\delta\varepsilon$.

100. Toutes les inconnues s'obtiendront donc aisément dès que l'on connaîtra la valeur de ε'. Quant à cette dernière, la complication avec laquelle elle se présente dans les équations du problème, ne paraît pas permettre qu'on puisse arriver à une équation finale qui la renferme seule, et dont la simplicité soit assez grande pour qu'on trouve des avantages à la former. Il faudra donc recourir en définitive à des essais successifs. On attribuera à ε' des valeurs particulières; on en déduira, au moyen des formules précédentes, différents systèmes de valeurs pour toutes les inconnues, et l'on examinera quel est celui de ces systèmes qui satisfait aux huit équations du n° **96**. Remarquons toutefois qu'il ne sera pas nécessaire d'essayer successivement si les huit équations sont satisfaites; on verra au contraire, en recourant aux combinaisons des équations qui concourent à la formation des relations des nos **97**, **98** et **99**, qu'il suffira de satisfaire à l'une des équations primitives, à la *huitième* par exemple, pour que toutes les autres équations soient aussi satisfaites. En considérant les valeurs que les différentes hypothèses faites sur z' feront acquérir au premier membre de la huitième équation, il sera facile de conclure quelle est celle des valeurs de z' qui rend ce premier membre nul.

Examinons, par exemple, le cas où l'on prendrait z' égal à 270 degrés *décimaux*. Les huit équations du n° 96 deviendront alors, en laissant l'origine du temps au premier janvier 1800 :

$$\delta z - 52{,}30\,\delta n + 1{,}236\,\delta e + 1{,}572\,e\delta\varpi - 48'',5\,m' + 412''\,m'h' - 712''\,m'l' + 34'',8 = 0,$$
$$\delta z - 38{,}30\,\delta n - 0{,}743\,\delta e + 1{,}857\,e\delta\varpi + 6{,}0\,m' + 764\,m'h' + 67\,m'l' + 24{,}7 = 0,$$
$$\delta z - 24{,}30\,\delta n - 1{,}980\,\delta e + 0{,}285\,e\delta\varpi + 57{,}8\,m' + 309\,m'h' + 790\,m'l' - 3{,}7 = 0,$$
$$\delta z - 10{,}30\,\delta n - 1{,}236\,\delta e - 1{,}572\,e\delta\varpi + 48{,}1\,m' - 545\,m'h' + 797\,m'l' - 28{,}6 = 0,$$
$$\delta z + 3{,}70\,\delta n + 0{,}743\,\delta e - 1{,}857\,e\delta\varpi - 11{,}0\,m' - 1014\,m'h' + 60\,m'l' - 33{,}6 = 0,$$
$$\delta z + 17{,}70\,\delta n + 1{,}980\,\delta e - 0{,}285\,e\delta\varpi - 42{,}6\,m' - 649\,m'h' - 773\,m'l' - 32{,}3 = 0,$$
$$\delta z + 31{,}70\,\delta n + 1{,}236\,\delta e + 1{,}572\,e\delta\varpi - 25{,}0\,m' + 259\,m'h' - 976\,m'l' + 3{,}4 = 0,$$
$$\delta z + 45{,}70\,\delta n - 0{,}743\,\delta e + 1{,}857\,e\delta\varpi - 16{,}2\,m' + 946\,m'h' - 372\,m'l' + 110{,}5 = 0,$$

et l'on en déduira, pour calculer les valeurs correspondantes de m', $m'h'$ et $m'l'$, les équations :

$$+ 24'',8\,m' + 27''\,m'h' - 152''\,m'l' - 12{,}0 = 0,$$
$$- 12{,}3\,m' + 144\,m'h' - 86\,m'l' + 37{,}9 = 0,$$
$$- 58{,}2\,m' + 164\,m'h' + 63\,m'l' + 91{,}3 = 0$$

Si l'on multiplie la *première* par 1,184, la *seconde* par −1,361, et qu'on ajoute les deux équations résultantes à la *troisième*, $m'h'$ et $m'l'$ disparaîtront, et l'on aura, pour déterminer m', l'équation

$$- 12'',1\,m' + 25'',5 = 0,$$

d'où l'on déduit

$$m' = 2{,}11.$$

On peut voir que, dans les différences secondes qui conduisent aux valeurs de m', $m'h'$ et $m'l'$, les coefficients des deux dernières inconnues sont beaucoup plus petits que dans les équations primitives ; et qu'il en est de même dans l'équation en m' seule, où le coefficient de l'inconnue ne s'élève qu'à 12″,1. Ces circonstances nous apprennent que la période de 98 années d'observations dont nous avons fait usage ici, est à peine suffisante pour déterminer les éléments de l'orbite de la planète cherchée. Elles nous montrent qu'il est indispensable d'étendre cette période autant que le permettent les observations, et de former les équations de condition avec toute la rigueur possible, quelles que soient la longueur et la difficulté qui doivent en résulter dans leur calcul et leur résolution.

Recherche de la masse et des éléments de l'orbite de la planète troublante.
Deuxième solution.

101. Reprenons les équations du n° 81, dont les coefficients ont été calculés avec toute la rigueur possible. Nous complèterons ces équations sans être obligés de les écrire de nouveau, en supposant que les symboles (1), (2),..., (13), (14), P, Q, R et S représentent, à chaque époque, la somme de la perturbation de la longitude héliocentrique et de l'erreur des observations. Si nous éliminons, comme nous l'avons déjà fait, les corrections des éléments de l'orbite d'Uranus, nous tomberons semblablement sur les relations du n° 82, qui ne renferment plus d'autres inconnues que les éléments de l'orbite de la planète cherchée, et qui nous serviront à les déterminer.

Si l'on considère attentivement les quatre équations correspondantes à 1817, 1824, 1831 et 1838, on s'apercevra que chacune d'elles n'a pas une signification bien différente de celle de l'équation moyenne; nous formerons donc avec leur somme une équation unique, plus exacte que les équations particulières, et qui pourra concourir avec avantage à la détermination de m', $m'h'$ et $m'l'$ en fonctions de ε'. Les quatre équations correspondantes à 1782, 1789, 1796 et 1803 étant dans le même cas que les précédentes, leur somme fournira semblablement la *seconde* équation dont nous avons besoin. Pour obtenir la *troisième*, je ferai la somme des équations correspondantes à 1747, 1754, 1761 et 1768; en sorte que nous aurons, en définitive, pour déterminer m', $m'h'$ et $m'l'$, les relations :

Époques moyennes.	
1738	$7,711\,P - 8,694\,Q - 6,113\,R + 10,499\,S - \{(3) + (4) + (5) + (6)\} + 803,5 = 0,$
1793	$3,893\,P - 8,311\,Q - 5,737\,R + 6,154\,S - \{(7) + (8) + (9) + (10)\} + 552,1 = 0,$
1828	$3,311\,P - 5,515\,Q - 0,752\,R + 6,960\,S - \{(11) + (12) + (13) + (14)\} + 605,4 = 0.$

Il suffira, en général, que ces équations soient satisfaites, pour que toutes celles qui sont comprises entre 1775 et 1845 le soient également. Mais on n'en peut pas dire autant des équations comprises entre 1715 et 1775. Il sera nécessaire, quand on aura calculé les valeurs de m', $m'h'$ et $m'l'$ correspondantes à une valeur donnée de ε', d'examiner si ces expressions satisfont aux équations de 1747 et 1690. Ce sera le *criterium* qui servira à reconnaître la valeur de ε' qu'on doit adopter dans la solution cherchée. L'équation de 1712 est trop voisine de celle de 1715, qui est satisfaite d'elle-même, pour qu'il soit utile de la considérer.

102. Nous aurons besoin, dans la suite, de connaître les expressions numériques des perturbations, aux différentes époques auxquelles correrrespondent les relations du n° **82**. Présentons-les immédiatement.

Valeurs numériques de A, *dans les perturbations* (1), (2), P, ...

$$
\begin{aligned}
(1)\quad A =\ & -\ 9{,}8 \sin\varepsilon' + 22{,}2 \sin 2\varepsilon' -\ 8{,}6 \sin 3\varepsilon' \\
              & + 15{,}4 \cos\varepsilon' + 21{,}7 \cos 2\varepsilon' + 22{,}5 \cos 3\varepsilon', \\[4pt]
(2)\quad A =\ & +\ 7{,}5 \sin\varepsilon' + 33{,}1 \sin 2\varepsilon' + 25{,}6 \sin 3\varepsilon' \\
              & + 18{,}9 \cos\varepsilon' - 32{,}5 \cos 2\varepsilon' +\ 9{,}2 \cos 3\varepsilon', \\[4pt]
P\quad A =\ & +\ 9{,}7 \sin\varepsilon' + 25{,}7 \sin 2\varepsilon' + 27{,}2 \sin 3\varepsilon' \\
              & + 17{,}9 \cos\varepsilon' - 38{,}8 \cos 2\varepsilon' +\ 2{,}9 \cos 3\varepsilon', \\[4pt]
(3)\quad A =\ & + 15{,}5 \sin\varepsilon' - 17{,}5 \sin 2\varepsilon' - 13{,}7 \sin 3\varepsilon' \\
              & -\ 7{,}2 \cos\varepsilon' +\ 7{,}9 \cos 2\varepsilon' - 17{,}3 \cos 3\varepsilon', \\[4pt]
(4)\quad A =\ & + 11{,}3 \sin\varepsilon' -\ 1{,}0 \sin 2\varepsilon' - 19{,}3 \sin 3\varepsilon' \\
              & - 12{,}2 \cos\varepsilon' + 12{,}8 \cos 2\varepsilon' -\ 9{,}7 \cos 3\varepsilon', \\[4pt]
(5)\quad A =\ & +\ 5{,}8 \sin\varepsilon' + 14{,}2 \sin 2\varepsilon' - 21{,}7 \sin 3\varepsilon' \\
              & - 15{,}7 \cos\varepsilon' +\ 5{,}3 \cos 2\varepsilon' -\ 0{,}9 \cos 3\varepsilon', \\[4pt]
(6)\quad A =\ & -\ 0{,}5 \sin\varepsilon' + 20{,}3 \sin 2\varepsilon' - 20{,}9 \sin 3\varepsilon' \\
              & - 17{,}4 \cos\varepsilon' - 11{,}2 \cos 2\varepsilon' +\ 8{,}8 \cos 3\varepsilon', \\[4pt]
\quad A =\ & -\ 6{,}8 \sin\varepsilon' + 13{,}9 \sin 2\varepsilon' - 15{,}4 \sin 3\varepsilon' \\
              & - 17{,}0 \cos\varepsilon' - 28{,}7 \cos 2\varepsilon' + 18{,}5 \cos 3\varepsilon', \\[4pt]
(7)\quad A =\ & - 12{,}6 \sin\varepsilon' -\ 3{,}4 \sin 2\varepsilon' -\ 5{,}0 \sin 3\varepsilon' \\
              & - 14{,}7 \cos\varepsilon' - 38{,}9 \cos 2\varepsilon' + 25{,}2 \cos 3\varepsilon', \\[4pt]
(8)\quad A =\ & - 17{,}0 \sin\varepsilon' - 24{,}5 \sin 2\varepsilon' +\ 8{,}8 \sin 3\varepsilon' \\
              & - 10{,}5 \cos\varepsilon' - 36{,}7 \cos 2\varepsilon' + 25{,}3 \cos 3\varepsilon', \\[4pt]
(9)\quad A =\ & - 19{,}8 \sin\varepsilon' - 40{,}8 \sin 2\varepsilon' + 20{,}9 \sin 3\varepsilon' \\
              & -\ 5{,}3 \cos\varepsilon' - 21{,}9 \cos 2\varepsilon' + 17{,}4 \cos 3\varepsilon', \\[4pt]
(10)\quad A =\ & - 20{,}3 \sin\varepsilon' - 45{,}8 \sin 2\varepsilon' + 26{,}8 \sin 3\varepsilon' \\
              & +\ 0{,}6 \cos\varepsilon' -\ 0{,}4 \cos 2\varepsilon' +\ 3{,}9 \cos 3\varepsilon', \\[4pt]
R\quad A =\ & - 18{,}7 \sin\varepsilon' - 37{,}3 \sin 2\varepsilon' + 24{,}3 \sin 3\varepsilon' \\
              & +\ 6{,}4 \cos\varepsilon' + 19{,}6 \cos 2\varepsilon' - 16{,}1 \cos 3\varepsilon',
\end{aligned}
$$

$$(11)\quad A = -\,15,1\,\sin\varepsilon' - 19,6\,\sin 2\varepsilon' + 15,3\,\sin 3\varepsilon'$$
$$+\,11,3\,\cos\varepsilon' + 30,4\,\cos 2\varepsilon' - 19,8\,\cos 3\varepsilon',$$

$$(12)\quad A = -\,9,8\,\sin\varepsilon' - 0,2\,\sin 2\varepsilon' + 3,9\,\sin 3\varepsilon'$$
$$+\,14,8\,\cos\varepsilon' + 28,1\,\cos 2\varepsilon' - 23,2\,\cos 3\varepsilon',$$

$$(13)\quad A = -\,3,7\,\sin\varepsilon' + 12,2\,\sin 2\varepsilon' - 6,4\,\sin 3\varepsilon'$$
$$+\,16,6\,\cos\varepsilon' + 14,5\,\cos 2\varepsilon' - 21,3\,\cos 3\varepsilon',$$

$$(14)\quad A = +\,2,9\,\sin\varepsilon' + 12,6\,\sin 2\varepsilon' - 14,3\,\sin 3\varepsilon'$$
$$+\,16,4\,\cos\varepsilon' - 2,3\,\cos 2\varepsilon' - 16,2\,\cos 3\varepsilon',$$

$$S\quad A = +\,8,9\,\sin\varepsilon' + 1,4\,\sin 2\varepsilon' - 19,8\,\sin 3\varepsilon'$$
$$+\,14,1\,\cos\varepsilon' - 15,2\,\cos 2\varepsilon' - 8,9\,\cos 3\varepsilon'$$

Valeurs numériques de H, *dans les perturbations* (1), (2), P ....

$$(1)\quad H = +\,11\,\sin\varepsilon' - 72\,\sin 2\varepsilon' + 930\,\sin 3\varepsilon'$$
$$-\,42\,\cos\varepsilon' - 96\,\cos 2\varepsilon' + 28\,\cos 3\varepsilon',$$

$$(2)\quad H = +\,32\,\sin\varepsilon' - 107\,\sin 2\varepsilon' + 101\,\sin 3\varepsilon'$$
$$-\,30\,\cos\varepsilon' - 55\,\cos 2\varepsilon' - 925\,\cos 3\varepsilon',$$

$$P\quad H = +\,34\,\sin\varepsilon' - 111\,\sin 2\varepsilon' - 95\,\sin 3\varepsilon'$$
$$-\,27\,\cos\varepsilon' - 46\,\cos 2\varepsilon' - 925\,\cos 3\varepsilon',$$

$$(3)\quad H = +\,42\,\sin\varepsilon' - 114\,\sin 2\varepsilon' - 639\,\sin 3\varepsilon'$$
$$+\,8\,\cos\varepsilon' + 37\,\cos 2\varepsilon' + 675\,\cos 3\varepsilon',$$

$$(4)\quad H = +\,41\,\sin\varepsilon' - 107\,\sin 2\varepsilon' - 245\,\sin 3\varepsilon'$$
$$+\,15\,\cos\varepsilon' + 55\,\cos 2\varepsilon' + 897\,\cos 3\varepsilon',$$

$$(5)\quad H = +\,37\,\sin\varepsilon' - 98\,\sin 2\varepsilon' + 207\,\sin 3\varepsilon'$$
$$+\,23\,\cos\varepsilon' + 69\,\cos 2\varepsilon' + 906\,\cos 3\varepsilon',$$

$$(6)\quad H = +\,33\,\sin\varepsilon' - 86\,\sin 2\varepsilon' + 611\,\sin 3\varepsilon'$$
$$+\,30\,\cos\varepsilon' + 83\,\cos 2\varepsilon' + 702\,\cos 3\varepsilon',$$

$$Q\quad H = +\,26\,\sin\varepsilon' - 72\,\sin 2\varepsilon' + 870\,\sin 3\varepsilon'$$
$$+\,35\,\cos\varepsilon' + 96\,\cos 2\varepsilon' + 330\,\cos 3\varepsilon',$$

$$(7)\quad H = +\,20\,\sin\varepsilon' - 56\,\sin 2\varepsilon' + 923\,\sin 3\varepsilon'$$
$$+\,39\,\cos\varepsilon' + 106\,\cos 2\varepsilon' - 120\,\cos 3\varepsilon',$$

$$(8)\quad H = +\,12\,\sin\varepsilon' - 41\,\sin 2\varepsilon' + 756\,\sin 3\varepsilon'$$
$$+\,42\,\cos\varepsilon' + 113\,\cos 2\varepsilon' - 541\,\cos 3\varepsilon',$$

$$(9)\quad H = +\,4\,\sin\varepsilon' - 23\,\sin 2\varepsilon' + 411\,\sin 3\varepsilon'$$
$$+\,43\,\cos\varepsilon' + 119\,\cos 2\varepsilon' - 834\,\cos 3\varepsilon',$$

$$(10)\quad H = -\,4\,\sin\varepsilon' - 4\,\sin 2\varepsilon' - 30\,\sin 3\varepsilon'$$
$$+\,43\,\cos\varepsilon' + 120\,\cos 2\varepsilon' - 930\,\cos 3\varepsilon',$$

$$
\begin{aligned}
\text{R} \qquad \text{H} = &- 12 \sin \varepsilon' + 15 \sin 2\varepsilon' - 466 \sin 3\varepsilon' \\
&+ 42 \cos \varepsilon' + 119 \cos 2\varepsilon' - 806 \cos 3\varepsilon',
\end{aligned}
$$

$$
\begin{aligned}
(11) \qquad \text{H} = &- 20 \sin \varepsilon' + 32 \sin 2\varepsilon' - 790 \sin 3\varepsilon' \\
&+ 39 \cos \varepsilon' + 116 \cos 2\varepsilon' - 489 \cos 3\varepsilon',
\end{aligned}
$$

$$
\begin{aligned}
(12) \qquad \text{H} = &- 26 \sin \varepsilon' + 50 \sin 2\varepsilon' - 928 \sin 3\varepsilon' \\
&+ 35 \cos \varepsilon' + 110 \cos 2\varepsilon' - 58 \cos 3\varepsilon',
\end{aligned}
$$

$$
\begin{aligned}
(13) \qquad \text{H} = &- 33 \sin \varepsilon' + 66 \sin 2\varepsilon' - 846 \sin 3\varepsilon' \\
&+ 30 \cos \varepsilon' + 101 \cos 2\varepsilon' + 387 \cos 3\varepsilon',
\end{aligned}
$$

$$
\begin{aligned}
(14) \qquad \text{H} = &- 37 \sin \varepsilon' + 81 \sin 2\varepsilon' - 563 \sin 3\varepsilon' \\
&+ 23 \cos \varepsilon' + 89 \cos 2\varepsilon' + 739 \cos 3\varepsilon',
\end{aligned}
$$

$$
\begin{aligned}
\text{S} \qquad \text{H} = &- 40 \sin \varepsilon' + 94 \sin 2\varepsilon' - 145 \sin 3\varepsilon' \\
&+ 15 \cos \varepsilon' + 75 \cos 2\varepsilon' + 919 \cos 3\varepsilon'.
\end{aligned}
$$

Il est inutile de former les expressions du coefficient L : elles se déduiraient de celles du coefficient H en changeant les sinus en cosinus, et, réciproquement, les cosinus en sinus; il faudra de plus, dans le dernier cas, changer aussi les signes.

103. Écrivons actuellement les équations du n° **101** sous la forme

$$
\begin{aligned}
a \cdot m' + b \cdot m' h' + c \cdot m' l' &= d, \\
a' \cdot m' + b' \cdot m' h' + c' \cdot m' l' &= d', \\
a'' \cdot m' + b'' \cdot m' h' + c'' \cdot m' l' &= d''.
\end{aligned}
$$

Je me contenterai de tenir compte, dans d, d' et d'', des erreurs P' et Q' des observations en 1715 et 1775 : les positions de 1810 et 1845 sont déterminées avec trop d'exactitude pour qu'il soit nécessaire d'avoir égard à la petite erreur qui peut les affecter. Nous poserons donc

$$
\begin{aligned}
d &= - 805,5 - 7,711 \, \text{P}' + 8,094 \, \text{Q}', \\
d' &= - 552,1 - 3,896 \, \text{P}' + 8,311 \, \text{Q}', \\
d'' &= - 605,4 - 3,311 \, \text{P}' + 5,515 \, \text{Q}'.
\end{aligned}
$$

Quant aux valeurs de a, b, c, a', b', c', a'', b'', c'', on les calculera au moyen des expressions des perturbations, données dans le numéro précédent, et en recourant aux premiers membres des équations du n° **101**. On trouvera ainsi :

$$
\begin{aligned}
a = &+ 305,4 \sin \varepsilon' + 312,3 \sin 2\varepsilon' + 53,5 \sin 3\varepsilon' \\
&+ 437,0 \cos \varepsilon' - 361,0 \cos 2\varepsilon' - 140,0 \cos 3\varepsilon',
\end{aligned}
$$

$$b = -\,448'' \sin \varepsilon' + 1027'' \sin 2\varepsilon' - 6582'' \sin 3\varepsilon'$$
$$-\,667 \cos \varepsilon' - 1316 \cos 2\varepsilon' + 1592 \cos 3\varepsilon',$$
$$c = +\,667 \sin \varepsilon' + 1316 \sin 2\varepsilon' - 1592 \sin 3\varepsilon'$$
$$-\,448 \cos \varepsilon' + 1027 \cos 2\varepsilon' - 6382 \cos 3\varepsilon';$$

$$a' = +\,186,7 \sin \varepsilon' + 92,7 \sin 2\varepsilon' + 24,3 \sin 3\varepsilon'$$
$$+\,231,2 \cos \varepsilon' - 216,5 \cos 2\varepsilon' - 67,5 \cos 3\varepsilon',$$
$$b' = -\,229 \sin \varepsilon' + 534 \sin 2\varepsilon' - 3759 \sin 3\varepsilon'$$
$$-\,378 \cos \varepsilon' - 740 \cos 2\varepsilon' + 1507 \cos 3\varepsilon',$$
$$c' = +\,378 \sin \varepsilon' + 740 \sin 2\varepsilon' - 1507 \sin 3\varepsilon'$$
$$-\,229 \cos \varepsilon' + 534 \cos 2\varepsilon' - 3759 \cos 3\varepsilon';$$

$$a'' = +\,171,3 \sin \varepsilon' + 41,1 \sin 2\varepsilon' + 20,4 \sin 3\varepsilon'$$
$$+\,187,3 \cos \varepsilon' - 161,7 \cos 2\varepsilon' - 66,2 \cos 3\varepsilon',$$
$$b'' = -\,183 \sin \varepsilon' + 443 \sin 2\varepsilon' - 2645 \sin 3\varepsilon'$$
$$-\,337 \cos \varepsilon' - 664 \cos 2\varepsilon' + 1540 \cos 3\varepsilon',$$
$$c'' = +\,337 \sin \varepsilon' + 664 \sin 2\varepsilon' - 1540 \sin 3\varepsilon'$$
$$-\,183 \cos \varepsilon' + 443 \cos 2\varepsilon' - 2645 \cos 3\varepsilon'.$$

On voit que tous ces coefficients sont compris dans l'expression

$$b_1 \sin \varepsilon' + c_1 \cos \varepsilon' + b_2 \sin 2\varepsilon' + c_2 \cos 2\varepsilon' + b_3 \sin 3\varepsilon' + c_3 \cos 3\varepsilon'.$$

Mais on pourrait aussi réunir les termes deux à deux, de manière à donner à leur ensemble la forme suivante :

$$a_1 \sin (z_1 + \varepsilon') + a_2 \sin (z_2 + 2\varepsilon') + a_3 \sin (z_3 + 3\varepsilon').$$

104. La valeur de m' est le premier point sur lequel nous devons porter notre attention. Il paraît en effet, au premier coup d'œil, qu'en la discutant on pourra écarter immédiatement de la question toutes les valeurs de ε' qui donneraient pour m' une valeur négative ; qu'on pourra même rejeter les solutions dans lesquelles m' surpasserait *trois* à *quatre* unités, parce qu'en admettant des valeurs supérieures de la masse troublante, on développerait, dans la longitude héliocentrique de Saturne, des inégalités considérables qui n'y existent pas.

Les équations du numéro précédent donnent

$$m' = \frac{d(b'c'' - c'b'') + d'(cb'' - bc'') + d''(bc' - cb')}{a(b'c'' - c'b'') + a'(cb'' - bc'') + a''(bc' - cb')} = \frac{N}{D}.$$

Nous allons examiner avec soin la forme de N et celle de D.

103. Je remarquerai d'abord, en recourant à la relation qui lie H et L, que le binôme $bc' - cb'$, et les binômes analogues qui entrent dans N et D, seront représentés par des expressions de la forme suivante :

$$\left\{ \begin{aligned} &+ \left\{ a_1 \sin (z_1 + z') + a_2 \sin (z_2 + 2z') + a_3 \sin (z_3 + 3z') \right\} \\ &\qquad \times \left\{ b_1 \cos (\zeta_1 + z') + b_2 \cos (\zeta_2 + 2z') + b_3 \cos (\zeta_3 + 3z') \right\} \\ &- \left\{ b_1 \sin (\zeta_1 + z') + b_2 \sin (\zeta_2 + 2z') + b_3 \sin (\zeta_3 + 3z') \right\} \\ &\qquad \times \left\{ a_1 \cos (z_1 + z') + a_2 \cos (z_2 + 2z') + a_3 \cos (z_3 + 3z') \right\}. \end{aligned} \right.$$

En effectuant les produits, puis la soustraction indiquée, le résultat définitif prendra la forme

$$M_0 + M_1 \sin (m_1 + z') + M_2 \sin (m_2 + 2z').$$

On en conclut que N ne dépendra que de z' et de $2z'$. Mais D contiendra en outre $3z'$, $4z'$ et $5z'$.

On pourra continuer les calculs sous la forme trigonométrique, ou bien les ramener à la considération de polynômes entiers, en posant

$$\operatorname{tang} \frac{z'}{2} = x \,;$$

la nouvelle variable se substituera à l'ancienne, dans les valeurs de a, b, c, …, données au n° **103**, au moyen des relations

$$\begin{aligned} (1 + x^2)^2 \sin z' &= 2x + 4x^3 + 2x^5, \\ (1 + x^2)^2 \cos z' &= 1 + x^2 - x^3 - x^4, \\ (1 + x^2)^3 \sin 2z' &= 4x - 4x^5 \\ (1 + x^2)^3 \cos 2z' &= 1 - 5x^2 - 5x^4 + x^6, \\ (1 + x^2)^4 \sin 3z' &= 6x - 20x^3 + 6x^5 \\ (1 + x^2)^4 \cos 3z' &= 1 - 15x^2 + 15x^4 - x^6. \end{aligned}$$

Par là l'équation

$$a = b_1 \sin z' + c_1 \cos z' + b_2 \sin 2z' + c_2 \cos 2z' + b_3 \sin 3z' + c_3 \cos 3z',$$

se changera en cette autre,

$$\begin{aligned} (1 + x^2)^4 a = \ & c_1 + c_2 + c_3 + (2b_1 + 4b_2 + 6b_3)\,x \\ &+ (c_1 - 5c_2 - 15c_3)\,x^2 + (4b_1 - 20b_3)\,x^3 \\ &- (c_1 + 5c_2 - 15c_3)\,x^4 + (2b_1 - 4b_2 + 6b_3)\,x^5 \\ &- (c_1 + c_2 + c_3)\,x^6. \end{aligned}$$

et l'on en déduira successivement

$$(1+x^2)^3 a = -64,0 + 2181,0x + 4342,0x^2 + 151,6x^3$$
$$- 732,0x^4 - 317,4x^5 - 658,0x^6,$$

$$(1+x^2)^3 b = -391 - 35080x - 17967x^2 + 125848x^3$$
$$+ 31127x^4 - 43296x^5 - 2241x^6,$$

$$(1+x^2)^3 c = -5803 - 2954x + 90147x^2 + 34508x^3$$
$$- 100417x^4 - 13482x^5 + 7857x^6;$$

$$(1+x^2)^3 a' = -52,8 + 890,0x + 2326,2x^2 + 260,8x^3$$
$$- 161,2x^4 + 148,4x^5 - 380,2x^6,$$

$$(1+x^2)^3 b' = +389 - 20826x - 19283x^2 + 74264x^3$$
$$+ 26683x^4 - 25148x^5 - 1869x^6,$$

$$(1+x^2)^3 c' = -3454 - 5326x + 53486x^2 + 31652x^3$$
$$- 58826x^4 - 11246x^5 + 4522x^6;$$

$$(1+x^2)^3 a'' = -40,6 + 629,4x + 1988,8x^2 + 277,2x^3$$
$$- 371,8x^4 + 300,6x^5 - 282,8x^6,$$

$$(1+x^2)^3 b'' = +539 - 14464x - 20117x^2 + 52168x^3$$
$$+ 26757x^4 - 18008x^5 - 1867x^6,$$

$$(1+x^2)^3 c'' = -2385 - 5910x + 37277x^2 + 32148x^3$$
$$- 41707x^4 - 11222x^5 + 3271x^6.$$

106. Si nous formons, au moyen de ces expressions, la valeur de $bc' - cb'$, elle paraîtra dépendre de x^{12}. Mais, comme nous avons prouvé qu'elle contient seulement les lignes trigonométriques de x et de $2x$, on doit pouvoir la ramener à ne contenir que x^4, ce qui se fera par la suppression du facteur commun $(1+x^2)^3$. Cette circonstance va beaucoup simplifier le calcul qui paraissait devoir être compliqué. Bornons-nous, en effet, à former les trois premiers et les trois derniers termes des produits du *douzième* degré qu'on obtient directement, et soit ainsi

$$a_0 + a_1 x + a_2 x^2 + \ldots + a_{10} x^{10} + a_{11} x^{11} + a_{12} x^{12}$$

l'un de ces produits qui sont divisibles par $(1+x^2)^3$. En ordonnant la division par rapport aux puissances ascendantes de x, on trouvera, pour les premiers termes du quotient,

$$a_0 + a_1 x + (a_2 - 4a_0) x^2 + \ldots;$$

et en ordonnant, au contraire, par rapport aux puissances descendantes, on trouvera pour les derniers termes,

$$a_{12} x^3 + a_{13} x^4 + (a_{14} - \tfrac14 a_{13}) x^5 + \dots$$

Le terme en x^3 se trouvera même ainsi calculé de deux manières différentes, ce qui assurera l'exactitude du quotient total,

$$a_2 + a_1 x + (a_2 - \tfrac14 a_4) x^2 + a_{11} x^3 + a_{12} x^4.$$

Nous trouverons, en suivant cette marche,

$$\frac{(1+x^2)^4 bc'}{100\,000} = + 13,505 + 1232,488\,x + 2279,811\,x^2 + \dots\dots$$
$$+ 7594,923\,x^9 - 1705,822\,x^{10} - 101,338\,x^{12},$$

$$\frac{(1+x^2)^5 cb'}{100\,000} = - 22,574 + 1199,943\,x + 2086,341\,x^2 + \dots\dots$$
$$+ 7363,731\,x^9 - 1723,900\,x^8 - 146,847\,x^{10},$$

$$\frac{(1+x^2)^5 (bc' - cb')}{100\,000} = + 36,079 + 32,545\,x + 193,470\,x^2 + \dots\dots$$
$$+ 231,192\,x^9 + 18,078\,x^{10} + 45,509\,x^{11},$$

$$\frac{(1+x^2)^2 (bc' - cb')}{100\,000} = + 36,079 + 32,545\,x + 49,155\,x^2$$
$$+ 18,078\,x^3 + 45,509\,x^4.$$

Et en continuant le même calcul, on obtiendra semblablement :

$$\frac{(1+x^2)^2 (cb'' - bc'')}{100\,000} = - 40,61 - 36,34\,x - 113,00\,x^2$$
$$+ 1,53\,x^3 - 73,39\,x^4.$$

$$\frac{(1+x^2)^2 (b'c' - c'b'')}{100\,000} = + 9,34 + 4,02\,x + 47,83\,x^2$$
$$- 8,49\,x^3 + 23,30\,x^4.$$

Il est maintenant facile de former N, qui, en laissant de côté, pour le moment, les termes en P' et Q' de d, d' et d'', sera donné par l'équation

$$\frac{(1+x^2)^2 N}{10^3} = - (6942 + 2876\,x + 5892\,x^2 + 4951\,x^3 + 5797\,x^4).$$

Si l'on applique le théorème de M. Sturm, au polynôme qui est compris dans la parenthèse du second membre, afin de connaître la nature des facteurs du premier degré en x, qui le composent, on trouvera les fonctions suivantes :

$$V_2 = \quad 5797\, x^4 + 4951\, x^3 + 5892\, x^2 + 2876\, x + 6942,$$
$$V_1 = 23188\, x^3 + 14853\, x^2 + 11784\, x + 2876,$$
$$V_0 = -\ 2153\, x^2 - 1528\, x - 6789.$$

Il est inutile de pousser plus loin le calcul; les racines de V_2 sont imaginaires. Les très-grandes et les très-petites valeurs de x faisant, les unes et les autres, acquérir à la suite de ces trois fonctions une variation et une permanence, il en faut conclure que la fonction V_2 n'a pas de racines réelles. Ainsi le numérateur de m' ne pourra jamais être nul, puisque nous ne devons attribuer à x que des valeurs réelles. La masse trouvée pour la planète ne pourra passer du positif au négatif qu'en devenant infinie, lorsque le dénominateur de son expression changera de signe en passant par zéro. C'est ce dénominateur qu'il faut maintenant examiner.

107. Les calculs qui précèdent conduisent assez simplement à former la valeur de D. Elle sera donnée par la relation

$$\left(\frac{1+x^3}{10}\right)^3 D = 8166 + 7277\, x + 15660\, x^2 + 32887\, x^3 + 23782\, x^4 + 867\, x^5$$
$$-\ 7786\, x^6 - 18953\, x^7 - 16199\, x^8 - 4714\, x^9 - 299\, x^{10}.$$

Cherchons les facteurs réels du second membre. On en découvre facilement deux qui correspondent, l'un à une grande racine, l'autre à une très-petite, et l'on a ainsi

$$\left(\frac{1+x^3}{10}\right)^3 D = (x + 0,011.491)(1 + 0,686.767\, x)\, F^{(0)},$$

$F^{(0)}$ ayant l'expression suivante :

$$F^{(0)} = 7101 + 14669\, x + 31341\, x^2 + 21052\, x^3 - 873\, x^4$$
$$-\ 7494\, x^5 - 18118\, x^6 - 14573\, x^7 - 3447\, x^8.$$

Cette dernière fonction, qui a encore deux racines réelles au moins, renferme le facteur $(x - 1,123.707)$; on en déduit

$$F^{(0)} = -(x - 1,123.707)\, F^{(1)}$$

avec $$F^{(1)} = 6317 + 18676\, x + 44511\, x^2 + 58346\, x^3 + 51146\, x^4$$
$$+\ 38846\, x^5 + 18446\, x^6 + 3447\, x^7.$$

$F^{(1)}$, à son tour, contient le facteur $(x + 1,127.48)$, ce qui conduit à poser

$$F^{(5)} = (x + 1,127.48) F^{(6)}$$

avec

$$F^{(6)} = 5602 + 11596 x + 29193 x^2 + 25857 x^3$$
$$+ 22430 x^4 + 14560 x^5 + 3447 x^6$$

L'inspection des signes des différents termes de $F^{(6)}$ n'indiquant plus aucun facteur réel et excluant même toute possibilité d'une nouvelle racine positive, appliquons à cette fonction le théorème de M. Sturm. Nous trouverons :

$$V_0 = + 3447 x^6 + \ldots + 5602,$$
$$V_1 = + 20682 x^5 + \ldots + 11596,$$
$$V_2 = + 1066 x^4 - \ldots - 4241,$$
$$\tfrac{1}{100} V_3 = - 5593 x^2 - \ldots - 4864,$$
$$V_4 = - 230 x + 14,$$
$$\tfrac{1}{100} V_5 = + 5207.$$

Les très-grandes valeurs de x, négatives ou positives, faisant également
acquérir deux variations à la suite de ces fonctions, il s'ensuit que $F^{(6)}$ n'a
pas de facteur réel du premier degré. Cette fonction reste positive pour toutes
les valeurs réelles de x. Si donc nous considérons l'équation

$$\left(\frac{1 + x^2}{10} \right)^3 D = - (1 + 0,086.767 x)(x + 1,127.48)(x + 0,011.491)(x - 1,123.707) F^{(6)},$$

et si nous nous rappelons que N est toujours négatif, nous ne pourrons, dès
lors, admettre que les valeurs de x qui rendent positif le produit des quatre
facteurs du premier degré.

Égalons ces quatre facteurs successivement à zéro, afin de connaître les valeurs de z pour lesquelles ils changent de signe, nous trouverons :

$$1 + 0,086.767 x = 0, \qquad z' = 189°.55,$$
$$x + 1,127.48 \ = 0, \qquad z' = 263. \ 8,$$
$$x + 0,011.491 \ = 0, \qquad z' = 358.41,$$
$$x - 1,123.707 \ = 0, \qquad z' = 96.40,$$

et nous en conclurons que z' doit être compris entre $96°40'$ et $189°55'$, ou
bien entre $263°8'$ et $358°41'$, pour que la valeur de m' soit positive.

108. La solution que nous venons d'obtenir donne lieu à des remarques qui sont de la plus haute importance, relativement à la vérité des conclusions auxquelles nous arriverons dans la suite.

Revenons aux expressions obtenues dans le n° **106** pour bc' et cb'. Les coefficients du premier produit bc' diffèrent peu, en général, de ceux du second produit cb'; en sorte que les coefficients de la différence $bc' - cb'$ sont très-petits par rapport aux coefficients dont ils dérivent. Les différences $(bc'' - cb'')$ et $(b'c'' - c'b'')$ donneraient lieu à des remarques analogues. Lorsque cette circonstance se présente dans un calcul numérique, on doit toujours s'en préoccuper. Elle annonce habituellement que les résultats ainsi obtenus ne sont pas susceptibles d'une grande exactitude, soit que cela tienne à la nature de la question, soit qu'il faille en accuser la méthode qu'on aura suivie.

Dans le cas actuel, l'abaissement des coefficients de l'équation en m', sur laquelle on tombe pour déterminer cette inconnue, montre qu'elle ne peut pas être ainsi obtenue avec une grande précision, par la résolution immédiate des équations. Admettons qu'on ait employé deux des équations de condition du n° **105**, à la détermination de $m'h'$ et $m'l'$ en fonctions de m', et pour une valeur particulière de c'. La substitution des expressions de $m'h'$ et $m'l'$, ainsi formées, dans les relations du n° **81**, donnera, pour les premiers membres de ces relations, des fonctions du premier degré en m', et dans lesquelles les coefficients de m' seront, en général, excessivement petits. En cherchant donc à disposer de m' de manière à annuler l'une quelconque de ces fonctions, on serait exposé à s'éloigner complétement de la vérité, si l'on ne prenait pas des précautions toutes particulières. Il pourrait même se trouver qu'on fût ainsi conduit à obtenir une valeur *négative* de m', correspondante à la bonne valeur de c'; auquel cas on méconnaîtrait la véritable solution du problème. J'avouerai sans peine que c'est ce qui m'est d'abord arrivé; longtemps j'ai été arrêté dans mes recherches par cette difficulté. Aussi croirai-je faire une chose utile, en insistant encore sur cette partie de la question; elle est très-propre à montrer, par ses détails, combien sont délicats certains points des recherches numériques : combien il est souvent plus pénible d'arriver à une connaissance rigoureuse de la vérité en raisonnant sur des nombres entachés des erreurs des observations, qu'en discutant des symboles algébriques susceptibles de représenter les données de la question avec une exactitude absolue, et de se prêter à toutes les restrictions.

109. La discussion du n° **108** restreindrait, en admettant son exactitude, la valeur de c' entre de certaines limites. Pour savoir définitivement s'il existe, dans cette étendue, une valeur convenable de ι', il faudrait maintenant attribuer à cette variable différents états arbitraires, calculer les valeurs correspondantes de m', $m'h'$, $m'l'$, et examiner si l'une des solutions ainsi obtenues permet de représenter les positions d'Uranus, en 1690 et en 1747. C'est ce que nous allons faire, sans recourir toutefois à l'élimination algébrique de $m'h'$ et $m'l'$. Nous calculerons simplement les valeurs numériques des coefficients des équations du n° **103**, pour différentes valeurs de ι', et nous résoudrons les systèmes d'équations qui en résulteront. Voici d'abord le tableau des valeurs de a, b, c, a', b', c', a'', b'' et c'', calculées par les formules du n° **103** :

ε'	a	b	c	a'	b'	c'	a''	b''	c''
0°	− 64,0	− 391	− 5803	+ 51,8	+ 389	− 3454	− 40,6	+ 539	− 385
9	+ 172,2	− 3153	− 5363	+ 31,2	− 1511	− 3363	+ 71,0	− 685	− 1568
18	+ 362,6	− 5460	− 3654	+ 137,0	− 5870	− 5663	+ 101,8	− 1888	− 1123
27	+ 599,5	− 0704	− 907	+ 151,9	− 3951	− 1195	+ 192,6	− 1786	− 1140
36	+ 812,7	− 6295	+ 2057	+ 362,0	− 4203	+ 635	+ 280,2	− 3157	+ 170
45	+ 973,8	− 5461	+ 1858	+ 453,1	− 3618	+ 2458	+ 355,8	− 9883	+ 1554
54	+ 1062,1	− 9836	+ 0799	+ 513,7	− 1065	+ 1819	+ 408,1	− 1009	+ 1609
63	+ 1065,3	+ 359	+ 7104	+ 336,5	− 409	+ 4467	+ 428,0	− 675	+ 3346
72	+ 982,9	+ 3500	+ 6338	+ 518,0	+ 1569	+ 4218	+ 417,3	+ 817	+ 3350
81	+ 845,6	+ 5983	+ 4334	+ 464,1	+ 3249	+ 3168	+ 376,9	+ 2193	+ 3601
90	+ 612,0	+ 7250	+ 1732	+ 378,9	+ 4270	+ 1351	+ 312,8	+ 3196	+ 1434
99	+ 368,8	+ 7406	− 2154	+ 273,3	+ 4605	− 691	+ 282,7	+ 3422	− 91
108	+ 119,1	+ 5680	− 5060	+ 157,0	+ 3613	− 3397	+ 146,1	+ 3007	− 1660
117	− 113,5	+ 2417	− 6926	+ 43,1	+ 2057	− 3949	+ 60,8	+ 1057	− 3781
126	− 311,9	− 998	− 7528	− 62,9	+ 39	− 4460	− 16,3	+ 483	− 3379
135	− 466,8	− 4269	− 6168	− 154,7	− 2021	− 5034	− 84,8	− 1145	− 3436
144	− 574,9	− 6085	− 3607	− 230,7	− 3875	− 7727	− 141,0	− 2501	− 3430
153	− 649,0	− 7706	− 333	− 288,9	− 4583	− 809	− 186,8	− 3384	− 1667
162	− 673,3	− 7272	+ 3152	− 332,4	− 4552	+ 1345	− 224,7	− 3598	+ 555
171	− 674,4	− 5293	+ 6079	− 364,6	− 3581	+ 5229	− 256,4	− 3637	+ 2108
180	− 658,0	− 2141	+ 7859	− 380,2	− 1869	+ 4522	− 282,8	− 1807	+ 3471
189	− 625,8	+ 1273	+ 8131	− 385,8	+ 784	+ 4937	− 303,2	− 303	+ 3810
198	− 576,4	+ 4538	+ 6864	− 378,2	− 2100	+ 4397	− 315,3	+ 1356	+ 3619
207	− 518,5	+ 6908	+ 4335	− 358,5	+ 3015	+ 3021	− 316,2	+ 2729	+ 2741
216	− 441,7	+ 7935	+ 1081	− 319,4	+ 4261	+ 1103	− 304,0	+ 3589	+ 1366
225	− 349,2	+ 7455	− 1726	− 267,7	+ 4686	− 958	− 273,0	+ 3709	− 296
234	− 243,1	+ 5624	− 4910	− 203,5	+ 3739	− 2741	− 237,9	+ 3334	− 1711
243	− 135,5	+ 1881	− 6482	− 131,9	+ 1149	− 3897	− 171,6	+ 2171	− 2794
252	− 31,7	− 161	− 6632	− 59,7	+ 257	− 4213	− 107,5	+ 765	− 3276
261	+ 54,0	− 1848	− 5474	+ 4,9	− 1591	− 3663	− 43,9	− 656	− 3063
270	+ 109,1	− 4618	− 3585	+ 34,1	− 2790	− 3419	+ 10,8	− 1798	− 2390
279	+ 134,8	− 5136	− 634	+ 81,3	− 3327	− 781	+ 40,5	− 2434	− 1139
288	+ 92,7	− 4358	+ 1850	+ 83,3	− 3043	+ 838	+ 67,3	− 2455	+ 110
297	+ 32,5	− 2531	+ 3388	+ 61,3	− 2041	+ 2113	+ 69,8	− 1893	+ 1192
306	− 59,1	− 452	+ 4190	+ 25,3	− 587	+ 2731	+ 50,1	− 914	+ 1843
315	− 157,8	+ 2205	+ 3554	− 36,7	+ 904	+ 2554	+ 2,6	+ 219	+ 1928
324	− 242,1	+ 3912	+ 1797	− 80,0	+ 2201	+ 1640	− 38,2	+ 1249	+ 1442
333	− 288,9	+ 4566	− 589	− 115,7	+ 2840	+ 239	− 69,6	+ 1888	+ 545
342	− 286,0	+ 3934	− 3638	− 156,8	+ 2720	− 1329	− 83,2	+ 1980	− 619
351	− 205,0	− 2107	− 4939	− 106,4	+ 1844	− 1671	− 76,6	+ 1901	− 1679

110. La résolution des équations à trois inconnues, dont on trouve les coefficients dans le tableau précédent, fournit, en négligeant les erreurs P' et Q' des observations, les systèmes suivants des valeurs de m', $m'h'$ et $m'l'$, correspondantes aux différentes valeurs de ε'. Je me bornerai à rapporter les solutions dans lesquelles m' est positif.

ε'	m'	$m'h'$	$m'l'$	ε'	m'	$m'h'$	$m'l'$
90°	—			261°	—		
99	+ 18,242	— 1,451	— 1,533	270	+ 40,077	+ 1,790	— 0,940
108	+ 4,314	— 0,614	— 0,380	279	+ 14,411	+ 0,593	+ 0,049
117	+ 3,264	— 0,584	— 0,133	288	+ 8,606	+ 0,493	+ 0,270
126	+ 2,377	— 0,570	+ 0,080	297	+ 6,381	+ 0,637	+ 0,167
135	+ 2,308	— 0,488	+ 0,293	306	+ 5,280	+ 0,743	— 0,086
144	+ 2,587	— 0,358	+ 0,506	315	+ 5,564	+ 0,977	— 0,403
153	+ 3,310	— 0,196	+ 0,608	324	+ 5,742	+ 0,457	— 0,459
162	+ 4,700	— 0,016	+ 0,708	333	+ 6,780	+ 0,449	— 0,805
171	+ 8,359	+ 0,115	+ 0,893	342	+ 9,003	— 0,160	— 0,771
180	+ 10,790	+ 0,101	+ 1,390	351	+ 16,478	— 0,644	— 0,582
189	+			360	—		
198	—						

On voit que la valeur de m' change effectivement de signe, pour des valeurs de ε' comprises dans les mêmes points de la circonférence que nous avons obtenus dans le n° 107.

111. Écrivons actuellement les erreurs de la théorie en 1690 et en 1747, sous la forme suivante :

$$1690 \quad | \quad a_i m' + b_i m'h' + c_i m'l' = 182,6 - 1,913 \, P' + 0,904 \, Q',$$
$$1747 \quad | \quad a_{ii} m' + b_{ii} m'h' + c_{ii} m'l' = 263,3 - 2,745 \, P' + 3,351 \, Q'.$$

Les valeurs générales de a_i, b_i, c_i, a_{ii}, b_{ii} et c_{ii} seront données par les formules

$$a_i = - \quad 80,0 \sin \varepsilon' - \quad 78,2 \sin 2\varepsilon' - \quad 1,9 \sin 3\varepsilon'$$
$$- \quad 46,7 \cos \varepsilon' + \quad 127,4 \cos 2\varepsilon' + \quad 31,6 \cos 3\varepsilon',$$

$$b_i = + \quad 16 \sin \varepsilon' - \quad 54 \sin 2\varepsilon' + \quad 1367 \sin 3\varepsilon'$$
$$+ \quad 86 \cos \varepsilon' + \quad 152 \cos 2\varepsilon' - \quad 744 \cos 3\varepsilon',$$

$$c_i = - \quad 86 \sin \varepsilon' - \quad 152 \sin 2\varepsilon' + \quad 744 \sin 3\varepsilon'$$
$$+ \quad 16 \cos \varepsilon' - \quad 54 \cos 2\varepsilon' + \quad 1367 \cos 3\varepsilon',$$

$$a_1 = -102\text{''},2 \ \sin z' - 119\text{''},4 \ \sin 2z' - 21\text{''},8 \ \sin 3z'$$
$$ - 151,1 \ \cos z' + 110,8 \ \cos 2z' + 48,6 \ \cos 3z',$$

$$b_1 = +156 \ \sin z' - 356 \ \sin 2z' + 214\tfrac{1}{2} \ \sin 3z'$$
$$ + 228 \ \cos z' + 451 \ \cos 2z' - 53\tfrac{1}{2} \ \cos 3z',$$

$$c_1 = -228 \ \sin z' - 451 \ \sin 2z' + 53\tfrac{1}{2} \ \sin 3z'$$
$$ + 156 \ \cos z' - 356 \ \cos 2z' + 214\tfrac{1}{2} \ \cos 3z'.$$

On trouvera, dans le tableau suivant, les valeurs de ces coefficients, particulières aux différents états de z'. Par leur moyen, et en recourant aux valeurs de m', $m'h'$ et $m'l'$, données dans le n° **110**, on formera les erreurs de la théorie en 1690 et 1747. Ces erreurs, calculées en négligeant toujours les erreurs P' et Q' des observations, se trouvent dans les deux dernières colonnes du tableau. Bien que nous ne devions employer pour l'objet actuel que les nombres correspondants aux valeurs positives de m', nous ne laisserons pas de présenter les expressions des coefficients a_1, b_1,..., pour toutes les valeurs de z' comprises dans la circonférence du cercle, de $9°$ en $9°$. Nous en ferons usage plus tard.

z'	a_0	b_0	c_0	a_1	b_1	c_1	Erreur de la théorie en 1846	Erreur de la théorie en 1745
0	+ 112,3	− 506	+ 1229	+ 8,3	+ 145	+ 1942	»	»
9	+ 65,7	− 174	+ 1361	− 63,3	+ 1064	+ 1791	»	»
18	+ 5,1	+ 847	+ 1962	− 144,9	+ 1840	+ 1316	»	»
27	− 63,3	+ 1363	+ 760	− 226,4	+ 2183	+ 324	»	»
36	− 131,4	+ 1605	+ 86	− 297,4	+ 2278	− 701	»	»
45	− 191,4	+ 1511	− 643	− 348,3	+ 1808	− 1639	»	»
54	− 236,6	+ 1066	− 1269	− 372,2	+ 962	− 2283	»	»
63	− 261,6	+ 441	− 1627	− 366,0	− 119	− 2488	»	»
72	− 264,1	− 316	− 1665	− 336,2	− 1183	− 2193	»	»
81	− 244,3	− 1013	− 1361	− 269,6	− 2017	− 1449	»	»
90	− 205,5	− 1503	− 776	− 191,2	− 2435	− 508	»	»
99	− 152,7	− 1684	− 34	− 104,4	− 2351	+ 705	− 691	+ 350
108	− 97,1	− 1568	+ 745	− 17,8	− 1769	+ 1707	+ 74	+ 98
117	− 30,2	− 1019	+ 1305	+ 60,4	− 803	+ 2334	+ 156	+ 83
126	+ 27,2	− 300	+ 1613	+ 125,0	+ 356	+ 2465	+ 204	+ 50
135	+ 75,6	+ 445	+ 1573	+ 172,9	+ 1442	+ 2073	+ 235	+ 39
144	+ 113,6	+ 1107	+ 1194	+ 204,2	+ 2258	+ 1229	+ 269	+ 30
153	+ 136,7	+ 1529	+ 559	+ 220,8	+ 2611	+ 106	+ 311	+ 20
162	+ 148,7	+ 1601	− 195	+ 225,7	+ 2411	− 1068	+ 350	+ 4
171	+ 149,9	+ 1364	− 913	+ 222,3	+ 1786	− 2037	+ 410	− 4
180	+ 141,5	+ 816	− 1497	+ 213,9	+ 733	− 2654	»	»
189	+ 128,3	+ 82	− 1657	+ 200,3	− 406	− 2747	»	»
198	+ 109,1	− 665	− 1528	+ 183,7	− 1528	− 2399	»	»
207	+ 86,5	− 1273	− 1070	+ 163,4	− 2329	− 1473	»	»
216	+ 61,4	− 1613	− 416	+ 138,6	− 2628	− 377	»	»
225	+ 33,0	− 1619	+ 339	+ 109,5	− 2520	+ 735	»	»
234	+ 9,0	− 1292	+ 1003	+ 76,6	− 1908	+ 1645	»	»
243	− 14,8	− 707	+ 1443	+ 42,6	− 982	+ 2176	»	»
252	− 34,1	+ 6	+ 1575	+ 10,6	+ 35	+ 2239	»	»
261	− 46,5	+ 689	+ 1370	− 15,8	+ 930	+ 1849	»	»
270	− 49,3	+ 1199	+ 884	− 36,4	+ 1535	+ 1118	− 844	+ 218
279	− 44,3	+ 1422	+ 228	− 31,6	+ 1713	+ 131	− 54	+ 132
288	− 32,1	+ 1326	− 449	− 21,0	+ 1457	− 601	+ 169	+ 111
297	+ 7,0	+ 929	− 993	+ 2,6	+ 849	− 1184	+ 288	+ 63
306	+ 42,8	+ 308	− 1389	+ 33,8	+ 54	− 1387	+ 419	+ 91
315	+ 86,8	− 337	− 1369	+ 65,9	− 730	− 1171	+ 549	+ 80
324	+ 115,0	− 911	− 988	+ 91,4	− 1302	− 591	+ 684	+ 69
333	+ 130,7	− 1263	− 377	+ 102,6	− 1515	+ 306	+ 880	+ 44
342	+ 140,5	− 1311	+ 288	+ 93,9	− 1304	+ 1043	+ 1151	+ 2
351	+ 140,9	− 1040	+ 905	+ 59,3	− 708	+ 1657	»	»

112. Revenons aux valeurs de m', données dans le n° **110**. Si nous excluons les valeurs négatives de la masse, et les valeurs positives qui sont trop considérables pour ne pas être rejetées, d'après des raisons particulières à la marche de Saturne, nous serons conduits à admettre que la valeur de ϵ', qui convient au problème, est nécessairement comprise entre 108° et 162° d'une part, ou bien entre 297° et 333° de l'autre part. Or, en examinant les erreurs que la théorie laisse dans les positions de la planète en 1690 et 1747, pour toutes les valeurs de ϵ' comprises entre les limites que nous venons d'indiquer, on reconnaît que le calcul diffère toujours de l'observation, pour l'une au moins de ces positions, d'une quantité beaucoup trop forte pour qu'on puisse l'attribuer à une erreur des observations; en sorte que la conséquence qui semblerait résulter de la discussion, ainsi conduite, serait qu'il est impossible de représenter la marche d'Uranus au moyen de l'action perturbatrice de la nouvelle planète.

Hâtons-nous de répéter, conformément aux explications qui ont été données dans le n° **108**, et que nous avons eu ici pour but de développer, que les conclusions auxquelles nous arriverions par cette discussion peuvent bien n'être pas l'expression de la vérité. Les motifs que nous avons déjà exposés, pour légitimer cette manière de voir, recevront une nouvelle force par la remarque suivante. Imaginons que nous reprenions toute la discussion précédente, en négligeant les deux inégalités suivantes de la longitude,

$$\delta v = 2,9\, m'\sin(21,66 + 3\epsilon' - 9,2333\,t),$$
$$\delta v = 1,9\, m'\sin(213,88 + \epsilon' + 1,6852\,t);$$

ces deux perturbations sont si faibles, qu'elles semblent pouvoir être omises sans que le résultat final en doive être sensiblement affecté. Or, il n'en est rien; et si l'on en excepte la conséquence générale, relative à l'impossibilité de représenter les observations, et à laquelle on arrive, comme dans le cas précédent, tous les détails de la solution sont différents dans les deux cas. Les erreurs de la théorie en 1690 sont, contre toute vraisemblance, complètement changées par l'omission des deux petits termes que nous avons négligés dans la longitude.

Les détails qui précèdent m'ont paru indispensables pour faire comprendre au lecteur toutes les difficultés que recèlent les questions du genre de celle qui nous occupe. En leur absence, il eût été impossible de saisir toute l'importance de la modification que nous allons apporter à la marche précédente, pour résoudre enfin et définitivement le problème. Le résultat auquel nous arriverons viendra confirmer d'une manière bien remarquable les prévisions du n° 108. Nous démontrerons, en effet, contrairement aux conclusions qui semblaient découler de la discussion à laquelle nous venons de nous livrer, qu'il est possible de représenter la marche d'Uranus en tenant compte de l'action perturbatrice de la nouvelle planète ; que la longitude de l'époque ε' de ce nouvel astre doit être de $240°$, tandis que cette hypothèse, qui est l'expression de la vérité, semblerait repoussée par la valeur négative qu'on avait trouvée pour la masse !

113. Je déterminerai, conformément aux remarques du n° 108, $m'h'$ et $m'l'$ par la troisième et la quatrième équation du n° 105, en fonctions de m', P' et Q'. Ce calcul étant exécuté pour des valeurs de ε' assez rapprochées l'une de l'autre, et embrassant toute l'étendue de la circonférence, je formerai, en fonctions des mêmes variables m', P' et Q', 1° l'expression de la somme des erreurs de la théorie en longitude aux quatre époques 1747, 1754, 1761 et 1768 ; 2° l'erreur de la théorie en longitude en 1690 ; 3° l'erreur en 1747. Il restera ensuite à examiner si, par des valeurs convenables et admissibles, attribuées à m', P' et Q', on peut réduire ces trois erreurs à devenir inférieures aux erreurs des observations, pour une même valeur de ε'. J'ai donné, dans les numéros précédents, tous les nombres qui servent de base à ce calcul ; en l'effectuant, je suis arrivé au résultat que présente le tableau suivant :

x'	SOMME DES ERREURS DE LA THÉORIE EN 1757, 1784, 1761 ET 1768	ERREUR DE LA THÉORIE EN 1790	ERREUR DE LA THÉORIE EN 1753
0	[illegible]	[illegible]	[illegible]
9	[illegible]	[illegible]	[illegible]
18	[illegible]	[illegible]	[illegible]
27	[illegible]	[illegible]	[illegible]
36	[illegible]	[illegible]	[illegible]
45	[illegible]	[illegible]	[illegible]
54	[illegible]	[illegible]	[illegible]
63	[illegible]	[illegible]	[illegible]
72	[illegible]	[illegible]	[illegible]
81	[illegible]	[illegible]	[illegible]
90	[illegible]	[illegible]	[illegible]
99	[illegible]	[illegible]	[illegible]
108	[illegible]	[illegible]	[illegible]
117	[illegible]	[illegible]	[illegible]
126	[illegible]	[illegible]	[illegible]
135	[illegible]	[illegible]	[illegible]
144	[illegible]	[illegible]	[illegible]
153	[illegible]	[illegible]	[illegible]
162	[illegible]	[illegible]	[illegible]
171	[illegible]	[illegible]	[illegible]
180	[illegible]	[illegible]	[illegible]
189	[illegible]	[illegible]	[illegible]
198	[illegible]	[illegible]	[illegible]
207	[illegible]	[illegible]	[illegible]
216	[illegible]	[illegible]	[illegible]
225	[illegible]	[illegible]	[illegible]
234	[illegible]	[illegible]	[illegible]
243	[illegible]	[illegible]	[illegible]
252	[illegible]	[illegible]	[illegible]
261	[illegible]	[illegible]	[illegible]
270	[illegible]	[illegible]	[illegible]
279	[illegible]	[illegible]	[illegible]
288	[illegible]	[illegible]	[illegible]
297	[illegible]	[illegible]	[illegible]
306	[illegible]	[illegible]	[illegible]
315	[illegible]	[illegible]	[illegible]
324	[illegible]	[illegible]	[illegible]
333	[illegible]	[illegible]	[illegible]
342	[illegible]	[illegible]	[illegible]
351	[illegible]	[illegible]	[illegible]
360	[illegible]	[illegible]	[illegible]

114. Discutons la marche simultanée des erreurs contenues dans le tableau précédent, en ayant égard aux limites dans lesquelles doivent rester comprises les variables m', P' et Q'. J'ai déjà dit qu'on ne pouvait pas supposer que m' devînt supérieur à 4 sans introduire dans la longitude de Saturne des inégalités qui ne s'y rencontrent pas. D'un autre côté, P', erreur de la position observée en 1715, ne peut guère être supposé supérieur à $15''$; on possède, à cette époque, trois observations de Flamsteed, indépendantes l'une de l'autre, et parfaitement concordantes; celle qui s'écarte le plus de la position moyenne n'en diffère cependant que de $2'',7$. La position d'Uranus n'a pas été observée directement en 1775; mais la marche régulière et lente des écarts de la théorie, dans les années antérieures et postérieures, a permis de conclure l'écart en 1775, sans que l'erreur du résultat puisse s'élever au delà de $10''$. C'est la limite supérieure que nous adopterons pour Q'. Les discussions ultérieures prouveront que les limites que nous venons de fixer pour m', P' et Q' sont trop larges, ce qui ne peut offrir ici d'inconvénient.

Soit d'abord $s' = 0$. La position d'Uranus en 1758 est parfaitement connue. Jetons les yeux sur l'erreur de la théorie à cette époque; on l'obtient en divisant par *quatre* tous les nombres de la première colonne dans le tableau précédent; ce qui donne

$$- 186'' - 2'',3\,m' - 0,9\,P' - 1,7\,Q'.$$

On réduira cette erreur à la plus petite quantité possible, en négligeant le terme en m', et en supposant $P' = - 15''$ et $Q' = - 10''$. Elle ne s'abaissera cependant ainsi qu'à $- 155''$, résultat tout à fait inadmissible, et qui prouve à lui seul que l'hypothèse $s' = 0$ ne saurait convenir au problème. L'examen des erreurs de la théorie en 1690 et 1747 conduit d'ailleurs à la même conclusion.

Il suffit de discuter de la même manière l'erreur de la théorie en 1758, et en attribuant des valeurs croissantes à s', pour reconnaître que toutes ces valeurs sont inadmissibles *jusqu'à* $99°$ *inclusivement*.

Au delà de ce point de la circonférence, *vers* $108°$, il ne serait point impossible de trouver des valeurs admissibles pour m', P', Q', et qui annulassent l'erreur de la théorie en 1758 ou en 1747, quand on considère isolément l'une de ces époques. Toutefois, on ne parviendrait pas à remplir cette condition d'une manière convenable, pour les deux époques considérées simultanément. Mais l'erreur que présente la théorie en 1690 suffit pour exclure le choix de cette valeur de s', et celui des valeurs suivantes. Ainsi, pour $s' = 117°$ par exemple, l'erreur est égale à

$$143'' + 4''\,m' - 0'',2\,P' - 1'',5\,Q'.$$

On la réduira à son *minimum* en supposant $m' = 0$, $P' = +15''$, $Q' = +10''$; on n'arrivera pas cependant ainsi au-dessous de $125''$, ce qui est inadmissible. Il faut enfin remarquer que les valeurs positives de P' et Q', qui sont nécessaires pour atténuer l'erreur en 1690, ont le signe contraire à celui qu'elles devraient prendre pour faire évanouir l'erreur théorique en 1758 et en 1747.

Les mêmes considérations suffiront pour écarter toutes les valeurs de z' depuis 108° jusqu'à 180°. Au delà de ce point, ce seront les positions de 1758 et 1747 qui de nouveau ne seront pas représentées. Pour $z' = 189°$ par exemple, l'erreur en 1758 ne peut s'abaisser au-dessous de $30''$, et en 1747, au-dessous de $40''$.

On remarque cependant que les erreurs de la théorie vont sans cesse en diminuant, pour les trois époques considérées, à mesure que z' grandit à partir de 189°, et que ces erreurs deviennent simultanément fort petites quand z' atteint 243° à 252°. Si, pour 252° par exemple, on suppose $m' = 0,8$, $P' = -15''$, $Q' = -10''$, il ne restera que les erreurs suivantes :

$$
\begin{aligned}
&\text{En 1758} \dots\dots\dots\dots\dots\dots -\;\;6'' \\
&\text{En 1690} \dots\dots\dots\dots\dots\dots -13'' \\
&\text{En 1747} \dots\dots\dots\dots\dots\dots -\;\;2''.
\end{aligned}
$$

Toutes ces différences entre la théorie et l'observation peuvent parfaitement être mises sur le compte des observations. Il paraît donc qu'une valeur de z' comprise vers 243° à 252° convient au problème, et que nous pourrons effectivement rendre compte des mouvements d'Uranus au moyen d'une planète perturbatrice. Nous examinerons en détail la solution à laquelle on est ainsi conduit, après avoir achevé la discussion que nous effectuons actuellement, et l'avoir étendue à toutes les valeurs de z' comprises dans la circonférence du cercle.

Or on peut voir qu'à mesure que z' grandit au delà de 252°, les écarts de la théorie vont de nouveau en augmentant, et qu'on retombe bientôt dans des erreurs inadmissibles. Ces erreurs ne cessent même de s'élever de plus en plus jusqu'à ce qu'on revienne, pour $z' = 360°$, à l'origine de la circonférence. Nous sommes donc pleinement autorisés, par la discussion qui précède, à conclure,

Qu'il n'y a dans l'écliptique qu'une seule région dans laquelle on puisse placer la planète perturbatrice, de manière à rendre compte des mouvements d'Uranus ; que la longitude moyenne de cette planète devait être, au 1ᵉʳ janvier 1800, de 243° à 252°.

C'est déjà, si je ne me trompe, une grande présomption en faveur de la vérité de l'hypothèse que nous avons faite d'une planète perturbatrice, qu'on ne puisse lui assigner qu'une seule place dans l'écliptique. En disant que le problème n'est susceptible que d'une solution, j'entends qu'il n'y a pas deux régions distinctes du ciel que l'on puisse choisir à volonté pour y placer l'astre troublant à une époque déterminée. Mais chacun comprendra que, dans la région unique qu'il faut adopter, on doit se borner à assigner à la position de l'astre de certaines limites, restreintes si les observations sont exactes et en nombre convenable, étendues si les observations sont insuffisantes.

115. Il m'a suffi, pour rejeter une immense étendue du ciel, pour assigner la région de l'écliptique dans laquelle la planète cherchée doit être placée, de considérer les erreurs des positions moyennes d'Uranus, ainsi que je l'ai expliqué dans le n° **101**. Mais pour s'assurer si l'on peut effectivement représenter les observations par l'action perturbatrice d'une planète, dont la longitude moyenne serait comprise entre 234° et 270°, il est indispensable de considérer, non plus les erreurs moyennes, mais toutes les erreurs individuelles qui ont pour expressions les premiers membres des relations du n° **82**. Je suivrai la même marche que je viens d'employer : seulement, au lieu de calculer directement les coefficients des équations moyennes, je formerai séparement ceux des équations individuelles.

Posons

$$z' = 252° + \theta ;$$

θ sera assez petit, à cause de l'approximation avec laquelle nous connaissons déjà z', pour qu'on puisse développer, suivant les puissances de θ, tous les résultats auxquels nous arriverons, savoir : les expressions des perturbations, les coefficients des équations de condition, les valeurs des éléments de l'orbite, et la longitude vraie de la planète cherchée. Mais on sait que les développements de fonctions aussi compliquées que celles que nous avons à considérer ici, sont excessivement pénibles ; que, pour les obtenir, il est préférable de recourir à des valeurs particulières de ces fonctions, plutôt que d'employer la série de Taylor. C'est ce que j'ai fait, et, pour rester fidèlement dans la route que j'ai suivie, je vais présenter tous les résultats auxquels je suis arrivé, en supposant successivement z' égal à 234°, 243°, 252°, 261° et 270°. On en déduira sans difficulté le développement, suivant les puissances de θ, de celles des fonctions pour lesquelles la discussion pourrait en faire sentir la nécessité.

116. Voici d'abord les expressions des coefficients X, H et L, des perturbations, calculées sur les formules du n° **102** :

Valeurs numériques de A.

ANNÉES.	$z' = 234°$	$z' = 243°$	$z' = 252°$	$z' = 261°$	$z' = 270°$
1690	+ 37,4″	+ 27,8	+ 13,1	− 3,9	− 20,5
1712	+ 25,1	+ 43,7	+ 55,3	+ 57,7	+ 50,6
1715	+ 12,5	+ 36,1	+ 50,1	+ 57,9	+ 56,3
1747	− 39,5	− 48,5	− 51,2	− 47,1	− 37,1
1754	− 18,0	− 25,5	− 37,0	− 43,4	− 43,4
1761	+ 22,2	+ 6,0	− 10,2	− 23,5	− 32,8
1768	+ 48,3	+ 36,2	+ 21,7	+ 5,6	− 9,2
1775	+ 60,0	+ 57,8	+ 49,1	+ 35,7	+ 20,1
1782	+ 53,1	+ 62,1	+ 63,5	+ 57,6	+ 46,5
1789	+ 29,4	+ 48,1	+ 60,4	+ 65,0	+ 62,5
1796	− 2,9	+ 20,4	+ 40,5	+ 55,1	+ 62,6
1803	− 32,1	− 11,0	+ 11,5	+ 31,8	+ 47,5
1810	− 47,4	− 34,1	− 15,9	+ 4,5	+ 23,4
1817	− 45,9	− 42,6	− 32,2	− 17,3	+ 0,0
1824	− 33,0	− 37,0	− 34,6	− 26,4	− 14,4
1831	− 18,1	− 25,0	− 27,4	− 24,6	− 17,5
1838	− 10,2	− 16,6	− 20,1	− 19,5	− 14,9
1845	− 11,9	− 16,2	− 18,6	− 17,7	− 13,5

Valeurs numériques de H.

ANNÉES.	$z' = 234°$	$z' = 243°$	$z' = 252°$	$z' = 261°$	$z' = 270°$
1690	− 282″	+ 180	+ 609	+ 907	+ 1015
1712	− 1004	− 968	− 729	− 338	+ 124
1715	− 955	− 1010	− 856	− 525	− 83
1747	+ 681	+ 412	+ 81	− 375	− 718
1754	+ 768	+ 685	+ 431	+ 62	− 341
1761	+ 640	+ 764	+ 699	+ 458	+ 101
1768	+ 326	+ 627	+ 769	+ 719	+ 495
1775	− 95	+ 309	+ 622	+ 781	+ 748
1782	− 525	− 118	+ 296	+ 624	+ 797
1789	− 857	− 545	− 133	+ 289	+ 631
1796	− 1007	− 873	− 560	− 144	+ 288
1803	− 938	− 1014	− 878	− 567	− 146
1810	− 661	− 935	− 1015	− 884	− 573
1817	− 234	− 649	− 928	− 1012	− 896
1824	+ 246	− 220	− 638	− 922	− 1012
1831	+ 679	+ 259	− 295	− 696	− 914
1838	+ 942	+ 679	+ 171	− 193	− 615
1845	+ 1008	+ 946	+ 685	+ 284	− 186

Valeurs numériques de L.

ANNÉES.	$x' = 234°$.	$x' = 243°$.	$x' = 252°$.	$x' = 261°$.	$x' = 270°$.
1690	+ 966″	+ 993″	+ 807″	+ 452″	+ 2″
1712	− 148	+ 310	+ 706	+ 954	+ 1002
1715	− 340	+ 115	+ 547	+ 869	+ 1009
1747	− 418	− 712	− 849	− 793	− 553
1754	+ 13	− 369	− 669	− 876	− 775
1761	+ 438	+ 67	− 317	− 624	− 785
1768	+ 751	+ 489	+ 121	− 268	− 586
1775	+ 873	+ 790	+ 537	+ 170	− 223
1782	+ 777	+ 904	+ 832	+ 582	+ 215
1789	+ 485	+ 797	+ 933	+ 868	+ 624
1796	+ 60	+ 490	+ 811	+ 956	+ 900
1803	− 392	+ 60	+ 497	+ 825	+ 977
1810	− 769	− 397	+ 59	+ 498	+ 833
1817	− 978	− 773	− 403	+ 53	+ 496
1824	− 978	− 983	− 781	− 412	+ 43
1831	− 758	− 976	− 984	− 788	− 423
1838	− 376	− 755	− 974	− 990	− 797
1845	+ 82	− 372	− 751	− 976	− 998

117. Au moyen de ces nombres, on a formé la seconde et la troisième des équations de condition du n° **105**; on a trouvé, en ayant égard aux différentes valeurs de x' :

$$x' = 234° \quad \begin{cases} 3739''\, m'h' - 2741''\, m'l' - 203,5\, m' = d', \\ 3254\, m'h' - 1711\, m'l' - 227,9\, m' = d''; \end{cases}$$

$$x' = 243° \quad \begin{cases} 2143\, m'h' - 3897\, m'l' - 131,9\, m' = d', \\ 2171\, m'h' - 2794\, m'l' - 171,6\, m' = d''; \end{cases}$$

$$x' = 252° \quad \begin{cases} 257\, m'h' - 4212\, m'l' - 59,7\, m' = d', \\ 765\, m'h' - 3276\, m'l' - 107,5\, m' = d''; \end{cases}$$

$$x' = 261° \quad \begin{cases} - 1511\, m'h' - 3666\, m'l' + 4,9\, m' = d', \\ - 656\, m'h' - 3093\, m'l' - 43,9\, m' = d''; \end{cases}$$

$$x' = 270° \quad \begin{cases} - 2790\, m'h' - 2419\, m'l' + 54,1\, m' = d', \\ - 1798\, m'h' - 2320\, m'l' + 16,8\, m' = d''. \end{cases}$$

118. Ces systèmes, étant résolus par rapport à $m'h'$ et à $m'l'$, ont donné successivement :

$$\varepsilon' = 234° \quad \begin{cases} m'h' = -0,283.39 + 0,109.64\,m' - 0,000.955\,P' + 0,000.356\,Q' , \\ m'l' = -0,185.14 + 0,075.33\,m' + 0,000.118\,P' - 0,002.547\,Q' ; \end{cases}$$

$$\varepsilon' = 243° \quad \begin{cases} m'h' = -0,330.19 + 0,121.40\,m' - 0,000.846\,P' - 0,000.699\,Q' , \\ m'l' = -0,039.90 + 0,032.92\,m' + 0,000.551\,P' - 0,002.518\,Q' ; \end{cases}$$

$$\varepsilon' = 252° \quad \begin{cases} m'h' = -0,311.34 + 0,108.07\,m' - 0,000.497\,P' - 0,001.679\,Q' , \\ m'l' = +0,112.09 - 0,007.58\,m' + 0,000.895\,P' - 0,002.075\,Q' ; \end{cases}$$

$$\varepsilon' = 261° \quad \begin{cases} m'h' = -0,225.51 + 0,077.62\,m' - 0,000.039\,P' - 0,002.419\,Q' , \\ m'l' = +0,243.55 - 0,030.63\,m' + 0,001.079\,P' - 0,001.270\,Q' ; \end{cases}$$

$$\varepsilon' = 270° \quad \begin{cases} m'h' = -0,086.39 + 0,046.81\,m' + 0,000.485\,P' - 0,002.798\,Q' , \\ m'l' = +0,327.88 - 0,031.63\,m' + 0,001.051\,P' - 0,000.209\,Q' . \end{cases}$$

119. Calculant enfin les erreurs Δ que ces différentes solutions laissent subsister dans la théorie, aux époques des équations de condition, on a trouvé :

$$1°. \; Pour \; \varepsilon' = 234°.$$

Années.	
1690	$\Delta = -\ 2,9 - 56,8\,m' - 0,56\,P' - 2,11\,Q'$
1712	$\Delta = +\ 21,1 - 8,6\,m' - 0,95\,P' + 0,00\,Q'$
1715	$\Delta = +\ 0,0 + 0,0\,m' - 1,00\,P' + 0,00\,Q'$
1747	$\Delta = -\ 28,2 - 8,1\,m' - 0,74\,P' - 1,52\,Q'$
1754	$\Delta = -\ 38,3 - 1,2\,m' - 0,54\,P' - 1,70\,Q'$
1761	$\Delta = -\ 35,7 + 4,4\,m' - 0,34\,P' - 1,71\,Q'$
1768	$\Delta = -\ 21,5 + 4,5\,m' - 0,15\,P' - 1,49\,Q'$
1775	$\Delta = +\ 0,0 + 0,0\,m' + 0,00\,P' - 1,00\,Q'$
1782	$\Delta = +\ 10,0 - 3,7\,m' + 0,04\,P' - 0,41\,Q'$
1789	$\Delta = +\ 3,4 - 2,5\,m' + 0,02\,P' + 0,05\,Q'$
1796	$\Delta = -\ 4,8 + 2,3\,m' - 0,03\,P' + 0,22\,Q'$
1803	$\Delta = -\ 9,4 + 4,0\,m' - 0,04\,P' + 0,14\,Q'$
1810	$\Delta = +\ 0,0 + 0,0\,m' + 0,00\,P' + 0,00\,Q'$
1817	$\Delta = +\ 10,5 - 3,6\,m' + 0,03\,P' - 0,05\,Q'$
1824	$\Delta = +\ 5,3 - 2,3\,m' + 0,02\,P' + 0,00\,Q'$
1831	$\Delta = -\ 5,1 + 2,9\,m' - 0,02\,P' + 0,04\,Q'$
1838	$\Delta = -\ 9,3 + 4,3\,m' - 0,03\,P' + 0,03\,Q'$
1845	$\Delta = +\ 0,0 + 0,0\,m' + 0,00\,P' + 0,00\,Q' ;$

$2^o.$ *Pour* $s' = 243^o.$

Années.

$$1690 \quad \Delta = -\ 7,4 - 53,0\,m' - 0,54\,P' - 2,24\,Q'$$
$$1712 \quad \Delta = +\ 22,1 - 10,6\,m' - 0,93\,P' - 0,02\,Q'$$
$$1715 \quad \Delta = +\ 0,0 + 0,0\,m' - 1,00\,P' + 0,00\,Q'$$
$$1747 \quad \Delta = -\ 25,2 - 5,5\,m' - 0,76\,P' - 1,42\,Q'$$
$$1754 \quad \Delta = -\ 35,0 - 1,5\,m' - 0,57\,P' - 1,63\,Q'$$
$$1761 \quad \Delta = -\ 33,5 + 2,8\,m' - 0,35\,P' - 1,66\,Q'$$
$$1768 \quad \Delta = -\ 20,4 + 3,4\,m' - 0,20\,P' - 1,47\,Q'$$
$$1775 \quad \Delta = +\ 0,0 + 0,0\,m' + 0,00\,P' - 1,00\,Q'$$
$$1782 \quad \Delta = +\ 10,6 - 3,7\,m' + 0,05\,P' - 0,43\,Q'$$
$$1789 \quad \Delta = +\ 4,0 - 2,7\,m' + 0,02\,P' + 0,04\,Q'$$
$$1796 \quad \Delta = -\ 3,2 + 1,7\,m' - 0,03\,P' + 0,22\,Q'$$
$$1803 \quad \Delta = -\ 8,7 + 3,7\,m' - 0,03\,P' + 0,14\,Q'$$
$$1810 \quad \Delta = +\ 0,0 + 0,0\,m' + 0,00\,P' + 0,00\,Q'$$
$$1817 \quad \Delta = +\ 9,8 - 4,3\,m' + 0,03\,P' - 0,05\,Q'$$
$$1824 \quad \Delta = +\ 5,3 - 3,5\,m' + 0,02\,P' + 0,00\,Q'$$
$$1831 \quad \Delta = -\ 4,4 + 2,3\,m' - 0,01\,P' + 0,04\,Q'$$
$$1838 \quad \Delta = -\ 10,1 + 5,2\,m' - 0,03\,P' + 0,04\,Q'$$
$$1845 \quad \Delta = +\ 0,0 + 0,0\,m' + 0,00\,P' + 0,00\,Q';$$

$3^o.$ *Pour* $s' = 252^o.$

Années.

$$1690 \quad \Delta = -\ 8,6 - 45,1\,m' - 0,49\,P' - 2,38\,Q'$$
$$1712 \quad \Delta = +\ 21,6 - 11,6\,m' - 0,93\,P' - 0,04\,Q'$$
$$1715 \quad \Delta = +\ 0,0 + 0,0\,m' - 1,00\,P' + 0,00\,Q'$$
$$1747 \quad \Delta = -\ 23,4 - 2,2\,m' - 0,75\,P' - 1,37\,Q'$$
$$1754 \quad \Delta = -\ 34,6 - 1,5\,m' - 0,56\,P' - 1,58\,Q'$$
$$1761 \quad \Delta = -\ 33,1 + 1,3\,m' - 0,35\,P' - 1,64\,Q'$$
$$1768 \quad \Delta = -\ 20,9 + 2,4\,m' - 0,15\,P' - 1,45\,Q'$$
$$1775 \quad \Delta = +\ 0,0 + 0,0\,m' + 0,00\,P' - 1,00\,Q'$$
$$1782 \quad \Delta = +\ 9,7 - 2,8\,m' + 0,04\,P' - 0,42\,Q'$$
$$1789 \quad \Delta = +\ 3,0 - 2,1\,m' + 0,00\,P' + 0,06\,Q'$$
$$1796 \quad \Delta = -\ 4,6 + 1,4\,m' - 0,04\,P' + 0,24\,Q'$$
$$1803 \quad \Delta = -\ 9,6 + 3,5\,m' - 0,04\,P' + 0,15\,Q'$$
$$1810 \quad \Delta = +\ 0,0 + 0,0\,m' + 0,00\,P' + 0,00\,Q'$$
$$1817 \quad \Delta = +\ 9,7 - 4,1\,m' + 0,03\,P' - 0,07\,Q'$$
$$1824 \quad \Delta = +\ 4,9 - 3,4\,m' + 0,03\,P' - 0,01\,Q'$$
$$1831 \quad \Delta = -\ 5,0 + 2,5\,m' - 0,01\,P' + 0,03\,Q'$$
$$1838 \quad \Delta = -\ 9,7 + 5,6\,m' - 0,03\,P' + 0,03\,Q'$$
$$1845 \quad \Delta = +\ 0,0 + 0,0\,m' + 0,00\,P' + 0,00\,Q';$$

4°. Pour $z' = 261°$.

Années	
1690	$\Delta = -\ 5,0 - 34,1\,m' - 0,46\,P' - 2,50\,Q$
1712	$\Delta = +\ 21,7 - 11,8\,m' - 0,93\,P' - 0,07\,Q'$
1715	$\Delta = +\ 0,0 + 0,9\,m' - 1,00\,P' + 0,00\,Q'$
1747	$\Delta = +\ 25,3 + 1,9\,m' - 0,80\,P' - 1,26\,Q$
1754	$\Delta = -\ 36,0 - 0,6\,m' - 0,59\,P' - 1,50\,Q$
1761	$\Delta = -\ 33,5 - 0,4\,m' - 0,38\,P' - 1,57\,Q$
1768	$\Delta = -\ 30,6 + 0,7\,m' - 0,15\,P' - 1,42\,Q$
1775	$\Delta = +\ 0,0 + 0,0\,m' + 0,00\,P' - 1,00\,Q$
1782	$\Delta = +\ 10,2 - 2,3\,m' + 0,05\,P' - 0,44\,Q'$
1789	$\Delta = +\ 3,9 - 2,1\,m' + 0,02\,P' + 0,05\,Q'$
1796	$\Delta = -\ 3,9 + 0,5\,m' - 0,03\,P' + 0,24\,Q'$
1803	$\Delta = -\ 8,6 + 2,1\,m' - 0,04\,P' + 0,15\,Q'$
1810	$\Delta = +\ 0,0 + 0,0\,m' + 0,00\,P' + 0,00\,Q'$
1817	$\Delta = +\ 10,5 - 4,0\,m' + 0,03\,P' - 0,07\,Q'$
1824	$\Delta = +\ 5,5 - 3,5\,m' + 0,02\,P' - 0,02\,Q'$
1831	$\Delta = -\ 4,5 + 1,9\,m' - 0,02\,P' + 0,05\,Q'$
1838	$\Delta = -\ 9,3 + 4,9\,m' - 0,03\,P' + 0,04\,Q'$
1845	$\Delta = +\ 0,0 + 0,0\,m' + 0,00\,P' + 0,00\,Q'$

5°. Pour $z' = 270°$.

Années	
1690	$\Delta = +\ 3,3 - 20,9\,m' - 0,40\,P' - 2,63\,Q'$
1712	$\Delta = +\ 26,1 - 12,9\,m' - 0,93\,P' - 0,01\,Q'$
1715	$\Delta = +\ 0,0 + 0,0\,m' - 1,00\,P' + 0,00\,Q'$
1747	$\Delta = -\ 29,3 + 6,2\,m' - 0,83\,P' - 1,17\,Q'$
1754	$\Delta = -\ 40,0 - 0,6\,m' - 0,63\,P' - 1,40\,Q'$
1761	$\Delta = -\ 36,2 - 3,0\,m' - 0,41\,P' - 1,50\,Q'$
1768	$\Delta = -\ 21,1 - 0,9\,m' - 0,17\,P' - 1,39\,Q'$
1775	$\Delta = +\ 0,0 + 0,0\,m' + 0,00\,P' - 1,00\,Q'$
1782	$\Delta = +\ 9,6 - 0,7\,m' + 0,05\,P' - 0,45\,Q'$
1789	$\Delta = +\ 5,0 - 1,7\,m' + 0,01\,P' + 0,07\,Q'$
1796	$\Delta = -\ 4,4 + 0,2\,m' - 0,03\,P' + 0,23\,Q'$
1803	$\Delta = -\ 9,4 + 1,6\,m' - 0,02\,P' + 0,15\,Q'$
1810	$\Delta = +\ 0,0 + 0,0\,m' + 0,00\,P' + 0,00\,Q'$
1817	$\Delta = +\ 10,1 - 3,0\,m' + 0,03\,P' - 0,07\,Q'$
1824	$\Delta = +\ 4,8 - 3,2\,m' + 0,02\,P' - 0,01\,Q'$
1831	$\Delta = -\ 4,9 + 1,3\,m' - 0,02\,P' + 0,04\,Q'$
1838	$\Delta = -\ 9,3 + 4,7\,m' - 0,04\,P' + 0,05\,Q'$
1845	$\Delta = +\ 0,0 + 0,0\,m' + 0,00\,P' + 0,00\,Q'$

120. Telles sont les expressions qu'il s'agirait d'examiner avec un grand soin, d'une part, pour s'assurer qu'on peut effectivement faire coïncider la théorie avec l'observation, en disposant convenablement de ε', m', P' et Q', et, par suite, de $m'h'$ et $m'l'$; et, d'autre part, pour obtenir la solution qui satisfait le plus rigoureusement à l'ensemble des observations. Je ne crois pas devoir entrer ici dans les détails de cet examen, qui ferait double emploi avec une discussion approfondie du même sujet, à laquelle je me livrerai dans la *quatrième* partie de cet écrit. Je vais donc me borner à présenter quelques remarques succinctes, et les conclusions auxquelles je suis arrivé; conclusions que je rapporterai en conservant les mêmes termes dans lesquels elles furent lues à l'Académie des Sciences, dans la séance du 1ᵉʳ juin 1846, et imprimées dans le *Compte rendu* de cette séance. (*Comptes rendus*, tome XXII, page 907.)

121. On peut voir combien sont petits les coefficients de m' dans les expressions des erreurs théoriques, celle de 1690 étant exceptée. Il y a plus: quand on fait la somme des quatre erreurs comprises, soit entre 1715 et 1775, soit entre 1775 et 1810, soit enfin entre 1810 et 1845, le coefficient de m' s'abaisse encore et devient presque nul. Voilà la cause qui a fait que les équations moyennes du n° 84 ont été insuffisantes pour déterminer la valeur de m'. Le coefficient de cette variable étant considérable en 1690, nous pourrions, sous ce rapport, employer l'équation correspondante à la déterminer; mais l'observation faite par Flamsteed n'est pas d'une exactitude suffisante pour cet objet. La recherche de la valeur de m' est un point fort délicat, et qui ne pourra être traité définitivement qu'après que nous aurons fait concourir l'ensemble des observations *géocentriques* d'Uranus à une solution plus rigoureuse du problème. Disons, dès à présent, que les expressions des erreurs théoriques données ci-dessus ne paraissent pas permettre qu'on prenne m' inférieur à *l'unité*, ni supérieur à *trois demi*; en sorte que la masse de la nouvelle planète serait, en tous cas, supérieure à celle d'Uranus.

122. Considérons les erreurs de la théorie pour $\varepsilon' = 252°$, et supposons-y arbitrairement $m' = 1$, P' $= -15''$, Q' $= +10''$. Ces erreurs se réduiront aux nombres suivants:

En 1690	$\Delta = -23''$		En 1789	$\Delta = +9''$
En 1712	$\Delta = +24$		En 1796	$\Delta = -5$
En 1715	$\Delta = +15$		En 1803	$\Delta = -7$
En 1747	$\Delta = -1$		En 1810	$\Delta = +0$
En 1754	$\Delta = -12$		En 1817	$\Delta = +6$
En 1761	$\Delta = -10$		En 1824	$\Delta = +1$
En 1768	$\Delta = -3$		En 1831	$\Delta = -3$
En 1775	$\Delta = +10$		En 1838	$\Delta = -4$
En 1782	$\Delta = +10$		En 1845	$\Delta = +0$

On pourrait, si on le voulait, considérer ces erreurs comme parfaitement admissibles, attendu qu'il n'y a pas une seule des planètes dont la théorie n'en renferme de plus fortes. Mais cette concession est inutile. Parmi les erreurs précédentes, celle de 1754, $\Delta = -12''$, et celle de 1782, $\Delta = +10''$, sont les plus graves, parce que les positions d'Uranus sont très-bien déterminées à ces époques. Or, si au lieu de se borner à calculer l'influence des erreurs P′ et Q′ sur l'exactitude de la théorie, on eût déterminé semblablement l'influence des erreurs R′ et S′ correspondantes à 1810 et 1845, on eût trouvé qu'il eût suffi de faire R′ et S′ égaux à $-3''$, hypothèse très-légitime sans doute, pour que l'erreur théorique en 1754 fût réduite à $-2''$, et l'erreur théorique en 1782 à $+8''$. On voit de quel intérêt il était d'introduire dans cette discussion les erreurs possibles des observations, ou, pour parler plus exactement, les petites différences qu'on pouvait admettre sans scrupule, entre les observations et une théorie qui n'a pas encore reçu toute la perfection que nous lui donnerons plus tard.

Nous voilà donc autorisés à conclure,

Qu'on peut représenter toutes les observations d'Uranus au moyen de l'action perturbatrice d'une planète, dont la longitude moyenne était, au 1ᵉʳ janvier 1800, de 252°; dont l'excentricité et la longitude du périhélie sont déterminées par les formules du n° 118.

Si l'on discute semblablement les solutions correspondantes aux autres valeurs de ε', on reconnaît qu'on peut diminuer cette longitude jusqu'à 243°, ou même un peu au-dessous; qu'on peut, au contraire, l'augmenter jusqu'à 261° et au delà, mais sans qu'elle puisse s'élever cependant jusqu'à 270°. Ces données nous suffiront pour le moment.

123. Occupons-nous enfin de la position actuelle de la planète dans le ciel. C'est le but le plus important de mon travail, puisqu'il devra servir de point de départ aux observateurs pour découvrir le nouvel astre. J'ai trouvé, pour le 1ᵉʳ janvier 1847 :

$$\varepsilon = 314°,5 + 12°,255 + \frac{1}{m'}\left\{20°,82 - 10°,795 - 1°,146\cdot\right\}$$

La discussion de cette formule, sous le rapport des limites dans lesquelles m' et ζ doivent rester comprises, pour que l'on ne cesse pas de satisfaire aux observations, montre qu'on peut, à très-peu près, assigner 325° de longitude héliocentrique à la planète, au 1ᵉʳ janvier 1847.

Tel est le résultat capital auquel je suis parvenu. Lorsque, dans l'ignorance complète de la position de la planète cherchée, il m'était nécessaire d'étendre les discussions des formules et leur comparaison aux observations, à toutes les régions de l'écliptique, j'ai dû nécessairement, pour simplifier mon travail et ne pas le rendre impossible, ne m'occuper que d'un certain nombre de positions choisies d'Uranus; mais, actuellement que les éléments de l'ellipse décrite par la planète sont déterminés avec approximation par la solution précédente, il devient possible de faire entrer dans la solution du problème toutes les observations que nous possédons. On pourra même corriger la durée de la révolution périodique. Je vais m'en occuper dans la quatrième partie de ce travail. Qu'on me permette auparavant d'en résumer les trois premières.

On voit que, pour obtenir de la réunion de la théorie avec les observations, tous les secours dont j'avais besoin, il m'a fallu successivement :

Reprendre le calcul des perturbations que Jupiter exerce sur Uranus; déterminer celles qui sont produites par Saturne, en poussant les approximations jusqu'aux carrés et aux produits des masses, ce qui a introduit de notables changements dans les théories admises;

Réduire près de trois cents observations méridiennes d'Uranus;

Calculer les positions héliocentriques correspondantes de cette planète, en supposant qu'elle n'obéisse qu'aux actions réunies du Soleil, de Jupiter et de Saturne; en déduire les coordonnées géocentriques avec le secours des Tables du Soleil, et prouver péremptoirement qu'il y a incompatibilité entre les lieux ainsi calculés et les lieux observés.

L'existence d'une planète encore inconnue se trouvant ainsi mise hors de doute, j'ai renversé le problème qu'on s'est, jusqu'ici, proposé dans le calcul des perturbations. Au lieu d'avoir à mesurer l'action d'une planète déterminée, j'ai dû partir des inégalités reconnues dans Uranus, pour en déduire les éléments de l'orbite de la planète perturbatrice; pour donner la position de cette planète dans le ciel, et montrer que son action rendait parfaitement compte des inégalités apparentes d'Uranus.

Il ne viendra sans doute à personne l'idée de vouloir réduire notre système solaire à d'étroites limites, et d'en tirer une conclusion contre l'existence d'un nouvel astre. Dans ce cas, cependant, je répondrais qu'on aurait eu les mêmes raisons d'affirmer, le 12 mars 1781, que Saturne était la dernière des planètes, sauf à être contredit le lendemain par la découverte d'Uranus. L'hypothèse qu'il existe des planètes plus éloignées du Soleil que celles que nous connaissons est-elle donc neuve? Dès l'année 1758, l'illustre géomètre Clairaut déclarait, dans la séance publique de l'Académie des Sciences, à l'occasion des perturbations de la comète de Halley, qu'un corps qui traverse des régions aussi éloignées pourrait être soumis à des forces totalement inconnues, telles que l'action de planètes trop distantes pour être jamais aperçues.

Espérons seulement que les astres dont parle Clairaut ne seront pas tous invisibles; que, si le hasard a fait découvrir Uranus, on réussira bien à voir la planète dont je viens de faire connaître la position.

QUATRIÈME PARTIE.

DÉTERMINATION PLUS PRÉCISE DES ÉLÉMENTS DE L'ORBITE,
ET DE LA POSITION ACTUELLE DE LA PLANÈTE TROUBLANTE,
AU MOYEN DE L'ENSEMBLE DES OBSERVATIONS D'URANUS.

---

124. L'astre troublant dont nous nous occupons, ayant échappé jusqu'ici aux observations physiques, ne peut avoir dans les lunettes que l'apparence d'une étoile de rang inférieur; il est donc nécessaire de ne rien omettre, dans la théorie, de la précision à laquelle l'ensemble des observations d'Uranus peut conduire, si l'on veut non-seulement assurer la découverte physique de la nouvelle planète, mais encore en hâter l'instant. J'ai prouvé l'existence de ce nouveau corps par les développements qui précèdent; j'ai même assigné sa position actuelle, à très-peu près; je vais maintenant m'occuper de perfectionner ce dernier point, et déterminer, aussi exactement que possible, le lieu du ciel où les lunettes devront faire apercevoir une planète, jusqu'ici inconnue.

Ainsi que je l'ai déjà dit, lorsque j'ignorais complétement dans quelle partie du zodiaque je devais trouver le nouvel astre, et qu'il me fallait, par conséquent, étendre mes recherches à toutes les régions de l'écliptique, j'ai fait usage de quelques simplifications qui ne pouvaient nuire en rien à la découverte de la vérité principale, mais qui ont pu altérer un peu la précision du dernier résultat, relatif à la position actuelle de la planète. Rappelons succinctement en quoi consistaient ces simplifications, afin d'exposer en quels points la détermination que nous allons entreprendre aura plus de précision et plus de généralité.

125. J'ai fondé mes premières recherches sur la considération des erreurs héliocentriques des Tables d'Uranus : c'est dire que, depuis 1781 jusqu'en 1845, je n'ai employé que les observations faites dans les oppositions; par là, les équations de condition ont été plus faciles à former, mais on s'est trouvé privé de l'avantage qu'il y eût eu à faire concourir les observations des quadratures d'Uranus à la détermination des constantes de la nouvelle théorie. Quant aux observations antérieures à 1781, elles n'ont pas toutes été faites au moment précis de l'opposition. La théorie pouvait donc, à ces époques, être en défaut par une double cause, soit par l'inexactitude de la longitude héliocentrique, soit par l'inexactitude du rayon vecteur d'Uranus; on avait négligé l'influence de cette seconde source d'erreur. L'inconvénient qui pouvait en résulter était sans doute peu sensible, à cause de l'imperfection des anciennes observations; nous chercherons cependant à l'éviter entièrement.

Dans ce but, nous aurons recours aux équations de condition que nous avons formées dans le n° 78, entre les erreurs *géocentriques* des Tables et les corrections des éléments de l'orbite d'Uranus. Nous complèterons ces équations en ajoutant à leurs premiers membres les perturbations de la longitude géocentrique d'Uranus, dues à l'action de la nouvelle planète; perturbations *géocentriques* qu'on déduira des perturbations de la longitude héliocentrique et des perturbations du rayon vecteur, par la formule qui donne δG en fonction de δv et δr.

Nous donnerons en outre plus de précision à la théorie, en tenant compte des inégalités séculaires dans le calcul de la longitude, et d'une inégalité périodique du second ordre.

126. J'ai supposé, dans la première approximation, que le grand axe de l'orbite de la nouvelle planète était précisément double du grand axe de l'orbite d'Uranus. Si je n'étais pas parvenu à expliquer ainsi les inégalités du mouvement de cette dernière planète, il n'eût pas fallu pour cela conclure que l'action perturbatrice d'un nouveau corps n'était pas susceptible de représenter les anomalies observées. On aurait dû essayer de résoudre le problème pour d'autres valeurs du rapport des moyennes distances, en se tenant, à cet égard, dans les limites que nous avons indiquées : mais nous avons été débarrassés de ce soin, puisque nous avons reconnu qu'on peut satisfaire convenablement à toutes les équations en adoptant *un demi* pour la valeur de ce rapport.

Toutefois, ce nombre ne peut être considéré que comme une première approximation. Nous chercherons ici quelle correction on doit lui faire subir pour représenter l'ensemble des observations d'Uranus avec la plus grande précision possible. Tous les éléments de l'orbite de la nouvelle planète auront alors été déterminés par la théorie, et sans aucune hypothèse arbitraire.

Formules pour le calcul des perturbations héliocentriques.

127. Différentes circonstances m'ayant porté, dans le cours de mes recherches, à refaire une portion des calculs compris dans la troisième partie de ce travail, en supposant le rapport des moyennes distances des deux planètes égal, non plus à 0,50, mais à 0,51, je reconnus que la seconde hypothèse était plus précise que la première. Je poserai désormais, pour le rapport z des moyennes distances, a et a',

$$\frac{a}{a'} = z = 0,51 + 0,02\,\gamma.$$

En prenant semblablement $252°$ pour valeur approchée de la longitude moyenne z', je pourrai écrire

$$z' = 252° + 18°\,\delta.$$

γ et δ sont deux nouvelles variables, qui resteront toujours assez petites pour qu'on puisse développer les résultats suivant les puissances et les produits de ces variables, en s'en tenant aux termes du second ordre.

Les développements dont il s'agit seraient fort compliqués, si l'on voulait les obtenir directement, en traitant chacune des fonctions par la série de Taylor. Il sera beaucoup plus simple d'effectuer tous les calculs pour différentes hypothèses convenables, faites successivement sur γ et δ, sauf à en déduire ensuite les expressions algébriques de ceux des développements dont on aura besoin. Les hypothèses auxquelles nous aurons recours seront les suivantes :

$$1°.\ \gamma = -1 \quad \text{et} \quad \delta = 0,$$
$$2°.\ \gamma = 0 \quad \text{et} \quad \delta = -1,$$
$$3°.\ \gamma = 0 \quad \text{et} \quad \delta = 0,$$
$$4°.\ \gamma = 0 \quad \text{et} \quad \delta = 1,$$
$$5°.\ \gamma = 1 \quad \text{et} \quad \delta = -1,$$
$$6°.\ \gamma = 1 \quad \text{et} \quad \delta = 0.$$

Dans la solution, à laquelle nous arriverons en définitive, γ sera à très-peu près égal à 1, et δ sera compris entre 0 et -1; en sorte que les valeurs particulières des fonctions, calculées pour les divers états des variables que nous venons d'indiquer, assurent, dans les environs de la solution qui convient au problème, l'exactitude de la marche des expressions algébriques approchées auxquelles nous parviendrons.

126. Voici la Table des principales valeurs de $b_\gamma^{(1)}$ et de ses dérivées, pour les différents états de γ, savoir : $\gamma = -1$, $\gamma = 0$ et $\gamma = +1$.

$\gamma = -1$	$\gamma = 0$	$\gamma = +1$
$b_{\frac{1}{2}}^{(1)} = 0,5422,$	$b_{\frac{1}{2}}^{(1)} = 0,3698,$	$b_{\frac{1}{2}}^{(1)} = 0,5982,$
$\alpha\,\dfrac{db_{\frac{1}{2}}^{(1)}}{d\alpha} = 0,0662,$	$\alpha\,\dfrac{db_{\frac{1}{2}}^{(1)}}{d\alpha} = 0,7143,$	$\alpha\,\dfrac{db_{\frac{1}{2}}^{(1)}}{d\alpha} = 0,7601,$
$\alpha^2\,\dfrac{d^2 b_{\frac{1}{2}}^{(1)}}{d\alpha^2} = 0,4683,$	$\alpha^2\,\dfrac{d^2 b_{\frac{1}{2}}^{(1)}}{d\alpha^2} = 0,5580,$	$\alpha^2\,\dfrac{d^2 b_{\frac{1}{2}}^{(1)}}{d\alpha^2} = 0,6642,$
$b_{\frac{1}{2}}^{(2)} = 0,2016,$	$b_{\frac{1}{2}}^{(2)} = 0,2207,$	$b_{\frac{1}{2}}^{(2)} = 0,2412,$
$\alpha\,\dfrac{db_{\frac{1}{2}}^{(2)}}{d\alpha} = 0,4546,$	$\alpha\,\dfrac{db_{\frac{1}{2}}^{(2)}}{d\alpha} = 0,5040,$	$\alpha\,\dfrac{db_{\frac{1}{2}}^{(2)}}{d\alpha} = 0,5579,$
$\alpha^2\,\dfrac{d^2 b_{\frac{1}{2}}^{(2)}}{d\alpha^2} = 0,7026,$	$\alpha^2\,\dfrac{d^2 b_{\frac{1}{2}}^{(2)}}{d\alpha^2} = 0,8108,$	$\alpha^2\,\dfrac{d^2 b_{\frac{1}{2}}^{(2)}}{d\alpha^2} = 0,9366,$
$b_{\frac{1}{2}}^{(3)} = 0,0828,$	$b_{\frac{1}{2}}^{(3)} = 0,0944,$	$b_{\frac{1}{2}}^{(3)} = 0,1072,$
$\alpha\,\dfrac{db_{\frac{1}{2}}^{(3)}}{d\alpha} = 0,2707,$	$\alpha\,\dfrac{db_{\frac{1}{2}}^{(3)}}{d\alpha} = 0,3114,$	$\alpha\,\dfrac{db_{\frac{1}{2}}^{(3)}}{d\alpha} = 0,3572,$
$\alpha^2\,\dfrac{d^2 b_{\frac{1}{2}}^{(3)}}{d\alpha^2} = 0,6716,$	$\alpha^2\,\dfrac{d^2 b_{\frac{1}{2}}^{(3)}}{d\alpha^2} = 0,7924,$	$\alpha^2\,\dfrac{d^2 b_{\frac{1}{2}}^{(3)}}{d\alpha^2} = 0,9290.$

129. Considérons d'abord les perturbations périodiques de l'ordre *zéro* et du *premier* ordre de la longitude héliocentrique et du rayon vecteur, ainsi que les inégalités séculaires. Désignons toujours par ζ l'anomalie moyenne, et par l la longitude moyenne d'Uranus. Enfin, continuons, pour la commodité du calcul, à donner les arguments des perturbations en degrés *décimaux*, et les coefficients en secondes *sexagésimales*. Nous trouverons, en attribuant à γ ses diverses valeurs, les expressions suivantes:

$$1^\circ. \text{ Pour } \gamma = -1.$$

$$p_1 = 87,22 - 3,128\,t,$$
$$p_2 = 374,44 - 6,256\,t,$$
$$p_3 = 61,66 - 9,384\,t,$$
$$p_4 = 93,88 + 1,633\,t,$$
$$p_5 = 381,10 - 1,495\,t,$$
$$p_6 = 68,32 - 4,623\,t;$$

$$n_1 = 280,00 + 1,633\,t,$$
$$n_2 = 367,22 - 1,495\,t,$$
$$n_3 = 54,44 - 4,623\,t$$

$\delta r = + 16'',9 \sin p_1$	$m' +$	$40'' \cos n_1$	$m'h' -$	$40'' \sin n_1$	$m'l'$
$+ 25,0 \sin p_2$	$-$	$101 \cos n_2$	$+$	$101 \sin n_2$	
$+ 2,5 \sin p_3$	$-$	$1706 \cos n_3$	$+$	$1706 \sin n_3$	
$+ 1,7 \sin p_4$	$+ 0'',270\,t \sin l$		$+ 0'',270\,t \cos l$		
$+ 14,2 \sin p_5$					
$+ 43,8 \sin p_6$					
$- 0'',0210\,t \cos \zeta$					

$$\frac{\delta r}{100} = - 2'',6 \cos p_1 \quad\bigg|\quad m' + 112'' \sin n_1 . m'h' + 112'' \cos n_1 . m'l'.$$
$$- 3,0 \cos p_2$$

$$2^\circ. \text{ Pour } \gamma = 0.$$

$$p_1 = 87,22 - 3,027\,t,$$
$$p_2 = 374,44 - 6,054\,t,$$
$$p_3 = 61,66 - 9,081\,t,$$
$$p_4 = 93,88 + 1,734\,t,$$
$$p_5 = 381,10 - 1,293\,t,$$
$$p_6 = 68,32 - 4,320\,t;$$

$$n_1 = 280,00 + 1,734\,t,$$
$$n_2 = 367,22 - 1,293\,t,$$
$$n_3 = 54,44 - 4,320\,t.$$

$\delta r = + 20'',2 \sin p_1$	$m' +$	$46'' \cos n_1$	$m'h' -$	$46'' \sin n_1$	$m'l'$
$+ 35,0 \sin p_2$	$-$	$148 \cos n_2$	$+$	$148 \sin n_2$	
$+ 3,4 \sin p_3$	$-$	$696 \cos n_3$	$+$	$696 \sin n_3$	
$+ 2,1 \sin p_4$	$+ 0'',334\,t \sin l$		$+ 0'',334\,t \cos l$		
$+ 20,5 \sin p_5$					
$+ 18,6 \sin p_6$					
$- 0'',0257\,t \cos \zeta$					

$$\frac{\delta r}{100} = - 4'',3 \cos p_2 \quad\bigg|\quad m' + 76'' \sin n_1 . m'h' + 76'' \cos n_1 . m'l'.$$
$$- 1,9 \cos p_6$$

201

3°. Pour $\gamma = +1$.

$$p_1 = 87,22 - 2,924\,t, \qquad n_1 = 280,09 + 1,837\,t.$$
$$p_2 = 374,44 - 5,848\,t, \qquad n_2 = 367,02 - 1,087\,t,$$
$$p_3 = 61,66 - 8,772\,t, \qquad n_3 = 54,44 - 4,011\,t.$$
$$p_4 = 93,88 + 1,837\,t,$$
$$p_5 = 381,10 - 1,087\,t,$$
$$p_6 = 68,32 - 4,011\,t;$$

$$
\delta v = +24,2 \sin p_1 \;\Big|\; m' + 52° \cos n_1 \;\Big|\; m'h' - 52° \sin n_1 \;\Big|\; m'l'
$$
$$
 +50,5 \sin p_2 \;\Big|\; -230 \cos n_2 \;\Big|\; +230 \sin n_2
$$
$$
 +4,5 \sin p_3 \;\Big|\; -539 \cos n_3 \;\Big|\; +539 \sin n_3
$$
$$
 +2,5 \sin p_4 \;\Big|\; +0°,4087 \sin l \;\Big|\; +0°,4087 \cos l
$$
$$
 +31,1 \sin p_5
$$
$$
 +14,9 \sin p_6
$$
$$
 -0°,0364 \cos l
$$

$$
\frac{\delta r}{100} = -6,1 \cos p_1 \;\Big|\; m' + 59° \sin n_1 \,.\, m'h' + 59° \cos n_1 \,.\, m'l'.
$$
$$
\phantom{\frac{\delta r}{100} =} -1,4 \cos p_6
$$

L'expression de la seule perturbation du second ordre dont il soit nécessaire de tenir compte a été donnée au n° 92. Elle renferme un terme proportionnel à m', un autre proportionnel à $m'e'$; un troisième, enfin, proportionnel à $m'e'^2$. Le terme proportionnel à m' ne changeant rien à la forme des équations de condition, n'apporte aucune nouvelle difficulté théorique; je l'ai cependant négligé, parce que son coefficient est assez petit pour qu'on puisse confondre l'effet de ce terme avec le moyen mouvement, relativement à la période d'observations que nous possédons. Le terme en $m'e'$, ne dépendant que de $m'h'$ et $m'l'$, ne complique pas non plus la forme des équations : c'est, d'ailleurs, le plus considérable des trois. Il a été nécessaire de tenir compte du terme en t^2, qu'on obtient par le développement de cette partie de l'inégalité. Quant au terme en $m'e'^2$, il ajouterait de grandes difficultés à la résolution des équations, s'il était nécessaire de le conserver; mais, d'après ce que la première approximation du problème nous a appris de la petitesse de e', on peut s'assurer que le coefficient de cette troisième partie de l'inégalité est assez petit pour qu'on puisse encore confondre son effet avec le moyen mouvement. Par ce moyen, les équations du problème continueront à être linéaires par rapport à m', $m'h'$ et $m'l'$;

et nous n'aurons plus, pour compléter les perturbations, qu'à ajouter à la longitude héliocentrique les termes suivants :

1°. Pour $\gamma = -1$ et $\delta = 0$, $\quad \delta v = -0,00526 \, t^2 m'h' + 0,00751 \, t^2 m'l'$;

2°. Pour $\gamma = 0$ et $\delta = -1$, $\quad \delta v = -0,01056 \, t^2 m'h' + 0,00018 \, t^2 m'l'$;

3°. Pour $\gamma = 0$ et $\delta = 0$, $\quad \delta v = -0,00606 \, t^2 m'h' + 0,00865 \, t^2 m'l'$;

4°. Pour $\gamma = 0$ et $\delta = +1$, $\quad \delta v = +0,00344 \, t^2 m'h' + 0,00999 \, t^2 m'l'$;

5°. Pour $\gamma = +1$ et $\delta = -1$, $\quad \delta v = -0,01214 \, t^2 m'h' + 0,00020 \, t^2 m'l'$;

6°. Pour $\gamma = +1$ et $\delta = 0$, $\quad \delta v = -0,00606 \, t^2 m'h' + 0,00993 \, t^2 m'l'$.

Calcul des perturbations de la longitude géocentrique.

130. On a calculé, au moyen des formules précédentes, les perturbations de la longitude héliocentrique et du rayon vecteur, pour les époques correspondantes aux observations; et l'on en a déduit les perturbations de la longitude géocentrique. On a trouvé ainsi, successivement, pour les différentes hypothèses faites sur γ et δ :

1°. *Pour* $\gamma = -1$ *et* $\delta = 0$.

époques des observations	COEFFICIENTS DE m' dans les perturbations de			COEFFICIENTS DE $m'\lambda'$ dans les perturbations de			COEFFICIENTS DE $m'l'$ dans les perturbations de		
	la longitude héliocentrique	la centième partie du rayon	la longitude géocentrique	la longitude héliocentrique	la centième partie du rayon	la longitude géocentrique	la longitude héliocentrique	la centième partie du rayon	la longitude géocentrique
1690,98	+ 12,8	+ 4,4	+ 14,1	+1312	+ 98	+1381	+1165	− 89	+1309
1712,25	+ 79,8	− 0,9	+ 73,9	+1054	+ 91	−1103	+1527	+ 66	+1607
1715,27	+ 63,6	− 1,6	+ 61,3	−1357	+ 73	−1435	+1277	+ 84	+1348
1715,33	+ 63,4	− 1,6	+ 67,4	−1362	+ 74	−1363	+1271	+ 84	+1337
1750,79	− 63,4	+ 0,0	− 66,9	+ 370	− 168	+ 337	−1570	− 31	−1618
1750,95	− 63,2	+ 1,0	− 63,9	+ 397	− 107	+ 336	−1366	− 33	−1540
1753,99	− 58,7	+ 3,3	− 57,7	+ 703	− 97	+ 675	−1426	+ 55	−1499
1756,74	− 49,3	+ 3,4	− 51,6	+ 985	− 84	+1028	−1230	− 73	−1397
1784,04	− 14,8	+ 5,2	− 13,5	+1474	− 36	+1450	− 497	− 106	− 347
1769,00	+ 13,2	+ 5,3	+ 14,7	+1562	+ 4	+1596	+ 191	− 117	+ 72
1769,05	+ 13,5	+ 5,3	+ 14,8	+1569	+ 4	+1568	+ 197	− 112	+ 79
1771,98	+ 29,3	+ 4,8	+ 31,3	+1569	+ 13	+1571	+ 459	− 108	+ 189
1781,74	+ 69,4	+ 1,7	+ 69,0	+ 841	+ 99	+ 812	+1430	− 67	+1452
1782,02	+ 70,0	+ 1,6	+ 73,8	+ 813	+ 93	+ 865	+1436	− 62	+1911
1783,39	+ 70,4	+ 1,3	+ 71,2	+ 795	+ 94	+ 806	+1451	− 61	+1443
1784,73	+ 71,7	+ 1,3	+ 71,4	+ 238	+ 96	+ 719	+1486	− 57	+1505
1782,97	+ 72,3	+ 1,2	+ 76,2	+ 713	+ 97	+ 752	+1500	− 53	+1584
1783,77	+ 73,6	+ 0,9	+ 73,7	+ 630	+ 100	+ 604	+1546	− 50	+1587
1784,06	+ 74,1	+ 0,8	+ 77,9	+ 597	+ 101	+ 639	+1561	− 48	+1634
1784,33	+ 74,3	+ 0,7	+ 75,0	+ 579	+ 102	+ 612	+1570	− 46	+1588
1784,78	+ 75,0	+ 0,5	+ 73,0	+ 516	+ 103	+ 488	+1597	− 42	+1612
1785,04	+ 75,2	+ 0,4	+ 79,3	+ 482	+ 104	+ 520	+1609	− 41	+1603
1785,24	+ 75,4	+ 0,3	+ 75,8	+ 464	+ 105	+ 496	+1617	− 39	+1612
1785,82	+ 75,9	+ 0,1	+ 76,8	+ 397	+ 106	+ 472	+1630	− 36	+1670
1786,03	+ 76,0	− 0,0	+ 80,2	+ 372	+ 107	+ 393	+1637	− 33	+1747
1787,05	+ 76,4	− 0,4	+ 86,7	+ 353	+ 109	+ 268	+1673	− 25	+1771
1788,18	+ 76,6	− 0,9	+ 78,7	+ 117	+ 111	+ 148	+1700	− 19	+1732
1788,82	+ 76,1	− 1,1	+ 76,3	+ 40	+ 112	+ 8	+1709	− 11	+1710
1789,05	+ 76,0	− 1,2	+ 80,3	+ 12	+ 112	+ 11	+1711	− 9	+1807
1789,28	+ 75,8	− 1,3	+ 76,0	− 16	+ 112	+ 16	+1712	− 7	+1724
1789,83	+ 75,2	− 1,4	+ 75,6	− 83	+ 111	− 115	+1714	− 3	+1715
1790,07	+ 74,9	− 1,5	+ 79,1	− 143	+ 112	− 120	+1715	+ 1	+1811
1790,84	+ 73,9	− 1,8	+ 74,4	− 107	+ 112	− 239	+1711	+ 6	+1709
1791,68	+ 73,6	− 1,8	+ 77,7	− 236	+ 112	− 250	+1709	+ 8	+1805
1791,28	+ 73,2	− 1,9	+ 73,6	− 280	+ 112	− 252	+1706	+ 9	+1733
1791,85	+ 73,3	− 2,1	+ 72,8	− 329	+ 111	− 361	+1698	+ 14	+1694
1792,19	+ 74,7	− 2,1	+ 74,8	− 359	+ 111	− 380	+1694	+ 19	+1799
1793,87	+ 72,0	− 2,4	+ 72,8	− 451	+ 110	− 483	+1676	+ 22	+1671
1793,10	+ 69,1	− 2,5	+ 73,2	− 478	+ 110	− 505	+1670	+ 24	+1765
1793,88	+ 67,6	− 2,7	+ 66,2	− 370	+ 108	− 601	+1645	+ 30	+1630

1°. *Pour* $\gamma = -1$ *et* $\delta = 0$. (Suite.)

Époque des observa- tions.	COEFFICIENTS DE m' dans les perturbations de			COEFFICIENTS DE $m' h'$ dans les perturbations de			COEFFICIENTS DE $m' l'$ dans les perturbations de		
	la longitude héliocen- trique.	la centième partie du rayon.	la longitude géocen- trique.	la longitude héliocen- trique.	la centième partie du rayon.	la longitude géocen- trique.	la longitude héliocen- trique.	la centième partie du rayon.	la longitude géocen- trique.
1794,13	+ 66,8	− 2,7	+ 70,6	− 599	+ 108	− 631	+1636	+ 34	+1729
1794,89	+ 64,6	− 3,0	+ 65,2	− 687	+ 105	− 714	+1605	+ 38	+1586
1795,13	+ 63,9	− 3,0	+ 67,6	− 745	+ 105	− 758	+1604	+ 40	+1684
1795,91	+ 61,3	− 3,2	+ 62,4	− 803	+ 102	− 830	+1585	+ 45	+1544
1796,15	+ 60,5	− 3,2	+ 64,0	− 828	+ 101	− 875	+1542	+ 47	+1636
1796,93	+ 57,7	− 3,4	+ 58,8	− 913	+ 98	− 943	+1497	+ 53	+1482
1797,16	+ 56,8	− 3,4	+ 60,0	− 938	+ 97	− 997	+1483	+ 54	+1587
1797,94	+ 53,6	− 3,5	+ 54,9	− 1020	+ 94	− 1051	+1439	+ 60	+1418
1798,19	+ 52,6	− 3,5	+ 55,5	− 1054	+ 93	− 1100	+1414	+ 61	+1400
1799,30	+ 48,5	− 3,7	+ 50,9	− 1144	+ 85	− 1208	+1359	+ 68	+1416
1800,20	+ 43,8	− 3,8	+ 46,2	− 1238	+ 84	− 1310	+1258	+ 74	+1329
1801,21	+ 39,2	− 3,9	+ 41,4	− 1316	+ 78	− 1403	+1169	+ 80	+1235
1802,00	+ 35,6	− 4,0	+ 36,9	− 1391	+ 73	− 1419	+1096	+ 85	+1074
1802,93	+ 34,5	− 4,0	+ 36,5	− 1408	+ 71	− 1489	+1073	+ 86	+1136
1803,84	+ 29,5	− 4,0	+ 31,1	− 1481	+ 65	− 1567	+ 972	+ 91	+1028
1804,20	+ 24,6	− 3,9	+ 26,2	− 1544	+ 59	− 1623	+ 821	+ 96	+ 908
1804,27	+ 24,3	− 3,9	+ 25,6	− 1548	+ 58	− 1635	+ 803	+ 98	+ 914
1805,27	+ 19,3	− 3,9	+ 20,4	− 1606	+ 51	− 1698	+ 753	+ 100	+ 798
1806,79	+ 14,2	− 3,8	+ 14,0	− 1638	+ 43	− 1723	+ 637	+ 103	+ 676
1807,00	+ 10,5	− 3,7	+ 11,6	− 1691	+ 38	− 1760	+ 549	+ 105	+ 618
1807,30	+ 9,3	− 3,7	+ 9,7	− 1700	+ 35	− 1796	+ 519	+ 106	+ 556
1808,97	+ 5,5	− 3,6	+ 6,5	− 1727	+ 30	− 1798	+ 427	+ 108	+ 396
1808,32	+ 4,3	− 3,5	+ 4,5	− 1744	+ 27	− 1833	+ 366	+ 109	+ 429
1809,08	+ 0,6	− 3,4	+ 1,6	− 1755	+ 21	− 1761	+ 304	+ 110	+ 272
1809,34	− 0,6	− 3,4	− 0,7	− 1766	+ 18	− 1859	+ 272	+ 110	+ 290
1810,32	− 5,1	− 3,2	− 5,3	− 1775	+ 11	− 1876	+ 150	+ 111	+ 157
1811,13	− 8,8	− 3,1	− 8,0	− 1781	+ 5	− 1860	+ 49	+ 112	+ 18
1812,13	− 13,0	− 2,9	− 12,2	− 1759	+ 3	− 1783	− 70	+ 112	− 107
1812,34	− 13,9	− 2,8	− 14,6	− 1777	− 5	− 1877	− 102	+ 112	− 112
1813,15	− 17,2	− 2,7	− 16,5	− 1767	− 11	− 1778	− 204	+ 111	− 237
1813,40	− 18,2	− 2,6	− 19,3	− 1763	− 13	− 1863	− 235	+ 111	− 248
1814,40	− 21,9	− 2,4	− 23,2	− 1741	− 21	− 1839	− 338	+ 110	− 354
1815,16	− 24,6	− 2,2	− 24,1	− 1719	− 27	− 1716	− 431	+ 109	− 482
1815,40	− 25,4	− 2,1	− 26,8	− 1711	− 29	− 1807	− 480	+ 108	− 592
1816,16	− 28,0	− 2,0	− 27,5	− 1683	− 33	− 1673	− 571	+ 107	− 601
1816,42	− 28,8	− 1,9	− 30,4	− 1672	− 37	− 1767	− 603	+ 106	− 635
1817,44	− 31,7	− 1,6	− 33,6	− 1653	− 45	− 1745	− 722	+ 103	− 759
1818,44	− 34,2	− 1,3	− 30,1	− 1566	− 52	− 1656	− 835	+ 98	− 882
1819,48	− 36,3	− 1,1	− 38,5	− 1521	− 59	− 1766	− 948	+ 95	− 996
1820,48	− 38,6	− 0,8	− 40,7	− 1430	− 66	− 1521	− 1051	+ 91	− 1146

1°. *Pour* $\gamma = -1$ *et* $\delta = 0$. (Fin.)

Époques des observations	COEFFICIENTS DE m' dans les perturbations de			COEFFICIENTS DE $m'h'$ dans les perturbations de			COEFFICIENTS DE $m'l'$ dans les perturbations de		
	la longitude héliocentrique.	la centième partie du rayon.	la longitude géocentrique.	la longitude héliocentrique.	la centième partie du rayon.	la longitude géocentrique.	la longitude héliocentrique.	la centième partie du rayon.	la longitude géocentrique.
1821,47	− 40,5	− 0,6	− 47,7	− 1351	− 73	− 1424	− 1147	+ 86	− 1211
1822,39	− 42,1	− 0,3	− 44,4	− 1261	− 79	− 1333	− 1243	+ 80	− 1266
1823,56	− 43,3	− 0,1	− 45,5	− 1164	− 85	− 1234	− 1332	+ 74	− 1392
1824,53	− 44,2	+ 0,1	− 46,6	− 1068	− 90	− 1130	− 1409	+ 67	− 1385
1825,54	− 44,9	+ 0,3	− 47,4	− 984	− 94	− 1047	− 1459	+ 60	− 1360
1826,62	− 45,4	+ 0,6	− 47,4	− 844	− 96	− 897	− 1540	+ 52	− 1613
1827,58	− 45,2	+ 0,8	− 47,9	− 735	− 101	− 779	− 1602	+ 46	− 1686
1828,55	− 45,5	+ 1,0	− 47,9	− 691	− 103	− 652	− 1648	+ 39	− 1738
1829,58	− 45,4	+ 1,2	− 47,8	− 597	− 107	− 535	− 1687	+ 30	− 1778
1829,86	− 45,3	+ 1,2	− 46,3	− 470	− 108	− 500	− 1693	+ 30	− 1897
1830,58	− 45,0	+ 1,4	− 47,4	− 353	− 109	− 396	− 1717	+ 24	− 1810
1830,86	− 44,9	+ 1,4	− 44,1	− 241	− 112	− 364	− 1774	+ 21	− 1794
1835,56	− 41,3	+ 1,7	− 43,6	+ 254	− 110	− 980	− 1735	− 17	− 1849
1835,62	− 41,5	+ 1,7	− 43,8	+ 362	− 110	+ 280	− 1733	− 18	− 1822
1835,90	− 41,3	+ 1,7	− 46,7	+ 397	− 110	+ 208	− 1738	− 20	− 1726
1836,66	− 40,7	+ 1,7	− 43,9	+ 391	− 104	+ 410	− 1708	− 26	− 1800
1836,88	− 40,0	+ 1,7	− 40,4	+ 418	− 108	+ 393	− 1702	− 28	− 1714
1837,64	− 39,0	+ 1,7	− 43,0	+ 511	− 107	+ 541	− 1674	− 34	− 1763
1837,92	− 39,6	+ 1,7	− 39,1	+ 549	− 106	+ 518	− 1664	− 30	− 1688
1838,67	− 39,0	+ 1,8	− 44,1	+ 635	− 104	+ 670	− 1631	− 40	− 1717
1838,92	− 38,8	+ 1,8	− 38,4	+ 665	− 103	+ 659	− 1620	− 44	− 1690
1839,68	− 38,0	+ 1,8	− 40,0	+ 752	− 109	+ 791	− 1586	− 50	− 1685
1839,94	− 37,8	+ 1,8	− 37,3	+ 781	− 96	+ 756	− 1566	− 52	− 1575
1840,79	− 37,1	+ 1,7	− 39,1	+ 867	− 96	+ 913	− 1532	− 57	− 1601
1840,84	− 37,0	+ 1,2	− 37,0	+ 883	− 96	+ 888	− 1541	− 58	− 1565
1841,79	− 36,2	+ 1,7	− 38,1	+ 975	− 92	+ 1028	− 1454	− 63	− 1528
1841,98	− 36,0	+ 1,7	− 35,4	+ 1005	− 91	+ 975	− 1435	− 65	− 1459
1842,79	− 35,4	+ 1,6	− 37,2	+ 1072	− 87	+ 1136	− 1381	− 70	− 1451
1842,96	− 35,2	+ 1,6	− 34,8	+ 1105	− 86	+ 1085	− 1361	− 72	− 1379
1843,72	− 34,8	+ 1,6	− 36,7	+ 1178	− 82	+ 1151	− 1298	− 76	− 1366
1844,60	− 34,6	+ 1,6	− 33,8	+ 1265	− 80	+ 1173	− 1275	− 78	− 1280
1844,65	− 34,1	+ 1,5	− 35,9	+ 1266	− 76	+ 1335	− 1213	− 82	− 1367
1844,96	− 33,0	+ 1,5	− 33,3	+ 1291	− 74	+ 1275	− 1187	− 84	− 1208
1845,74	− 33,4	+ 1,4	− 33,1	+ 1354	− 70	+ 1426	− 1114	− 88	− 1170

$2°.$ *Pour* $\gamma = 0$ *et* $\theta = -1$.

Époques des observations.	COEFFICIENTS DE m' dans les perturbations de			COEFFICIENTS DE $m'h'$ dans les perturbations de			COEFFICIENTS DE $m'l'$ dans les perturbations de		
	la longitude héliocentrique.	la centième partie du rayon.	la longitude géocentrique.	la longitude héliocentrique.	la centième partie du rayon.	la longitude géocentrique.	la longitude héliocentrique.	la centième partie du rayon.	la longitude géocentrique.
1699,98	$+ 37,5''$	$+ 3,7''$	$+ 39,8''$	$- 568''$	$+ 65''$	$- 583''$	$+ 621''$	$+ 39''$	$+ 707''$
1712,35	$+ 24,0$	$- 4,1$	$+ 24,0$	$- 853$	$- 31$	$- 897$	$- 311$	$+ 70$	$- 206$
1713,27	$+ 11,1$	$- 4,9$	$+ 11,8$	$- 781$	$- 44$	$- 824$	$- 341$	$+ 62$	$- 361$
1715,33	$+ 10,8$	$- 4,9$	$+ 10,0$	$- 779$	$- 44$	$- 818$	$- 343$	$+ 62$	$- 356$
1750,79	$- 26,0$	$+ 5,5$	$- 25,5$	$+ 588$	$- 8$	$+ 499$	$- 128$	$- 76$	$- 148$
1750,92	$- 25,4$	$+ 5,6$	$- 23,7$	$+ 489$	$- 7$	$+ 479$	$- 122$	$- 76$	$- 137$
1753,92	$- 11,7$	$+ 6,1$	$- 10,1$	$+ 487$	$+ 9$	$+ 486$	$+ 12$	$- 75$	$- 6$
1756,74	$+ 1,7$	$+ 6,2$	$+ 2,2$	$+ 461$	$+ 23$	$+ 487$	$+ 138$	$- 73$	$+ 160$
1764,04	$+ 34,0$	$+ 4,7$	$+ 34,8$	$+ 291$	$+ 54$	$+ 301$	$+ 421$	$- 54$	$+ 404$
1769,00	$+ 49,9$	$+ 3,7$	$+ 51,6$	$+ 109$	$+ 68$	$+ 117$	$+ 561$	$- 33$	$+ 554$
1769,05	$+ 50,0$	$+ 2,7$	$+ 50,8$	$+ 107$	$+ 68$	$+ 125$	$+ 552$	$- 33$	$+ 545$
1771,96	$+ 58,0$	$+ 1,1$	$+ 38,4$	$- 16$	$+ 74$	$- 4$	$+ 598$	$- 18$	$+ 619$
1781,74	$+ 52,1$	$- 3,6$	$+ 53,2$	$- 446$	$+ 70$	$- 461$	$+ 562$	$+ 31$	$+ 544$
1782,01	$+ 51,5$	$- 3,7$	$+ 53,6$	$- 450$	$+ 69$	$- 467$	$+ 547$	$+ 31$	$+ 578$
1782,20	$+ 51,0$	$- 3,8$	$+ 50,2$	$- 458$	$+ 68$	$- 442$	$+ 541$	$+ 33$	$+ 555$
1782,75	$+ 49,6$	$- 4,0$	$+ 50,8$	$- 479$	$+ 67$	$- 499$	$+ 531$	$+ 36$	$+ 522$
1782,97	$+ 49,0$	$- 4,1$	$+ 51,8$	$- 488$	$+ 66$	$- 516$	$+ 526$	$+ 37$	$+ 584$
1783,77	$+ 46,7$	$- 4,4$	$+ 48,1$	$- 516$	$+ 65$	$- 536$	$+ 507$	$+ 40$	$+ 568$
1784,06	$+ 45,9$	$- 4,5$	$+ 47,6$	$- 528$	$+ 64$	$- 546$	$+ 499$	$+ 41$	$+ 529$
1784,22	$+ 45,3$	$- 4,6$	$+ 44,3$	$- 534$	$+ 63$	$- 520$	$+ 495$	$+ 42$	$+ 510$
1784,78	$+ 43,5$	$- 4,7$	$+ 44,0$	$- 554$	$+ 62$	$- 572$	$+ 479$	$+ 45$	$+ 497$
1785,04	$+ 42,7$	$- 4,8$	$+ 44,7$	$- 563$	$+ 61$	$- 589$	$+ 472$	$+ 46$	$+ 506$
1785,24	$+ 40,0$	$- 4,9$	$+ 40,7$	$- 570$	$+ 60$	$- 555$	$+ 466$	$+ 47$	$+ 480$
1785,85	$+ 40,0$	$- 4,9$	$+ 41,9$	$- 590$	$+ 58$	$- 613$	$+ 449$	$+ 49$	$+ 449$
1786,03	$+ 39,2$	$- 5,0$	$+ 41,2$	$- 597$	$+ 57$	$- 628$	$+ 441$	$+ 50$	$+ 468$
1787,04	$+ 35,2$	$- 5,2$	$+ 37,2$	$- 648$	$+ 54$	$- 663$	$+ 410$	$+ 54$	$+ 433$
1788,18	$+ 30,5$	$- 5,4$	$+ 30,2$	$- 666$	$+ 49$	$- 670$	$+ 369$	$+ 58$	$+ 395$
1788,84	$+ 27,7$	$- 5,5$	$+ 29,3$	$- 677$	$+ 47$	$- 690$	$+ 345$	$+ 59$	$+ 328$
1789,05	$+ 26,8$	$- 5,5$	$+ 28,4$	$- 681$	$+ 46$	$- 721$	$+ 337$	$+ 60$	$+ 355$
1789,28	$+ 25,8$	$- 5,5$	$+ 24,4$	$- 688$	$+ 45$	$- 681$	$+ 328$	$+ 61$	$+ 349$
1789,83	$+ 23,4$	$- 5,6$	$+ 25,0$	$- 701$	$+ 42$	$- 713$	$+ 307$	$+ 61$	$+ 289$
1790,07	$+ 22,3$	$- 5,6$	$+ 23,6$	$- 706$	$+ 41$	$- 747$	$+ 297$	$+ 63$	$+ 313$
1790,84	$+ 18,8$	$- 5,6$	$+ 20,4$	$- 722$	$+ 38$	$- 733$	$+ 265$	$+ 65$	$+ 246$
1791,08	$+ 17,6$	$- 5,6$	$+ 18,6$	$- 727$	$+ 37$	$- 768$	$+ 256$	$+ 66$	$+ 270$
1791,28	$+ 16,6$	$- 5,6$	$+ 15,2$	$- 731$	$+ 36$	$- 712$	$+ 248$	$+ 67$	$+ 272$
1791,85	$+ 13,9$	$- 5,6$	$+ 15,5$	$- 741$	$+ 34$	$- 751$	$+ 224$	$+ 68$	$+ 204$
1792,10	$+ 12,7$	$- 5,6$	$+ 13,4$	$- 745$	$+ 33$	$- 787$	$+ 212$	$+ 68$	$+ 224$
1792,87	$+ 8,9$	$- 5,6$	$+ 10,5$	$- 727$	$+ 29$	$- 766$	$+ 178$	$+ 70$	$+ 158$
1793,10	$+ 7,8$	$- 5,6$	$+ 8,2$	$- 766$	$+ 27$	$- 803$	$+ 167$	$+ 70$	$+ 172$
1793,88	$+ 3,9$	$- 5,5$	$+ 5,5$	$- 770$	$+ 24$	$- 777$	$+ 131$	$+ 72$	$+ 111$

2°. *Pour* $\gamma = 0$ *et* $\delta = -1$. (Suite.)

Époques des observations.	Coefficients de m' dans les perturbations de			Coefficients de $m'h'$ dans les perturbations de			Coefficients de $m'l'$ dans les perturbations de		
	la longitude héliocentrique.	la centième partie du rayon.	la longitude géocentrique.	la longitude héliocentrique.	la centième partie du rayon.	la longitude géocentrique.	la longitude héliocentrique.	la centième partie du rayon.	la longitude géocentrique.
1794,13	+ 2,7	— 5,5	+ 4,8	— 772	+ 22	— 810	+ 121	+ 72	+ 129
1794,89	— 1,0	— 5,4	+ 2,6	— 780	+ 20	— 783	+ 86	+ 75	+ 65
1795,13	— 2,2	— 5,4	— 2,2	— 782	+ 18	— 807	+ 77	+ 74	+ 80
1795,92	— 6,0	— 5,2	— 4,4	— 787	+ 14	— 793	+ 37	+ 73	+ 15
1796,15	— 7,4	— 5,2	— 7,5	— 787	+ 13	— 831	+ 26	+ 75	+ 27
1796,93	— 10,8	— 5,0	— 9,3	— 790	+ 8	— 793	— 12	+ 76	— 35
1797,16	— 11,8	— 5,0	— 12,5	— 796	+ 7	— 835	— 23	+ 76	— 24
1797,95	— 15,4	— 4,7	— 14,1	— 791	+ 3	— 794	— 61	+ 76	— 84
1798,19	— 16,6	— 4,6	— 17,6	— 791	+ 2	— 836	— 72	+ 76	— 76
1799,30	— 21,4	— 4,3	— 22,4	— 787	— 3	— 832	— 121	+ 76	— 127
1800,20	— 25,3	— 4,0	— 28,7	— 779	— 8	— 823	— 168	+ 78	— 179
1801,21	— 29,4	— 3,6	— 31,1	— 768	— 13	— 817	— 216	+ 77	— 229
1802,00	— 32,4	— 3,4	— 31,5	— 758	— 17	— 755	— 253	+ 74	— 275
1802,23	— 33,1	— 3,3	— 35,1	— 755	— 18	— 789	— 284	+ 74	— 278
1803,24	— 36,7	— 3,0	— 38,9	— 738	— 23	— 781	— 310	+ 72	— 328
1804,20	— 39,7	— 2,5	— 41,5	— 730	— 28	— 736	— 353	+ 71	— 379
1804,37	— 39,9	— 2,5	— 42,2	— 718	— 28	— 761	— 356	+ 70	— 376
1805,27	— 42,6	— 2,1	— 45,1	— 696	— 33	— 736	— 401	+ 68	— 423
1806,29	— 44,0	— 1,6	— 47,6	— 670	— 38	— 710	— 444	+ 65	— 469
1807,05	— 46,5	— 1,3	— 46,0	— 649	— 41	— 636	— 476	+ 64	— 494
1807,30	— 46,9	— 1,2	— 49,6	— 641	— 42	— 678	— 486	+ 63	— 513
1808,07	— 48,1	— 0,8	— 47,9	— 618	— 45	— 606	— 512	+ 61	— 536
1808,31	— 48,4	— 0,7	— 51,2	— 610	— 46	— 645	— 526	+ 60	— 555
1809,08	— 49,3	— 0,4	— 49,3	— 588	— 49	— 572	— 554	+ 58	— 571
1809,34	— 49,6	— 0,3	— 52,4	— 577	— 50	— 611	— 563	+ 57	— 593
1810,52	— 50,5	+ 0,2	— 53,4	— 542	— 54	— 572	— 592	+ 53	— 631
1811,13	— 51,0	+ 0,5	— 51,6	— 513	— 56	— 561	— 624	+ 49	— 644
1812,13	— 51,3	+ 0,9	— 51,7	— 477	— 60	— 456	— 653	+ 48	— 670
1812,34	— 51,3	+ 1,0	— 54,7	— 463	— 61	— 587	— 661	+ 43	— 699
1813,15	— 51,1	+ 1,3	— 51,6	— 430	— 63	— 514	— 683	+ 42	— 700
1813,40	— 51,0	+ 1,5	— 53,8	— 418	— 64	— 444	— 689	+ 41	— 726
1814,40	— 50,4	+ 1,9	— 53,1	— 374	— 67	— 398	— 713	+ 36	— 752
1815,16	— 49,7	+ 2,2	— 56,5	— 339	— 68	— 321	— 740	+ 34	— 741
1815,40	— 49,4	+ 2,3	— 52,2	— 308	— 69	— 346	— 734	+ 32	— 775
1816,16	— 48,6	+ 2,5	— 49,3	— 292	— 70	— 293	— 749	+ 30	— 756
1816,42	— 48,2	+ 2,6	— 50,9	— 286	— 71	— 292	— 753	+ 27	— 795
1817,44	— 46,7	+ 2,9	— 49,2	— 231	— 72	— 246	— 768	+ 22	— 810
1818,44	— 44,8	+ 3,2	— 47,3	— 182	— 73	— 191	— 779	+ 17	— 823
1819,48	— 42,6	+ 3,4	— 44,8	— 131	— 74	— 141	— 789	+ 12	— 830
1820,48	— 40,4	+ 3,7	— 42,3	— 82	— 76	— 86	— 795	+ 7	— 839

2°. *Pour* $\gamma = 0$ *et* $\delta = -1$. (Fin.)

Époques des observa-tions.	COEFFICIENTS DE m' dans les perturbations de			COEFFICIENTS DE $m'b'$ dans les perturbations de			COEFFICIENTS DE $m'b''$ dans les perturbations de		
	la longitude héliocen-trique.	la centième partie du rayon.	la longitude géocen-trique.	la longitude héliocen-trique.	la centième partie du rayon.	la longitude géocen-trique.	la longitude héliocen-trique.	la centième partie du rayon.	la longitude géocen-trique.
1821,47	− 38″,1	+ 3,8	− 40″,2	− 31″	− 76″	− 33″	− 798″	+ 2″	− 843″
1822,50	− 35,5	+ 4,0	− 37,2	+ 23	− 76	+ 20	− 796	− 4	− 839
1823,56	− 32,8	+ 4,1	− 34,1	+ 75	− 75	+ 71	− 792	− 9	− 833
1824,53	− 30,3	+ 4,1	− 31,9	+ 124	− 74	+ 129	− 785	− 14	− 828
1825,59	− 27,6	+ 4,1	− 29,1	+ 173	− 73	+ 183	− 773	− 19	− 815
1826,62	− 24,7	+ 4,1	− 25,2	+ 227	− 72	+ 226	− 757	− 24	− 796
1827,58	− 22,9	+ 4,1	− 23,2	+ 273	− 70	+ 284	− 741	− 29	− 782
1828,55	− 19,9	+ 4,0	− 21,1	+ 318	− 68	+ 336	− 721	− 34	− 759
1829,58	− 17,5	+ 3,9	− 18,4	+ 365	− 66	+ 385	− 698	− 38	− 736
1829,80	− 17,0	+ 3,8	− 16,2	+ 373	− 65	+ 361	− 693	− 39	− 707
1830,58	− 15,2	+ 3,7	− 16,6	+ 408	− 82	+ 430	− 622	− 43	− 708
1830,86	− 14,6	+ 3,6	− 13,6	+ 420	− 82	+ 401	− 664	− 44	− 669
1835,56	− 7,1	+ 2,5	− 7,2	+ 596	− 46	+ 629	− 503	− 60	− 619
1835,62	− 7,1	+ 2,5	− 7,6	+ 598	− 46	+ 631	− 501	− 60	− 595
1835,90	− 6,8	+ 2,4	− 6,2	+ 607	− 44	+ 594	− 490	− 61	− 563
1836,66	− 6,2	+ 2,2	− 6,4	+ 630	− 41	+ 662	− 459	− 63	− 484
1836,88	− 6,1	+ 2,2	− 5,6	+ 636	− 40	+ 629	− 430	− 64	− 468
1837,64	− 5,7	+ 1,9	− 6,6	+ 657	− 37	+ 693	− 418	− 66	− 430
1837,92	− 5,6	+ 1,8	− 5,2	+ 665	− 35	+ 664	− 406	− 67	− 421
1838,67	− 5,5	+ 1,6	− 5,8	+ 682	− 33	+ 718	− 374	− 68	− 504
1838,91	− 5,5	+ 1,4	− 5,2	+ 688	− 31	+ 679	− 363	− 69	− 380
1839,68	− 5,7	+ 1,2	− 6,0	+ 705	− 28	+ 742	− 330	− 70	− 348
1839,94	− 5,8	+ 1,1	− 5,5	+ 711	− 26	+ 704	− 319	− 71	− 335
1840,70	− 6,1	+ 0,9	− 6,4	+ 725	− 23	+ 763	− 283	− 72	− 298
1840,84	− 6,3	+ 0,8	− 6,3	+ 728	− 22	+ 743	− 226	− 73	− 299
1841,70	− 6,8	+ 0,5	− 7,2	+ 741	− 19	+ 780	− 236	− 74	− 242
1841,98	− 7,0	+ 0,4	− 6,8	+ 745	− 17	+ 735	− 223	− 74	− 239
1842,26	− 7,7	+ 0,3	− 8,1	+ 754	− 14	+ 793	− 189	− 75	− 197
1842,96	− 8,0	+ 0,1	− 8,0	+ 757	− 13	+ 755	− 177	− 75	− 195
1843,72	− 8,9	− 0,1	− 9,4	+ 764	− 8	+ 804	− 140	− 76	− 146
1844,00	− 9,2	− 0,2	− 9,1	+ 766	− 6	+ 796	− 127	− 76	− 144
1844,69	− 10,3	− 0,4	− 10,7	+ 770	− 3	+ 809	− 93	− 76	− 92
1844,98	− 10,6	− 0,5	− 10,7	+ 772	− 1	+ 773	− 79	− 76	− 98
1845,74	− 11,8	− 0,7	− 12,4	+ 773	+ 3	+ 813	− 41	− 76	− 42

3°. Pour $\gamma = 0$ et $\delta = 0$.

époques des observations	COEFFICIENTS DE $m'a'$ dans les perturbations de			COEFFICIENTS DE $m'b'$ dans les perturbations de			COEFFICIENTS DE $m'l'$ dans les perturbations de		
	la longitude héliocentrique	la centième partie du rayon	la longitude géocentrique	la longitude héliocentrique	la centième partie du rayon	la longitude géocentrique	la longitude héliocentrique	la centième partie du rayon	la longitude géocentrique
1690,98	+ 16,8″	+ 4,8″	+ 18,3″	+ 191″	+ 70″	+ 210″	+ 832″	— 39″	+ 864″
1712,25	+ 57,6	— 1,0	+ 59,9	— 723	+ 38	— 747	+ 541	+ 66	+ 578
1715,27	+ 50,8	— 2,4	+ 53,7	— 785	+ 24	— 829	+ 509	+ 72	+ 431
1715,33	+ 50,6	— 2,4	+ 52,8	— 286	+ 23	— 808	+ 406	+ 72	+ 438
1750,79	— 44,7	+ 2,4	— 45,4	+ 163	— 66	+ 152	— 532	— 37	— 555
1750,92	— 44,4	+ 2,5	— 43,1	+ 168	— 65	+ 150	— 527	— 39	— 528
1753,92	— 35,8	+ 3,8	— 34,6	+ 277	— 57	+ 262	— 453	— 51	— 482
1796,74	— 25,5	+ 4,8	— 13,9	+ 363	— 40	+ 378	— 363	— 60	— 385
1784,04	+ 6,9	+ 6,1	+ 8,3	+ 488	— 12	+ 480	— 62	— 75	— 79
1769,00	+ 29,6	+ 5,5	+ 31,6	+ 483	+ 14	+ 496	+ 162	— 75	+ 147
1769,03	+ 29,8	+ 5,5	+ 31,3	+ 482	+ 14	+ 486	+ 164	— 75	+ 145
1771,96	+ 41,8	+ 4,7	+ 43,3	+ 445	+ 29	+ 468	+ 292	— 70	+ 392
1781,74	+ 65,5	+ 0,2	+ 65,5	+ 160	+ 65	+ 142	+ 617	— 38	+ 629
1782,01	+ 65,7	+ 0,1	+ 69,3	+ 150	+ 66	+ 163	+ 623	— 37	+ 653
1782,20	+ 65,8	+ 0,0	+ 66,2	+ 142	+ 67	+ 162	+ 627	— 36	+ 621
1782,75	+ 66,1	— 0,3	+ 66,3	+ 120	+ 68	+ 101	+ 637	— 33	+ 647
1782,97	+ 66,2	— 0,4	+ 69,8	+ 111	+ 69	+ 116	+ 641	— 32	+ 672
1783,77	+ 66,3	— 0,7	+ 66,8	+ 78	+ 70	+ 58	+ 654	— 29	+ 665
1784,06	+ 66,3	— 0,8	+ 69,5	+ 66	+ 71	+ 77	+ 659	— 28	+ 689
1784,22	+ 66,2	— 0,9	+ 66,5	+ 60	+ 72	+ 80	+ 661	— 27	+ 658
1784,78	+ 66,0	— 1,2	+ 66,4	+ 35	+ 72	+ 15	+ 668	— 24	+ 676
1785,64	+ 65,9	— 1,3	+ 69,4	+ 24	+ 73	+ 30	+ 671	— 23	+ 706
1785,34	+ 65,7	— 1,4	+ 65,5	+ 15	+ 73	+ 36	+ 673	— 22	+ 669
1785,82	+ 65,3	— 1,7	+ 66,6	— 10	+ 74	— 31	+ 679	— 19	+ 691
1786,03	+ 65,2	— 1,8	+ 68,7	— 19	+ 74	— 18	+ 681	— 18	+ 717
1787,04	+ 64,0	— 2,2	+ 67,6	— 64	+ 75	— 68	+ 689	— 13	+ 718
1788,18	+ 62,2	— 2,7	+ 63,7	— 115	+ 76	— 101	+ 694	— 7	+ 715
1788,82	+ 61,0	— 2,9	+ 61,7	— 144	+ 76	— 166	+ 695	— 3	+ 695
1789,65	+ 60,5	— 3,0	+ 64,0	— 154	+ 76	— 165	+ 695	— 2	+ 294
1789,28	+ 60,0	— 3,1	+ 59,6	— 165	+ 76	— 144	+ 694	— 1	+ 700
1789,83	+ 58,9	— 3,3	+ 59,9	— 189	+ 76	— 211	+ 692	+ 2	+ 691
1790,07	+ 58,4	— 3,4	+ 61,6	— 300	+ 76	— 212	+ 692	+ 3	+ 731
1790,84	+ 56,5	— 3,6	+ 57,3	— 234	+ 76	— 256	+ 687	+ 7	+ 685
1791,08	+ 55,9	— 3,7	+ 59,0	— 244	+ 76	— 258	+ 685	+ 8	+ 723
1791,28	+ 55,3	— 3,8	+ 55,0	— 253	+ 76	— 235	+ 682	+ 10	+ 695
1791,85	+ 53,6	— 3,9	+ 54,7	— 278	+ 75	— 300	+ 678	+ 12	+ 675
1792,10	+ 52,9	— 3,9	+ 55,9	— 289	+ 75	— 304	+ 676	+ 13	+ 715
1792,87	+ 50,3	— 4,1	+ 51,6	— 321	+ 74	— 342	+ 667	+ 17	+ 663
1793,10	+ 49,0	— 4,2	+ 52,5	— 331	+ 74	— 350	+ 663	+ 18	+ 701
1793,88	+ 46,9	— 4,4	+ 48,2	— 365	+ 73	— 386	+ 651	+ 22	+ 645

3°. Pour $\gamma = 0$ et $\delta = 0$. (Suite.)

Époques des observations.	Coefficients de m' dans les perturbations de la longitude héliocentrique.	la centième partie du rayon.	la longitude géocentrique.	Coefficients de $m'h'$ dans les perturbations de la longitude héliocentrique.	la centième partie du rayon.	la longitude géocentrique.	Coefficients de $m'l'$ dans les perturbations de la longitude héliocentrique.	la centième partie du rayon.	la longitude géocentrique.
1794,13	+ 46″,0	− 4″,4	+ 48″,6	− 375″	+ 73″	− 395″	+ 648″	+ 23″	+ 685″
1794,89	+ 43,0	− 4,6	+ 44,1	− 407	+ 71	− 426	+ 634	+ 27	+ 673
1795,13	+ 42,1	− 4,6	+ 44,6	− 417	+ 71	− 442	+ 629	+ 29	+ 665
1795,92	+ 39,2	− 4,7	+ 40,7	− 449	+ 69	− 471	+ 612	+ 33	+ 653
1796,15	+ 38,2	− 4,7	+ 40,4	− 459	+ 69	− 485	+ 606	+ 34	+ 641
1796,93	+ 34,9	− 4,9	+ 36,4	− 482	+ 66	− 509	+ 586	+ 37	+ 576
1797,16	+ 33,9	− 4,9	+ 35,8	− 498	+ 66	− 526	+ 581	+ 38	+ 614
1797,95	+ 30,6	− 4,9	+ 32,2	− 528	+ 64	− 549	+ 560	+ 41	+ 550
1798,19	+ 29,5	− 4,9	+ 31,0	− 537	+ 63	− 568	+ 552	+ 42	+ 585
1799,20	+ 24,9	− 4,9	+ 26,2	− 573	+ 60	− 605	+ 522	+ 47	+ 553
1800,20	+ 20,4	− 4,9	+ 21,5	− 606	+ 56	− 642	+ 489	+ 51	+ 516
1801,21	+ 15,8	− 4,8	+ 16,7	− 637	+ 53	− 674	+ 455	+ 55	+ 480
1802,00	+ 13,1	− 4,7	+ 13,5	− 661	+ 50	− 678	+ 425	+ 57	+ 469
1802,23	+ 11,0	− 4,7	+ 11,6	− 667	+ 49	− 705	+ 416	+ 58	+ 441
1803,24	+ 6,4	− 4,6	+ 6,8	− 694	+ 45	− 734	+ 375	+ 61	+ 397
1804,20	+ 2,1	− 4,4	+ 2,6	− 717	+ 40	− 760	+ 334	+ 64	+ 346
1804,27	+ 1,8	− 4,3	+ 1,9	− 719	+ 40	− 759	+ 331	+ 64	+ 331
1805,27	− 2,4	− 4,2	− 2,5	− 740	+ 36	− 783	+ 288	+ 67	+ 306
1806,29	− 6,7	− 3,9	− 7,2	− 759	+ 31	− 802	+ 243	+ 69	+ 258
1807,05	− 9,9	− 3,7	− 8,8	− 771	+ 28	− 778	+ 209	+ 70	+ 189
1807,30	− 10,9	− 3,6	− 11,5	− 775	+ 27	− 820	+ 197	+ 71	+ 209
1808,07	− 13,9	− 3,3	− 12,9	− 784	+ 23	− 792	+ 162	+ 72	+ 141
1808,32	− 14,8	− 3,2	− 15,7	− 787	+ 22	− 833	+ 150	+ 73	+ 160
1809,08	− 15,7	− 3,0	− 16,8	− 795	+ 19	− 801	+ 114	+ 74	+ 93
1809,34	− 18,5	− 2,9	− 19,6	− 797	+ 17	− 842	+ 101	+ 74	+ 109
1810,32	− 21,7	− 2,6	− 23,0	− 802	+ 12	− 848	+ 53	+ 75	+ 56
1811,13	− 24,1	− 2,3	− 23,7	− 805	+ 7	− 815	+ 14	+ 76	− 7
1812,13	− 27,0	− 1,9	− 26,6	− 805	+ 2	− 809	− 35	+ 76	− 56
1812,34	− 27,5	− 1,8	− 29,0	− 804	+ 1	− 850	− 45	+ 76	− 50
1813,15	− 29,6	− 1,6	− 29,4	− 802	− 3	− 807	− 85	+ 76	− 107
1813,40	− 30,2	− 1,5	− 32,0	− 801	− 4	− 847	− 97	+ 76	− 100
1814,40	− 32,3	− 1,0	− 34,1	− 794	− 9	− 838	− 146	+ 76	− 151
1815,16	− 33,6	− 0,8	− 33,5	− 787	− 13	− 785	− 183	+ 75	− 205
1815,40	− 34,0	− 0,7	− 35,9	− 784	− 14	− 828	− 194	+ 75	− 205
1816,16	− 35,0	− 0,5	− 34,9	− 775	− 18	− 769	− 231	+ 74	− 251
1816,42	− 35,3	− 0,3	− 37,2	− 771	− 19	− 814	− 244	+ 74	− 267
1817,44	− 36,3	+ 0,1	− 38,3	− 754	− 24	− 797	− 292	+ 72	− 300
1818,44	− 37,1	+ 0,5	− 39,2	− 735	− 29	− 776	− 337	+ 70	− 356
1819,48	− 37,4	+ 0,9	− 36,4	− 711	− 34	− 751	− 383	+ 68	− 401
1820,68	− 37,4	+ 1,3	− 39,4	− 689	− 39	− 725	− 426	+ 65	− 440

3°. *Pour* $\gamma = 0$ *et* $\delta = 0$. (Fin.)

époques des observations.	COEFFICIENTS DE $m'c$ dans les perturbations de			COEFFICIENTS DE $m'h'$ dans les perturbations de			COEFFICIENTS DE $m'l'$ dans les perturbations de		
	la longitude héliocentrique.	la centième partie du rayon.	la longitude géocentrique.	la longitude héliocentrique.	la centième partie du rayon.	la longitude géocentrique.	la longitude héliocentrique.	la centième partie du rayon.	la longitude géocentrique.
1821,42	− 37″,1	+ 1″,6	− 36″,1	− 657″	− 43″	− 693″	− 467″	+ 63″	− 494″
1822,52	− 36,5	+ 1,9	− 38,4	− 634	− 47	− 660	− 568	+ 59	− 532
1823,56	− 35,6	+ 2,1	− 37,2	− 588	− 51	− 643	− 546	+ 56	− 568
1824,53	− 34,6	+ 2,4	− 36,4	− 553	− 55	− 585	− 579	+ 52	− 608
1825,52	− 33,4	+ 2,6	− 35,2	− 515	− 58	− 543	− 610	+ 48	− 644
1826,62	− 31,8	+ 2,7	− 31,9	− 470	− 62	− 501	− 643	+ 44	− 687
1827,58	− 30,3	+ 2,9	− 31,8	− 429	− 65	− 455	− 670	+ 40	− 704
1828,55	− 28,7	+ 3,0	− 30,3	− 386	− 67	− 406	− 694	+ 36	− 733
1829,58	− 26,7	+ 3,1	− 28,2	− 339	− 69	− 357	− 717	+ 31	− 756
1829,80	− 26,3	+ 3,2	− 25,7	− 329	− 69	− 348	− 721	+ 30	− 717
1830,58	− 24,8	+ 3,1	− 26,2	− 292	− 71	− 308	− 734	+ 26	− 771
1830,86	− 24,3	+ 3,2	− 23,3	− 279	− 72	− 294	− 738	+ 25	− 795
1835,56	− 16,0	+ 3,0	− 17,1	− 44	− 76	− 35	− 778	+ 1	− 814
1835,61	− 15,9	+ 3,6	− 16,8	− 41	− 76	− 40	− 778	+ 0	− 818
1835,90	− 15,5	+ 3,0	− 14,7	− 36	− 76	− 45	− 778	− 1	− 775
1836,66	− 14,5	+ 2,9	− 15,2	+ 13	− 76	+ 13	− 777	− 4	− 818
1836,88	− 14,2	+ 2,8	− 13,6	+ 24	− 76	+ 5	− 776	− 5	− 780
1837,64	− 13,2	+ 2,7	− 14,0	+ 63	− 76	+ 68	− 773	− 9	− 814
1837,92	− 12,8	+ 2,7	− 12,2	+ 77	− 75	+ 59	− 771	− 11	− 771
1838,67	− 12,0	+ 2,6	− 12,6	+ 115	− 74	+ 121	− 766	− 14	− 807
1838,92	− 11,8	+ 2,5	− 11,2	+ 137	− 74	+ 109	− 764	− 16	− 767
1839,66	− 11,3	+ 2,3	− 11,8	+ 165	− 73	+ 173	− 756	− 19	− 796
1839,94	− 11,0	+ 2,3	− 10,5	+ 178	− 73	+ 160	− 753	− 21	− 756
1840,70	− 10,6	+ 2,1	− 11,2	+ 215	− 72	+ 228	− 741	− 24	− 780
1840,84	− 10,5	+ 2,0	− 10,4	+ 222	− 71	+ 213	− 739	− 25	− 765
1841,70	− 10,2	+ 1,8	− 10,7	+ 264	− 70	+ 279	− 724	− 29	− 762
1841,98	− 10,1	+ 1,7	− 9,6	+ 272	− 69	+ 258	− 719	− 31	− 730
1842,70	− 10,1	+ 1,5	− 10,6	+ 311	− 68	+ 328	− 704	− 34	− 740
1842,96	− 10,1	+ 1,4	− 9,8	+ 323	− 67	+ 307	− 699	− 36	− 709
1843,72	− 10,3	+ 1,2	− 10,8	+ 357	− 65	+ 377	− 681	− 38	− 717
1844,00	− 10,4	+ 1,1	− 10,0	+ 370	− 64	+ 352	− 675	− 40	− 678
1844,66	− 10,7	+ 1,0	− 11,3	+ 400	− 62	+ 425	− 657	− 43	− 687
1844,88	− 10,8	+ 0,9	− 10,6	+ 412	− 61	+ 397	− 649	− 45	− 661
1845,24	− 11,3	+ 0,7	− 11,9	+ 444	− 59	+ 468	− 628	− 48	− 660

4°. *Pour $\gamma = 0$ et $\delta = +1$.*

Progrès des observations.	COEFFICIENTS DE m' dans les perturbations de			COEFFICIENTS DE $m'h'$ dans les perturbations de			COEFFICIENTS DE $m'l'$ dans les perturbations de		
	la longitude héliocentrique.	la centième partie du rayon.	la longitude géocentrique.	la longitude héliocentrique.	la centième partie du rayon.	la longitude géocentrique.	la longitude héliocentrique.	la centième partie du rayon.	la longitude géocentrique.
1690,98	− 15,1	+ 3,5	− 15,2	+ 780	+ 17	+ 817	+ 325	− 74	+ 327
1712,25	+ 58,3	+ 3,3	+ 61,6	− 41	+ 76	− 28	+ 902	+ 7	+ 943
1715,27	+ 62,1	+ 1,9	+ 65,6	− 188	+ 72	− 200	+ 875	+ 23	+ 925
1715,33	+ 62,2	+ 1,9	+ 64,9	− 191	+ 72	− 181	+ 874	+ 23	+ 912
1750,79	− 43,5	− 2,0	− 43,0	− 378	− 69	− 403	− 479	+ 31	− 484
1750,92	− 43,6	− 1,9	− 43,3	− 373	− 76	− 383	− 482	+ 30	− 467
1753,92	− 43,0	− 0,4	− 43,8	− 250	− 74	− 266	− 531	+ 16	− 523
1756,74	− 39,4	+ 1,1	− 41,3	− 127	− 76	− 138	− 550	+ 2	− 578
1764,04	− 19,0	+ 4,3	− 17,8	+ 181	− 68	+ 163	− 480	− 34	− 483
1769,00	+ 1,3	+ 3,4	+ 3,6	+ 359	− 52	+ 353	− 345	− 55	− 365
1769,05	+ 1,5	+ 3,4	+ 2,9	+ 361	− 52	+ 349	− 353	− 55	− 338
1771,96	+ 14,3	+ 3,6	+ 15,9	+ 440	− 40	+ 451	− 239	− 64	− 359
1781,74	+ 53,4	+ 3,3	+ 52,6	+ 535	+ 8	+ 534	+ 187	− 75	+ 208
1782,01	+ 54,2	+ 3,4	+ 57,3	+ 534	+ 9	+ 563	+ 199	− 75	+ 203
1782,20	+ 54,8	+ 3,3	+ 56,0	+ 533	+ 10	+ 539	+ 208	− 75	+ 188
1782,75	+ 56,5	+ 3,2	+ 53,7	+ 529	+ 13	+ 526	+ 233	− 75	+ 254
1782,97	+ 57,2	+ 3,1	+ 60,2	+ 527	+ 14	+ 536	+ 243	− 75	+ 258
1783,77	+ 59,3	+ 2,8	+ 58,7	+ 519	+ 17	+ 516	+ 278	− 74	+ 300
1784,06	+ 60,0	+ 2,7	+ 63,3	+ 515	+ 19	+ 543	+ 291	− 74	+ 297
1784,22	+ 60,4	+ 2,6	+ 61,5	+ 513	+ 20	+ 519	+ 298	− 73	+ 280
1784,78	+ 61,7	+ 2,4	+ 61,1	+ 505	+ 22	+ 500	+ 321	− 73	+ 340
1785,04	+ 62,4	+ 2,3	+ 65,0	+ 501	+ 24	+ 530	+ 332	− 72	+ 345
1785,34	+ 61,8	+ 2,2	+ 63,6	+ 498	+ 25	+ 507	+ 340	− 71	+ 320
1785,82	+ 64,0	+ 1,9	+ 64,3	+ 488	+ 28	+ 486	+ 364	− 71	+ 388
1786,03	+ 64,3	+ 1,8	+ 68,1	+ 484	+ 29	+ 512	+ 371	− 70	+ 390
1787,04	+ 66,1	+ 1,3	+ 69,8	+ 565	+ 34	+ 491	+ 413	− 68	+ 436
1788,18	+ 67,7	+ 0,8	+ 70,1	+ 440	+ 39	+ 464	+ 437	− 66	+ 456
1788,82	+ 68,3	+ 0,6	+ 68,0	+ 425	+ 41	+ 443	+ 481	− 64	+ 500
1789,05	+ 68,5	+ 0,5	+ 72,3	+ 419	+ 42	+ 441	+ 489	− 63	+ 517
1789,98	+ 68,7	+ 0,4	+ 69,3	+ 413	+ 43	+ 428	+ 497	− 62	+ 483
1789,83	+ 69,1	+ 0,2	+ 69,0	+ 398	+ 45	+ 385	+ 517	− 61	+ 535
1790,07	+ 69,2	+ 0,1	+ 73,1	+ 391	+ 46	+ 412	+ 525	− 60	+ 555
1790,84	+ 69,4	− 0,2	+ 69,5	+ 368	+ 49	+ 354	+ 550	− 57	+ 567
1791,08	+ 69,5	− 0,3	+ 73,4	+ 360	+ 50	+ 380	+ 558	− 56	+ 589
1791,28	+ 69,5	− 0,4	+ 70,4	+ 354	+ 51	+ 374	+ 564	− 55	+ 556
1791,85	+ 69,5	− 0,7	+ 69,7	+ 336	+ 53	+ 391	+ 582	− 51	+ 598
1792,10	+ 69,5	− 0,8	+ 73,5	+ 328	+ 54	+ 347	+ 590	− 53	+ 624
1792,87	+ 69,2	− 1,1	+ 69,6	+ 303	+ 57	+ 285	+ 602	− 50	+ 628
1793,10	+ 69,0	− 1,2	+ 73,9	+ 293	+ 58	+ 310	+ 619	− 49	+ 654
1793,88	+ 68,4	− 1,5	+ 68,8	+ 263	+ 60	+ 248	+ 640	− 46	+ 653

4°. *Pour* $\gamma = 0$ *et* $\delta = +1$. (Suite.)

Époques des observations	COEFFICIENTS DE m' dans les perturbations de			COEFFICIENTS DE $m'h'$ dans les perturbations de			COEFFICIENTS DE $m'l'$ dans les perturbations de		
	la longitude héliocentrique.	la centième partie du rayon.	la longitude géocentrique.	la longitude héliocentrique.	la centième partie du rayon.	la longitude géocentrique.	la longitude héliocentrique.	la centième partie du rayon.	la longitude géocentrique.
1794,13	+ 68,1	− 1,6	+ 72,0	+ 236	+ 61	+ 272	+ 656	− 44	+ 687
1794,89	+ 67,2	− 1,8	+ 67,4	+ 227	+ 63	+ 308	+ 664	− 41	+ 673
1795,13	+ 66,9	− 1,9	+ 70,7	+ 218	+ 64	+ 329	+ 670	− 39	+ 709
1795,92	+ 65,7	− 2,3	+ 66,5	+ 186	+ 67	+ 166	+ 687	− 36	+ 699
1796,15	+ 65,3	− 2,3	+ 69,0	+ 177	+ 67	+ 187	+ 691	− 35	+ 730
1796,93	+ 63,9	− 2,6	+ 64,8	+ 144	+ 69	+ 113	+ 705	− 32	+ 716
1797,16	+ 63,5	− 2,6	+ 67,1	+ 134	+ 69	+ 142	+ 708	− 31	+ 748
1797,95	+ 61,8	− 2,9	+ 62,0	+ 100	+ 71	+ 79	+ 720	− 28	+ 731
1798,19	+ 61,2	− 2,9	+ 64,6	+ 90	+ 71	+ 97	+ 723	− 26	+ 763
1799,20	+ 58,6	− 3,2	+ 61,9	+ 45	+ 73	+ 49	+ 725	− 21	+ 776
1800,20	+ 55,8	− 3,4	+ 59,0	+ 1	+ 74	+ 0	+ 743	− 16	+ 785
1801,21	+ 52,7	− 3,6	+ 55,7	− 45	+ 75	− 49	+ 748	− 12	+ 791
1802,00	+ 50,2	− 3,7	+ 51,5	− 81	+ 76	− 103	+ 750	− 7	+ 794
1802,23	+ 49,4	− 3,7	+ 52,2	− 91	+ 76	− 96	+ 729	− 6	+ 793
1803,24	+ 46,1	− 3,8	+ 48,8	− 138	+ 76	− 146	+ 748	− 1	+ 791
1804,26	+ 42,7	− 3,9	+ 45,4	− 183	+ 76	− 201	+ 744	+ 4	+ 784
1805,27	+ 42,4	− 3,9	+ 44,7	− 186	+ 76	− 196	+ 743	+ 4	+ 785
1805,27	+ 38,6	− 4,0	+ 40,9	− 233	+ 76	− 246	+ 735	+ 9	+ 778
1806,29	+ 34,6	− 4,0	+ 36,5	− 281	+ 75	− 294	+ 723	+ 14	+ 764
1807,05	+ 31,6	− 4,0	+ 32,8	− 314	+ 74	− 335	+ 713	+ 18	+ 797
1807,30	+ 30,6	− 4,0	+ 31,3	− 335	+ 73	− 343	+ 708	+ 19	+ 748
1808,07	+ 27,6	− 3,9	+ 28,5	− 358	+ 72	− 379	+ 697	+ 23	+ 691
1808,32	+ 26,4	− 3,8	+ 27,9	− 361	+ 71	− 389	+ 691	+ 24	+ 731
1809,08	+ 23,4	− 3,7	+ 24,5	− 402	+ 70	− 422	+ 676	+ 28	+ 668
1809,34	+ 22,4	− 3,7	+ 23,6	− 413	+ 69	− 435	+ 670	+ 29	+ 709
1810,33	+ 18,4	− 3,6	+ 19,5	− 454	+ 67	− 481	+ 647	+ 34	+ 683
1811,23	+ 15,2	− 3,5	+ 16,4	− 486	+ 66	− 504	+ 626	+ 38	+ 621
1811,33	+ 11,3	− 3,3	+ 13,2	− 499	+ 63	− 545	+ 598	+ 42	+ 588
1812,34	+ 10,5	− 3,2	+ 11,2	− 533	+ 62	− 560	+ 593	+ 43	+ 625
1813,12	+ 7,5	− 3,1	+ 8,5	− 562	+ 60	− 584	+ 567	+ 47	+ 559
1813,40	+ 6,6	− 3,0	+ 6,9	− 571	+ 59	− 602	+ 559	+ 48	+ 593
1814,40	+ 3,0	− 2,7	+ 3,1	− 605	+ 55	− 637	+ 515	+ 52	+ 550
1815,16	+ 0,5	− 2,6	− 1,2	− 630	+ 53	− 647	+ 498	+ 54	+ 485
1815,40	− 0,3	− 2,5	− 0,3	− 637	+ 51	− 673	+ 480	+ 55	+ 516
1816,16	− 2,7	− 2,3	− 2,1	− 666	+ 50	− 673	+ 460	+ 58	+ 444
1816,41	− 3,5	− 2,2	− 3,7	− 667	+ 48	− 703	+ 430	+ 59	+ 470
1817,44	− 6,4	− 1,9	− 6,9	− 695	+ 44	− 733	+ 408	+ 62	+ 433
1818,44	− 9,0	− 1,6	− 9,5	− 719	+ 39	− 759	+ 365	+ 65	+ 386
1819,18	− 12,5	− 1,3	− 12,2	− 742	+ 35	− 781	+ 320	+ 68	+ 342
1820,48	− 15,7	− 1,0	− 14,5	− 761	+ 30	− 803	+ 272	+ 70	+ 292

4°. *Pour* $\gamma = 0$ *et* $\delta = + 1$. (Fin.)

Époques des observations.	COEFFICIENTS DE m' dans les perturbations de			COEFFICIENTS DE $m'h'$ dans les perturbations de			COEFFICIENTS DE $m'l'$ dans les perturbations de		
	la longitude héliocentrique.	la centième partie du rayon.	la longitude géocentrique.	la longitude héliocentrique.	la centième partie du rayon.	la longitude géocentrique.	la longitude héliocentrique.	la centième partie du rayon.	la longitude géocentrique.
1821,47	— 15,5	— 0,7	— 16,4	— 776	+ 25	— 820	+ 229	+ 72	+ 241
1822,52	— 17,1	— 0,3	— 18,0	— 789	+ 20	— 831	+ 179	+ 74	+ 193
1823,56	— 18,4	— 0,0	— 19,3	— 798	+ 15	— 837	+ 129	+ 75	+ 144
1824,53	— 19,3	+ 0,4	— 20,3	— 805	+ 10	— 848	+ 81	+ 76	+ 87
1825,52	— 19,9	+ 0,7	— 21,0	— 808	+ 5	— 850	+ 32	+ 76	+ 34
1826,62	— 20,2	+ 1,0	— 21,0	— 806	— 1	— 843	— 23	+ 76	— 23
1827,58	— 20,1	+ 1,2	— 21,1	— 800	— 6	— 842	— 71	+ 76	— 71
1828,55	— 19,8	+ 1,4	— 20,9	— 792	— 11	— 835	— 119	+ 75	— 126
1829,58	— 19,3	+ 1,7	— 20,3	— 782	— 16	— 824	— 169	+ 74	— 178
1829,80	— 19,1	+ 1,8	— 18,8	— 780	— 17	— 789	— 180	+ 74	— 162
1830,58	— 18,5	+ 1,9	— 19,5	— 769	— 20	— 811	— 216	+ 73	— 228
1830,86	— 18,3	+ 2,0	— 17,6	— 765	— 22	— 763	— 229	+ 73	— 209
1835,56	— 13,0	+ 2,6	— 14,0	— 656	— 44	— 680	— 437	+ 62	— 466
1835,62	— 12,9	+ 2,6	— 13,7	— 654	— 44	— 687	— 439	+ 61	— 464
1835,90	— 12,5	+ 2,6	— 11,8	— 645	— 45	— 653	— 450	+ 61	— 433
1836,66	— 11,5	+ 2,6	— 12,0	— 620	— 48	— 654	— 481	+ 59	— 565
1836,88	— 11,2	+ 2,6	— 10,7	— 613	— 49	— 617	— 490	+ 58	— 578
1837,64	— 10,2	+ 2,6	— 10,8	— 585	— 52	— 615	— 518	+ 55	— 546
1837,92	— 9,8	+ 2,6	— 9,2	— 575	— 54	— 586	— 528	+ 54	— 513
1838,67	— 8,9	+ 2,5	— 9,4	— 547	— 56	— 576	— 554	+ 53	— 584
1838,92	— 8,6	+ 2,5	— 8,0	— 537	— 57	— 550	— 563	+ 50	— 550
1839,68	— 7,8	+ 2,4	— 8,2	— 507	— 59	— 535	— 588	+ 48	— 619
1839,94	— 7,5	+ 2,4	— 6,9	— 497	— 60	— 511	— 596	+ 46	— 584
1840,70	— 6,7	+ 2,3	— 7,1	— 465	— 62	— 490	— 618	+ 44	— 651
1840,84	— 6,6	+ 2,3	— 6,3	— 459	— 63	— 485	— 622	+ 43	— 630
1841,70	— 5,8	+ 2,2	— 6,1	— 421	— 65	— 442	— 646	+ 40	— 681
1841,98	— 5,5	+ 2,2	— 5,0	— 409	— 66	— 421	— 654	+ 38	— 640
1842,70	— 5,0	+ 2,1	— 5,3	— 376	— 68	— 395	— 671	+ 35	— 708
1842,96	— 4,8	+ 2,0	— 4,3	— 364	— 69	— 380	— 677	+ 33	— 670
1843,72	— 4,4	+ 1,9	— 4,6	— 329	— 70	— 345	— 693	+ 30	— 730
1844,00	— 4,2	+ 1,8	— 3,8	— 316	— 71	— 330	— 699	+ 28	— 685
1844,69	— 3,9	+ 1,7	— 4,3	— 282	— 72	— 299	— 711	+ 25	— 749
1844,98	— 3,8	+ 1,6	— 3,4	— 268	— 73	— 286	— 716	+ 23	— 741
1845,74	— 3,7	+ 1,5	— 3,9	— 230	— 74	— 240	— 729	+ 20	— 708

5°. *Pour* $\gamma = +1$ *et* $\xi = -1$.

Époques des observa-tions.	COEFFICIENTS DE $m'a'$ dans les perturbations de			COEFFICIENTS DE $m'b'$ dans les perturbations de			COEFFICIENTS DE $m'l'$ dans les perturbations de		
	la longitude héliocen-trique.	la centième partie du rayon.	la longitude géocen-trique.	la longitude héliocen-trique.	la centième partie du rayon.	la longitude géocen-trique.	la longitude héliocen-trique.	la centième partie du rayon.	la longitude géocen-trique.
1690,98	+51,0	+4,4	+53,9	−798	+38	−829	+350	+52	+373
1717,25	+18,4	−5,7	+18,1	−680	−44	−719	−340	+39	−347
1715,27	+0,8	−6,4	+0,9	−592	−51	−625	−410	+30	−433
1715,33	+0,5	−6,4	−1,0	−590	−51	−623	−412	+30	−430
1730,79	−25,3	+7,2	−24,3	+252	+7	+261	−40	−58	−54
1750,92	−24,5	+7,2	−22,4	+252	+8	+250	−36	−58	−48
1753,92	−7,8	+7,5	−5,9	+232	+19	+235	+56	−56	+43
1756,74	+7,9	+7,3	+8,8	+193	+28	+205	+139	−52	+142
1764,04	+44,3	+5,0	+45,1	+36	+48	+48	+309	−34	+198
1769,00	+60,7	+2,2	+62,5	−102	+56	−91	+375	−17	+379
1769,05	+60,8	+1,2	+61,5	−104	+56	−90	+375	−17	+372
1771,96	+65,8	+0,2	+68,4	−193	+59	−191	+395	−6	+410
1781,74	+53,8	−5,2	+55,4	−475	+52	−491	+323	+18	+246
1782,04	+52,9	−5,3	+55,3	−482	+51	−503	+319	+29	+338
1782,30	+52,1	−5,4	+50,9	−487	+51	−476	+315	+30	+325
1782,75	+50,6	−5,6	+51,7	−501	+50	−516	+305	+31	+297
1782,97	+49,2	−5,7	+52,0	−506	+49	−535	+301	+32	+317
1783,77	+45,9	−6,0	+47,8	−525	+47	−540	+284	+34	+275
1784,06	+44,7	−6,1	+46,2	−532	+47	−553	+278	+35	+296
1784,22	+44,0	−6,2	+42,6	−536	+47	−527	+274	+36	+286
1784,28	+41,6	−6,3	+43,8	−548	+45	−562	+262	+37	+253
1785,04	+40,6	−6,4	+42,2	−554	+45	−681	+256	+38	+273
1785,24	+39,4	−6,4	+37,6	−558	+44	−547	+251	+39	+263
1785,82	+36,2	−6,6	+38,9	−569	+43	−588	+237	+40	+273
1786,03	+35,6	−6,6	+37,4	−574	+43	−605	+232	+41	+246
1787,04	+30,3	−6,8	+32,2	−592	+40	−625	+206	+44	+218
1788,18	+24,3	−7,0	+23,4	−611	+37	−622	+175	+46	+192
1788,82	+22,7	−7,1	+22,8	−629	+35	−629	+156	+48	+143
1789,05	+19,4	−7,1	+22,6	−624	+34	−660	+149	+48	+156
1789,28	+18,1	−7,1	+16,2	−627	+33	−622	+143	+49	+158
1789,83	+14,9	−7,1	+17,0	−634	+31	−653	+126	+50	+111
1790,97	+13,5	−7,1	+14,4	−637	+31	−673	+119	+50	+125
1790,84	+9,0	−7,0	+11,0	−645	+28	−653	+96	+52	+81
1791,08	+7,6	−7,0	+8,0	−648	+27	−684	+89	+52	+94
1791,28	+6,3	−7,0	+4,6	−650	+26	−652	+82	+53	+98
1791,85	+3,2	−6,9	+5,2	−655	+24	−662	+65	+54	+89
1792,10	+1,7	−6,9	+1,8	−657	+24	−694	+57	+54	+60
1792,87	−2,8	−6,8	−0,8	−663	+21	−670	+52	+55	+16
1793,10	−4,2	−6,8	−4,4	−665	+20	−703	+73	+55	+25
1793,88	−8,8	−6,6	−6,9	−669	+17	−671	−1	+56	−17

5°. *Pour* $\gamma = + 1$ *et* $\tilde{\delta} = - 1$. (Suite.)

époques des observations	COEFFICIENTS DE m' dans les perturbations de			COEFFICIENTS DE $m'h'$ dans les perturbations de			COEFFICIENTS DE $m'l'$ dans les perturbations de		
	la longitude héliocentrique	la centième partie du rayon	la longitude géocentrique	la longitude héliocentrique	la centième partie du rayon	la longitude géocentrique	la longitude héliocentrique	la centième partie du rayon	la longitude géocentrique
1794,13	− 10,3	− 6,6	− 11,0	− 671	+ 16	− 709	− 9	+ 56	− 9
1794,89	− 14,8	− 6,4	− 15,8	− 674	+ 13	− 675	− 35	+ 57	− 52
1795,13	− 16,3	− 6,4	− 17,1	− 674	+ 13	− 711	− 44	+ 57	− 48
1795,93	− 20,9	− 6,1	− 19,3	− 676	+ 10	− 680	− 71	+ 58	− 88
1796,15	− 22,3	− 6,1	− 23,6	− 676	+ 9	− 715	− 79	+ 58	− 84
1796,93	− 26,7	− 5,7	− 25,0	− 676	+ 6	− 679	− 107	+ 59	− 115
1797,16	− 28,0	− 5,7	− 29,6	− 676	+ 5	− 715	− 115	+ 59	− 132
1797,90	− 32,3	− 5,4	− 30,8	− 674	+ 2	− 677	− 142	+ 59	− 160
1798,19	− 33,6	− 5,3	− 35,7	− 673	+ 1	− 711	− 151	+ 59	− 158
1799,90	− 38,9	− 4,9	− 41,2	− 669	− 3	− 707	− 187	+ 59	− 197
1800,20	− 43,7	− 4,4	− 40,2	− 661	− 6	− 699	− 222	+ 59	− 230
1801,11	− 48,3	− 3,9	− 51,1	− 652	− 10	− 689	− 256	+ 58	− 271
1802,00	− 51,6	− 3,5	− 50,8	− 643	− 13	− 641	− 283	+ 56	− 301
1802,93	− 52,5	− 3,4	− 55,5	− 640	− 14	− 676	− 291	+ 58	− 307
1803,94	− 56,2	− 2,9	− 59,5	− 610	− 17	− 662	− 325	+ 57	− 344
1804,20	− 59,5	− 2,4	− 62,5	− 613	− 20	− 643	− 327	+ 56	− 329
1804,27	− 59,7	− 2,3	− 63,1	− 610	− 20	− 645	− 339	+ 55	− 378
1805,27	− 62,2	− 1,7	− 66,3	− 593	− 24	− 627	− 392	+ 54	− 414
1806,29	− 65,3	− 1,1	− 69,0	− 573	− 27	− 607	− 424	+ 53	− 447
1807,05	− 67,6	− 0,7	− 66,7	− 558	− 30	− 548	− 448	+ 51	− 463
1807,30	− 67,3	− 0,5	− 71,2	− 552	− 31	− 583	− 455	+ 50	− 480
1808,07	− 68,7	− 0,1	− 68,8	− 533	− 33	− 526	− 478	+ 49	− 493
1808,33	− 69,0	+ 0,1	− 72,9	− 529	− 34	− 558	− 486	+ 48	− 515
1809,08	− 69,8	+ 0,4	− 69,9	− 510	− 36	− 500	− 508	+ 47	− 523
1809,34	− 70,0	+ 0,6	− 74,0	− 503	− 37	− 533	− 516	+ 46	− 544
1810,31	− 70,5	+ 1,2	− 74,5	− 477	− 40	− 503	− 541	+ 44	− 574
1811,13	− 70,5	+ 1,7	− 71,7	− 454	− 42	− 447	− 562	+ 42	− 580
1812,13	− 70,1	+ 2,1	− 76,9	− 415	− 44	− 414	− 584	+ 39	− 599
1812,34	− 69,9	+ 2,3	− 73,9	− 418	− 45	− 440	− 588	+ 38	− 622
1813,15	− 69,2	+ 2,7	− 70,6	− 393	− 47	− 383	− 605	+ 36	− 620
1813,40	− 68,9	+ 2,8	− 72,2	− 385	− 48	− 409	− 610	+ 35	− 643
1814,40	− 67,6	+ 3,3	− 71,3	− 353	− 50	− 373	− 629	+ 32	− 663
1815,16	− 66,3	+ 3,6	− 67,5	− 328	− 51	− 315	− 643	+ 30	− 633
1815,40	− 65,8	+ 3,7	− 69,5	− 319	− 52	− 337	− 647	+ 29	− 683
1816,16	− 64,1	+ 4,1	− 65,2	− 293	− 53	− 278	− 659	+ 27	− 667
1816,42	− 63,4	+ 4,2	− 66,8	− 284	− 53	− 301	− 663	+ 26	− 700
1817,44	− 60,8	+ 4,5	− 64,1	− 249	− 54	− 265	− 677	+ 23	− 714
1818,44	− 57,8	+ 4,8	− 61,0	− 213	− 55	− 225	− 689	+ 19	− 728
1819,68	− 54,5	+ 5,1	− 57,3	− 175	− 56	− 187	− 699	+ 15	− 737
1820,48	− 51,1	+ 5,4	− 53,7	− 138	− 57	− 148	− 707	+ 11	− 744

5°. *Pour* $\gamma = -1$ *et* $\delta = -1$. (Fin.)

Époques des observations.	COEFFICIENTS DE m' dans les perturbations de			COEFFICIENTS DE $m'k'$ dans les perturbations de			COEFFICIENTS DE $m'l'$ dans les perturbations de		
	la longitude héliocentrique.	la centième partie du rayon.	la longitude géocentrique.	la longitude héliocentrique.	la centième partie du rayon.	la longitude géocentrique.	la longitude héliocentrique.	la centième partie du rayon.	la longitude géocentrique.
1821,47	− 47,6	+ 5,8	− 50,3	− 100	− 58	− 105	− 713	+ 8	− 712
1822,52	− 43,8	+ 5,8	− 45,9	− 60	− 59	− 66	− 716	+ 4	− 755
1823,56	− 39,9	+ 5,8	− 41,3	− 19	− 59	− 26	− 717	0	− 754
1824,53	− 36,1	+ 5,8	− 37,9	+ 19	− 59	+ 18	− 715	− 4	− 734
1825,52	− 32,3	+ 5,8	− 34,1	+ 57	− 58	+ 60	− 711	− 7	− 756
1826,60	− 28,0	+ 5,7	− 28,4	+ 100	− 58	+ 96	− 705	− 11	− 739
1827,58	− 24,5	+ 5,6	− 25,6	+ 136	− 57	+ 139	− 696	− 13	− 735
1828,55	− 21,0	+ 5,5	− 22,5	+ 171	− 56	+ 184	− 685	− 19	− 732
1829,58	− 17,5	+ 5,3	− 18,4	+ 209	− 55	+ 220	− 673	− 22	− 708
1829,80	− 16,8	+ 5,2	− 15,6	+ 217	− 54	+ 205	− 669	− 22	− 678
1830,38	− 14,5	+ 5,0	− 15,3	+ 244	− 53	+ 257	− 657	− 25	− 692
1830,86	− 13,6	+ 4,9	− 13,3	+ 254	− 51	+ 240	− 652	− 26	− 652
1835,56	− 3,2	+ 3,2	− 3,9	+ 409	− 43	+ 434	− 556	− 41	− 576
1835,64	− 3,2	+ 3,1	− 3,5	+ 411	− 43	+ 434	− 554	− 41	− 581
1835,90	− 2,8	+ 3,0	− 2,1	+ 419	− 42	+ 407	− 547	− 42	− 555
1836,60	− 2,0	+ 2,7	− 2,0	+ 440	− 40	+ 462	− 528	− 43	− 557
1836,88	− 1,8	+ 2,6	− 1,2	+ 447	− 39	+ 439	− 522	− 41	− 535
1837,64	− 1,3	+ 2,1	− 1,5	+ 467	− 37	+ 405	− 507	− 46	− 528
1837,92	− 1,1	+ 2,0	− 0,8	+ 474	− 36	+ 464	− 494	− 47	− 504
1838,67	− 1,0	+ 1,7	− 1,1	+ 493	− 34	+ 510	− 473	− 48	− 498
1838,92	− 1,0	+ 1,6	− 0,6	+ 499	− 33	+ 491	− 466	− 49	− 478
1839,68	− 1,3	+ 1,3	− 1,4	+ 517	− 31	+ 544	− 444	− 50	− 469
1839,94	− 1,4	+ 1,1	− 1,1	+ 524	− 30	+ 516	− 437	− 51	− 458
1840,70	− 2,0	+ 0,7	− 2,1	+ 540	− 28	+ 569	− 414	− 52	− 430
1840,84	− 2,1	+ 0,7	− 2,1	+ 541	− 27	+ 551	− 410	− 53	− 432
1841,70	− 3,0	+ 0,2	− 3,2	+ 561	− 24	+ 590	− 383	− 54	− 402
1841,98	− 3,4	+ 0,1	− 3,4	+ 567	− 23	+ 586	− 373	− 54	− 385
1842,70	− 4,5	− 0,3	− 4,7	+ 580	− 21	+ 619	− 352	− 55	− 369
1842,96	− 4,9	− 0,4	− 5,0	+ 584	− 20	+ 580	− 343	− 56	− 356
1843,72	− 6,3	− 0,8	− 6,6	+ 596	− 18	+ 628	− 318	− 57	− 334
1844,00	− 6,8	− 0,9	− 6,9	+ 600	− 17	+ 589	− 309	− 57	− 319
1844,60	− 8,3	− 1,2	− 8,6	+ 609	− 14	+ 641	− 286	− 58	− 295
1844,98	− 8,9	− 1,3	− 9,2	+ 615	− 13	+ 611	− 276	− 58	− 290
1845,74	− 10,6	− 1,7	− 11,2	+ 621	− 10	+ 653	− 249	− 58	− 261

6°. *Pour* $\gamma = +1$ *et* $\delta = 0$.

Époques des observations.	COEFFICIENTS DE m' dans les perturbations de			COEFFICIENTS DE $m'h'$ dans les perturbations de			COEFFICIENTS DE $m'l'$ dans les perturbations de		
	la longitude héliocentrique.	la centième partie du rayon.	la longitude géocentrique.	la longitude héliocentrique.	la centième partie du rayon.	la longitude géocentrique.	la longitude héliocentrique.	la centième partie du rayon.	la longitude géocentrique.
1690,98	+ 34,4″	+ 6,1″	+ 36,9″	− 225″	+ 58″	− 226″	+ 813″	+ 8″	+ 855″
1712,15	+ 67,2	− 2,5	+ 69,6	− 747	+ 6	− 729	+ 305	+ 59	+ 331
1715,27	+ 55,4	− 4,1	+ 58,6	− 749	− 5	− 792	+ 194	+ 59	+ 204
1715,33	+ 55,1	− 4,2	+ 56,1	− 749	− 5	− 777	+ 192	+ 59	+ 213
1750,79	− 46,5	+ 4,1	− 46,8	+ 95	− 43	+ 88	− 318	− 40	− 335
1750,92	− 46,1	+ 4,2	− 44,4	+ 95	− 42	+ 86	− 315	− 41	− 319
1753,92	− 33,9	+ 5,6	− 32,4	+ 158	− 34	+ 149	− 250	− 48	− 260
1756,74	− 20,1	+ 6,5	− 20,6	+ 202	− 25	+ 210	− 176	− 53	− 189
1764,04	+ 20,2	+ 7,3	+ 21,8	+ 245	+ 1	+ 243	+ 45	− 59	+ 31
1769,00	+ 46,3	+ 6,0	+ 48,7	+ 216	+ 19	+ 226	+ 196	− 56	+ 187
1769,05	+ 46,5	+ 6,0	+ 48,1	+ 215	+ 19	+ 220	+ 197	− 56	+ 183
1771,96	+ 59,5	+ 4,7	+ 62,7	+ 176	+ 29	+ 188	+ 284	− 51	+ 286
1781,74	+ 80,6	− 0,8	+ 80,9	− 45	+ 53	− 60	+ 481	− 25	+ 489
1782,01	+ 80,6	− 1,0	+ 84,7	− 53	+ 54	− 52	+ 484	− 24	+ 507
1783,20	+ 80,5	− 1,2	+ 80,7	− 59	+ 54	− 44	+ 486	− 23	+ 483
1783,75	+ 80,4	− 1,5	+ 81,0	− 75	+ 55	− 90	+ 491	− 22	+ 499
1782,97	+ 80,3	− 1,6	+ 84,7	− 81	+ 55	− 86	+ 494	− 21	+ 521
1783,77	+ 79,8	− 2,1	+ 80,8	− 104	+ 56	− 120	+ 500	− 18	+ 507
1784,06	+ 79,5	− 2,2	+ 83,2	− 112	+ 56	− 112	+ 502	− 17	+ 525
1784,22	+ 79,3	− 2,3	+ 79,3	− 118	+ 56	− 103	+ 503	− 16	+ 503
1784,78	+ 78,7	− 2,7	+ 79,6	− 135	+ 57	− 151	+ 507	− 14	+ 512
1785,04	+ 78,3	− 2,8	+ 84,3	− 142	+ 57	− 146	+ 508	− 13	+ 534
1785,24	+ 77,9	− 2,9	+ 77,3	− 148	+ 57	− 131	+ 509	− 12	+ 508
1785,82	+ 76,9	− 3,2	+ 78,7	− 166	+ 58	− 184	+ 511	− 11	+ 520
1786,03	+ 76,5	− 3,3	+ 80,6	− 173	+ 58	− 181	+ 511	− 10	+ 539
1787,04	+ 74,2	− 3,8	+ 78,3	− 204	+ 59	− 215	+ 513	− 6	+ 542
1788,18	+ 71,0	− 4,3	+ 72,3	− 241	+ 59	− 235	+ 512	− 3	+ 529
1788,82	+ 69,0	− 4,5	+ 70,2	− 260	+ 59	− 277	+ 510	+ 0	+ 509
1789,05	+ 68,2	− 4,6	+ 72,1	− 267	+ 59	− 283	+ 509	+ 1	+ 538
1789,28	+ 67,4	− 4,7	+ 66,5	− 274	+ 59	− 259	+ 508	+ 2	+ 512
1789,83	+ 65,5	− 4,9	+ 66,9	− 291	+ 59	− 308	+ 506	+ 4	+ 505
1790,07	+ 64,7	− 5,0	+ 68,4	− 298	+ 59	− 316	+ 505	+ 5	+ 533
1790,84	+ 61,7	− 5,3	+ 63,2	− 322	+ 58	− 339	+ 499	+ 8	+ 497
1791,08	+ 60,8	− 5,4	+ 64,2	− 329	+ 58	− 347	+ 497	+ 9	+ 525
1791,28	+ 60,0	− 5,5	+ 59,3	− 335	+ 58	− 323	+ 495	+ 10	+ 505
1791,85	+ 57,6	− 5,7	+ 59,3	− 352	+ 58	− 369	+ 490	+ 12	+ 487
1792,10	+ 56,4	− 5,7	+ 59,6	− 360	+ 58	− 381	+ 488	+ 13	+ 516
1792,87	+ 52,8	− 5,9	+ 54,6	− 383	+ 57	− 400	+ 479	+ 15	+ 475
1793,10	+ 51,7	− 5,9	+ 54,7	− 390	+ 57	− 412	+ 477	+ 16	+ 504
1793,88	+ 48,0	− 6,1	+ 49,8	− 413	+ 56	− 429	+ 467	+ 19	+ 461

6°. *Pour* $\gamma = +\,1$ *et* $\varsigma = 0$. (Suite.)

Époque des observations	COEFFICIENTS DE m' dans les perturbations de			COEFFICIENTS DE $m'k'$ dans les perturbations de			COEFFICIENTS DE $m'l'$ dans les perturbations de		
	la longitude héliocentrique.	la centième partie du rayon.	la longitude géocentrique.	la longitude héliocentrique.	la centième partie du rayon.	la longitude géocentrique.	la longitude héliocentrique.	la centième partie du rayon.	la longitude géocentrique.
1794,13	+ 46,8	− 6,1	+ 49,4	− 420	+ 56	− 443	+ 463	+ 20	+ 489
1794,89	+ 43,0	− 6,3	+ 44,6	− 441	+ 54	− 455	+ 451	+ 23	+ 472
1795,13	+ 41,7	− 6,3	+ 44,2	− 448	+ 54	− 475	+ 447	+ 23	+ 471
1795,92	+ 37,4	− 6,4	+ 39,4	− 469	+ 53	− 486	+ 432	+ 26	+ 425
1796,15	+ 36,1	− 6,4	+ 38,2	− 475	+ 53	− 502	+ 428	+ 27	+ 453
1796,93	+ 31,8	− 6,4	+ 33,7	− 496	+ 51	− 511	+ 413	+ 30	+ 404
1797,16	+ 30,5	− 6,4	+ 32,3	− 501	+ 51	− 530	+ 409	+ 30	+ 432
1797,95	+ 26,1	− 6,4	+ 28,1	− 502	+ 49	− 538	+ 392	+ 33	+ 383
1798,19	+ 24,7	− 6,4	+ 25,9	− 577	+ 49	− 556	+ 386	+ 33	+ 409
1799,30	+ 18,8	− 6,3	+ 19,8	− 552	+ 47	− 582	+ 362	+ 36	+ 383
1800,20	+ 13,0	− 6,2	+ 13,7	− 574	+ 44	− 606	+ 337	+ 39	+ 396
1801,21	+ 7,5	− 6,0	+ 7,7	− 595	+ 41	− 609	+ 310	+ 42	+ 312
1802,00	+ 2,5	− 5,8	+ 4,2	− 611	+ 39	− 614	+ 288	+ 44	+ 276
1802,23	+ 1,2	− 5,8	+ 1,2	− 615	+ 38	− 650	+ 281	+ 44	+ 297
1803,24	− 4,5	− 5,5	− 4,8	− 634	+ 35	− 671	+ 252	+ 46	+ 267
1804,20	− 9,8	− 5,2	− 9,8	− 656	+ 32	− 688	+ 223	+ 48	+ 230
1804,47	− 10,2	− 5,2	− 10,9	− 651	+ 32	− 687	+ 220	+ 49	+ 234
1805,37	− 15,5	− 4,8	− 16,4	− 665	+ 29	− 703	+ 188	+ 51	+ 200
1806,29	− 20,7	− 4,4	− 22,0	− 677	+ 26	− 715	+ 154	+ 53	+ 164
1807,05	− 24,2	− 4,1	− 23,0	− 685	+ 24	− 691	+ 128	+ 54	+ 112
1807,30	− 25,3	− 4,0	− 26,8	− 688	+ 23	− 727	+ 120	+ 54	+ 128
1808,07	− 28,0	− 3,7	− 27,8	− 696	+ 20	− 703	+ 93	+ 55	+ 77
1808,30	− 30,0	− 3,5	− 31,7	− 698	+ 19	− 738	+ 84	+ 55	+ 90
1809,08	− 33,3	− 3,2	− 32,4	− 703	+ 17	− 708	+ 57	+ 56	+ 41
1809,34	− 34,4	− 3,0	− 36,4	− 704	+ 16	− 744	+ 48	+ 56	+ 53
1810,32	− 38,2	− 2,5	− 40,4	− 709	+ 12	− 749	+ 12	+ 57	+ 12
1811,13	− 41,2	− 2,1	− 40,8	− 711	+ 8	− 740	− 17	+ 58	− 33
1812,13	− 44,1	− 1,6	− 43,9	− 712	+ 5	− 715	− 53	+ 59	− 70
1812,34	− 44,7	− 1,5	− 47,3	− 712	+ 5	− 752	− 60	+ 59	− 65
1813,15	− 46,8	− 1,0	− 46,9	− 711	+ 1	− 717	− 89	+ 59	− 107
1813,40	− 47,3	− 0,9	− 50,0	− 710	+ 0	− 750	− 98	+ 59	− 102
1814,40	− 49,4	− 0,4	− 52,1	− 706	− 3	− 746	− 134	+ 59	− 140
1815,16	− 50,7	+ 0,0	− 50,9	− 701	− 6	− 701	− 162	+ 59	− 180
1815,40	− 51,0	+ 0,1	− 53,9	− 699	− 7	− 738	− 170	+ 59	− 180
1816,16	− 52,0	+ 0,5	− 52,0	− 692	− 10	− 688	− 198	+ 58	− 114
1816,42	− 52,2	+ 0,6	− 55,1	− 689	− 11	− 738	− 297	+ 58	− 218
1817,44	− 52,8	+ 1,1	− 55,8	− 678	− 14	− 717	− 244	+ 58	− 255
1818,44	− 53,0	+ 1,6	− 56,0	− 666	− 18	− 704	− 279	+ 57	− 295
1819,48	− 52,8	+ 2,1	− 55,6	− 652	− 21	− 689	− 316	+ 55	− 335
1820,48	− 52,2	+ 2,5	− 55,0	− 635	− 25	− 671	− 350	+ 54	− 367

6°. *Pour* $\eta = + 1$ *et* $\delta = 0$. (Fin.)

Époques des observations.	COEFFICIENTS DE m' dans les perturbations de			COEFFICIENTS DE $m'h'$ dans les perturbations de			COEFFICIENTS DE $m'l'$ dans les perturbations de		
	la longitude héliocentrique	la centième partie du rayon	la longitude géocentrique.	la longitude héliocentrique.	la centième partie du rayon.	la longitude géocentrique.	la longitude héliocentrique.	la centième partie du rayon.	la longitude géocentrique.
1821,47	− 51,1″	+ 2,9″	− 53,9″	− 617″	− 28″	− 651″	− 383°	+ 52″	− 405″
1822,52	− 49,6	+ 3,3	− 52,1	− 595	− 41	− 629	− 415	+ 50	− 435
1823,56	− 47,7	+ 3,7	− 49,7	− 571	− 35	− 604	− 445	+ 48	− 463
1824,53	− 45,6	+ 4,0	− 48,0	− 547	− 38	− 578	− 472	+ 45	− 497
1825,52	− 43,2	+ 4,3	− 45,6	− 521	− 41	− 550	− 499	+ 43	− 527
1826,62	− 40,3	+ 4,6	− 41,4	− 490	− 43	− 519	− 527	+ 40	− 545
1827,58	− 37,7	+ 4,8	− 39,6	− 460	− 45	− 487	− 549	+ 37	− 577
1828,55	− 34,9	+ 4,9	− 36,9	− 429	− 48	− 451	− 571	+ 34	− 602
1829,58	− 31,6	+ 5,0	− 33,3	− 396	− 50	− 418	− 593	+ 31	− 625
1829,80	− 30,0	+ 5,1	− 29,8	− 389	− 51	− 404	− 597	+ 31	− 593
1830,58	− 28,4	+ 5,1	− 29,9	− 364	− 52	− 383	− 611	+ 28	− 644
1830,86	− 27,3	+ 5,1	− 26,1	− 335	− 53	− 363	− 616	+ 27	− 604
1835,56	− 13,2	+ 4,7	− 14,5	− 180	− 58	− 180	− 673	+ 11	− 706
1835,69	− 13,0	+ 4,7	− 13,9	− 178	− 58	− 185	− 673	+ 11	− 708
1835,90	− 12,3	+ 4,6	− 12,1	− 167	− 58	− 181	− 675	+ 9	− 670
1836,66	− 10,3	+ 4,5	− 10,7	− 138	− 59	− 146	− 670	+ 7	− 715
1836,88	− 9,8	+ 4,4	− 8,7	− 130	− 59	− 146	− 680	+ 6	− 681
1837,64	− 8,2	+ 4,2	− 8,7	− 101	− 59	− 105	− 683	+ 3	− 719
1837,92	− 7,6	+ 4,1	− 6,6	− 90	− 59	− 104	− 684	+ 1	− 682
1838,67	− 6,2	+ 3,8	− 6,5	− 61	− 58	− 64	− 685	− 1	− 721
1838,92	− 3,7	+ 3,7	− 4,8	− 51	− 59	− 65	− 686	− 2	− 685
1839,68	− 4,6	+ 3,5	− 4,8	− 22	− 59	− 24	− 685	− 5	− 721
1839,94	− 4,2	+ 3,4	− 3,4	− 13	− 59	− 26	− 685	− 6	− 685
1840,70	− 3,1	+ 3,1	− 3,3	+ 17	− 58	+ 18	− 682	− 8	− 718
1840,84	− 2,9	+ 3,1	− 2,3	+ 23	− 58	+ 12	− 683	− 9	− 703
1841,70	− 2,1	+ 3,7	− 2,3	+ 56	− 58	+ 60	− 677	− 12	− 713
1841,98	− 1,8	+ 2,6	− 1,2	+ 67	− 58	+ 52	− 676	− 13	− 674
1842,70	− 1,6	+ 3,3	− 1,4	+ 95	− 57	+ 101	− 673	− 16	− 706
1842,96	− 1,3	+ 3,2	− 0,8	+ 104	− 57	+ 90	− 669	− 17	− 674
1843,72	− 1,1	+ 1,9	− 1,2	+ 132	− 56	+ 140	− 663	− 19	− 698
1844,00	− 1,1	+ 1,8	− 0,7	+ 142	− 56	+ 127	− 661	− 20	− 658
1844,69	− 1,4	+ 1,4	− 1,6	+ 168	− 55	+ 181	− 653	− 22	− 684
1844,98	− 1,5	+ 1,3	− 1,2	+ 178	− 54	+ 165	− 650	− 23	− 682
1845,74	− 2,0	+ 1,0	− 2,1	+ 207	− 53	+ 219	− 640	− 26	− 672

131. L'expression complète de la perturbation de la longitude géocentrique, à une époque déterminée, se compose de la réunion des trois termes en m', $m'k'$ et $m'l'$ dont les coefficients sont inscrits dans les tableaux que nous venons de former. Nous compléterons, par l'addition de ces termes, les premiers membres des équations de condition qui, dans le n° **78**, correspondent à chaque groupe des observations faites à une même époque. Ces équations sont en nombre tel, que si nous les conservions toutes séparément, les calculs suivants seraient d'une trop grande prolixité : mais nous n'y gagnerions rien sous le rapport de l'exactitude. Il vaut mieux substituer à ces équations d'autres conditions moyennes, correspondant chacune à un petit nombre d'observations peu distantes entre elles, en égard à la lenteur du mouvement d'Uranus.

Le tableau suivant des nouvelles conditions, au nombre de trente-trois, indiquera suffisamment quelles sont celles des équations du n° **78** qui ont été groupées ensemble. Il est bien entendu qu'en prenant la moyenne de plusieurs équations, on a fait entrer chacune d'elles dans le calcul, proportionnellement au nombre d'observations sur lequel elle était fondée.

Les termes en $\delta\varepsilon$, δn, δe, $e\delta\varpi$ et le terme *connu*, obtenus dans le calcul, resteront les mêmes pour les différentes valeurs de γ et de δ : au contraire, les expressions des perturbations varieront suivant les hypothèses faites sur γ et δ. Pour éviter un double emploi, je commencerai par présenter la partie invariable des équations, en y désignant par les symboles [1], [2], [3],...., les expressions variables des perturbations. Je donnerai ensuite les valeurs numériques de ces symboles pour les différents systèmes de valeurs de γ et δ.

Époques	Nombre d'observations.	ÉQUATIONS DE CONDITION.
1690	1	$1{,}019\,\delta\iota - 111{,}09\,\delta n - 1{,}986\,\delta e + 0{,}538\,e\delta\varpi - 65{,}9 + [1] = 0$
1712—1715	4	$1{,}152\,\delta\iota - 98{,}48\,\delta n - 0{,}033\,\delta e - 2{,}313\,e\delta\varpi - 66{,}3 + [2] = 0$
1750	2	$0{,}924\,\delta\iota - 45{,}42\,\delta n + 0{,}793\,\delta e + 1{,}736\,e\delta\varpi + 35{,}3 + [3] = 0$
1755—1756	2	$0{,}933\,\delta\iota - 41{,}62\,\delta n + 0{,}194\,\delta e + 1{,}910\,e\delta\varpi + 33{,}4 + [4] = 0$
1764	1	$0{,}913\,\delta\iota - 32{,}83\,\delta n - 0{,}909\,\delta e + 1{,}652\,e\delta\varpi + 21{,}2 + [5] = 0$
1768—1769	8	$0{,}928\,\delta\iota - 29{,}36\,\delta n - 1{,}475\,\delta e + 1{,}264\,e\delta\varpi + 8{,}2 + [6] = 0$
1771	1	$0{,}906\,\delta\iota - 27{,}93\,\delta n - 1{,}788\,\delta e + 0{,}953\,e\delta\varpi + 11{,}9 + [7] = 0$
1781—1782	10	$1{,}051{.}8\,\delta\iota - 18{,}576\,\delta n - 1{,}987{.}3\,\delta e - 0{,}622{.}0\,e\delta\varpi - 17{,}17 + [8] = 0$
1783—1784	9	$1{,}056{.}1\,\delta\iota - 16{,}680\,\delta n - 1{,}881{.}2\,\delta e - 0{,}891{.}1\,e\delta\varpi - 20{,}59 + [9] = 0$
1785—1788	10	$1{,}089{.}4\,\delta\iota - 14{,}357\,\delta n - 1{,}696{.}5\,\delta e - 1{,}270{.}2\,e\delta\varpi - 23{,}87 + [10] = 0$
1789—1790	11	$1{,}094{.}2\,\delta\iota - 11{,}024\,\delta n - 1{,}337{.}3\,\delta e - 1{,}652{.}6\,e\delta\varpi - 29{,}03 + [11] = 0$
1791—1792	10	$1{,}111{.}0\,\delta\iota - 9{,}015\,\delta n - 1{,}070{.}7\,\delta e - 1{,}866{.}0\,e\delta\varpi - 27{,}89 + [12] = 0$
1793—1794	9	$1{,}118{.}2\,\delta\iota - 6{,}614\,\delta n - 0{,}727{.}9\,\delta e - 2{,}034{.}8\,e\delta\varpi - 30{,}87 + [13] = 0$
1795—1797	9	$1{,}146{.}7\,\delta\iota - 4{,}223\,\delta n - 0{,}383{.}7\,\delta e - 2{,}178{.}2\,e\delta\varpi - 31{,}86 + [14] = 0$
1797—1801	9	$1{,}154{.}3\,\delta\iota + 0{,}090\,\delta n + 0{,}266{.}2\,\delta e - 2{,}305{.}0\,e\delta\varpi - 32{,}20 + [15] = 0$
1802—1804	11	$1{,}144{.}9\,\delta\iota + 3{,}247\,\delta n + 0{,}739{.}5\,\delta e - 2{,}085{.}3\,e\delta\varpi - 34{,}35 + [16] = 0$
1804—1806	10	$1{,}146{.}4\,\delta\iota + 6{,}284\,\delta n + 1{,}146{.}8\,\delta e - 1{,}903{.}6\,e\delta\varpi - 35{,}33 + [17] = 0$
1807—1808	12	$1{,}123{.}7\,\delta\iota + 8{,}232\,\delta n + 1{,}456{.}1\,\delta e - 1{,}635{.}1\,e\delta\varpi - 35{,}05 + [18] = 0$
1809—1810	10	$1{,}115{.}9\,\delta\iota + 10{,}947\,\delta n + 1{,}888{.}9\,\delta e - 1{,}381{.}6\,e\delta\varpi - 36{,}66 + [19] = 0$
1811—1813	11	$1{,}070{.}5\,\delta\iota + 13{,}171\,\delta n + 1{,}870{.}3\,\delta e - 0{,}967{.}8\,e\delta\varpi - 37{,}19 + [20] = 0$
1813—1815	11	$1{,}079{.}5\,\delta\iota + 15{,}484\,\delta n + 2{,}011{.}2\,\delta e - 0{,}743{.}2\,e\delta\varpi - 37{,}07 + [21] = 0$
1816—1817	9	$1{,}051{.}7\,\delta\iota + 17{,}543\,\delta n + 2{,}067{.}4\,\delta e - 0{,}322{.}0\,e\delta\varpi - 33{,}89 + [22] = 0$
1818—1820	12	$1{,}051{.}0\,\delta\iota + 20{,}452\,\delta n + 2{,}100{.}5\,\delta e + 0{,}094{.}2\,e\delta\varpi - 32{,}49 + [23] = 0$
1821—1823	9	$1{,}027{.}8\,\delta\iota + 23{,}132\,\delta n + 1{,}998{.}2\,\delta e + 0{,}550{.}4\,e\delta\varpi - 27{,}40 + [24] = 0$
1824—1827	11	$1{,}005{.}6\,\delta\iota + 26{,}057\,\delta n + 1{,}772{.}8\,\delta e + 1{,}008{.}7\,e\delta\varpi - 25{,}19 + [25] = 0$
1828—1830	11	$0{,}966{.}0\,\delta\iota + 28{,}906\,\delta n + 1{,}374{.}9\,\delta e + 1{,}424{.}1\,e\delta\varpi - 7{,}52 + [26] = 0$
1833—1835	9	$0{,}961{.}7\,\delta\iota + 34{,}221\,\delta n + 0{,}676{.}6\,\delta e + 1{,}870{.}4\,e\delta\varpi + 27{,}91 + [27] = 0$
1835—1836	10	$0{,}930{.}7\,\delta\iota + 33{,}880\,\delta n + 0{,}594{.}7\,\delta e + 1{,}829{.}1\,e\delta\varpi + 30{,}61 + [28] = 0$
1837—1838	11	$0{,}938{.}8\,\delta\iota + 35{,}882\,\delta n + 0{,}345{.}1\,\delta e + 1{,}912{.}4\,e\delta\varpi + 45{,}72 + [29] = 0$
1839—1840	10	$0{,}945{.}6\,\delta\iota + 38{,}081\,\delta n + 0{,}065{.}6\,\delta e + 1{,}957{.}5\,e\delta\varpi + 63{,}09 + [30] = 0$
1841—1842	9	$0{,}941{.}4\,\delta\iota + 39{,}658\,\delta n - 0{,}195{.}6\,\delta e + 1{,}940{.}1\,e\delta\varpi + 76{,}98 + [31] = 0$
1842—1844	9	$0{,}927{.}3\,\delta\iota + 40{,}392\,\delta n - 0{,}352{.}7\,\delta e + 1{,}886{.}9\,e\delta\varpi + 86{,}40 + [32] = 0$
1844—1845	8	$0{,}921{.}0\,\delta\iota + 43{,}818\,\delta n - 0{,}600{.}9\,\delta e + 1{,}872{.}8\,e\delta\varpi + 103{,}65 + [33] = 0$

Les symboles [1], [2], [3], …, ont les valeurs suivantes :

1°. Pour $\gamma = -1$, $\varepsilon = 0$.

$$[1] = +14,1\,m' +1381\,m''h' +1202\,m''l'$$
$$[2] = +70,0\,m' -1342\,m''h' +1410\,m''l'$$
$$[3] = -65,5\,m' + 337\,m''h' -1584\,m''l'$$
$$[4] = -54,7\,m' + 852\,m''h' -1363\,m''l'$$
$$[5] = -13,5\,m' +1450\,m''h' - 517\,m''l'$$
$$[6] = +14,8\,m' +1575\,m''h' + 79\,m''l'$$
$$[7] = +31,3\,m' +1571\,m''h' + 459\,m''l'$$
$$[8] = +72,3\,m' + 794\,m''h' +1497\,m''l'$$
$$[9] = +75,4\,m' + 589\,m''h' +1592\,m''l'$$
$$[10] = +78,2\,m' + 288\,m''h' +1710\,m''l'$$
$$[11] = +76,4\,m' - 103\,m''h' +1742\,m''l'$$
$$[12] = +74,1\,m' - 353\,m''h' +1734\,m''l'$$
$$[13] = +68,9\,m' - 624\,m''h' +1669\,m''l'$$
$$[14] = +62,7\,m' - 891\,m''h' +1595\,m''l'$$
$$[15] = +46,6\,m' -1288\,m''h' +1325\,m''l'$$
$$[16] = +33,3\,m' -1523\,m''h' +1054\,m''l'$$
$$[17] = +19,2\,m' -1707\,m''h' + 772\,m''l'$$
$$[18] = + 7,4\,m' -1799\,m''h' + 480\,m''l'$$
$$[19] = - 2,8\,m' -1858\,m''h' + 222\,m''l'$$
$$[20] = -13,5\,m' -1819\,m''h' - 122\,m''l'$$
$$[21] = -22,6\,m' -1820\,m''h' - 370\,m''l'$$
$$[22] = -30,5\,m' -1718\,m''h' - 665\,m''l'$$
$$[23] = -38,4\,m' -1584\,m''h' - 995\,m''l'$$
$$[24] = -44,2\,m' -1330\,m''h' -1303\,m''l'$$
$$[25] = -47,2\,m' - 971\,m''h' -1577\,m''l'$$
$$[26] = -46,5\,m' - 478\,m''h' -1749\,m''l'$$
$$[27] = -43,7\,m' + 280\,m''h' -1816\,m''l'$$
$$[28] = -41,3\,m' + 348\,m''h' -1745\,m''l'$$
$$[29] = -40,3\,m' + 588\,m''h' -1700\,m''l'$$
$$[30] = -38,7\,m' + 840\,m''h' -1608\,m''l'$$
$$[31] = -36,9\,m' +1046\,m''h' -1473\,m''l'$$
$$[32] = -35,2\,m' +1157\,m''h' -1353\,m''l'$$
$$[33] = -35,1\,m' +1343\,m''h' -1228\,m''l'$$

2°. Pour $\gamma = 0$, $\varepsilon = -1$.

$$[1] = +39,8\,m' - 583\,m''h' + 707\,m''l'$$
$$[2] = +14,6\,m' - 841\,m''h' - 317\,m''l'$$
$$[3] = -24,6\,m' + 489\,m''h' - 143\,m''l'$$
$$[4] = - 4,0\,m' + 487\,m''h' + 67\,m''l'$$
$$[5] = +34,8\,m' + 301\,m''h' + 404\,m''l'$$
$$[6] = +51,0\,m' + 125\,m''h' + 548\,m''l'$$
$$[7] = +58,4\,m' - 4\,m''h' + 619\,m''l'$$
$$[8] = +52,0\,m' - 477\,m''h' + 551\,m''l'$$
$$[9] = +46,0\,m' - 541\,m''h' + 502\,m''l'$$
$$[10] = +36,9\,m' - 636\,m''h' + 427\,m''l'$$
$$[11] = +23,6\,m' - 717\,m''h' + 304\,m''l'$$
$$[12] = +14,7\,m' - 762\,m''h' + 219\,m''l'$$
$$[13] = + 3,9\,m' - 793\,m''h' + 114\,m''l'$$
$$[14] = - 7,8\,m' - 823\,m''h' + 14\,m''l'$$
$$[15] = -25,8\,m' - 817\,m''h' - 173\,m''l'$$
$$[16] = -36,6\,m' - 778\,m''h' - 309\,m''l'$$
$$[17] = -45,5\,m' - 731\,m''h' - 432\,m''l'$$
$$[18] = -49,8\,m' - 655\,m''h' - 531\,m''l'$$
$$[19] = -52,6\,m' - 588\,m''h' - 610\,m''l'$$
$$[20] = -52,6\,m' - 464\,m''h' - 684\,m''l'$$
$$[21] = -52,7\,m' - 391\,m''h' - 745\,m''l'$$
$$[22] = -49,8\,m' - 272\,m''h' - 787\,m''l'$$
$$[23] = -44,9\,m' - 141\,m''h' - 831\,m''l'$$
$$[24] = -37,2\,m' + 20\,m''h' - 838\,m''l'$$
$$[25] = -27,8\,m' + 199\,m''h' - 807\,m''l'$$
$$[26] = -16,9\,m' + 386\,m''h' - 714\,m''l'$$
$$[27] = - 7,7\,m' + 630\,m''h' - 522\,m''l'$$
$$[28] = - 6,1\,m' + 625\,m''h' - 487\,m''l'$$
$$[29] = - 5,6\,m' + 687\,m''h' - 411\,m''l'$$
$$[30] = - 6,1\,m' + 741\,m''h' - 321\,m''l'$$
$$[31] = - 7,4\,m' + 769\,m''h' - 238\,m''l'$$
$$[32] = - 8,7\,m' + 772\,m''h' - 167\,m''l'$$
$$[33] = -11,1\,m' + 801\,m''h' - 81\,m''l'$$

3°. Pour $\gamma = 0$, $\delta = 0$.	4°. Pour $\gamma = 0$, $\delta = +1$.
$[1] = +18,3\,m' + 210\,m'h' + 864\,m'l'$	$[1] = -15,2\,m' + 817\,m'h' + 327\,m'l'$
$[2] = +54,8\,m' - 803\,m'h' + 470\,m'l'$	$[2] = +64,4\,m' - 152\,m'h' + 926\,m'l'$
$[3] = -44,3\,m' + 151\,m'h' - 541\,m'l'$	$[3] = -44,2\,m' - 393\,m'h' - 476\,m'l'$
$[4] = -24,2\,m' + 320\,m'h' - 424\,m'l'$	$[4] = -42,1\,m' - 202\,m'h' - 551\,m'l'$
$[5] = + 8,3\,m' + 480\,m'h' - 79\,m'l'$	$[5] = -17,8\,m' + 163\,m'h' - 483\,m'l'$
$[6] = +31,4\,m' + 488\,m'h' + 146\,m'l'$	$[6] = + 2,8\,m' + 350\,m'h' - 360\,m'l'$
$[7] = +43,3\,m' + 468\,m'h' + 292\,m'l'$	$[7] = +15,9\,m' + 451\,m'h' - 259\,m'l'$
$[8] = +67,4\,m' + 137\,m'h' + 645\,m'l'$	$[8] = +56,4\,m' + 544\,m'h' + 222\,m'l'$
$[9] = +67,2\,m' + 60\,m'h' + 670\,m'l'$	$[9] = +61,2\,m' + 520\,m'h' + 302\,m'l'$
$[10] = +65,8\,m' - 56\,m'h' + 704\,m'l'$	$[10] = +67,4\,m' + 481\,m'h' + 414\,m'l'$
$[11] = +59,8\,m' - 201\,m'h' + 703\,m'l'$	$[11] = +70,3\,m' + 398\,m'h' + 532\,m'l'$
$[12] = +55,2\,m' - 294\,m'h' + 692\,m'l'$	$[12] = +71,2\,m' + 336\,m'h' + 603\,m'l'$
$[13] = +47,9\,m' - 393\,m'h' + 659\,m'l'$	$[13] = +70,0\,m' + 254\,m'h' + 666\,m'l'$
$[14] = +39,4\,m' - 490\,m'h' + 626\,m'l'$	$[14] = +68,0\,m' + 172\,m'h' + 726\,m'l'$
$[15] = +22,1\,m' - 633\,m'h' + 516\,m'l'$	$[15] = +58,9\,m' + 3\,m'h' + 778\,m'l'$
$[16] = + 9,0\,m' - 718\,m'h' + 406\,m'l'$	$[16] = +49,9\,m' - 130\,m'h' + 784\,m'l'$
$[17] = - 3,5\,m' - 786\,m'h' + 296\,m'l'$	$[17] = +39,9\,m' - 255\,m'h' + 774\,m'l'$
$[18] = -13,1\,m' - 820\,m'h' + 181\,m'l'$	$[18] = +30,2\,m' - 365\,m'h' + 733\,m'l'$
$[19] = -21,0\,m' - 841\,m'h' + 80\,m'l'$	$[19] = +21,6\,m' - 457\,m'h' + 692\,m'l'$
$[20] = -27,7\,m' - 824\,m'h' - 59\,m'l'$	$[20] = +11,6\,m' - 557\,m'h' + 600\,m'l'$
$[21] = -33,6\,m' - 830\,m'h' - 152\,m'l'$	$[21] = + 3,5\,m' - 633\,m'h' + 549\,m'l'$
$[22] = -36,8\,m' - 793\,m'h' - 271\,m'l'$	$[22] = - 4,2\,m' - 703\,m'h' + 451\,m'l'$
$[23] = -39,3\,m' - 751\,m'h' - 401\,m'l'$	$[23] = -12,1\,m' - 781\,m'h' + 339\,m'l'$
$[24] = -38,2\,m' - 659\,m'h' - 531\,m'l'$	$[24] = -17,9\,m' - 829\,m'h' + 193\,m'l'$
$[25] = -34,3\,m' - 527\,m'h' - 651\,m'l'$	$[25] = -20,8\,m' - 846\,m'h' + 16\,m'l'$
$[26] = -26,7\,m' - 339\,m'h' - 743\,m'l'$	$[26] = -19,4\,m' - 804\,m'h' - 185\,m'l'$
$[27] = -17,0\,m' - 37\,m'h' - 816\,m'l'$	$[27] = -13,9\,m' - 683\,m'h' - 465\,m'l'$
$[28] = -14,5\,m' - 13\,m'h' - 789\,m'l'$	$[28] = -11,5\,m' - 646\,m'h' - 468\,m'l'$
$[29] = -12,6\,m' + 87\,m'h' - 792\,m'l'$	$[29] = - 9,5\,m' - 585\,m'h' - 548\,m'l'$
$[30] = -11,1\,m' + 194\,m'h' - 777\,m'l'$	$[30] = - 7,2\,m' - 507\,m'h' - 624\,m'l'$
$[31] = -10,3\,m' + 288\,m'h' - 741\,m'l'$	$[31] = - 5,5\,m' - 419\,m'h' - 676\,m'l'$
$[32] = -10,2\,m' + 340\,m'h' - 705\,m'l'$	$[32] = - 4,3\,m' - 357\,m'h' - 693\,m'l'$
$[33] = -11,3\,m' + 429\,m'h' - 674\,m'l'$	$[33] = - 4,0\,m' - 277\,m'h' - 744\,m'l'$

5°. Pour $q = 1$, $\delta = -1$.

$[1] = +53,9\,m' - 829\,m'h' + 375\,m'l'$
$[2] = +4,7\,m' - 648\,m'h' - 408\,m'l'$
$[3] = -23,4\,m' + 256\,m'h' - 51\,m'l'$
$[4] = +1,5\,m' + 220\,m'h' + 93\,m'l'$
$[5] = +45,1\,m' + 48\,m'h' + 298\,m'l'$
$[6] = +61,8\,m' - 90\,m'h' + 374\,m'l'$
$[7] = +68,4\,m' - 191\,m'h' + 410\,m'l'$
$[8] = +53,1\,m' - 504\,m'h' + 319\,m'l'$
$[9] = +44,8\,m' - 543\,m'h' + 278\,m'l'$
$[10] = +32,3\,m' - 603\,m'h' + 217\,m'l'$
$[11] = +15,0\,m' - 647\,m'h' + 122\,m'l'$
$[12] = +3,8\,m' - 673\,m'h' + 59\,m'l'$
$[13] = -9,2\,m' - 689\,m'h' - 17\,m'l'$
$[14] = -23,8\,m' - 706\,m'h' - 94\,m'l'$
$[15] = -44,9\,m' - 694\,m'h' - 231\,m'l'$
$[16] = -57,0\,m' - 660\,m'h' - 327\,m'l'$
$[17] = -66,7\,m' - 623\,m'h' - 420\,m'l'$
$[18] = -71,3\,m' - 565\,m'h' - 494\,m'l'$
$[19] = -73,8\,m' - 515\,m'h' - 557\,m'l'$
$[20] = -72,1\,m' - 421\,m'h' - 609\,m'l'$
$[21] = -70,8\,m' - 370\,m'h' - 658\,m'l'$
$[22] = -65,4\,m' - 281\,m'h' - 694\,m'l'$
$[23] = -57,3\,m' - 187\,m'h' - 737\,m'l'$
$[24] = -45,8\,m' - 66\,m'h' - 754\,m'l'$
$[25] = -32,1\,m' + 73\,m'h' - 745\,m'l'$
$[26] = -16,6\,m' + 224\,m'h' - 690\,m'l'$
$[27] = -3,7\,m' + 434\,m'h' - 578\,m'l'$
$[28] = -1,8\,m' + 433\,m'h' - 550\,m'l'$
$[29] = -1,0\,m' + 492\,m'h' - 504\,m'l'$
$[30] = -1,7\,m' + 548\,m'h' - 448\,m'l'$
$[31] = -3,8\,m' + 585\,m'h' - 385\,m'l'$
$[32] = -6,0\,m' + 598\,m'h' - 340\,m'l'$
$[33] = -9,4\,m' + 637\,m'h' - 285\,m'l'$

6°. Pour $q = 1$, $\delta = 0$.

$[1] = +36,9\,m' - 226\,m'h' + 850\,m'l'$
$[2] = +60,7\,m' - 785\,m'h' + 238\,m'l'$
$[3] = -45,6\,m' + 87\,m'h' - 327\,m'l'$
$[4] = -26,5\,m' + 180\,m'h' - 235\,m'l'$
$[5] = +21,8\,m' + 243\,m'h' + 31\,m'l'$
$[6] = +48,3\,m' + 222\,m'h' + 184\,m'l'$
$[7] = +62,7\,m' + 188\,m'h' + 286\,m'l'$
$[8] = +82,4\,m' - 66\,m'h' + 500\,m'l'$
$[9] = +80,6\,m' - 119\,m'h' + 511\,m'l'$
$[10] = +76,5\,m' - 203\,m'h' + 525\,m'l'$
$[11] = +66,5\,m' - 302\,m'h' + 513\,m'l'$
$[12] = +59,4\,m' - 368\,m'h' + 500\,m'l'$
$[13] = +49,1\,m' - 437\,m'h' + 470\,m'l'$
$[14] = +37,2\,m' - 505\,m'h' + 442\,m'l'$
$[15] = +14,7\,m' - 600\,m'h' + 355\,m'l'$
$[16] = -1,9\,m' - 658\,m'h' + 273\,m'l'$
$[17] = -17,5\,m' - 705\,m'h' + 192\,m'l'$
$[18] = -28,6\,m' - 727\,m'h' + 107\,m'l'$
$[19] = -38,0\,m' - 743\,m'h' + 31\,m'l'$
$[20] = -45,4\,m' - 730\,m'h' - 72\,m'l'$
$[21] = -51,4\,m' - 738\,m'h' - 141\,m'l'$
$[22] = -54,3\,m' - 711\,m'h' - 229\,m'l'$
$[23] = -55,5\,m' - 688\,m'h' - 331\,m'l'$
$[24] = -51,9\,m' - 628\,m'h' - 434\,m'l'$
$[25] = -44,1\,m' - 537\,m'h' - 533\,m'l'$
$[26] = -31,1\,m' - 402\,m'h' - 616\,m'l'$
$[27] = -14,2\,m' - 182\,m'h' - 707\,m'l'$
$[28] = -10,3\,m' - 160\,m'h' - 687\,m'l'$
$[29] = -6,8\,m' - 86\,m'h' - 703\,m'l'$
$[30] = -3,6\,m' - 5\,m'h' - 709\,m'l'$
$[31] = -1,6\,m' + 71\,m'h' - 698\,m'l'$
$[32] = -0,9\,m' + 115\,m'h' - 678\,m'l'$
$[33] = -1,6\,m' + 187\,m'h' - 674\,m'l'$

Résolution des équations précédentes.

152. Après différentes tentatives infructueuses pour tirer de ces équations, non-seulement les valeurs les plus précises des inconnues qu'elles renferment, mais encore *les limites dans lesquelles doivent rester comprises les inconnues*, pour que la théorie puisse représenter les observations, j'ai été conduit à reconnaître qu'il était indispensable, comme dans ma première solution, de commencer par éliminer six des inconnues que les équations donnent très-nettement en fonctions de la masse, savoir : les quatre inconnues dont dépend l'orbite d'Uranus, et les inconnues $m'h'$ et $m'l'$. Lorsqu'on substituera les valeurs des variables, ainsi calculées, dans les premiers membres des équations de condition, ces premiers membres ne se réduiront pas, en général, identiquement à zéro, mais bien à des fonctions du premier degré par rapport à m'. Ce sera sur ces expressions qu'on pourra déterminer à la fois et la valeur la plus précise de m' qui puisse se déduire des observations, et les limites supérieure et inférieure dans lesquelles cette masse doit nécessairement être comprise.

Il nous faut donc d'abord déduire des trente-trois conditions précédentes, *six* équations propres à fournir les valeurs de $\delta\varepsilon$, δn, δe et $e\,\delta\varpi$, $m'h'$ et $m'l'$ en fonctions de m'. Je suivrai, pour cet objet, la méthode des moindres carrés, sinon dans toute sa rigueur, du moins avec une approximation suffisante pour en conserver l'esprit. L'emploi de cette méthode est, dans le cas actuel, tellement long et pénible, que je ne me suis décidé à en faire usage qu'après m'être convaincu qu'aucune marche plus simple ne conduirait à un résultat satisfaisant : mais, en même temps que je reconnais à ce moyen extrême, j'ai simplifié les calculs en réduisant les multiplicateurs à être, en général, des nombres entiers. Considérons, par exemple, l'équation relative à $\delta\varepsilon$. Elle se composerait, dans la méthode rigoureuse, de la somme de trente-trois équations de condition, multipliées respectivement par des nombres qu'on obtiendrait en formant, dans chaque équation, le produit de l'inconnue qu'on considère par le nombre des observations, et par le nombre qui exprime l'exactitude relative attribuée à ces différentes observations. J'ai divisé tous ces multiplicateurs par un même nombre, de manière que le plus grand d'entre eux devînt égal à 10 unités, et je n'ai ensuite tenu compte, en général, que de ces unités, ou au plus des *dixièmes*, quand le multiplicateur était au-dessous de *deux* ; pour la première équation seulement, j'ai dû conserver les *centièmes*.

135. C'est ainsi qu'ont été formés les systèmes suivants, pour les différentes valeurs de γ et δ:

1°. *Pour* $\gamma = -1$ *et* $\delta = 0$.

$$+223{,}891\,\delta\iota + 2422{,}98\,\delta n + 90{,}493\,\delta e - 72{,}176\,e\delta\varpi - 122984''\,m'h'$$
$$- 1106''\,m'l' - 1979''{,}8 + 1247''{,}8\,m' = 0,$$

$$+79{,}857\,\delta\iota + 4078{,}15\,\delta n + 119{,}623\,\delta e + 152{,}282\,e\delta\varpi - 13757\,m'h'$$
$$- 176022\,m'l' + 3461{,}5 - 5564{,}6\,m' = 0,$$

$$+46{,}151\,\delta\iota + 1879{,}95\,\delta n + 200{,}115\,\delta e + 12{,}100\,e\delta\varpi - 133430\,m'h'$$
$$- 102218\,m'l' - 1815{,}5 - 4409{,}6\,m' = 0,$$

$$-37{,}616\,\delta\iota + 2652{,}65\,\delta n + 14{,}346\,\delta e + 296{,}034\,e\delta\varpi + 136126\,m'h'$$
$$- 223226\,m'l' + 6463{,}5 - 6994{,}5\,m' = 0,$$

$$-74{,}264\,\delta\iota - 326{,}99\,\delta n - 155{,}655\,\delta e + 140{,}122\,e\delta\varpi + 180870\,m'h'$$
$$- 29533\,m'l' + 4909{,}7 - 142{,}5\,m' = 0,$$

$$-0{,}023\,\delta\iota - 3577{,}15\,\delta n - 136{,}758\,\delta e - 262{,}286\,e\delta\varpi - 34355\,m'h'$$
$$+ 257344\,m'l' - 4610{,}5 + 8755{,}4\,m' = 0.$$

2°. *Pour* $\gamma = 0$ *et* $\delta = -1$.

$$+223{,}891\,\delta\iota + 2422{,}98\,\delta n + 90{,}493\,\delta e - 72{,}176\,e\delta\varpi - 44285\,m'h'$$
$$- 62321\,m'l' - 1979{,}8 - 3246{,}1\,m' = 0,$$

$$+79{,}857\,\delta\iota + 4078{,}15\,\delta n + 119{,}623\,\delta e + 152{,}282\,e\delta\varpi + 55671\,m'h'$$
$$- 61966\,m'l' + 3461{,}5 - 3093{,}2\,m' = 0,$$

$$+46{,}151\,\delta\iota + 1879{,}95\,\delta n + 200{,}115\,\delta e + 12{,}100\,e\delta\varpi + 501\,m'h'$$
$$- 71654\,m'l' - 1815{,}5 - 4687{,}2\,m' = 0,$$

$$-37{,}616\,\delta\iota + 2652{,}65\,\delta n + 14{,}346\,\delta e + 296{,}034\,e\delta\varpi + 113701\,m'h'$$
$$- 15522\,m'l' + 6463{,}5 + 791{,}4\,m' = 0,$$

$$-70{,}619\,\delta\iota + 2546{,}86\,\delta n + 6{,}334\,\delta e + 305{,}878\,e\delta\varpi + 122628\,m'h'$$
$$- 8733\,m'l' + 7281{,}3 + 894{,}8\,m' = 0,$$

$$-83{,}089\,\delta\iota - 2470{,}76\,\delta n - 181{,}301\,\delta e - 33{,}689\,e\delta\varpi - 6237\,m'h'$$
$$+ 73914\,m'l' + 990{,}2 + 4346{,}5\,m' = 0.$$

3°. *Pour* $\gamma = 0$ *et* $\delta = 0$.

$$+ 223,891\,\delta\varepsilon + 2422,98\,\delta n + 90,493\,\delta e - 72,176\,e\delta\varpi - 77109\,m'h'$$
$$- 7016\,m'l' - 1979,8 + 683,2\,m' = 0,$$

$$+ 79,857\,\delta\varepsilon + 4078,15\,\delta n + 119,623\,\delta e + 152,282\,e\delta\varpi - 15226\,m'h'$$
$$- 80356\,m'l' + 3461,5 - 3630,4\,m' = 0,$$

$$+ 46,151\,\delta\varepsilon + 1879,95\,\delta n + 200,115\,\delta e + 12,100\,e\delta\varpi - 56536\,m'h'$$
$$- 42633\,m'l' - 1815,5 - 4427,9\,m' = 0,$$

$$- 37,616\,\delta\varepsilon + 2652,65\,\delta n + 14,346\,\delta e + 296,034\,e\delta\varpi + 56791\,m'h'$$
$$- 96462\,m'l' + 6463,5 - 3336,9\,m' = 0,$$

$$- 103,511\,\delta\varepsilon - 771,71\,\delta n - 147,268\,\delta e + 124,185\,e\delta\varpi + 79194\,m'h'$$
$$- 8099\,m'l' + 4388,9 + 1334,2\,m' = 0,$$

$$- 14,807\,\delta\varepsilon - 3712,25\,\delta n - 132,741\,\delta e - 250,180\,e\delta\varpi - 9701\,m'h'$$
$$+ 108039\,m'l' - 4629,5 + 5278,6\,m' = 0.$$

4°. *Pour* $\gamma = 0$ *et* $\delta = +1$.

$$+ 223,891\,\delta\varepsilon + 2422,98\,\delta n + 90,493\,\delta e - 72,176\,e\delta\varpi - 56306\,m'h'$$
$$+ 51833\,m'l' - 1979,8 + 4779,3\,m' = 0,$$

$$+ 79,857\,\delta\varepsilon + 4078,15\,\delta n + 119,623\,\delta e + 152,282\,e\delta\varpi - 72723\,m'h'$$
$$- 35820\,m'l' + 3461,5 - 2168,6\,m' = 0,$$

$$+ 46,151\,\delta\varepsilon + 1879,95\,\delta n + 200,115\,\delta e + 12,100\,e\delta\varpi - 67337\,m'h'$$
$$+ 19723\,m'l' - 1815,5 - 2030,8\,m' = 0,$$

$$- 37,616\,\delta\varepsilon + 2652,65\,\delta n + 14,346\,\delta e + 296,034\,e\delta\varpi - 40469\,m'h'$$
$$- 99978\,m'l' + 6463,5 - 5717,0\,m' = 0,$$

$$- 79,817\,\delta\varepsilon - 3047,68\,\delta n - 183,508\,\delta e - 94,169\,e\delta\varpi + 81489\,m'h'$$
$$+ 6450\,m'l' - 337,4 + 2297,9\,m' = 0,$$

$$+ 78,612\,\delta\varepsilon - 1494,49\,\delta n + 56,381\,\delta e - 255,729\,e\delta\varpi + 7231\,m'h'$$
$$+ 98619\,m'l' - 6633,4 + 4939,3\,m' = 0.$$

5°. *Pour* $\gamma = +1$ *et* $\delta = -1$.

$$+ 223{,}891\, \delta\iota + 2422{,}98\, \delta n + 90{,}493\, \delta e - 72{,}176\, c\delta\varpi - 48546\, m'h'$$
$$- 73762\, m'l' - 1979{,}8 - 5124{,}0\, m' = 0,$$

$$+ 79{,}857\, \delta\iota + 4078{,}15\, \delta n + 119{,}623\, \delta e + 152{,}282\, c\delta\varpi + 41189\, m'h'$$
$$- 62580\, m'l' + 3461{,}5 - 3274{,}3\, m' = 0,$$

$$+ 46{,}151\, \delta\iota + 1879{,}95\, \delta n + 200{,}115\, \delta e + 12{,}100\, c\delta\varpi - 1217\, m'h'$$
$$- 59079\, m'l' - 1815{,}5 - 5657{,}8\, m' = 0,$$

$$- 37{,}616\, \delta\iota + 2652{,}65\, \delta n + 14{,}346\, \delta e + 296{,}034\, c\delta\varpi + 92098\, m'h'$$
$$- 15692\, m'l' + 6463{,}5 + 2486{,}6\, m' = 0,$$

$$- 90{,}416\, \delta\iota + 2185{,}54\, \delta n - 0{,}420\, \delta e + 291{,}139\, c\delta\varpi + 100890\, m'h'$$
$$+ 262\, m'l' + 7069{,}4 + 2957{,}5\, m' = 0,$$

$$- 109{,}027\, \delta\iota - 2757{,}93\, \delta n - 168{,}265\, \delta e - 37{,}145\, c\delta\varpi + 985\, m'h'$$
$$+ 71090\, m'l' + 672{,}6 + 5181{,}9\, m' = 0,$$

6°. *Pour* $\gamma = +1$ *et* $\delta = 0$.

$$+ 223{,}891\, \delta\iota + 2422{,}98\, \delta n + 90{,}493\, \delta e - 72{,}176\, c\delta\varpi - 86817\, m'h'$$
$$- 15026\, m'l' - 1979{,}8 - 2{,}0\, m' = 0,$$

$$+ 79{,}857\, \delta\iota + 4078{,}15\, \delta n + 119{,}623\, \delta e + 152{,}282\, c\delta\varpi - 22546\, m'h'$$
$$- 70122\, m'l' + 3461{,}5 - 4030{,}6\, m' = 0,$$

$$+ 46{,}151\, \delta\iota + 1879{,}95\, \delta n + 200{,}115\, \delta e + 12{,}100\, c\delta\varpi - 46570\, m'h'$$
$$- 34572\, m'l' - 1815{,}5 - 5956{,}2\, m' = 0,$$

$$- 37{,}616\, \delta\iota + 2652{,}65\, \delta n + 14{,}346\, \delta e + 296{,}034\, c\delta\varpi + 44597\, m'h'$$
$$- 77779\, m'l' + 6463{,}5 - 2545{,}3\, m' = 0,$$

$$- 132{,}163\, \delta\iota - 1140{,}80\, \delta n - 140{,}443\, \delta e + 114{,}969\, c\delta\varpi + 76454\, m'h'$$
$$+ 156\, m'l' + 4088{,}7 + 2285{,}0\, m' = 0,$$

$$- 25{,}161\, \delta\iota - 3594{,}14\, \delta n - 117{,}442\, \delta e - 229{,}778\, c\delta\varpi - 1575\, m'h'$$
$$+ 8319\, m'l' - 4540{,}7 + 4826{,}6\, m' = 0.$$

154. En résolvant successivement ces différents systèmes d'équations, on a trouvé, pour les valeurs de $\delta\iota$, δn, δe, $e\delta\varpi$, $m'h'$ et $m'l'$ en fonctions de m', les résultats suivants :

1°. *Pour* $\gamma = -1$ *et* $\delta = 0$.

$$\delta\iota = -15'',664 \qquad -1'',097\, m',$$
$$\delta n = -0,525.0 \qquad +0,075.0\, m',$$
$$\delta e = -82,369 \qquad +63,088\, m',$$
$$e\delta\varpi = +69,190 \qquad +3,766\, m',$$
$$m'h' = -0,156.32 \qquad +0,053.734\, m',$$
$$m'l' = +0,016.494 \qquad +0,011.559\, m'.$$

2°. *Pour* $\gamma = 0$ *et* $\delta = -1$.

$$\delta\iota = -45'',630 \qquad +22'',985\, m',$$
$$\delta n = -0,041.0 \qquad +0,203.2\, m',$$
$$\delta e = -32,912 \qquad +46,794\, m',$$
$$e\delta\varpi = +66,225 \qquad -37,480\, m',$$
$$m'h' = -0,258.14 \qquad +0,098.473\, m',$$
$$m'l' = -0,138.34 \qquad +0,079.769\, m'.$$

3°. *Pour* $\gamma = 0$ *et* $\delta = 0$.

$$\delta\iota = -33'',365 \qquad +6'',205\, m',$$
$$\delta n = -0,240.4 \qquad +0,131.6\, m',$$
$$\delta e = -23,092 \qquad +48,402\, m',$$
$$e\delta\varpi = +51,398 \qquad -2,634.6\, m',$$
$$m'h' = -0,214.54 \qquad +0,088.374\, m',$$
$$m'l' = +0,101.40 \qquad +0,017.476\, m'.$$

4°. *Pour* $\gamma = 0$ *et* $\delta = +1$.

$$\delta\iota = -35,856 \qquad -7,892\, m',$$
$$\delta n = -0,147.4 \qquad -0,108.3\, m',$$
$$\delta e = -32,939 \qquad +34,794\, m',$$
$$e\delta\varpi = +60,360 \qquad +25,165\, m',$$
$$m'h' = -0,062.57 \qquad +0,067.857\, m',$$
$$m'l' = +0,273.55 \qquad -0,005.047\, m'.$$

5°. *Pour* $\gamma = 1$ *et* $\delta = -1$.

$$\delta\iota = -67'',024 \qquad +50'',099\, m',$$
$$\delta n = -0,259.8 \qquad +0,298.4\, m',$$
$$\delta e = -20,489 \qquad +49,923\, m',$$
$$e\delta\varpi = +36,568 \qquad -39,484\, m',$$
$$m'h' = -0,229.73 \qquad +0,122.98\, m',$$
$$m'l' = -0,148.54 \qquad +0,111.35\, m'.$$

6°. *Pour* $\gamma = 1$ *et* $\delta = 0$.

$$\delta\iota = -53'',978 \qquad +19'',433\, m',$$
$$\delta n = -0,171.4 \qquad +0,186.2\, m',$$
$$\delta e = -14,425 \qquad +35,349\, m',$$
$$e\delta\varpi = +35,210 \qquad -3,600\, m',$$
$$m'h' = -0,229.00 \qquad +0,109.85\, m',$$
$$m'l' = +0,103.41 \qquad +0,023.35\, m'.$$

155. Si l'on substitue ces différentes solutions dans les premiers membres des équations de condition du n° **151**, les résultats particuliers à chaque solution seront uniquement fonctions de m'. L'ensemble de ces résultats pourra être représenté par des fonctions entières et du second ordre en γ et δ, fonctions qu'il sera très-facile de former au moyen de leurs valeurs particulières. En supposant tous les calculs effectués, les trente-trois

251

équations de condition du n° 151 deviendront

$$
\text{(1)}\quad
\begin{aligned}
&+42{,}8 +52{,}10\gamma + 2{,}00\delta - 9{,}60\gamma' + 5{,}10\delta' - 1{,}7\gamma'' \\
&+(-52{,}8 -23{,}15\gamma +30{,}30\delta - 0{,}85\gamma' + 9{,}60\delta' +11{,}4\gamma'')\,m' = 0,
\end{aligned}
$$

$$
\text{(2)}\quad
\begin{aligned}
&+25{,}7 -17{,}20\gamma +18{,}40\delta + 6{,}60\gamma' - 7{,}10\delta' -21{,}3\gamma'' \\
&+(- 8{,}7 - 2{,}45\gamma + 0{,}00\delta + 1{,}35\gamma' + 3{,}00\delta' - 0{,}67\gamma'')\,m' = 0,
\end{aligned}
$$

$$
\text{(3)}\quad
\begin{aligned}
&- 0{,}8 -15{,}65\gamma + 2{,}40\delta + 5{,}55\gamma' -19{,}50\delta' -14{,}0\gamma'' \\
&+(- 6{,}5 + 7{,}80\gamma + 2{,}30\delta + 0{,}70\gamma' + 4{,}90\delta' - 1{,}5\gamma'')\,m' = 0,
\end{aligned}
$$

$$
\text{(4)}\quad
\begin{aligned}
&- 5{,}5 - 5{,}50\gamma - 0{,}35\delta + 1{,}00\gamma' -17{,}15\delta' -10{,}1\gamma'' \\
&+(+ 1{,}8 + 5{,}65\gamma - 0{,}30\delta - 5{,}35\gamma' - 2{,}30\delta' - 7{,}2\gamma'')\,m' = 0,
\end{aligned}
$$

$$
\text{(5)}\quad
\begin{aligned}
&- 6{,}2 + 9{,}15\gamma - 3{,}05\delta - 6{,}65\gamma' -10{,}15\delta' - 3{,}3\gamma'' \\
&+(+ 2{,}7 + 1{,}30\gamma - 2{,}30\delta + 2{,}60\gamma' + 1{,}60\delta' + 1{,}0\gamma'')\,m' = 0,
\end{aligned}
$$

$$
\text{(6)}\quad
\begin{aligned}
&- 7{,}0 +11{,}55\gamma - 3{,}65\delta - 8{,}65\gamma' - 6{,}35\delta' - 0{,}8\gamma'' \\
&+(+ 4{,}6 - 1{,}00\gamma - 1{,}05\delta + 3{,}40\gamma' + 0{,}95\delta' + 1{,}5\gamma'')\,m' = 0,
\end{aligned}
$$

$$
\text{(7)}\quad
\begin{aligned}
&+ 5{,}1 +11{,}25\gamma - 3{,}65\delta - 7{,}55\gamma' - 3{,}85\delta' + 1{,}6\gamma'' \\
&+(+ 3{,}5 - 1{,}60\gamma - 0{,}35\delta + 3{,}70\gamma' + 1{,}55\delta' + 2{,}3\gamma'')\,m' = 0,
\end{aligned}
$$

$$
\text{(8)}\quad
\begin{aligned}
&+ 2{,}2 + 2{,}75\gamma - 2{,}15\delta - 2{,}05\gamma' + 2{,}35\delta' + 3{,}8\gamma'' \\
&+(+ 0{,}6 - 0{,}90\gamma + 0{,}55\delta + 0{,}60\gamma' - 0{,}05\delta' + 0{,}5\gamma'')\,m' = 0,
\end{aligned}
$$

$$
\text{(9)}\quad
\begin{aligned}
&+ 1{,}0 + 1{,}00\gamma - 1{,}45\delta - 0{,}80\gamma' + 2{,}55\delta' + 2{,}8\gamma'' \\
&+(+ 0{,}0 - 0{,}50\gamma + 0{,}60\delta + 0{,}60\gamma' + 0{,}00\delta' + 1{,}3\gamma'')\,m' = 0,
\end{aligned}
$$

$$
\text{(10)}\quad
\begin{aligned}
&+ 0{,}5 - 0{,}75\gamma - 1{,}20\delta + 0{,}55\gamma' + 2{,}00\delta' + 2{,}1\gamma'' \\
&+(- 0{,}6 - 0{,}05\gamma + 0{,}40\delta - 0{,}05\gamma' + 0{,}00\delta' + 0{,}7\gamma'')\,m' = 0,
\end{aligned}
$$

$$
\text{(11)}\quad
\begin{aligned}
&- 2{,}5 - 1{,}60\gamma - 0{,}55\delta + 1{,}20\gamma' + 1{,}15\delta' + 0{,}8\gamma'' \\
&+(- 0{,}6 + 0{,}40\gamma - 0{,}30\delta - 0{,}60\gamma' + 0{,}00\delta' + 0{,}4\gamma'')\,m' = 0,
\end{aligned}
$$

$$
\text{(12)}\quad
\begin{aligned}
&- 0{,}8 - 1{,}35\gamma + 0{,}05\delta + 1{,}75\gamma' + 0{,}65\delta' + 0{,}7\gamma'' \\
&+(+ 0{,}1 + 0{,}75\gamma - 0{,}90\delta - 0{,}65\gamma' - 0{,}10\delta' + 0{,}2\gamma'')\,m' = 0,
\end{aligned}
$$

$$
\text{(13)}\quad
\begin{aligned}
&- 3{,}3 - 0{,}85\gamma + 0{,}35\delta + 1{,}85\gamma' + 0{,}05\delta' + 0{,}2\gamma'' \\
&+(+ 0{,}7 + 0{,}85\gamma - 1{,}15\delta - 0{,}55\gamma' - 0{,}25\delta' - 0{,}4\gamma'')\,m' = 0,
\end{aligned}
$$

$$
\text{(14)}\quad
\begin{aligned}
&- 3{,}6 - 0{,}75\gamma + 0{,}80\delta + 1{,}85\gamma' - 0{,}90\delta' - 0{,}9\gamma'' \\
&+(+ 0{,}5 + 0{,}70\gamma - 1{,}00\delta - 0{,}60\gamma' - 0{,}00\delta' - 0{,}4\gamma'')\,m' = 0,
\end{aligned}
$$

$$(15)\quad -2,1 + 0,00\gamma + 0,95\delta + 0,60\gamma^2 - 1,95\delta^2 - 2,6\gamma\delta$$
$$+\,(+\,0,8 + 0,70\gamma - 0,90\delta + 0,00\gamma^2 - 0,00\delta^2 + 0,4\gamma\delta)m' = 0,$$

$$(16)\quad -2,4 + 1,15\gamma + 0,95\delta - 0,25\gamma^2 - 2,45\delta^2 - 1,8\gamma\delta$$
$$+\,(+\,1,2 + 0,10\gamma - 0,35\delta + 0,50\gamma^2 + 0,25\delta^2 - 0,6\gamma\delta)m' = 0,$$

$$(17)\quad -1,0 + 1,50\gamma + 0,35\delta - 0,80\gamma^2 - 2,15\delta^2 - 1,3\gamma\delta$$
$$+\,(+\,0,4 - 0,05\gamma + 0,30\delta + 0,45\gamma^2 + 0,50\delta^2 - 0,6\gamma\delta)m' = 0,$$

$$(18)\quad +1,8 + 1,55\gamma + 0,15\delta - 1,45\gamma^2 - 2,35\delta^2 - 1,4\gamma\delta$$
$$+\,(+\,0,2 - 0,30\gamma + 0,60\delta + 1,00\gamma^2 + 0,70\delta^2 + 0,7\gamma\delta)m' = 0,$$

$$(19)\quad +1,9 + 1,15\gamma - 0,30\delta - 1,35\gamma^2 - 1,50\delta^2 - 1,0\gamma\delta$$
$$+\,(-\,0,3 - 0,60\gamma + 0,90\delta + 0,60\gamma^2 + 0,70\delta^2 + 0,8\gamma\delta)m' = 0,$$

$$(20)\quad +1,8 + 0,60\gamma - 0,30\delta - 0,90\gamma^2 - 0,30\delta^2 + 0,6\gamma\delta$$
$$+\,(-\,0,4 - 1,25\gamma + 1,75\delta + 0,65\gamma^2 + 0,35\delta^2 + 0,3\gamma\delta)m' = 0,$$

$$(21)\quad +3,2 + 0,50\gamma - 0,45\delta - 1,00\gamma^2 + 0,25\delta^2 + 1,2\gamma\delta$$
$$+\,(-\,2,0 - 1,00\gamma + 0,95\delta + 0,70\gamma^2 + 0,75\delta^2 + 0,4\gamma\delta)m' = 0,$$

$$(22)\quad +5,1 - 0,45\gamma - 0,60\delta - 0,35\gamma^2 + 1,20\delta^2 + 1,7\gamma\delta$$
$$+\,(-\,2,3 - 0,80\gamma + 1,10\delta + 0,40\gamma^2 + 0,60\delta^2 + 0,4\gamma\delta)m' = 0,$$

$$(23)\quad +4,3 - 0,65\gamma - 0,95\delta - 0,35\gamma^2 + 1,65\delta^2 + 1,6\gamma\delta$$
$$+\,(-\,2,5 - 0,65\gamma - 0,05\delta + 0,15\gamma^2 + 0,55\delta^2 + 0,3\gamma\delta)m' = 0,$$

$$(24)\quad +2,4 - 0,80\gamma - 0,80\delta + 0,90\gamma^2 + 2,80\delta^2 + 2,2\gamma\delta$$
$$+\,(-\,1,5 - 0,05\gamma - 0,90\delta - 0,65\gamma^2 - 0,10\delta^2 + 0,2\gamma\delta)m' = 0,$$

$$(25)\quad -7,1 - 0,50\gamma - 0,70\delta + 1,30\gamma^2 + 2,60\delta^2 + 2,0\gamma\delta$$
$$+\,(+\,0,2 + 0,45\gamma - 1,60\delta - 0,95\gamma^2 - 0,70\delta^2 - 0,1\gamma\delta)m' = 0,$$

$$(26)\quad -7,8 + 0,35\gamma - 0,55\delta + 1,35\gamma^2 + 2,35\delta^2 + 1,6\gamma\delta$$
$$+\,(+\,2,5 + 0,90\gamma - 1,70\delta - 0,80\gamma^2 - 0,90\delta^2 + 0,0\gamma\delta)m' = 0,$$

$$(27)\quad -6,8 - 0,10\gamma + 0,50\delta + 1,50\gamma^2 + 0,80\delta^2 - 0,5\gamma\delta$$
$$+\,(+\,3,3 + 1,05\gamma - 1,05\delta - 0,75\gamma^2 - 0,95\delta^2 + 0,2\gamma\delta)m' = 0,$$

$$(28)\quad -5,6 + 1,60\gamma + 0,60\delta - 0,10\gamma^2 + 0,40\delta^2 - 0,8\gamma\delta$$
$$+\,(+\,4,3 + 1,20\gamma - 0,85\delta + 0,00\gamma^2 - 0,85\delta^2 + 1,3\gamma\delta)m' = 0,$$

$$(29)\quad -2,9 + 1,05\gamma + 0,70\delta + 0,05\gamma^2 - 0,40\delta^2 - 1,2\gamma\delta$$
$$+\,(+\,2,9 + 0,85\gamma - 0,30\delta + 0,05\gamma^2 - 0,40\delta^2 + 1,1\gamma\delta)m' = 0,$$

$$(30) \quad + 1{,}2 + 0{,}40\gamma + 0{,}80\delta - 0{,}40\gamma^2 - 1{,}50\delta^2 - 1{,}8\gamma\delta$$
$$+ (+ 0{,}9 + 0{,}05\gamma + 0{,}45\delta + 0{,}25\gamma^2 + 0{,}05\delta^2 + 0{,}67\gamma\delta)m' = 0,$$

$$(31) \quad + 3{,}4 - 1{,}00\gamma + 0{,}90\delta - 0{,}50\gamma^2 - 2{,}00\delta^2 - 2{,}5\gamma\delta$$
$$+ (- 1{,}7 - 0{,}40\gamma + 0{,}85\delta + 0{,}30\gamma^2 + 0{,}55\delta^2 + 0{,}37\gamma\delta)m' = 0,$$

$$(32) \quad + 6{,}5 - 1{,}30\gamma + 1{,}35\delta - 0{,}70\gamma^2 - 2{,}35\delta^2 - 2{,}47\gamma\delta$$
$$+ (- 3{,}9 - 1{,}15\gamma + 1{,}00\delta + 0{,}85\gamma^2 + 1{,}30\delta^2 + 0{,}27\gamma\delta)m' = 0,$$

$$(33) \quad + 13{,}5 - 4{,}05\gamma + 1{,}60\delta - 0{,}35\gamma^2 - 3{,}10\delta^2 - 3{,}37\gamma\delta$$
$$+ (- 8{,}2 - 1{,}70\gamma + 0{,}70\delta + 0{,}70\gamma^2 + 2{,}50\delta^2 - 0{,}97\gamma\delta)m' = 0.$$

Solution la plus précise.

156. Nous formerons d'abord la somme Σ des carrés des premiers membres des équations précédentes, en ayant égard à l'exactitude relative supposée pour les différentes constantes. En admettant que cette exactitude soit représentée par l'unité, pour toutes les équations depuis la *huitième* jusqu'à la *trente-troisième*, nous supposerons qu'elle soit *un quart* seulement pour la première équation, et *un demi* pour les suivantes 2, 3, 4, 5, 6 et 7.

Si nous exécutions effectivement le développement algébrique des carrés des expressions du n° **155**, nous tomberions sur des fonctions du quatrième degré en γ et δ, qui seraient très-compliquées. On peut en retrancher, sans grande erreur, les termes du *troisième* et du *quatrième* degré; mais alors il sera plus exact de recourir aux valeurs particulières qu'acquièrent les fonctions pour les différents états que nous avons attribués ci-dessus aux variables γ et δ, de former les carrés de ces valeurs particulières, et d'en déduire les fonctions du second degré en γ et δ qui les représentent. C'est ainsi qu'a été obtenue la fonction Σ, dont nous avons besoin :

$$\Sigma = + \quad 644{,}40 - 337{,}27\gamma + 34{,}33\delta + 99{,}42\gamma^2 + 42{,}50\delta^2 + 32{,}50\gamma\delta$$
$$- m'\{600{,}20 - 17{,}29\gamma - 121{,}88\delta - 41{,}97\gamma^2 - 186{,}26\delta^2 - 108{,}98\gamma\delta\}$$
$$+ m'^2\{184{,}63 + 70{,}18\gamma - 54{,}90\delta + 12{,}30\gamma^2 - 48{,}90\delta^2 - 11{,}58\gamma\delta\}.$$

En la différentiant successivement par rapport à γ, δ et m', on formera les trois équations :

$$(198,84 + 83,94\, m' + 24,60\, m'^2)\gamma + (32,50 + 108,98\, m' - 11,58\, m'^2)\delta$$
$$- 337,27 + 17,29\, m' + 70,18\, m'^2 = 0,$$

$$(32,50 + 108,98\, m' - 11,58\, m'^2)\gamma + (85,00 + 372,52\, m' - 97,80\, m'^2)\delta$$
$$+ 34,33 + 121,88\, m' - 54,90\, m'^2 = 0,$$

$$(24,60\, m' + 41,97)\gamma^2 + (- 23,16\, m' + 108,98)\gamma\delta + (- 97,80\, m' + 186,26)\delta^2$$
$$+ (140,36\, m' + 17,29)\gamma + (- 109,80\, m' + 121,88)\delta + 369,26\, m' - 600,20 = 0.$$

Les deux premières équations étant linéaires en γ et δ, il est facile d'arriver à la solution de ce système. Attribuons à m' différents états particuliers ; les deux premières équations donneront les valeurs correspondantes de γ et δ, et en substituant dans la troisième, on aura des résultats numériques dont la marche servira à trouver la valeur de m', qui convient au problème. Désignons par N les valeurs que prend ainsi le premier membre de la troisième équation, pour les différentes hypothèses faites sur m' :

pour $m' = 0,9$ nous trouverons $\gamma = +1,195.02$, $\delta = -0,716.57$, $N = -20,691$;
pour $m' = 1,0$ nous trouverons $\gamma = +1,099.49$, $\delta = -0,678.70$, $N = -8,624$;
pour $m' = 1,1$ nous trouverons $\gamma = +1,002.73$, $\delta = -0,639.45$, $N = +3,204$;

d'où il est facile de conclure, pour la véritable solution :

$$m' = 1,072.714,$$
$$\gamma = 1,029.25,$$
$$\delta = -0,650.30.$$

137. Si nous nous rappelons que nous avons pris, pour unité de m', la dix-millième partie de la masse du Soleil, nous trouverons, pour le rapport de la masse de la nouvelle planète à celle du Soleil, la fraction

$$\frac{1}{9322}.$$

Ainsi, le nouvel astre aura une masse considérable, deux fois et demie environ plus forte que celle d'Uranus. Il sera, dans l'ordre des grandeurs, la troisième des planètes, puisqu'il ne le cédera en poids qu'à Jupiter et à Saturne. Son action deviendra nécessairement très-sensible, dans la suite des siècles, sur les inégalités séculaires de ces astres. Dès à présent même, elle doit introduire dans la longitude de Saturne quelques faibles inégalités, dont la considération contribuera à perfectionner les Tables de cette planète : on sait qu'elles sont loin d'avoir toute la rigueur désirable. Enfin, l'introduction de ces nouveaux termes dans la théorie de Saturne pourra peut-être aider à expliquer les anomalies que présentent les différents nombres auxquels on arrive, quand on détermine la masse de Jupiter successivement par les perturbations qu'elle exerce sur Saturne, et par les durées des révolutions de ses satellites.

138. En portant la valeur de γ dans la première formule du n° **127**, nous aurons

$$x = 0,530.585;$$

d'où nous conclurons, pour la distance moyenne a' de la nouvelle planète au Soleil,

$$a' = 36,1539;$$

et, par suite, pour la durée T' de sa révolution sidérale, exprimée en années juliennes,

$$T' = 217^{ans},387.$$

On peut voir qu'en supposant, dans la première approximation, que le grand axe de l'orbite de la planète cherchée était double de celui de l'orbite d'Uranus, j'avais fait une hypothèse très-voisine de la vérité.

139. Au moyen de la valeur de ϵ et de la seconde formule du n° **127**, nous trouvons pour la longitude ϵ' de l'époque au 1ᵉʳ janvier 1800 :

$$\epsilon' = 240°17'41''.$$

Ajoutant le mouvement sidéral $77°56'3''$ en quarante-sept ans, et le mouvement des équinoxes $0°39'20''$ dans le même temps, nous obtenons pour la longitude moyenne L' au 1ᵉʳ janvier 1847 :

$$L' = 318°47'4''.$$

140. Les valeurs particulières de $m'h'$ et $m'l'$, données dans le n° **134**, conduisent aux expressions générales :

$$h' = 0,088.37 + 0,028.06\gamma - 0,015.316 - 0,006.59\gamma^2 - 0,005.216^2 - 0,003.04\gamma6$$
$$+ \frac{1}{m'}(-0,214.54 - 0,036.34\gamma + 0,097.796 + 0,021.88\gamma^2 + 0,054.196^2 - 0,042.87\gamma6),$$

$$l' = 0,017.48 - 0,005.90\gamma - 0,042.416 - 0,000.02\gamma^2 + 0,019.896^2 - 0,025.68\gamma6$$
$$+ \frac{1}{m'}(+0,101.40 + 0,043.46\gamma + 0,205.956 - 0,041.45\gamma^2 - 0,033.806^2 + 0,012.21\gamma6).$$

Ces expressions fournissent, en y mettant pour m', γ et ϵ les valeurs actuelles

$$h' = -\ 0,104.37,$$
$$l' = +\ 0,026.21;$$

d'où l'on déduit :

Excentricité de l'orbite, $e' = 0,107.61$
Longitude du périhélie au 1er janvier 1800 . . . . 284° 5′ 48″
Précession en quarante sept années 0.39.20

Longitude du périhélie au 1er janvier 1847 . . . . 284.45. 8
Anomalie moyenne à la même époque 34. 1.56
Équation du centre 7.44.44

On a donc enfin, pour la longitude héliocentrique v' de la planète au 1er janvier 1847 :

$$v' = 326°32'.$$

On trouve d'ailleurs, pour la distance de la planète au Soleil à la même époque,

$$r' = 33,06.$$

En présentant ces résultats à l'Académie des Sciences, dans la séance du 31 août 1846, j'ai ajouté les réflexions suivantes que je rapporterai sans y rien changer :

« Cette longitude vraie diffère peu de 325°, valeur qui résultait de mes » premières recherches. La détermination actuelle est fondée sur des don- » nées plus nombreuses et plus précises : elle place le nouvel astre à 5° en- » viron à l'est de l'étoile δ du Capricorne.

» L'opposition de la planète a eu lieu le 19 août dernier. Nous sommes » donc actuellement à une époque très-favorable pour la découvrir. L'avan- » tage qui résulte de sa grande distance angulaire au Soleil ira en diminuant » sans cesse ; mais, comme la longueur des jours décroît maintenant très-ra- » pidement dans nos climats, nous nous trouverons longtemps encore dans » une situation favorable aux recherches physiques qu'on voudra tenter.

» La nature et le succès de ces recherches dépendront du degré de visi- » bilité de l'astre. Arrêtons-nous un moment à cette question. Examinons » quels sont actuellement, au moment de l'opposition, le diamètre appa- » rent et l'éclat relatif de la planète cherchée.

» On sait qu'à une distance égale à dix-neuf fois la distance de la Terre au » Soleil, le disque d'Uranus apparaît sous un angle de 4 secondes sexagési- » males. La masse de cette dernière planète est connue ; elle est deux fois » et demie environ plus faible que celle de la nouvelle planète. Ces données

« jointes aux précédentes, nous suffiraient pour calculer le diamètre appa-
« rent du nouvel astre si nous connaissions le rapport de sa densité à celle
« d'Uranus. En général, les densités des planètes diminuent à mesure qu'on
« s'éloigne du Soleil. Nous ferons donc, quant au diamètre, une hypothèse
« défavorable à la visibilité de l'astre cherché, en admettant que sa densité
« soit égale à celle d'Uranus. Nous trouverons ainsi, qu'au moment de l'op-
« position, la nouvelle planète devra être aperçue sous un angle de 3″,3.
« Ce diamètre est tout à fait de nature à être distingué, dans les bonnes lu-
« nettes, des diamètres factices, produits de diverses aberrations, si l'éclat
« du disque est suffisant.

« En supposant que le pouvoir réfléchissant de la surface de la nouvelle
« planète soit le même que celui de la surface d'Uranus, son éclat *spécifique*
« actuel sera le tiers environ de l'éclat spécifique dont jouit Uranus quand
« il se trouve dans sa distance moyenne au Soleil.

« Ces conditions physiques me semblent promettre que non-seulement on
« pourra apercevoir la nouvelle planète dans les bonnes lunettes, mais
« encore qu'on la distinguera par l'amplitude de son disque; que son appa-
« rence ne sera pas réduite à celle d'une étoile. C'est un point fort impor-
« tant. Si l'astre qu'il s'agit de découvrir peut être confondu, quant à
« l'aspect, avec les étoiles, il faudra, pour le distinguer parmi elles, obser-
« ver toutes les petites étoiles situées dans la région du ciel qu'on doit
« explorer et constater dans l'une d'entre elles un mouvement propre. Ce
« travail sera long et pénible. Mais si, au contraire, le disque de l'astre a
« une amplitude sensible qui ne permette pas de le confondre avec celui
« des étoiles; si l'on peut substituer, à la détermination rigoureuse de la
« position de tous les points lumineux, une simple étude de leur apparence
« physique, les recherches marcheront alors rapidement. »

142. Les éléments attribués ici à la planète troublante sont ceux avec
lesquels on représente le mieux les observations d'Uranus. Le tableau qui suit
présente la comparaison de la nouvelle théorie avec les observations. On
verra que la précision est aussi grande qu'on peut le désirer, et supérieure
même à celle qu'offrent les théories de la plupart des planètes connues.

DATES des observations	EXCÈS des positions calculées sur les positions observées.	DATES des observations	EXCÈS des positions calculées sur les positions observées.
1781—1782	+ 2,3	1813—1815	— 0,9
1783—1784	+ 0,1	1816—1817	+ 0,4
1785—1788	— 1,2	1818—1820	+ 0,4
1789—1790	— 3,4	1821—1823	+ 0,9
1791—1792	+ 0,3	1824—1827	— 5,4
1793—1794	— 0,5	1828—1830	— 2,2
1795—1797	— 1,0	1835	— 0,8
1797—1801	+ 0,9	1835—1836	+ 2,3
1802—1804	+ 0,8	1837—1838	+ 2,5
1804—1806	+ 0,8	1839—1840	+ 2,2
1807—1808	+ 2,1	1841—1842	— 0,2
1808—1810	+ 0,8	1842—1844	— 0,4
1811—1813	— 0,5	1844—1845	— 0,3

On voit que toutes les observations modernes sont bien représentées. Il en est de même des anciennes, dans les limites de leur exactitude : voici les quantités dont les longitudes, calculées par la théorie, surpassent les longitudes anciennement observées :

1690. Une observation *unique* de Flamsteed. . . . . — 19,9

1712 et 1715. Quatre observations *concordantes* faites par Flamsteed. . . . . + 5,5

1750. Deux observations de Lemonnier. . . . . — 7,4

1753 et 1756. Deux observations *très-précises* faites par Mayer et Bradley. . . . . — 4,0

1764. Une observation faite par Lemonnier. . . . . + 4,9

1768 et 1769. Huit observations faites par Lemonnier. . . . + 3,7

On remarquera, sans doute, que les observations les plus précises, celles dont l'exactitude est contrôlée par d'autres observations, sont toutes représentées avec une scrupuleuse exactitude. Ce sont : l'opposition de 1715, les observations faites par Bradley et Mayer, celles enfin, faites par Lemonnier en 1768 et 1769.

On ne trouve, dans la discussion immédiate de l'observation, faite en 1690 par Flamsteed, aucune garantie d'exactitude.

Recherche des limites extrêmes entre lesquelles la planète perturbatrice est nécessairement comprise.

145. Je passe à la détermination des limites entre lesquelles on peut faire varier chacun des éléments ci-dessus déterminés, sans cesser de représenter les observations; non plus sans doute avec la plus entière rigueur, mais avec une approximation dont on pourrait se contenter, si les observations avaient été faites dans des circonstances peu favorables. Nous exagérerons même à dessein les erreurs possibles des observations. Il faut bien se garder d'attribuer à ces dernières une rigueur qu'elles n'auraient point, ce qui pourrait conduire à trop restreindre les limites que nous avons en vue, et, par suite, à manquer la découverte de l'astre, si l'on avait circonscrit sa recherche physique dans une étendue de l'écliptique qui ne le comprendrait réellement pas.

On doit même remarquer, à cet égard, que ce n'est pas, à proprement parler, dans les limites d'incertitude des observations qu'on doit de toute nécessité se renfermer. L'expérience ne nous a que trop appris que les meilleures Tables s'éloignent souvent des observations; qu'elles en diffèrent de quantités trop considérables pour qu'on puisse en accuser uniquement l'inexactitude de la détermination physique du lieu de l'astre. Or sommes-nous certains de n'avoir point subi l'influence de quelqu'une des causes qui peuvent amener un pareil résultat? Non, malheureusement. La masse de Saturne, empruntée à la même théorie qui a donné un résultat si inexact pour la masse de Jupiter, peut différer de la vérité au point qu'il en résulte une erreur de $3''$ à $3'''$ sur les positions d'Uranus. D'un autre côté, Uranus subirait encore légèrement l'influence d'une planète qui serait située bien loin au delà de la nouvelle, de même que celle-ci agit un peu sur Saturne. Ces causes d'erreur sont d'ailleurs permanentes; la multiplicité des observations ne peut en rien les atténuer.

On le voit, les limites que nous avons pour but de déterminer dépendront avant tout de la valeur des écarts que nous voudrons tolérer entre l'observation et le calcul : écarts qu'on n'est pas en droit d'attribuer uniquement aux observations, et qui peuvent être dus à deux causes théoriques qu'il était impossible d'éviter. Jusqu'où peut donc s'élever l'effet des erreurs réunies et inévitables de la théorie et de l'observation? Il n'est pas possible de répondre d'une manière précise à cette question, et autrement que par une appréciation empruntée à l'habitude que chaque astronome a de la grandeur et de la marche des erreurs des Tables astronomiques les plus exactes. Quoi qu'il en soit, j'adopterai pour base de mes calculs les données suivantes :

Je supposerai que l'équation (1), empruntée à une observation unique, faite en 1690 par Flamsteed, doive être représentée à 25″ près.

L'équation (2), déduite de quatre observations concordantes faites en 1712 et 1715 par Flamsteed, devra être satisfaite à 15″ près. J'admettrai la même limite relativement aux équations (3), (5) et (7), qui correspondent, la *troisième* à deux observations de Lemonnier, et les deux autres chacune à une seule observation du même astronome.

Dans la *quatrième* et la *sixième* équation, l'erreur devra s'élever, au plus, à 10″. La constante de la *quatrième* est très-bien déterminée par *deux* observations de Bradley et Mayer; et la constante de la *sixième* repose sur *huit* observations de Lemonnier.

Enfin j'admettrai que, pour toutes les autres équations, fondées sur les observations faites depuis 1781 jusqu'en 1845, l'erreur ne doive pas dépasser *cinq* secondes. Il n'y aura d'exception que pour l'équation (25), fondée sur les observations faites depuis 1824 jusqu'en 1827; l'erreur, qui reste toujours à peu près la même dans cette équation, quelles que soient les hypothèses, est de 5″ à 6″.

144. Reprenons la position que nous avons déterminée plus haut pour la planète troublante. Nous pourrons écarter notablement l'astre de cette position dans une direction déterminée, située dans l'écliptique, et continuer de satisfaire aux observations d'Uranus, si nous faisons varier d'une manière convenable les éléments des orbites des deux planètes. Et toutefois, à mesure que nous nous éloignerons de la première position, les observations d'Uranus seront moins bien représentées; et nous arriverons, dans la direction que nous avons suivie, à un point de l'écliptique au delà duquel on ne pourra placer la planète troublante sans introduire entre la théorie et les observations des différences inadmissibles. La suite des points analogues, situés dans toutes les directions autour de la première position, formera une enceinte en dedans de laquelle l'astre cherché sera de toute nécessité renfermé. En menant à cette enceinte deux tangentes extrêmes par le Soleil, on connaîtra deux longitudes entre lesquelles il suffira de chercher la nouvelle planète. Mais le tracé de l'enceinte est fort compliqué; je vais exposer d'abord, d'une manière générale, comment je suis arrivé à l'effectuer.

Le demi-grand axe de l'orbite, auquel j'ai trouvé pour valeur la plus précise 36,154, ne peut varier qu'entre les limites 35,04 et 37,90. Les durées extrêmes correspondantes de la révolution sidérale sont 207 et 233 ans environ.

Ces limites étant connues, restreignons d'abord le problème de la détermination de l'enceinte à un cas particulier. Considérons spécialement une planète qui effectuerait sa révolution en un temps déterminé, en 220 années par exemple ; et, laissant tous les autres éléments arbitraires, proposons-nous de tracer l'enceinte dans laquelle il faudra renfermer cet astre, pour qu'on puisse satisfaire aux observations d'Uranus. Cette enceinte ne sera pas continue ; ce sera un polygone à côtés curvilignes, un pentagone généralement. La raison de cette particularité se comprendra aisément, si l'on réfléchit que les anciennes observations d'Uranus, qui jouent un rôle important dans ces discussions, ne se rencontrent qu'à des intervalles de temps très-longs et très-différents les uns des autres.

Imaginons que nous venions à écarter notre planète de sa position la plus précise, dans une direction déterminée, et sans faire varier la durée de sa révolution. Toutes les observations continueront à être représentées jusqu'à une certaine distance de l'origine, où nous serons obligés de nous arrêter, parce qu'une des observations, *une seule* en général, ne permettra pas d'aller plus loin. Supposons, pour fixer les idées, que ce soit la *première* observation de Flamsteed. Tant que ce sera cette première observation qui limitera l'écart de la planète, par rapport à l'origine, et dans une direction différente de la première, la limite qu'on obtiendra ainsi sera une courbe continue ; mais, lorsqu'une autre observation, celle par exemple qui fut faite en 1756 par Mayer, se substituera à la précédente, parce qu'elle deviendra plus exigeante qu'elle, la courbe limite changera de forme ; au point où elle coupera la première, il y aura discontinuité dans l'enceinte ; cette enceinte sera, comme je l'ai annoncé, un polygone à côtés curvilignes.

Nous pourrons tracer de même les polygones curvilignes, dans l'intérieur desquels serait comprise une planète qui mettrait à effectuer sa révolution, non plus 220 années, mais bien 222 ans, 224 ans,...., ainsi de suite jusqu'à 233 ans : on ne saurait supposer une révolution plus longue. Semblablement, nous pourrons supposer que la durée de la révolution s'abaisse successivement à 218 ans, 216 ans,...., ainsi de suite jusqu'à 207 ans. L'amplitude des polygones ainsi formés diminuera, en général, à mesure que la durée de la révolution se rapprochera de ses valeurs extrêmes ; et quand on supposera cette durée égale à l'une de ses limites, le polygone se réduira à un point : ce sera la seule position que puisse occuper la planète.

Revenons maintenant au problème le plus général ; laissons la durée de la révolution variable comme les autres éléments. La planète pourra dès lors être cherchée dans l'un quelconque des polygones curvilignes que nous venons de tracer. Après avoir multiplié convenablement le nombre de ces polygones, on pourra les circonscrire, les envelopper par une courbe qui constitera l'enceinte demandée. Il restera alors à mener les tangentes extrêmes à cette enceinte.

143. Pour entrer dans les détails de la solution dont je viens de tracer la marche d'une manière générale, attribuons à z, et par suite à γ, une valeur particulière. La longitude v' et le rayon vecteur r' ne renfermeront plus d'autres variables que δ, h' et l'. Mais, comme les deux dernières, savoir h' et l', sont elles-mêmes des fonctions de δ et m', on voit qu'on pourra poser :

$$v' = f\,(\delta, m'),$$
$$r' = \varphi\,(\delta, m').$$

S'il existait entre δ et m' une condition particulière, on pourrait éliminer ces deux variables ; il resterait entre v' et r' une équation qui représenterait une courbe continue. En exprimant que les erreurs des premiers membres des équations du n° 135 ne dépassent pas les limites qui ont été fixées ci-dessus, on tombera effectivement sur des relations entre δ et m' ; relations qui conduiront ainsi au tracé des courbes continues, dont la réunion constitue le contour polygonal et particulier à la valeur déterminée de z.

Soit, par exemple, $z = 0,5075$. Désignons par (1), (2), (3),… ce que deviennent les premiers membres des équations du n° 134, et bornons-nous, parmi ces expressions, à écrire les suivantes :

$$(1) = \quad 36,14 + 2,21\,\delta + 5,1\,\delta^2 + m'(-49,92 + 28,88\,\delta + 9,6\,\delta^2);$$
$$(2) = \quad 27,96 + 21,06\,\delta - 7,1\,\delta^2 + m'(- 8,37 + 0,68\,\delta + 3,0\,\delta^2);$$
$$(3) = \quad\ \ 1,25 + 4,15\,\delta - 19,5\,\delta^2 + m'(- 7,46 + 2,49\,\delta + 4,9\,\delta^2);$$
$$(4) = -\ 4,80 + 0,91\,\delta - 17,2\,\delta^2 + m'(+ 1,01 + 0,60\,\delta - 2,3\,\delta^2);$$
$$(5) = -\ 7,45 - 2,64\,\delta - 10,2\,\delta^2 + m'(+ 2,58 - 2,43\,\delta + 1,6\,\delta^2);$$
$$(6) = -\ 8,58 + 3,55\,\delta - 6,4\,\delta^2 + m'(+ 4,78 - 1,24\,\delta + 1,0\,\delta^2);$$
$$(7) = +\ 3,57 - 3,85\,\delta - 3,9\,\delta^2 + m'(+ 3,76 - 0,64\,\delta + 1,6\,\delta^2);$$
$$\cdots\cdots\cdots\cdots\cdots$$
$$(33) = +14,00 + 2,02\,\delta - 3,1\,\delta^2 + m'(- 7,97 + 0,82\,\delta + 2,5\,\delta^2).$$

Je n'ai pas donné les expressions de (8), (9), (10),… jusqu'à (32), bien qu'il soit indispensable d'y avoir égard. La discussion m'a montré que, pourvu que les conditions relatives aux valeurs que nous avons écrites soient remplies, il en est de même à l'égard des autres.

146. Examinons d'abord plus spécialement l'expression de (4). Si, pour

la discuter, nous attribuons à δ différentes valeurs particulières, nous trouverons :

$$\text{pour } \delta = -\ 1,0, \qquad (4) = -\ 22,86 - 1,89\, m';$$
$$\text{pour } \delta = -\ 0,9, \qquad (4) = -\ 19,51 - 1,40\, m';$$
$$\text{pour } \delta = -\ 0,8, \qquad (4) = -\ 16,50 - 0,95\, m';$$
$$\text{pour } \delta = -\ 0,7, \qquad (4) = -\ 13,84 - 0,54\, m';$$
$$\text{pour } \delta = -\ 0,6, \qquad (4) = -\ 11,52 - 0,18\, m';$$
$$\text{pour } \delta = -\ 0,5, \qquad (4) = -\ \ \ 9,54 + 0,13\, m';$$
$$\cdots\cdots\cdots\cdots\cdots\cdots\cdots\cdots$$
$$\text{pour } \delta = +\ 0,5, \qquad (4) = -\ \ \ 8,63 + 0,73\, m';$$
$$\text{pour } \delta = +\ 0,6, \qquad (4) = -\ 10,42 + 0,54\, m';$$
$$\text{pour } \delta = +\ 0,7, \qquad (4) = -\ 12,56 + 0,30\, m';$$
$$\text{pour } \delta = +\ 0,8, \qquad (4) = -\ 15,04 + 0,02\, m';$$
$$\text{pour } \delta = +\ 0,9, \qquad (4) = -\ 17,87 - 0,32\, m';$$
$$\text{pour } \delta = +\ 1,0, \qquad (4) = -\ 21,03 - 0,69\, m'.$$

Nous avons admis que (4) ne devait pas dépasser $10°$ en valeur absolue. Or, si nous considérons que m' doit être positif et peu considérable, nous verrons que cette condition ne peut point être remplie pour $\delta = -\ 0,6$, ni pour des valeurs inférieures, non plus que pour $\delta = +\ 0,7$ ou pour des valeurs supérieures.

147. Considérons ensuite les valeurs de (1) et (2) depuis $\delta = -\ 0,6$ jusqu'à $\delta = +\ 0,7$, c'est-à-dire dans l'étendue qui n'est pas exclue par la première considération. Nous obtiendrons :

$$\text{pour } \delta = -\ 0,6, \quad (1) = 36,65 - 63,79\, m', \quad (2) = 12,76 - 7,33\, m';$$
$$\text{pour } \delta = -\ 0,5, \quad (1) = 36,31 - 61,96\, m', \quad (2) = 15,65 - 7,66\, m';$$
$$\text{pour } \delta = -\ 0,4, \quad (1) = 36,07 - 59,93\, m', \quad (2) = 18,39 - 7,92\, m';$$
$$\text{pour } \delta = -\ 0,3, \quad (1) = 35,93 - 57,72\, m', \quad (2) = 21,00 - 8,12\, m';$$
$$\text{pour } \delta = -\ 0,2, \quad (1) = 35,90 - 55,31\, m', \quad (2) = 23,46 - 8,26\, m';$$
$$\text{pour } \delta = -\ 0,1, \quad (1) = 35,97 - 52,71\, m', \quad (2) = 25,78 - 8,35\, m';$$
$$\text{pour } \delta = +\ 0,0, \quad (1) = 36,14 - 49,92\, m', \quad (2) = 27,96 - 8,37\, m';$$
$$\text{pour } \delta = +\ 0,1, \quad (1) = 36,41 - 46,93\, m', \quad (2) = 29,99 - 8,33\, m';$$
$$\text{pour } \delta = +\ 0,2, \quad (1) = 36,78 - 43,76\, m', \quad (2) = 31,88 - 8,23\, m';$$
$$\text{pour } \delta = +\ 0,3, \quad (1) = 37,26 - 40,39\, m', \quad (2) = 33,63 - 8,08\, m';$$

pour $\delta = + \mathrm{o,4}$, $(\mathrm{1}) = 37,84 - 36,83\,m'$, $(\mathrm{2}) = 35,24 - 7,86\,m'$;
pour $\delta = + \mathrm{o,5}$, $(\mathrm{1}) = 38,52 - 33,08\,m'$, $(\mathrm{2}) = 36,71 - 7,58\,m'$;
pour $\delta = + \mathrm{o,6}$, $(\mathrm{1}) = 39,30 - 29,14\,m'$, $(\mathrm{2}) = 38,04 - 7,24\,m'$;
pour $\delta = + \mathrm{o,7}$, $(\mathrm{1}) = 40,19 - 25,00\,m'$, $(\mathrm{2}) = 39,22 - 6,85\,m'$.

Si l'on calcule, dans ces expressions, la plus faible valeur qu'on puisse attribuer à m' pour que $(\mathrm{2})$ ne reste pas supérieur à $15''$, et la plus grande valeur qu'on puisse lui donner sans que $(\mathrm{1})$ ne dépasse $-25''$, on trouvera qu'à partir de $\delta = -\mathrm{o,1}$, et pour des valeurs supérieures, les deux résultats sont incompatibles, le *minimum* de m' devant être supérieur à son *maximum*. En sorte qu'on ne pourra, en définitive, attribuer à δ que des valeurs comprises entre $-\mathrm{o,1}$ et $-\mathrm{o,6}$ environ. C'est dans cet intervalle que va être restreinte la discussion ultérieure.

148. Pour la rendre plus claire, nous placerons d'abord sous les yeux du lecteur les expressions de $(\mathrm{1})$, $(\mathrm{2})$, (3), (4), (5), (6), (7) et (33) pour les valeurs de δ comprises entre $-\mathrm{o,1}$ et $-\mathrm{o,6}$, savoir :

pour $\delta = -\mathrm{o,6}$, $(\mathrm{1}) = 36,65 - 63,79\,m'$, $(\mathrm{2}) = 12,76 - 7,33\,m'$;
pour $\delta = -\mathrm{o,5}$, $(\mathrm{1}) = 36,31 - 61,96\,m'$, $(\mathrm{2}) = 15,65 - 7,66\,m'$;
pour $\delta = -\mathrm{o,4}$, $(\mathrm{1}) = 36,07 - 59,93\,m'$, $(\mathrm{2}) = 18,39 - 7,92\,m'$;
pour $\delta = -\mathrm{o,3}$, $(\mathrm{1}) = 35,93 - 57,72\,m'$, $(\mathrm{2}) = 21,00 - 8,12\,m'$;
pour $\delta = -\mathrm{o,2}$, $(\mathrm{1}) = 35,90 - 55,31\,m'$, $(\mathrm{2}) = 23,46 - 8,26\,m'$;
pour $\delta = -\mathrm{o,1}$, $(\mathrm{1}) = 35,97 - 52,71\,m'$, $(\mathrm{2}) = 25,78 - 8,35\,m'$;

pour $\delta = -\mathrm{o,6}$, $(3) = -8,27 - 7,19\,m'$, $(4) = -11,52 - 0,18\,m'$;
pour $\delta = -\mathrm{o,5}$, $(3) = -5,71 - 7,48\,m'$, $(4) = -9,54 + 0,13\,m'$;
pour $\delta = -\mathrm{o,4}$, $(3) = -3,54 - 7,67\,m'$, $(4) = -7,91 + 0,40\,m'$;
pour $\delta = -\mathrm{o,3}$, $(3) = -1,76 - 7,77\,m'$, $(4) = -6,61 + 0,62\,m'$;
pour $\delta = -\mathrm{o,2}$, $(3) = -0,37 - 7,76\,m'$, $(4) = -5,66 + 0,80\,m'$;
pour $\delta = -\mathrm{o,1}$, $(3) = +0,64 - 7,66\,m'$, $(4) = -5,06 + 0,92\,m'$;

pour $\delta = -\mathrm{o,6}$, $(5) = -9,52 + 4,61\,m'$, $(6) = -8,74 + 5,86\,m'$;
pour $\delta = -\mathrm{o,5}$, $(5) = -8,67 + 4,19\,m'$, $(6) = -8,39 + 5,63\,m'$;
pour $\delta = -\mathrm{o,4}$, $(5) = -8,02 + 3,80\,m'$, $(6) = -8,18 + 5,42\,m'$;
pour $\delta = -\mathrm{o,3}$, $(5) = -7,57 + 3,45\,m'$, $(6) = -8,09 + 5,23\,m'$;
pour $\delta = -\mathrm{o,2}$, $(5) = -7,33 + 3,13\,m'$, $(6) = -8,12 + 5,06\,m'$;
pour $\delta = -\mathrm{o,1}$, $(5) = -7,29 + 2,84\,m'$, $(6) = -8,29 + 4,91\,m'$.

pour $\varepsilon = -0,6$, $(7) = +4,50 + 4,70\,m'$, $(33) = +11,66 - 7,57\,m'$;

pour $\varepsilon = -0,5$, $(7) = +4,54 + 4,46\,m'$, $(33) = +12,21 - 7,76\,m'$;

pour $\varepsilon = -0,4$, $(7) = +4,50 + 4,26\,m'$, $(33) = +12,70 - 7,90\,m'$;

pour $\varepsilon = -0,3$, $(7) = +4,38 + 4,09\,m'$, $(33) = +13,11 - 7,99\,m'$;

pour $\varepsilon = -0,2$, $(7) = +4,19 + 3,95\,m'$, $(33) = +13,47 - 8,63\,m'$;

pour $\varepsilon = -0,1$, $(7) = +3,92 + 3,84\,m'$, $(33) = +13,77 - 8,03\,m'$;

En examinant ces différentes expressions, on aperçoit que pour les valeurs intermédiaires de ε, savoir $-0,3$, $-0,4$, le *minimum* de la valeur de m' est donné par la condition que (33) ne reste pas supérieur à $5''$, et le *maximum* par la condition que (1) ne descende pas au-dessous de $-25''$. Considérons d'abord les plus petites valeurs de m'. Les équations

$$(A) \quad \begin{cases} e' & = f(\varepsilon, m') \\ r' & = \varphi(\varepsilon, m') \\ (33) & = 5'', \end{cases}$$

représentent une courbe qui constitue l'un des côtés curvilignes du polygone qui renfermera nécessairement la planète au 1er janvier 1847, si son moyen mouvement a la valeur particulière que nous admettons ici. On tracera cette courbe sans difficulté, au moyen des coordonnées que présente le tableau suivant :

$\varepsilon = -0,200$, $m' = 1,055$, $h' = -0,129$, $l' = +0,076$, $v' = 329,2$, $r' = 32,5$;

$\varepsilon = -0,300$, $m' = 1,015$, $h' = -0,143$, $l' = +0,061$, $v' = 329,6$, $r' = 32,5$;

$\varepsilon = -0,400$, $m' = 0,975$, $h' = -0,152$, $l' = +0,044$, $v' = 330,4$, $r' = 32,5$;

$\varepsilon = -0,500$, $m' = 0,939$, $h' = -0,176$, $l' = +0,025$, $v' = 331,4$, $r' = 32,5$;

$\varepsilon = -0,526$, $m' = 0,917$, $h' = -0,180$, $l' = +0,020$, $v' = 331,7$, $r' = 32,5$.

Cette courbe se confond sensiblement, comme on le voit, dans l'étendue considérée, avec un arc de cercle.

Les couples de valeurs de ε et m' que nous venons de former, et qui donnent à l'erreur (33) son *maximum*, laissent les autres erreurs en dedans des limites que nous leur avons assignées. Lorsqu'on arrive à $\varepsilon = -0,526$, (4) devient égal à $-10''$, et dépasserait cette limite si l'on continuait à déterminer les valeurs de m', correspondantes aux valeurs de ε, par la condition $(33) = 5''$. Il faut à cette dernière substituer la condition $(4) = -10''$, à partir de $\varepsilon = -0,526$; en sorte que la seconde courbe (B), qui sert à limiter l'enceinte cherchée, dépendra des équations :

$$(B) \quad \begin{cases} v' = f\,(\delta, m'), \\ r' = \varphi\,(\delta, m'), \\ (4) = -\ 10''. \end{cases}$$

La petitesse du coefficient de m' dans la valeur de (4), aux environs des valeurs de δ considérées, fait que δ reste sensiblement constant, tandis que m' va nécessairement en grandissant. On obtient ainsi, pour déterminer la nouvelle courbe (B), les trois couples de coordonnées suivantes, qui sont suffisantes pour cet objet :

$$\delta = -\,0{,}526, \quad m' = 0{,}917, \quad h' = -\,0{,}180, \quad l' = +\,0{,}020, \quad v' = 331°{,}7, \quad r' = 32{,}5;$$
$$\delta = -\,0{,}526, \quad m' = 0{,}950, \quad h' = -\,0{,}170, \quad l' = +\,0{,}021, \quad v' = 330{,}5, \quad r' = 32{,}7;$$
$$\delta = -\,0{,}526, \quad m' = 0{,}984, \quad h' = -\,0{,}161, \quad l' = +\,0{,}021, \quad v' = 329{,}4, \quad r' = 32{,}9.$$

Tandis que m' va ainsi en grandissant, et que δ reste sensiblement le même en vertu de l'équation $(4) = -\ 10''$, l'erreur (1) croît en valeur absolue et finit par atteindre $-\ 25''$ pour $\delta = -\,0{,}526$ et $m' = 0{,}984$. A partir de ce moment, le *maximum* de m' doit être déterminé par l'équation $(1) = -\ 25''$, et la troisième courbe (C), limite de l'enceinte cherchée, se trouve représentée par les équations :

$$(C) \quad \begin{cases} v' = f(\delta, m'), \\ r' = \varphi(\delta, m'), \\ (1) = -\ 25''. \end{cases}$$

On construira cette courbe au moyen de six de ses points, dont les coordonnées sont comprises dans le calcul suivant :

$$\delta = -\,0{,}526, \quad m' = 0{,}984, \quad h' = -\,0{,}161, \quad l' = +\,0{,}021, \quad v' = 329{,}4, \quad r' = 32{,}9;$$
$$\delta = -\,0{,}500, \quad m' = 0{,}990, \quad h' = -\,0{,}159, \quad l' = +\,0{,}026, \quad v' = 329{,}4, \quad r' = 32{,}9;$$
$$\delta = -\,0{,}400, \quad m' = 1{,}019, \quad h' = -\,0{,}148, \quad l' = +\,0{,}044, \quad v' = 329{,}1, \quad r' = 32{,}8;$$
$$\delta = -\,0{,}300, \quad m' = 1{,}056, \quad h' = -\,0{,}135, \quad l' = +\,0{,}060, \quad v' = 328{,}7, \quad r' = 32{,}8;$$
$$\delta = -\,0{,}200, \quad m' = 1{,}101, \quad h' = -\,0{,}120, \quad l' = +\,0{,}074, \quad v' = 328{,}3, \quad r' = 32{,}8;$$
$$\delta = -\,0{,}164, \quad m' = 1{,}121, \quad h' = -\,0{,}114, \quad l' = +\,0{,}078, \quad v' = 328{,}2, \quad r' = 32{,}8.$$

A mesure que δ grandit en valeur relative, l'erreur (2) croît et atteint enfin $15''$ pour $\delta = -\,0{,}164$. A ce moment, l'équation $(2) = +\,15''$ vient prendre la place de la condition $(1) = -\ 25''$. A la courbe (C) on doit substituer la courbe (D), définie par les équations suivantes :

$$(D) \quad \begin{cases} v' = f(b, m'), \\ r' = \varphi(b, m'), \\ (2) = 15''. \end{cases}$$

Au moyen de ces relations, on calculera les coordonnées de trois des points de la courbe, qui suffisent pour la construire. On trouvera :

$$b = -0,164, \quad m' = 1,121, \quad b' = -0,114, \quad l' = +0,078, \quad v' = 328°,2, \quad r' = 32,8;$$
$$b = -0,181, \quad m' = 1,088, \quad b' = -0,122, \quad l' = +0,077, \quad v' = 328,7, \quad r' = 32,7.$$
$$b = -0,200, \quad m' = 1,055, \quad b' = -0,129, \quad l' = +0,076, \quad v' = 329,2, \quad r' = 32,5.$$

Le dernier point de la courbe (D) n'étant autre que le premier point de la courbe (A), le polygone à côtés curvilignes que nous venons de construire se trouve fermé. L'enceinte demandée est tracée. Ce sera nécessairement dans l'intérieur de ce quadrilatère que sera située, au 1ᵉʳ janvier 1847, la planète qui trouble Uranus, si le rapport des distances moyennes de ces astres au Soleil est égal à 0,5075. On en conclut enfin que, dans cette hypothèse, la longitude vraie de la planète cherchée sera comprise entre 328°,2 et 331°,7.

149. Ce que nous venons de dire suffit pour montrer comment on a conduit ce calcul pour les différentes valeurs particulières attribuées au rapport α des moyennes distances des deux planètes. Je crois inutile d'entrer, à cet égard, dans plus de détails, si ce n'est sur les limites du rapport α lui-même.

Si l'on diminue la valeur attribuée à α dans le numéro précédent, on verra que les conditions $(4) < 10''$, $(1) < 25''$ et $(2) < 15''$, relatives aux valeurs absolues, rapprocheront d'abord de plus en plus les limites entre lesquelles b doit rester comprise. Ces limites se trouveront ensuite resserrées davantage, par la nécessité que l'erreur (33) ne s'élève pas au-dessus de $5''$, et il arrivera un moment où cette condition deviendra incompatible avec cette autre, que l'erreur (1) ne dépasse pas $-25''$. Cette circonstance se présentera pour des valeurs de α inférieures à 0,5062 : en sorte que nous pourrons poser, pour une des limites de ce rapport,

$$\alpha > 0,5062.$$

Lorsqu'on donnera pour valeur à α sa limite même, b et m' seront déterminés par les deux conditions

$$(1) = -25'',$$
$$(33) = +5''.$$

La planète cherchée ne pourra occuper qu'une seule position dans l'écliptique. Sa longitude, au 1ᵉʳ janvier 1847, sera nécessairement de 330°,4.

On remarquera, sans doute, que la valeur $\alpha = 0,5000$, que nous avions admise dans la première approximation, se trouve maintenant exclue; car, si elle diffère peu de la limite $0,5062$, elle est cependant au-dessous. C'est un résultat tout naturel de la plus grande exactitude que nous avons apportée dans la seconde approximation. En multipliant le nombre des conditions, en les choisissant dans des circonstances diverses, en portant sur tous les points de la discussion plus de rigueur, les limites entre lesquelles doivent rester comprises les inconnues du problème, pour qu'on puisse satisfaire à l'ensemble des observations, ont dû nécessairement se resserrer.

En donnant à α des valeurs croissantes, à partir de sa limite inférieure, on verra l'intervalle compris entre les limites de δ, aller d'abord en croissant, acquérir un maximum, diminuer ensuite, et redevenir nul pour la valeur $0,5475$ de α. C'est la limite supérieure de ce rapport; on peut poser

$$\alpha < 0,5475$$

La discussion montre qu'il n'y a plus alors qu'un système de valeurs de δ et m' qui soit possible. Il est déterminé par les équations

$$(1) = -25'',$$
$$(2) = +15'';$$

et l'on trouve que la longitude vraie correspondante de la planète est de 330°,1.

180. Présentons enfin les principales conséquences auxquelles m'a conduit la discussion dont je viens d'indiquer la marche avec détail. Je le ferai sans rien changer aux termes que j'ai employés devant l'Académie des Sciences, dans la séance du 31 août 1846, et qui ont été publiés à cette époque, dans le *Compte rendu* de la séance.

La longitude de la tangente, menée par le Soleil à l'ouest de l'enceinte générale, est, en nombre rond, de 321°. La position la plus précise assignée à l'astre étant de 326°32', on voit qu'on aura à explorer, en arrière de cette position, une étendue de 5 degrés et demi.

La limite supérieure est loin d'être aussi restreinte; mais il ne me paraît pas qu'elle puisse être acceptée avec une grande probabilité dans toute son étendue; car, à mesure qu'on fait croître la longitude, on voit, à partir d'un certain point, l'excentricité de l'astre cherché grandir sans cesse, et acquérir des valeurs qui paraissent peu en harmonie avec la constitution du système des grosses planètes, système dont le nouvel astre fait partie sous le double rapport de sa situation et de la grandeur de sa masse. Quoi qu'il en soit, on peut porter la position actuelle de la planète jusqu'à 335 degrés de longitude héliocentrique, sans que la valeur de l'excentricité grandisse au delà de $\frac{1}{2}$. Mais si l'on voulait admettre une excentricité supérieure, et égale à $\frac{1}{3}$, il faudrait pousser les recherches jusqu'à 245° de longitude.

Ces positions, éloignées du lieu le plus précis, me paraissent, je le répète, peu probables : on n'y arrive qu'en admettant une excentricité considérable, et en se contentant de satisfaire aux observations avec une médiocre exactitude. Il me semble donc que les recherches physiques seraient convenablement conduites de la manière suivante : On partirait du lieu situé par 326°32′ de longitude; et, en s'éloignant simultanément à droite et à gauche de ce point, on explorerait la région de l'écliptique qui est comprise entre 321 et 335 degrés de longitude héliocentrique. Si, jusque-là, les recherches avaient été vaines, on recourrait aux longitudes supérieures.

CINQUIÈME ET DERNIÈRE PARTIE.

EST-IL POSSIBLE DE DÉDUIRE DES OBSERVATIONS D'URANUS LA POSITION DU PLAN DE L'ORBITE DE LA PLANÈTE TROUBLANTE?

Les développements, dans lesquels je suis entré dans la *troisième* et la *quatrième* partie de ces recherches, suffisent pour faire connaître la marche que j'ai suivie. Je me bornerai donc ici à rapporter succinctement les principaux résultats de mon travail.

Si l'astre cherché ne se meut pas dans le même plan qu'Uranus, il en résultera, dans les latitudes de cette planète, des inégalités qu'il nous faut étudier. Comparons, pour cet objet, les latitudes héliocentriques d'Uranus, calculées par l'ancienne théorie, avec les latitudes fournies par les observations; négligeons d'abord les perturbations en latitude, produites par la nouvelle planète. Il suffit de jeter un coup d'œil sur le tableau qui renferme le résultat de cette comparaison, pour se convaincre qu'il est alors impossible d'accorder la théorie et les observations.

Si les erreurs théoriques pouvaient être uniquement attribuées à l'inexactitude des éléments d'Uranus, les erreurs de la latitude devraient être égales et de signes contraires, à 42 ans d'intervalle. Or, c'est ce qui n'a pas lieu, ainsi qu'on peut s'en convaincre à l'inspection de la Table suivante :

ANNÉES.	ERREURS THÉORIQ. en latitude.	ANNÉES.	ERREURS THÉORIQ. en latitude.	Σ
1782,4	$+ 2,9$	1824,4	$- 7,0$	$- 4,1$
1784,1	$+ 3,4$	1826,1	$- 7,7$	$- 4,3$
1786,8	$+ 3,5$	1828,8	$- 8,1$	$- 4,6$
1790,1	$+ 2,9$	1832,1	$- 9,1$	$- 6,2$
1791,9	$+ 4,1$	1833,9	$- 9,9$	$- 5,8$
1794,0	$+ 5,8$	1836,0	$- 10,4$	$- 4,6$
1796,3	$+ 5,4$	1838,3	$- 10,0$	$- 4,6$
1800,2	$+ 7,3$	1842,2	$- 10,7$	$- 3,4$
1802,9	$+ 7,6$	1844,9	$- 9,9$	$- 2,3$

Les nombres de la quatrième colonne sont bien de signe contraire à ceux qui leur correspondent sur la même ligne dans la seconde colonne ; mais ils ne leur sont pas égaux en valeur absolue. On trouve dans la dernière colonne, sous le signe Δ, la valeur de l'écart. Elle est petite ; mais, si l'on remarque qu'elle a été déduite à chaque époque d'un grand nombre d'observations, et qu'elle conserve toujours le même signe, on ne pourra douter qu'elle n'accuse la présence de l'astre troublant. On en déduira quelques renseignements sur la position de l'orbite.

Prenons pour inconnues, l'inclinaison φ de l'orbite d'Uranus sur le plan de l'écliptique de 1800, et la longitude θ de son nœud ascendant à la même époque. Appelons θ' la longitude du nœud ascendant de l'orbite de la masse troublante sur l'orbite d'Uranus, φ' l'inclinaison mutuelle des orbites, et posons

$$\tan \varphi' \, \sin \theta' = p',$$
$$\tan \varphi' \, \cos \theta' = q'.$$

J'ai formé entre les quatre inconnues, $\delta\varphi$, $\sin\varphi\,\delta\theta$, p' et q', des équations de condition, qui, traitées par la méthode des moindres carrés, *n'ont pu fournir que trois conditions distinctes les unes des autres.* p' est celle des quatre inconnues qui offre le plus d'incertitude. En déterminant les trois autres inconnues, ainsi que la latitude à l'époque actuelle en fonctions de p', j'ai trouvé :

$$\delta\varphi = -7,052 + 19,18\,p'$$
$$\sin\varphi\,\delta\theta = -1,220 + 5,655\,p'$$
$$q' = -0,081.97 - 0,157.24\,p'$$

Latit. hélioc.
au 1er janvier 1847. $= 111' - 2570' \times p'$.

Quand on calcule, au moyen de ces éléments, les erreurs théoriques, p' disparaît très-sensiblement de lui-même de leurs valeurs.

On peut tirer des explications et des nombres qui précèdent les conclusions suivantes, dont les deux dernières ne peuvent être présentées qu'avec beaucoup de réserve, à cause de la petitesse des nombres dont elles sont déduites :

1°. Les observations d'Uranus en latitude concourent à déceler la présence d'un astre troublant, inconnu jusqu'ici.

2°. Le plan de l'orbite de cet astre paraît devoir être incliné d'au moins 4°38', au plan de l'orbite d'Uranus.

3°. Une seule observation de la latitude de la nouvelle planète suffirait pour faire connaître immédiatement, avec une certaine approximation, la position du plan de l'orbite.

Paris, le 5 octobre 1846.

ADDITION AU MÉMOIRE PRÉCÉDENT.

La nouvelle planète, dont l'existence était démontrée, dont la place était fixée dans le ciel par les recherches qu'on vient de lire, a été trouvée à Berlin le 23 septembre dernier. J'avais écrit, le 18 septembre, à M. Galle, pour réclamer son bienveillant concours; cet habile astronome a vu la planète le jour même où il a reçu ma lettre. Voici la réponse que M. Galle m'a fait l'honneur de m'adresser :

Berlin, le 25 septembre 1846.

Monsieur,

La planète, dont vous avez signalé la position, *existe réellement*. Le même jour, où j'ai reçu votre lettre, je trouvais une étoile de 8ᵉ grandeur, qui n'était pas inscrite dans l'excellente carte Hora XXI (dessinée par M. le docteur Bremiker) de la collection des cartes célestes, publiée par l'Académie royale de Berlin. L'observation du jour suivant décida que c'était la planète cherchée. Nous l'avons comparée, M. Encke et moi, par la grande lunette de Fraunhofer, avec une étoile de 9ᵉ grandeur, (a) Bessel, zone 119. $21^h 50^m 31^s 00 - 13° 30' 7'', 9$, et nous avons trouvé :

Temps moyen de Berlin,

$$\text{Sept. 23,} \quad 12^h \; 0^m 14^s,6 \qquad \text{Plan.} = (a) + 21.21'',5 \text{ en } \mathbb{R},$$
$$= (a) + 1.36,8 \text{ en déclin.}$$
$$\text{Sept. 24,} \quad 8.54.40,9 \qquad \text{Plan.} = (a) + 20.19,9 \text{ en } \mathbb{R},$$
$$= (a) + 1.15,3 \text{ en déclin.}$$

Lieu apparent de l'étoile (a), d'après Bessel.

$$\text{Sept. 23,} \quad 327.58.2'',5 \quad - \quad 13.25.49,0.$$
$$24, \quad 327.58.2.4 \quad - \quad 13.25.49,0.$$

Nous avons comparé cette étoile deux fois avec Piazzi XXI. 344, dont la position se trouve aussi chez Taylor, et par là dans le *British Association catalogue*. D'après ces comparaisons, et la position dans le *British Association catalogue*, on a pour (*a*) :

$$\text{Sept. 23.} \quad 327.57.54,5 \quad -13.25.45,0$$
$$24. \quad 327.57.54,4 \quad -13.25.45,0$$

Cette détermination sera préférable, Bessel ayant marqué pour zone 119, l'air inquiet. Ainsi on a pour la planète :

Temps moyen de Berlin.	Æ.	Déclinaison.
Septembre 23.. 12. 0. 14,6	328.19.16,0	—13.24. 8,2
24.. 8.54.40,9	18.14,3	24.29,7

Le diamètre aussi m'a paru être près de 3″; cependant on ne peut s'y fier qu'en des circonstances atmosphériques très-favorables, et c'est principalement la carte qui a facilité la recherche.

. . . .

I.-G. GALLE.

Comparons la position, qui résulte des observations de M. Galle, avec celle que j'avais fait connaître, en m'appuyant sur les perturbations d'Uranus.

Temps moyen de Berlin.		
	Ascension droite observée.....	328.19.16,0
Sept. 23.. 12.0.15...	Déclinaison observée............	— 13.24. 8,2
	Longitude géocentrique conclue.	325.53
	Réduction au lieu héliocentriq.	0,59
	Longitude héliocent. au 23 sept.	326.52
Mouvement en 0,275 années.........		32
Longitude héliocentrique conclue au 1ᵉʳ janvier 1847...		327.24
Longitude déduite des perturbations, et donnée dans le *Compte rendu* du 31 août 1846....................		326.32
Différence..........		0,52

Ainsi, la position avait été prévue à moins d'un degré près. On trouvera cette erreur bien faible, si l'on réfléchit à la petitesse des perturbations dont on avait conclu le lieu de l'astre. Ce succès doit nous laisser espérer qu'après trente ou quarante années d'observations de la nouvelle planète, on pourra l'employer, à son tour, à la découverte de celle qui la suit dans l'ordre des distances au Soleil. Ainsi de suite ; on tombera malheureusement bientôt sur des astres invisibles, à cause de leur immense distance au Soleil, mais dont les orbites finiront, dans la suite des siècles, par être tracées avec une grande exactitude, au moyen de la théorie des inégalités séculaires.

Paris, le 5 octobre 1846.

Extrait de la *Connaissance des Temps* pour 1849.

IMPRIMERIE DE BACHELIER,
rue du Jardinet, 12.

IMPRIMERIE DE BACHELIER,

RUE DU JARDINET, 12.